现代机械制造技术丛书

激光加工

Laser Beam Machining

曹凤国　主编

化学工业出版社

·北京·

图书在版编目（CIP）数据

激光加工/曹凤国主编 . —北京：化学工业出版社，2015.4（2024.1重印）
（现代机械制造技术丛书）
ISBN 978-7-122-21782-0

Ⅰ . ①激…　Ⅱ . ①曹…　Ⅲ . ①激光加工　Ⅳ . ①TG665

中国版本图书馆 CIP 数据核字（2014）第 207483 号

责任编辑：张兴辉　王　烨　　　　　　　　文字编辑：张燕文
责任校对：王素芹　　　　　　　　　　　　装帧设计：王晓宇

出版发行：化学工业出版社（北京市东城区青年湖南街13号　邮政编码100011）
印　　装：北京科印技术咨询服务有限公司数码印刷分部
787mm×1092mm　1/16　印张17　字数468千字　2024年1月北京第1版第11次印刷

购书咨询：010-64518888
售后服务：010-64518899
网　　址：http://www.cip.com.cn
凡购买本书，如有缺损质量问题，本社销售中心负责调换。

定　　价：69.00元

前 言

FOREWORD

众所周知，任何材料不经过加工是不能被人类所应用的。今天人们依托先进的加工技术，以前所未有的速度更新现有产品，创造新的产品，从而极大地丰富了人类社会的物质生活，有力地推动了科学技术的整体发展，加快了人类认识自我和外部世界的进程。人类社会能够创造今天辉煌的经济成就，能够享受现代化生活方式，能够探索宇宙、登上月球，从根本上讲是得益于加工制造技术的迅猛发展。

新的加工技术推动了人类的历次工业革命。激光加工技术作为现代加工制造技术最重要的方法之一，近年来得到迅速发展。激光加工技术是利用激光束与物质相互作用的特性，将能量聚焦到微小的空间，利用这一高密度的能量，对材料（包括金属与非金属）进行切割、打孔、焊接、表面处理、3D打印（快速成形）、微细加工等的一种新加工技术，这是一种摆脱传统加工理念的全新的加工、热处理方法。激光被誉为"万能加工工具""未来制造系统的共同加工手段"，不仅在国防、军事领域，而且在国民经济各个领域也得到极其广泛的应用。

本书主要介绍了激光加工的基本原理，系统阐述了激光各种加工工艺、设备和应用、发展等。特别值得一提的是，本书按激光加工材料的去除加工（如切割、打孔等）、增材加工［如焊接、3D打印（快速成形）等］、表面加工（如改性、淬火等）、精密微细加工（如LIGA加工、准分子激光加工等）、激光复合加工（如激光与电火花复合加工等）这一全新的视角进行阐述，并通过大量的应用实例和工业应用数据图表，总结了国内外激光加工的最新技术成果，为未来激光加工技术的研究和发展指出了方向。

本书由北京市电加工研究所、北京迪蒙吉意公司曹凤国主编，胡绛梅、刘媛、康凯敏、黄建宇、黄健、刘小同、姜勇、张利苹等参加编写。

本书在编写过程中，得到徐性初院士、王乃彦院士、钟群鹏院士的关心与指导，在此表示衷心感谢。

由于笔者水平所限以及技术的迅速发展，书中难免存在不妥之处，敬请广大读者批评和指正。

《激光加工》编委会

目　录

CONTENTS

第 1 章　绪论 ……………………………………………………………………………… 1
　1.1　激光和工业激光器的发展 …………………………………………………………… 1
　1.2　激光加工的特点、类型及应用 ……………………………………………………… 3
　　1.2.1　激光加工的特点 ………………………………………………………………… 3
　　1.2.2　激光加工的类型及应用 ………………………………………………………… 3
　1.3　先进激光加工技术的发展方向 ……………………………………………………… 4
　1.4　激光加工技术术语及符号、单位 …………………………………………………… 8
　　1.4.1　术语 ………………………………………………………………………………… 8
　　1.4.2　符号和单位 ……………………………………………………………………… 12

第 2 章　激光材料加工理论 ………………………………………………………… 14
　2.1　激光产生的基本原理 ………………………………………………………………… 14
　　2.1.1　光子的基本性质 ………………………………………………………………… 14
　　2.1.2　光子的相干性 …………………………………………………………………… 15
　　2.1.3　光子简并度 ……………………………………………………………………… 15
　　2.1.4　光的受激辐射 …………………………………………………………………… 15
　　2.1.5　光的受激辐射放大 ……………………………………………………………… 18
　　2.1.6　光的自激振荡 …………………………………………………………………… 19
　　2.1.7　激光模式 ………………………………………………………………………… 20
　2.2　激光的特性 …………………………………………………………………………… 21
　　2.2.1　激光的方向性 …………………………………………………………………… 21
　　2.2.2　激光的单色性 …………………………………………………………………… 21
　　2.2.3　激光的高强度（相干光强）…………………………………………………… 21
　　2.2.4　激光的相干性 …………………………………………………………………… 22
　2.3　激光与材料的相互作用 ……………………………………………………………… 23
　　2.3.1　材料在激光作用下的过程 ……………………………………………………… 23
　　2.3.2　材料的吸收与反射特性 ………………………………………………………… 24
　2.4　材料在激光作用下的热力效应与组织效应 ………………………………………… 26
　　2.4.1　热力效应 ………………………………………………………………………… 26
　　2.4.2　组织效应 ………………………………………………………………………… 27

第 3 章　激光器系统 ………………………………………………………………… 29

3.1　固体激光器 ………………………………………………………………………… 29

　　3.1.1　固体激光加工系统 ………………………………………………………… 29

　　3.1.2　用于热加工固体激光器 …………………………………………………… 31

3.2　气体激光器 ………………………………………………………………………… 33

　　3.2.1　高功率 CO_2 激光器 ………………………………………………………… 34

　　3.2.2　准分子激光器 ……………………………………………………………… 36

　　3.2.3　其他气体激光器 …………………………………………………………… 37

3.3　其他类型激光器 …………………………………………………………………… 38

　　3.3.1　化学激光器 ………………………………………………………………… 38

　　3.3.2　高功率 CO 激光器 ………………………………………………………… 38

　　3.3.3　染料激光器 ………………………………………………………………… 39

　　3.3.4　光纤激光器 ………………………………………………………………… 39

　　3.3.5　半导体激光器 ……………………………………………………………… 39

第4章　激光去除加工 ……………………………………………………………… 41

4.1　激光打孔 …………………………………………………………………………… 41

　　4.1.1　激光打孔的原理及特点 …………………………………………………… 41

　　4.1.2　激光打孔的分类 …………………………………………………………… 44

　　4.1.3　激光打孔的加工系统 ……………………………………………………… 46

　　4.1.4　激光打孔工艺 ……………………………………………………………… 49

　　4.1.5　典型材料的激光打孔 ……………………………………………………… 55

4.2　激光切割 …………………………………………………………………………… 67

　　4.2.1　激光切割的特点 …………………………………………………………… 67

　　4.2.2　激光切割的方式 …………………………………………………………… 68

　　4.2.3　影响切割质量的因素 ……………………………………………………… 70

　　4.2.4　常用工程材料的激光切割 ………………………………………………… 77

4.3　激光打标、雕刻 …………………………………………………………………… 81

　　4.3.1　激光打标 …………………………………………………………………… 81

　　4.3.2　激光雕刻 …………………………………………………………………… 84

第5章　激光焊接技术 ……………………………………………………………… 86

5.1　概述 ………………………………………………………………………………… 86

5.2　激光热传导焊接 …………………………………………………………………… 86

　　5.2.1　激光热传导焊接基本原理 ………………………………………………… 86

　　5.2.2　激光焊接工艺参数与焊接方法 …………………………………………… 87

5.3　激光深熔焊 ………………………………………………………………………… 93

　　5.3.1　深熔焊理论 ………………………………………………………………… 93

　　5.3.2　深熔焊的主要影响因素 …………………………………………………… 94

　　5.3.3　深熔焊的接头形式与质量 ………………………………………………… 95

　　5.3.4　常用材料的激光焊接 ……………………………………………………… 96

　　5.3.5　人造金刚石工具的激光焊接 ……………………………………………… 98

　　5.3.6　塑料的激光焊接 …………………………………………………………… 101

5.4　激光焊接的应用及设备 …………………………………………………………… 104

　　5.4.1　激光焊接的应用 …………………………………………………………… 104

5.4.2 激光焊接设备 ……………………………………………………………… 105
5.5 激光焊接的优点和局限性 …………………………………………………… 106
5.5.1 激光焊接的优点 ……………………………………………………… 106
5.5.2 激光焊接的局限性 …………………………………………………… 107

第6章 激光表面改性技术 ………………………………………………………… 108

6.1 激光表面改性的特点与分类 ………………………………………………… 108
6.1.1 激光表面改性的特点 ………………………………………………… 108
6.1.2 激光表面改性的分类 ………………………………………………… 109
6.2 激光相变强化和激光熔凝强化 ……………………………………………… 110
6.2.1 激光相变强化 ………………………………………………………… 111
6.2.2 激光熔凝强化 ………………………………………………………… 113
6.2.3 激光表面强化中碳及合金元素的影响 ……………………………… 114
6.2.4 激光表面强化工艺 …………………………………………………… 115
6.2.5 激光表面强化实例 …………………………………………………… 118
6.3 激光表面熔覆及合金化 ……………………………………………………… 120
6.3.1 激光表面熔覆 ………………………………………………………… 120
6.3.2 激光合金化 …………………………………………………………… 126
6.3.3 激光表面熔覆与合金化的应用 ……………………………………… 129
6.4 激光表面非晶化 ……………………………………………………………… 130
6.4.1 非晶态金属的结构与性质 …………………………………………… 131
6.4.2 激光非晶化的特点 …………………………………………………… 132
6.4.3 激光非晶化的原理 …………………………………………………… 132
6.4.4 激光非晶化工艺及影响因素 ………………………………………… 133
6.4.5 激光非晶化的应用 …………………………………………………… 134
6.5 激光冲击硬化 ………………………………………………………………… 135
6.5.1 激光冲击硬化的特点 ………………………………………………… 135
6.5.2 激光冲击处理的模型 ………………………………………………… 135
6.5.3 激光冲击硬化对材料力学性能的影响 ……………………………… 136
6.5.4 激光冲击处理的发展 ………………………………………………… 138
6.6 复合表面改性技术 …………………………………………………………… 139
6.6.1 两种复合表面改性技术 ……………………………………………… 139
6.6.2 两种以上复合表面改性技术 ………………………………………… 140

第7章 激光3D打印技术（激光快速成形技术） ………………………………… 142

7.1 概述 …………………………………………………………………………… 142
7.2 3D打印（快速成形）技术的基本原理及特征 ……………………………… 143
7.2.1 3D打印（快速成形）技术的原理 …………………………………… 143
7.2.2 3D打印（快速成形）技术的工艺过程 ……………………………… 144
7.2.3 3D打印（快速成形）技术的特征 …………………………………… 144
7.3 3D打印（快速成形）主要的工艺方法 ……………………………………… 145
7.3.1 液态光敏树脂选择性固化 …………………………………………… 145
7.3.2 粉末材料选择性激光烧结 …………………………………………… 147
7.3.3 熔融沉积成形 ………………………………………………………… 149

7.3.4 薄型材料选择性切割 …………………………………………………… 149

7.3.5 固基光敏液相法 …………………………………………………………… 150

7.3.6 三维打印 …………………………………………………………………… 151

7.3.7 复合成形法 ………………………………………………………………… 152

7.4 3D打印(快速成形)的软件与设备 ……………………………………… 153

7.4.1 激光3D打印(快速成形)前期数据处理 ……………………………… 153

7.4.2 激光3D打印(快速成形)设备 ………………………………………… 156

7.5 3D打印(快速成形)用材料 ……………………………………………… 157

7.5.1 3D打印(快速成形)工艺对材料的要求 ……………………………… 157

7.5.2 3D打印(快速成形)材料的分类 ……………………………………… 158

7.6 激光烧结3D打印(快速成形) …………………………………………… 162

7.6.1 激光烧结3D打印(快速成形)机理 …………………………………… 162

7.6.2 金属粉末的激光烧结3D打印(快速成形) …………………………… 162

7.6.3 激光烧结3D打印(快速成形)工艺因素 ……………………………… 164

7.7 反求工程与3D打印(快速成形)集成技术 ……………………………… 170

7.7.1 反求工程 …………………………………………………………………… 170

7.7.2 数据获取方法 ……………………………………………………………… 171

7.7.3 数据处理 …………………………………………………………………… 173

7.7.4 三维重构 …………………………………………………………………… 174

7.8 快速模具制造技术 ………………………………………………………… 174

7.8.1 快速模具制造技术及其分类 …………………………………………… 174

7.8.2 快速金属模具制造技术 ………………………………………………… 178

7.8.3 快速模具制造技术的发展方向 ………………………………………… 185

第8章 其他激光加工技术 ………………………………………………… 187

8.1 激光清洗技术 ……………………………………………………………… 187

8.1.1 激光清洗基础 ……………………………………………………………… 187

8.1.2 激光清洗特点和分类 …………………………………………………… 189

8.1.3 激光清洗用激光器 ……………………………………………………… 190

8.1.4 激光清洗的应用 ………………………………………………………… 191

8.1.5 激光清洗技术的发展 …………………………………………………… 192

8.2 激光光存技术 ……………………………………………………………… 194

8.2.1 激光光存技术的发展 …………………………………………………… 194

8.2.2 激光光盘使用的激光器 ………………………………………………… 194

8.2.3 激光光盘的读/写工作原理 …………………………………………… 195

8.3 激光抛光技术 ……………………………………………………………… 197

8.3.1 激光抛光的特点 ………………………………………………………… 197

8.3.2 激光抛光的原理 ………………………………………………………… 198

8.3.3 激光抛光系统的主要构成 ……………………………………………… 199

8.3.4 影响激光抛光的工艺因素 ……………………………………………… 199

8.3.5 激光抛光技术的发展和应用前景 ……………………………………… 201

8.4 激光复合加工技术 ………………………………………………………… 202

8.4.1 激光辅助车削技术 ……………………………………………………… 202

8.4.2 激光辅助电镀技术 ……………………………………………………… 203

8.4.3 激光与步冲复合技术 ·· 204

8.4.4 激光与水射流复合切割技术 ··· 204

8.4.5 激光复合焊接技术 ·· 205

8.4.6 激光与电火花复合加工技术 ··· 208

8.4.7 激光与机器人复合加工技术 ··· 210

第9章 激光微细加工 ·· 212

9.1 准分子激光微细加工 ·· 213

9.1.1 准分子激光加工的原理及特点 ····································· 213

9.1.2 准分子激光的微细加工 ·· 214

9.1.3 准分子激光微细加工的应用 ·· 217

9.2 超短脉冲激光的微细加工 ·· 220

9.2.1 超短脉冲激光的发展 ·· 220

9.2.2 飞秒激光器的分类 ·· 222

9.2.3 飞秒激光加工的原理及特征 ·· 222

9.2.4 飞秒脉冲激光的精细加工应用 ····································· 226

9.3 激光微型机械加工 ·· 231

9.3.1 微型机械加工 ·· 231

9.3.2 准分子激光直写微细加工 ·· 232

9.3.3 激光 LIGA 技术 ·· 233

9.3.4 激光化学加工技术 ·· 236

9.3.5 微型机电系统的激光辅助操控与装配 ································ 236

9.4 激光诱导原子加工技术 ·· 237

9.4.1 原子层外延生长 ·· 237

9.4.2 原子层刻蚀 ·· 238

9.4.3 原子层掺杂 ·· 239

9.5 激光制备纳米材料 ·· 239

9.5.1 激光制备纳米材料的特点 ·· 239

9.5.2 激光诱导化学气相沉积法 ·· 239

9.5.3 激光烧蚀法 ·· 242

9.6 脉冲激光沉积薄膜技术 ·· 243

9.6.1 脉冲激光沉积薄膜技术的特点 ····································· 243

9.6.2 脉冲激光沉积薄膜的原理 ·· 244

9.6.3 PLD 沉积薄膜的装置 ·· 246

9.6.4 PLD 沉积工艺 ·· 246

9.6.5 PLD 制备新材料应用 ·· 247

9.6.6 脉冲激光沉积薄膜技术的发展方向 ································· 248

9.7 激光-扫描电子探针技术 ·· 249

9.7.1 激光-扫描电子探针技术的基本原理 ································· 249

9.7.2 纳米加工的应用 ·· 250

9.7.3 Laser-SPM 技术的发展 ·· 251

第10章 激光加工中的安全防护及标准 ··· 253

10.1 激光的危险性 ··· 253

10.1.1　光的危害 ……………………………………………………………… 253

10.1.2　非光的危害 ………………………………………………………… 255

10.2　激光危险性的分类 ………………………………………………………… 255

10.2.1　分类过程 …………………………………………………………… 255

10.2.2　分级 ………………………………………………………………… 255

10.3　激光防护 …………………………………………………………………… 256

10.3.1　激光防护的主要技术指标 …………………………………………… 256

10.3.2　激光防护的通用操作规则 …………………………………………… 257

10.4　激光安全标准 ……………………………………………………………… 257

10.4.1　激光安全的国家标准 ………………………………………………… 257

10.4.2　激光防护镜标准 ……………………………………………………… 258

参考文献 ……………………………………………………………………… 259

第1章

绪 论

　　自从 20 世纪 60 年代世界上第一台激光器诞生以来，科研工作者对激光进行了多方面的研究和应用。1963～1965 年相继发明了 CO_2 激光器和 YAG 激光器，经过对激光的特性和激光束与物质相互作用机理的深入研究，激光技术的应用领域开始不断明确和具体化。

　　50 多年来，激光技术及其应用发展迅猛，已与多个学科相结合形成多个应用技术领域，如激光加工技术、激光检测与计量技术、激光化学、激光医疗、激光制导等。这些交叉技术与新的学科的出现，极大地推动了传统产业和新兴产业的发展，同时赋予激光加工技术更广的应用领域。

1.1　激光和工业激光器的发展

　　1917 年，爱因斯坦在量子理论的基础上提出：在物质与辐射场的相互作用中，构成物质的原子或分子可以在光子的激励下产生光子的受激发射或吸收。这表明如果能使组成物质的原子（或分子）数目按能级的热平衡（玻耳兹曼）分布出现反转，就有可能利用受激发射实现光放大（Light Amplification by Stimulated Emission of Radiation，LASER），这就是激光的名称。后来理论物理学家发现了受激发射光子（波）和激励光子（波）具有相同的频率、方向、相位和偏振。这些都为激光的出现（一种光波振荡器）奠定了理论基础。到 1960 年，当时美国休斯公司实验室的梅曼（Theodore H. Maiman）在量子电子学发展成果的基础上发明了世界上第一台红宝石固态激光器（ruby laser）；1961 年，德若凡发明了第一台气体激光器——氦氖激光器；在 1962 年又出现了半导体激光器；1963 年，帕特尔（C. Patel）发明了第一台 CO_2 激光器；1965 年，贝尔实验室发明了第一台 YAG 激光器；1968 年开始发展高功率 CO_2 激光器；1971 年出现了第一台商用 1kW CO_2 激光器。1980 年 200W 准分子 Kr 激光器问世；1988 年出现倍频泵浦 YAG 激光器。在这之后，激光器的发展非常迅速，各种实用化的固体、气体、半导体、染料和准分子激光器不断出现和完善。

　　随着激光束与材料的相互作用研究的发展，激光器的输出功率、稳定性和可靠性等的提高使其逐渐得到了实际应用，并且成为在工业生产中材料加工的重要分支。自从第一台激光器诞生以来，人们就开始探索激光在材料加工领域中的应用。1965 年前后，YGA 激光器和 CO_2 激光器相继出现，由于这两种激光器可以产生相当高的输出功率和能量，使激光在材料加工领域的应用成为可能。在 20 世纪 70 年代初期，随着晶体材料质量的不断提高，聚光腔性能的改进，冷却系统和激光谐振腔结构的不断完善，使 YAG 激光器开始成为微型件切割、焊接、退火等的重要光源，并逐步在生产中得到应用。到 70 年代后期，CO_2 激光器的结构从封离式、玻璃管结构发展到横向、纵向流动式和波导式；同时激励方式从直流、交流发展到射频，输出功率最大发展到数千瓦。CO_2 激光器的可靠性、稳定性完全满足工业生产线的需要，开始被广泛应用于各种材料的焊接、切割和热处理中。

我国的激光加工技术始于 20 世纪 60 年代。1957 年，王大珩等在长春建立了我国第一所光学专业研究所——中国科学院（长春）光学精密仪器机械研究所（简称"光机所"）。1961 年夏，我国第一台红宝石激光器在中国科学院光机所诞生，在此之后，各种类型的固体、气体、半导体和化学激光器相继研制成功。表 1-1 列出了我国研制成功的第一台各类激光器。

表 1-1　我国研制成功的第一台各类激光器

名　　称	研制成功时间	研 制 人
He-Ne 激光器	1963 年 7 月	邓锡铭等
掺钕玻璃激光器	1963 年 6 月	干福熹等
GaAs 同质结半导体激光器	1963 年 12 月	王守武等
脉冲 Ar^+ 激光器	1964 年 10 月	万重怡等
CO_2 分子激光器	1965 年 9 月	王润文等
CH_3I 化学激光器	1966 年 3 月	邓锡铭等
YAG 激光器	1966 年 7 月	屈乾华等

作为具有高亮度、高方向性、高质量等优异特性的新光源，激光应用于许多技术领域，显示出强大的生命力和竞争力。在通信领域，1964 年 9 月用激光演示传送电视图像，1964 年 11 月实现 3～30km 的通话。工业方面，1965 年 5 月激光打孔机成功地用于拉丝模打孔生产，获得显著经济效益。在医学领域，1965 年 6 月激光视网膜焊接器进行了动物的临床实验。在国防领域，1965 年 12 月研制成功激光漫反射测距机（精度为 10m/10km），1966 年 4 月研制出遥控脉冲激光多普勒测速仪。

20 世纪 80 年代，激光器的性能和质量有了进一步的发展，自动化程度和检测、控制功能得到了明显的提高。为了提高 CO_2 激光器的功率，采用快速轴流的结构，输出功率已达几千瓦直至上万瓦；为了减小体积，提高效率及激光器的可调制性，激励方式由直流激励发展成高频激励、微波激励。对于 YAG 激光器，同样为了提高激光器的功率和光束质量，必须克服其在高功率运转时出现的严重热透镜效应，在激光器结构上发展了板条、管状等新型结构形式。在此基础上，为了进一步提高激光器的输出功率，多级放大结构被广泛采用。目前单棒结构的最大输出功率只能达到几百瓦，而多级放大结构可使激光器的输出功率达到几千瓦。这些激光器既可连续运行，又可脉冲运行，还可使用光纤传输；激光的模式也从多模输出发展到基模或接近基模输出；激光的发射角已达到了几个毫弧度。以上这些激光器都已成功地应用于激光表面处理、激光切割及焊接等材料加工领域。

近年来，随着激光技术的发展，一些新型的激光器相继进入激光加工领域，如半导体激光器、染料激光器、气体原子和分子激光器、光纤激光器等，其中在微细加工领域发挥重要作用的是准分子（XeCl、KrF）激光器。准分子激光器的光束属于紫外波段，它与材料作用机理是以激光化学反应为主，其作用过程主要靠高能密度光子引发或控制化学反应，一般称其为冷加工；而对于 YAG 激光器和 CO_2 激光器主要以激光热作用于材料进行加工，称其为热加工。准分子激光加工是极具前途的加工技术，在材料加工特别是微细加工领域已开始得到广泛应用。另外，光纤激光器在低功率激光加工领域巩固其市场份额之后不断地扩大在高功率激光加工领域的份额，目前已成为研究和发展的焦点领域，CO_2 激光器的传统优势逐渐被光纤激光器所取代。

1.2 激光加工的特点、类型及应用

激光加工技术是利用激光束与物质相互作用的特性对材料进行切割、焊接、表面处理、打孔、增材加工及微加工等的一门加工技术。激光加工技术涉及光、机电、材料及检测等多门学科，它的研究范围一般可分为激光加工系统和激光加工工艺。

1.2.1 激光加工的特点

激光加工技术是20世纪与原子能、半导体及计算机技术齐名的四大发明之一。激光的应用已渗透到加工、军事、通信等各个领域，21世纪被誉为"光加工时代"。激光技术在我国经过几十年的发展，取得了上千项科技成果，许多已用于生产实践，激光加工设备产量平均每年以20%的速度增长，为传统产业的技术改造、提高产品质量解决了许多问题，如三维激光技术正在宝钢、本钢等大型钢厂推广，将改变我国汽车覆盖件的钢板完全依赖进口的状态，激光标记机与激光焊接机的质量、功能、价格符合国内市场目前的需求，市场占有率达90%以上。1985~1995年，国外激光产业以10%的速度增长，1998年销售额达到970亿德国马克，2010年全球激光与光电产业大幅增长，市场规模突破4000亿美元，增长率近30%，预计到2015年全球激光与光电产业市场将突破1万亿美元。以激光技术为基础的光电产业可能会取代传统电子产业。激光加工、激光通信及激光医疗成为激光技术应用最重要的三个方面。

激光加工与其他加工技术相比有其独特的特点和优势，它的主要特点如下。

① 非接触加工。激光属于非接触加工，切割不用刀具，切边无机械应力，也无刀具磨损和替换、拆装问题，为此可缩短加工时间；激光焊接无需电极和填充材料，再加上深熔焊接产生的纯化效应，使焊缝杂质含量低、纯度高。聚焦激光束具有 $10^6 \sim 10^{12}$ W/cm^2 高功率密度，可以进行高速焊接和高速切割。利用光的无惯性，在高速焊接或切割中可急停和快速启动。

② 对加工材料的热影响区小。激光束照射到物体的表面是局部区域，虽然在加工部位的温度较高，产生的热量很大，但加工时的移动速度很快，其热影响的区域很小，对非照射的区域几乎没有影响。在实际热处理、切割、焊接过程中，加工工件基本上不产生变形。正是激光加工的这一特点，使其被成功地应用于局部热处理和显像管焊接中。

③ 加工的灵活性。激光束易于聚焦、发散和导向，可以很方便地得到不同的光斑尺寸和功率大小，以适应不同的加工要求。并且通过调节外光路系统改变光束的方向，与数控机床、机器人进行连接，构成各种加工系统，实施对复杂工件进行加工。激光加工不受电磁干扰，可以在大气环境中进行加工。

④ 微区加工。激光束不仅可以聚焦，而且可以聚焦到波长级光斑，使用这样小的高能量光斑可以进行微区加工。

⑤ 可以通过透明介质对密封容器内的工件进行各种加工。

⑥ 可以加工高硬度、高脆性及高熔点的多种金属、非金属材料。

激光加工具有许多特点和优势，但目前依然是一种较昂贵的能源，设备价格较高，生产成本较高。

1.2.2 激光加工的类型及应用

随着激光加工技术的不断发展，其应用越来越广泛，加工领域、加工形式多种多样，但从本质而言，激光加工是激光束与材料相互作用而引起材料在形状或组织性能方面的改变过程。从这一角度可将激光加工分为以下几种类型。

1.2.2.1　激光材料去除加工

在生产中常用的激光材料去除加工有激光打孔、激光切割、激光雕刻和激光刻蚀等技术。

激光打孔是最早在生产中得到应用的激光加工技术。对于高硬度、高熔点材料，常规机械加工方法很难或不能进行加工，而激光打孔则很容易实现。如金刚石模具的打孔，采用机械钻孔，打通一个直径 0.2mm、深 1mm 的孔需要几十个小时，而激光打孔只需要 3～5min，不仅提高了效率，还能节省许多昂贵的金刚石粉。

激光切割具有切缝窄、热影响区小、切边洁净、加工精度高、光洁度高等特点，是一种高速、高能量密度和无公害的非接触加工方法。

激光雕刻印染圆网技术是激光雕刻技术在工业中成功应用的典范，此技术在 1987 年应用于全球的纺织行业。

1.2.2.2　激光材料增材加工

激光材料增材加工主要包括激光焊接、激光烧结和激光快速成形技术。

激光焊接是通过激光束与材料的相互作用，使材料熔化实现焊接的。激光焊接可分为脉冲激光焊接和连续激光焊接，按热力学机制又可分为激光热传导焊接和激光深穿透焊接（或称深熔焊接）。

激光快速成形技术是激光加工技术引发的一种新型制造技术，现被称为3D打印技术，它是利用材料堆积法制造实物产品的一项高新技术。它能根据产品的三维模型数据，不借助其他工具设备，迅速而精确地制造出所需产品，集中体现了计算机辅助设计、数控、激光加工、新材料开发等多学科、多技术的综合应用。

1.2.2.3　激光材料改性

激光材料改性主要有激光热处理、激光强化、激光涂覆、激光合金化和激光非晶化、微晶化等。

1.2.2.4　激光微细加工

激光微细加工起源于半导体制造工艺，是指加工尺寸约在微米级范围内的加工方式。纳米级微细加工方式也称为超精细加工。目前激光微细加工已成为研究热点和发展方向。

1.2.2.5　其他激光加工

激光加工在其他领域中的应用有激光清洗、激光复合加工、激光抛光等。

1.3　先进激光加工技术的发展方向

激光作为高技术的重要组成部分，从 20 世纪 60 年代问世以来，随着对其基本理论研究的不断深入，各种各样的新型激光器不断研制成功，已经在工业、农业、医学、军事等领域得到广泛应用。

从全球激光产品的应用领域来看，在这些应用当中，材料加工行业仍是其主要的应用市场，所占比重为 35.2％；通信行业排名第二，所占比重为 30.6％；数据存储行业占据第三位，所占比重为 12.6％。

近十年来，随着工业激光应用市场在不断扩大，激光加工领域也不断开拓，由传统的钟表、电池、衣扣等轻工行业向机械制造业、汽车制造业、航空、动力和能源以及医学和牙科仪器设备制造业等应用领域拓展，有效拉动了激光加工设备的需求。

2011 年，全球激光工业加工设备销售额获得了强劲的两位数增长。2011 年全球激光系统销售收入 70.6 亿美元，同比增长 16％，其中，激光器销售收入 19.56 亿美元，同比增长

18%。增长速度十分迅速，表 1-2 列出了 2008～2012 年全球激光器及其应用系统的销售收入总和。

表 1-2　2008～2012 年全球激光器及其应用系统的销售收入总和　　　　　　亿美元

年度	2008	2009	2009 较 2008 增长率/%	2010	2010 较 2009 增长率/%	2011	2011 较 2010 增长率/%	2012	2012 较 2011 增长率/%
工业激光器	17.6	12.31	-30	16.57	35	19.56	18	20.6	5
激光加工系统	60.81	48.65	-20	60.9	25	70.6	16	73.41	4

我国激光产品主要应用于工业加工，占据了 40% 以上的市场空间。2005～2011 年，我国激光加工设备的增长较快，年均增速超过 20%，高于世界激光加工设备年均增长率。2008 年后，在调整结构、拉动内需等措施的刺激下，我国激光在铁路机车、工程机械、军工、新能源等行业应用获得大幅增长。2009 年，我国激光加工设备行业规模达到 46 亿元，2010 年突破 55 亿元，2011 年约为 60 亿元，激光加工设备市场呈现出稳定、高速增长的态势。

激光材料加工在打孔、切割、焊接、表面改性、微细加工等方面解决了许多常规方法无法加工和很难加工的问题，大大提高了生产效率和加工质量，激光加工已被称为未来制造系统共同的加工手段。发达国家的加工业已逐步进入"光加工"时代。

在美国、日本和欧洲等国家和地区，激光加工已形成一个新兴的高技术产业，加工技术已经成熟，工业激光器和激光加工机床已经商业化。目前，用于材料加工的激光器主要有 CO_2 激光器、YAG 激光器、准分子激光器及光纤激光器。表 1-3 列出了 2010～2012 年全球不同种类激光器销售收入。其中 CO_2 激光器、光纤激光器和二极管/准分子激光器均以两位数以上的速率增长，光纤激光器 49% 的强劲增长率主要来自于薄板切割加工业务。CO_2 激光器保持了 14% 的增长率，主要源自激光加工站。尽管 CO_2 激光加工系统在薄板切割加工市场中受到了高速增长的光纤激光加工机的侵蚀，但其长期形成的主流市场优势仍使其保持了 14% 的增长。

表 1-3　2010～2012 年全球不同种类激光器销售收入　　　　　　亿美元

年度	2010	2011	2011 较 2010 增长率/%	2012	2012 较 2011 增长率/%
CO_2 激光器	8.7	9.89	14	10.16	3
固体激光器	4.02	4.19	4	4.54	8
光纤激光器	3.26	4.86	49	5.16	6
二极管/准分子激光器	0.6	0.7	17	0.75	7

大功率激光器的研究取得了重大进展，目前输出功率已经达到 10kW 以上，该种激光器通过与光纤耦合，在汽车制造业中得到了广泛应用，并不断地扩展到重型机械领域。出于对环保的考虑，汽车等运输类机械也在追求轻量化，因而越来越多地采用铝合金。采用激光焊接铝合金是一种最有效的手段。高输出功率的 YAG 激光器已开始在重工业领域得到广泛应用。使用高功率 YAG 激光器切割的钢板质量与 CO_2 激光器加工质量相当，并且 YAG 激光器可以通过光纤传输，将其装配在卡车上在室外使用，同样可用于建筑、遇难船只等危险地点的救援工作。高峰值功率激光器与传统的激光器相比，具有脉冲能量大（几十毫焦乃至几焦耳）、脉冲宽度短（从飞秒、皮秒到亚纳秒和纳秒左右）、峰值功率更高（兆瓦乃至吉瓦）、实现难度更大等特点。这类激光器在激光加工、流场显示、海洋探测、光电对抗、激光医疗、大气监测、激光通信、谐波变换、X 射线激光器、自由电子加速器、惯性约束核聚变、

超短脉冲掺钛蓝宝石可调谐激光器的研究等领域同比拥有更多的优势。目前，这类激光器的技术主要为国外的如美国相干、光谱物理、德国挪拿、白俄罗斯 Solar 等大公司所掌握。目前，大功率激光器正在向着高亮度、高光束质量的方向发展。

CO_2 激光器的最大应用领域是切割和打孔，这类用途占 70% 以上。CO_2 激光器虽然在金属表面的反射率高，但由于其输出功率高、光束质量好，而得到了广泛应用。商品化的 20～45kW CO_2 大功率激光器现已用于桥梁、造船、建筑机械和原子能技术等领域。该种激光器可切割厚度达 30mm 以上的钢板。由于 YAG 激光器的高功率化，CO_2 激光器未来主要的发展方向在于提高光束的质量和转换效率。在金属薄板激光加工中，材料对 CO_2 激光的吸收率比光纤激光要低一直是市场竞争中处于不利的地方。但随着径向偏振新技术的出现，CO_2 激光材料吸收率方面的不足不仅可弥补，而且会反超光纤激光器。

准分子激光器是以卤素气体与稀有气体混合物为工作介质的激光器，包括 XeF（351nm，3.5eV）、XeCl（308nm，4.0eV）、KrF（248nm，5.0eV）、ArF（193nm，6.4eV）和 F_2（157nm，7.9eV）等，目前用于加工的准分子激光器以 XeCl 和 KrF 为主。准分子材料切除的本质是光烧蚀，它几乎没有热影响区域，而且使用准分子时，切口干净、轮廓分明。这些特点使它十分适合进行亚微米范围的微加工。此外，短波长的紫外（UV）准分子辐射很轻易被很多材料所吸收，使它不论对硬质材料（如硅和陶瓷）还是对软质聚合物都能进行有效加工。紫外准分子激光波长的范围较广，这意味着基本上对于任何需要加工的材料都能够找到合适的波长。大型的多模平顶准分子光束让大面积图案制作所需的光束整形和掩模技术成为可能，使加工效率更高，且能得到复杂的三维图案。目前随着激光波长变短，光子能量增加且聚光直径变小，这项加工正向微细化方向发展。

光纤激光器具有转换效率高（可高达 20%）；寿命长（平均无故障工作时间在 10 万小时以上）；可在恶劣的环境下工作（由于其谐振腔置于光纤内部，即使在高冲击、高振动、高湿度、有灰尘的条件下也可正常运转，而环境温度允许在 −20～+70℃ 之间）；无需庞大的水冷系统，只需简单的风冷即可；外形紧凑、体积小（光纤激光器模块体积只有一本字典大小）；易于系统集成等特点。目前采用的各种体积庞大的传统激光器（如普通激光加工和打标使用的 CO_2 和 YAG 激光器），在许多领域或将被这种新型的高效率、长寿命、小体积、大功率光纤激光器所替代。目前，单根光纤激光的连续波输出功率从百瓦级、千瓦级向万瓦级发展，在保持光束质量不变的前提下大大提升单根光纤激光的输出功率，将是高功率光纤激光发展的主要研究内容之一。预计通过掺杂光纤、更先进的设计和采用更高功率的泵浦源，单根光纤输出功率将达到万瓦级。另外，采用基于种子激光振荡放大 MOPA 的脉冲光纤激光器，将高光束质量、小功率的激光器作为种子光源，双包层光纤作为放大器，容易获得高平均功率、高脉冲能量的脉冲激光输出，也是目前研究热点。光纤激光的工业应用从低功率的打标、雕刻（十瓦、百瓦级）向更高功率的金属和陶瓷的切割、焊接等方面发展（千瓦到万瓦级），在汽车工业和船舶工业中，结构紧凑、实用方便的高功率光纤激光器具有巨大的市场潜力。

我国 1963 年研制成功激光打孔机，1965 年打孔机在拉丝膜和手表宝石轴承上投入实际使用，以后相继采用 CO_2 激光器、钕玻璃激光器、YAG 激光器对不同材料、不同零件进行打孔。1976 年开始在汽车制造业中使用激光切割，1978 年起系统地进行了激光热处理的研究和工业应用，并取得了良好的成果。从 1982 年 10 月起激光加工被列入"七五"至"十二五"国家科技重点攻关课题。到目前为止，我国在激光打孔、激光毛化、激光切割、激光焊接、激光热处理、激光打标等方面已有许多非常成功的应用范例，在激光合金化和熔覆、激光制备新材料、激光 3D 打印等方面都进入实用化阶段。

激光 3D 打印技术，也称激光快速成形技术、激光增材制造技术，是近年来非常时尚而且发展非常迅速的一项技术，激光3D打印技术的原理是用CAD生成的三维实体模型，通过分层软件分层，每个薄层断面的二维数据用于驱动控制激光光束，扫射液体、粉末或薄片材料，加工出要求形状的薄层，逐层积累形成实体模型。快速制造出的模型或样件可直接用于新产品设计验证、功能验证、工程分析、市场订货及企业决策等，缩短新产品开发周期，降低研发成本，提高企业竞争力。激光3D打印技术包括很多种工艺方法，其中相对成熟的有立体光固化（SLA）、选择性激光烧结（SLS）、分层实体制造（LOM）、激光熔覆成形（LCF）、激光近形制造（LENS）。近年来，激光3D打印技术正在发生巨大的变化，主要体现在新技术、新工艺及信息网络化等方面，其未来发展方向主要是研究新的成形工艺方法以及开发新设备和新材料。其设备研制主要向自动化的桌面小型系统及工业化大型系统方向发展。成形材料的研发及应用是目前LRP技术的研究重点之一。发展全新材料，特别是复合材料，如纳米材料、非均质材料、功能材料是当前的研究热点。目前，激光3D打印技术已被广泛应用于工业造型、机械制造、航空航天、军事、建筑、影视、家电、轻工、医学、考古、文化艺术、雕刻、首饰等多个行业。从长远看，这项技术应用范围之广将超乎想象，最终将给人们的生产和生活方式带来颠覆性的改变，甚至将引发第三次工业革命。

激光加工是先进制造技术体系结构中特种加工技术的首选加工方式。激光加工系统作为21世纪的先进加工生产系统，具有集成化、智能化、柔性化和小型化特征，是多学科相互交叉、多技术综合的结晶。

（1）激光加工的集成化

激光加工先进生产系统作为制造业的高新技术生产系统与当前不断出现的新制造技术相互交叉形成了制造业的最新发展动向。这些新技术包括：数控技术，计算机集成制造技术，并行工程技术，敏捷制造，成组技术，快速成形技术，智能制造、仿真和虚拟制造技术，精益生产、制造资源计划MRPⅡ等。激光加工系统就是一个强大的集成系统，这些先进技术的不断发展和集成构筑了未来先进生产系统。

（2）激光加工的智能化

激光加工与数控技术的融合，机器人技术与人工智能的引入，这些高新技术的交叉和相互作用，使激光加工先进生产系统具备了智能制造的特点。工业激光系统工艺参数的计算机数字控制，机器人在数控系统的控制下实现机械执行系统的功能，完成激光加工过程中所必需的激光光束与被加工工件之间的相对运动，人工智能模式识别技术和机器人数控技术的结合使机器人智能化，智能机器人与激光数控的集成实现了激光加工系统的智能控制。实际上智能控制还包括自动测量系统、在线监测、诊断和控制系统的渗透和总体集成。

（3）激光加工的柔性化

柔性制造系统（FMS）是目前制造领域迅速发展和应用的高新技术之一。它是由若干数控加工设备（CNC设备）、物料运储装置和计算机控制系统组成的自动化制造系统，它能根据制造任务和生产品种的变化而迅速进行调整，适用于多品种、中小批量生产。激光加工作为先进生产系统必须能满足柔性制造的要求，而激光加工完全具有了精密加工、特殊加工、复杂加工和灵活加工的特点，这些使激光加工完全可以实现柔性加工。目前，激光加工中的激光打孔已实现了柔性工作。随着激光加工技术的不断发展，激光加工整机性能也逐渐提高。激光加工技术与计算机技术、检测技术、自动控制技术等紧密结合，激光加工机的自动化程度不断提高。激光技术与CAD/CAM技术的结合，构成了激光加工的柔性加工系统，实现了二坐标、三坐标、五坐标的多功能数控激光加工机，实现在同一流水线上进行多种作业。

（4）激光加工的小型化

设备小型化是激光精密加工技术的一个发展趋势，近年来，一系列新型激光器（如光纤激光器、紫外激光器等）得到了迅速的发展，它们具有转换效率高、工作稳定性好、光束质量好、体积小等一系列优点，很有可能成为下一代激光精密加工的主要激光器，这些新型激光器的发展为激光精密加工设备的小型化提供了基础。

国外已把激光切割和模具冲压两种加工方法组合在一台机床上，制成激光冲床，它兼有激光切割的多功能性和冲压加工的高速高效的特点，可完成切割复杂外形、打孔、打标、划线等加工。

1.4　激光加工技术术语及符号、单位

1.4.1　术语

1.4.1.1　激光基础术语

激光基础术语见表 1-4。

表 1-4　激光基础术语

序号	术语	英文及缩写	定义
1	激光加工	laser beam machining	利用高能量密度的激光束使工件材料被去除、变形、改性、沉积、连接等的加工方法
2	激光	laser radiation	由激光器产生的，波长在 1mm 以下的相干电磁辐射。它由物质的粒子受激发射放大产生，具有良好的单色性、相干性和方向性
3	激光束	laser beam	空间定向的激光辐射
4	激光束亮度	brightness of laser beam	激光器输出端上单位面积向单位立体角的辐射功率，单位为 $W/(m^2 \cdot sr)$
5	自发辐射	spontaneous emission	处于高能级上的粒子按一定概率自发地跃迁到低能级上去，同时发射光子的现象
6	受激辐射	stimulated emission	在辐射场作用下，处于高能级的粒子向低能级跃迁时发射出与激发光子的特性（频率、相位、方向、偏振等）完全相同的辐射现象
7	粒子数反转	population inversion	高能级上粒子数多于低能级上粒子数时的一种非热力学现象
8	激光振荡阈值	laser oscillation threshold	使受激发射输出超过自发辐射输出，从而产生激光的最低激发水平
9	激活粒子	active population	可以通过受激发射而产生激光的原子、分子、离子等的总称
10	光增益	gain of light	光在介质中传播时，其强度随着距离的增加而逐渐增强的现象
11	激活介质	active medium	有光增益作用的介质
12	增益系数	gain coefficient	通过单位长度激活介质的辐射强度的相对增加量，单位为 m^{-1}。表达式为 $G = IdI/dz$。式中，I 为入射辐射强度，W/sr；dz 为通过介质厚度，m；dI 为通过介质厚度 dz 后的辐射强度增量，W/sr

序号	术语	英文及缩写	定义
13	增益饱和	gain saturation	当光强增加到一定程度后,激活介质的增益系数表现出随光强增加而减少的现象
14	激光振荡条件	laser oscillation condition	激光器发生振荡应同时满足振幅和相位条件。振幅条件是光在谐振腔内往返一次,由激活介质得到的增益必须大于或等于在此期间光的全部损耗;相位条件是光在激光谐振腔内往返一次相位的改变为 2π 的整数倍
15	光学谐振腔	optical resonator	能在其空间内激励确定类型光频段电磁波的本征振荡的光学系统
16	光学谐振腔模式	modes of optical cavity	光学谐振腔内允许的电磁场的本征分布,通常用 TEM_{mnq} 来表示,下标中的 m、n、q 分别是零或正整数,用于表征模式的特征
17	波长	wavelength	沿着波的传播方向,在波的图形中相对平衡位置的位移时刻相同的两个质点之间的距离,单位为 μm
18	纵模	longitudinal mode	在长度为 L 的谐振腔内,沿电磁波传播方向的电场分布本征函数。纵模数($q = 2L/\lambda$)描述其在传播方向上的行为,它是激光谐振腔反射镜之间的驻波的半波长数
19	横模	transverse mode	谐振腔内垂直电磁波传播方向的电场分布本征函数,或垂直电磁波传播方向光束密度分布的本征函数。对于矩形对称,数 m、n 表示垂直电磁波传播方向的 x、y 方向场分布的节点数(厄米-高斯模)。对于圆对称,数 p、l 表示径向和方位节点数(拉盖尔-高斯模)
20	基模	fundamental mode	光学谐振腔中的最低阶模
21	高阶模	higher-order mode	光学谐振腔中除了基模以外的其他横模
22	光束直径	beam diameter	在垂直光束平面内,包含总光束功率(或能量)规定百分数的最小孔径的直径。二阶矩所定义光束直径为:在垂直光束平面内,分别为光束功率(或能量)密度分布函数二阶矩均方根的 $2\sqrt{2}$ 倍,单位为 m
23	束腰直径	beam waist diameter	束腰位置处的内含功率(或能量)定义的光束直径,单位为 m
24	高斯光束	gaussian beam	光束横截面的电场振幅分布函数是高斯形的光束
25	平均能量密度	average energy density	光束横截面内的总能量除以该光束的横截面积,单位为 J/m^2
26	平均功率	average power	脉冲能量 Q 与脉冲重复频率 f_p 的乘积,单位为 W
27	平均功率密度	average power density	光束横截面内的总功率除以该光束的横截面积,单位为 W/m^2
28	脉冲持续时间	pulse duration	激光脉冲上升和下降到它的10%峰值功率点之间的最大间隔时间,单位为 s
29	脉冲重复频率	pulse repetition rate	重复脉冲激光器每秒钟发出的激光脉冲数,单位为 Hz
30	脉冲能量	pulse energy	一个脉冲所含的辐射能量,单位为 J

序号	术语	英文及缩写	定义
31	峰值功率	peak power	功率时间函数的最大值,单位为 W
32	相干性	coherence	电磁场中各点间有恒定相位关系的特性
33	时间相干性	temporal coherence	电磁场中相同位置、不同时间信号的相位相关关系
34	空间相干性	spatial coherence	电磁场中相同时间、不同位置信号的相位相关关系
35	相干长度	coherence length	激光辐射在其传播方向上能保持有效相位关系的距离,单位为 m
36	相干时间	coherence time	激光辐射保持有效相位关系的间隔时间,单位为 s
37	激光器	laser	由激活介质和光学谐振腔组成,可发射受激发波长在 1mm 以下的相干辐射的器件。从广义上说,发射相干电磁辐射的装置也可称为激光器
38	激光器效率	laser efficiency	激光束内的总辐射功率(或能量)与直接供应激光器的泵浦功率(或能量)的商
39	激光装置效率	laser device efficiency	激光束内的所有功率(或能量)与包括全部附属系统在内的所有输入功率(或能量)的商
40	量子效率	quantum efficiency	在光泵浦激光器中,一个激光光子能量与一个贡献于粒子数反转的泵浦光子能量之比(输入光子对所希望的效应有贡献的部分所占百分比,也称量子效率)
41	光束传输因子	beam propagation	光束参数积逼近理想高斯光速衍射极限程度的度量
42	光束横截面积	beam cross-sectional area	内含功率(或能量)占光束功率(能量)规定比例的最小面积,单位为 m^2
43	光束位置稳定度	beam positional stability	在平面 z' 上,测得光束位置漂移标准偏差的 4 倍值,单位为 m
44	连续功率	CW-power	连续激光器的输出功率,单位为 W
45	谐振腔费涅耳数	Fresnel number of resonator	标准谐振腔衍射损耗的量度。表达式为 $N = \dfrac{r_1 r_2}{\lambda L}$。式中,$N$ 为费涅耳数;r_1,r_2 分别为两反射镜的半径,m;λ 为光波波长,m;L 为谐振腔长,m
46	谐振腔品质因数	quality factor of resonator	代表谐振腔质量指数的参数。表达式为 $Q = 2\pi \dfrac{E_c}{E_1}$。式中,$Q$ 为谐振腔品质因数;E_1 为一个振荡周期中损耗的光波能量,J;E_c 为储存在腔内的光波能量,J
47	输出功率不稳定度	output power instability	在一定的时间范围内,2 倍激光输出功率变化的标准差与激光输出功率的平均值的比。表达式为 $\Delta p = \dfrac{2\Delta P_\sigma}{P}$。式中,$\Delta p$ 为输出功率不稳定度;ΔP_σ 为激光输出功率变化的标准差,W;P 为激光输出功率的平均值,W

1.4.1.2 激光技术术语

激光技术术语见表 1-5。

表 1-5　激光技术术语

序号	术语	英文及缩写	定义
1	泵浦	pumping	将能量供给粒子,使其由低能态跃迁到高能态
2	热透镜效应	thermal-lensing effect	介质由于通过强光而受热,产生变形和折射率变化,结果如同附加一个透镜的现象
3	倍频	frequency doubling	激光通过非线性晶体时,能使出射光中含有频率为入射光频率两倍的光的技术
4	调 Q	Q-spoiling	使激光器谐振腔 Q 值由低突然调到高的技术
5	开关时间	switching	在 Q 开关的激光器中,Q 开关的通断使谐振腔 Q 值从最小变到最大值所经历的时间
6	锁模	mode locking	对激光进行特殊调制,强迫激光器中振荡的各纵模的相位互相保持固定关系的方法
7	主动锁模	active mode-locking	用信号在腔内对纵模进行振幅或相位调制所实现的锁模
8	被动锁模	passive mode-locking	将饱和吸收体(饱和吸收染料或饱和吸收气体)插入腔内,利用吸收系数随光强变化关系对光脉冲所实现的锁模
9	自锁模	self mode-locking	由激活介质自身的非线性效应实现的锁模
10	稳频	frequency stabilization	使输出激光频率稳定的技术

1.4.1.3　激光元器件及激光器术语

激光元器件及激光器术语见表 1-6。

表 1-6　激光元器件及激光器术语

序号	术语	英文及缩写	定义
1	激光染料	laser dye	溶于溶剂后,能够用来作为激光工作物质的有机染料
2	基质	host	寄存激光激活粒子的材料
3	工作物质	laser material	在一定条件下具有光增益作用的物质
4	红宝石	ruby	含有少量三价铬(Cr^{3+})和 α 型氧化铝(Al_2O_3)单晶
5	钕玻璃	neodymium glass	掺有少量三价钕离子(Nd^{3+})的硅酸盐、磷酸盐或硼酸盐玻璃
6	钕钇铝石榴石	neodymium-doped yttrium aluminum garnet	化学式为 $Nd:Y_3Al_5O_{12}$ 的一种工作物质
7	泵浦灯	pumping lamp	用来泵浦激光工作物质的灯
8	激光泵浦腔	laser pumping cavity	将泵浦光能聚集到工作物质上的反射器,又称聚光腔
9	氙闪光灯	xenon flash lamp	内部充有惰性气体氙的闪光灯
10	氪闪光灯	krypton flash lamp	内部充有惰性气体氪的闪光灯
11	非线性光学晶体	nonlinear optical crystal	能产生一些非线性光学效应的晶体
12	Q 开关	Q-switch	实现调 Q 的器件
13	激光放大器	laser amplifier	使激光通过而得到强度(亮度)增大的器件,它由激光工作物质和泵浦源构成

序号	术语	英文及缩写	定义
14	脉冲激光器	pulse laser	以单脉冲或序列脉冲形式发出能量的激光器,一个脉冲的持续时间小于0.25s
15	连续激光器	CW(Continuous Wave) laser	在不小于0.25s的期间连续辐射的激光器
16	准连续激光器	quasi continuous wave laser	输出激光脉冲的重复频率大于1kHz的激光器
17	固体激光器	solid state laser	以固体材料为工作物质的激光器
18	气体激光器	gas state laser	以气体为工作物质的激光器
19	半导体激光器	semiconductor laser	以半导体材料为工作物质的激光器
20	染料激光器	dye laser	以激光染料为工作物质的激光器
21	化学激光器	chemical laser	通过化学反应来实现粒子数反转的激光器
22	光纤激光器	fiber laser	以掺杂光纤为工作物质的激光器
23	准分子激光器	excimer laser	以在激发态复合成分子,而基态则离解成原子的准分子物质为工作物质的激光器
24	自由电子激光器	free-electron laser	利用自由电子的受激辐射,把相对论电子束的能量转换成相干辐射的激光器件
25	寿命	lifetime	激光装置或激光组件能保持制造方规定的工作性能的工作时间(或脉冲数)。其使用条件以及使用和维修由制造方说明

1.4.2 符号和单位

激光常用术语的符号和单位见表1-7所示。

表1-7 激光常用术语的符号和单位

名称	符号	单位	说明
光束传输因子	K		ISO 11145
光束横截面积	A	m^2	ISO 11145
连续功率	P	W	ISO 11145
平均功率	P_{av}	W	ISO 11145
光束直径	d_u	m	ISO 11145
束腰直径	d_0	m	ISO 11145
脉冲重复率	f_p	Hz	ISO 11145
相干长度	L_c	m	ISO 11145
激光器效率	η_L		ISO 11145
量子效率	η_Q		ISO 11145
激光装置效率	η_T		ISO 11145
脉冲持续时间	τ_H	s	ISO 11145
相干时间	τ_c	s	ISO 11145
波长	λ	μm	ISO 11145

名称	符号	单位	说明
谐振腔费涅耳数	N		
谐振腔品质因数	Q		
光束平移稳定度	δ_{2s}	rad	ISO 11670
光束位置稳定度	Δ	m	ISO 11670
输出功率稳定度	Δ_P		ISO 11554

第2章

激光材料加工理论

本章从量子力学和光量子理论出发，介绍了光的受激辐射以及光放大和振荡等激光加工的一些基本概念，讨论激光产生的物理基础，激光与材料的相互作用过程，激光材料加工的机理，建立激光材料加工工程的理论基础。

2.1 激光产生的基本原理

2.1.1 光子的基本性质

光是一种以光速 c 运动的光子流，光子（电磁场量子）和其他基本粒子一样，具有能量、动量和质量等。它的粒子属性（能量、动量、质量等）和波动属性（频率、波矢、偏振等）密切联系，体现了波粒二象性，它们的关系如下。

① 光子的能量 ε 与光波频率 υ 对应关系用式(2-1) 表示：

$$\varepsilon = h\upsilon \tag{2-1}$$

式中 h——普朗克常数，$h = 6.626 \times 10^{-34} \text{J} \cdot \text{s}$。

② 光子具有运动质量 m（光子的静止质量为零），可用式(2-2) 表示：

$$m = \frac{\varepsilon}{c^2} = \frac{h\upsilon}{c^2} \tag{2-2}$$

③ 光子的动量 p 与单色平面光波的波矢 k 对应关系用式(2-3) 表示：

$$p = mcn_0 = \frac{h\upsilon}{c}n_0 = \frac{h}{2\pi} \times \frac{2\pi}{\lambda}n_0 = \eta k \tag{2-3}$$

式中 n_0——光子运动方向（平面光波传播方向）上的单位矢量；

c——光速；

λ——波长；

η——光子效率。

④ 光子具有两种可能的独立偏振状态，对应于光波场的两个独立偏振方向。

⑤ 光子具有自旋，并且自旋量子数为整数。

现代量子电动力学从理论上把光的电磁（波动）理论和光子（微粒）理论在电磁场的量子化描述的基础上统一起来，在理论上阐明了光的波粒二象性。在这种描述中，任意电磁场可认为是一系列单色平面电磁波（它们以波矢 k_l 为标志）的线性叠加或一系列电磁波的本征模式（或本征状态）的叠加。但每个本征模式所具有的能量是量子化的，即可表示为基元动量 ηk_l 的整数倍。这种具有基元能量 $h\upsilon_l$ 和基元动量 ηk_l 的物质单元就被称为属于第 l 个本征模式（或状态）的光子。具有相同能量和动量的光子彼此间不可区分，因而处于同一模式

（或状态）。每个模式内的光子数目是没有限制的。

2.1.2 光子的相干性

在一般情况下，光的相干性是指在不同的空间点、不同时刻的光波场的某些特性（如光波场的相位）的相关性。在相干性的经典理论中使用光场的相干函数来描述光的相干性特征，但考虑到相干函数的复杂性，在实际中常常使用相干体积的概念来对相干性进行粗略的描述。如果在空间体积 V_c 内各点的光波场都具有明显的相干性，则 V_c 称为相干体积。V_c 又可表示为垂直于光传播方向的截面上的相干面积 A_c 和沿传播方向的相干长度 L_c 的乘积，如式（2-4）所示：

$$V_c = A_c L_c \tag{2-4}$$

也可以采用相干时间 τ_c 来表述，如式（2-5）所示：

$$V_c = A_c \tau_c c \tag{2-5}$$

$\tau_c (=L_c/c)$ 是光沿传播方向通过相干长度所需的时间。

相干时间 τ_c 与光源频带宽度 $\Delta\upsilon$（频带宽度越小，光源单色性越好，反之光源的单色性越差）存在式（2-6）所示的关系：

$$\tau_c = \Delta t = \frac{1}{\Delta\upsilon} \tag{2-6}$$

式（2-6）表明，光源单色性越好，则相干时间越长。

光子的相干性主要包括以下两重意义。

① 一个光波模或光子态占有的空间体积以及相格空间体积都等于相干体积。

② 属于同一状态的光子或同一模式的光波是相干的，不同状态的光子或不同模式的光波是不相干的。

2.1.3 光子简并度

一个好的相干光源，应具有很高的相干光强（具有相干性的光波场的强度）、足够大的相干面积和足够长的相干时间。对于普通光源来说，相干面积、相干时间的增大与增大相干光强彼此是相互矛盾的，增大相干面积和相干时间，就会导致相干光强的减小；反之，增大相干光强将导致相干面积和相干时间的减少，这正是普通光源在相干光学技术方面的发展存在的局限性。激光作为一种良好的强相干光源，把相干光强和相干时间、相干面积完美地结合起来。

相干光强作为描述光的相干性的参量之一，从相干性的光子描述出发，其决定于具有相干性的光子的数目或同态光子的数目，把这种处于同一光子态的光子数称为光子简并度 $\overline{n}$。

2.1.4 光的受激辐射

光与物质的共振相互作用，特别是这种相互作用中的受激辐射过程是激光器的物理基础。爱因斯坦从辐射与原子相互作用的量子论观点提出，它们之间的相互作用应包含原子的自发辐射跃迁、受激辐射跃迁和受激吸收跃迁三种过程。

2.1.4.1 自发辐射

处于高能级 E_2 的一个原子自发地向 E_1 跃迁，并发射一个能量为 $h\upsilon$ 的光子，这一过程称为自发跃迁。由原子自发跃迁发出的光波称为自发辐射，如图 2-1 所示。自发跃迁过程用自发跃迁概率 A_{21} 描述。A_{21} 定义为单位时间内 n_2 个高能态原子中发生自发跃迁的原子数与 n_2 的比值，用式（2-7）表示：

$$A_{21} = \left(\frac{\mathrm{d}n_{21}}{\mathrm{d}t}\right)_{\mathrm{sp}} \frac{1}{n_2} \tag{2-7}$$

式中　$(dn_{21})_{sp}$——由于自发跃迁引起的由 E_2 向 E_1 跃迁的原子数。

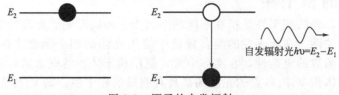

图 2-1　原子的自发辐射

自发跃迁是一种只与原子本身性质有关而与辐射场 ρ_v 无关的自发过程。因此，A_{21} 只决定于原子本身的性质（如能级寿命）。由式（2-7）可知，A_{21} 就是原子在能级 E_2 的平均寿命 τ_s 的倒数。在单位时间内能级 E_2 所减少的粒子数用式（2-8）表示：

$$\frac{dn_2}{dt}=\left(\frac{dn_{21}}{dt}\right)_{sp} \tag{2-8}$$

将式（2-7）代入式（2-8），则得式（2-9）：

$$\frac{dn_2}{dt}=-A_{21}n_2 \tag{2-9}$$

由此式可得式（2-10）：

$$n_2(t)=n_{20}e^{-A_{21}t}=n_{20}e^{-\frac{t}{\tau}} \tag{2-10}$$

式中　A_{21}——自发跃迁爱因斯坦系数，$A_{21}=\dfrac{1}{\tau_s}$。

2.1.4.2　受激吸收

处于低能态 E_1 的一个原子，在频率为 v 的辐射场作用（激励）下，吸收一个能量为 hv 的光子并向 E_2 能态跃迁，这一过程称为受激吸收跃迁，如图 2-2 所示。

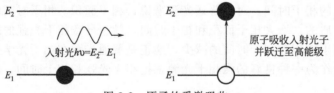

图 2-2　原子的受激吸收

用受激吸收跃迁概率 W_{12} 来描述这一过程，可用式（2-11）表示：

$$W_{12}=\left(\frac{dn_{12}}{dt}\right)_{st}\frac{1}{n_1} \tag{2-11}$$

式中　$(dn_{12}/dt)_{st}$——由于受激跃迁引起的由 E_1 向 E_2 跃迁的原子数。

受激跃迁和自发跃迁是本质不同的物理过程，反映在跃迁概率上就是：A_{21} 只与原子本身性质有关；而 W_{12} 不仅与原子性质有关，还与辐射场的 ρ_v 成正比。可用式（2-12）表示这种关系：

$$W_{12}=B_{12}\rho_v \tag{2-12}$$

式中　B_{12}——比例系数，也称为受激吸收跃迁爱因斯坦系数，它只与原子性质有关。

2.1.4.3　受激辐射

受激吸收跃迁的反过程就是受激辐射跃迁。处于上能级 E_2 的原子在频率为 v 的辐射场作用下，跃迁至低能态 E_1 并辐射一个能量为 hv 的光子。受激辐射跃迁发出的光波称为受激辐射，如图 2-3 所示。受激辐射跃迁概率用式（2-13）、式（2-14）表示：

$$W_{21} = \left(\frac{\mathrm{d}n_{21}}{\mathrm{d}t}\right)_{\mathrm{st}} \frac{1}{n} \qquad (2\text{-}13)$$

$$W_{21} = B_{21}\rho_\upsilon \qquad (2\text{-}14)$$

式中　B_{21}——受激辐射跃迁爱因斯坦系数。

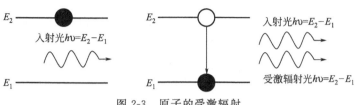

图 2-3　原子的受激辐射

2.1.4.4　受激辐射的相干性

受激辐射与自发辐射的主要区别在于相干性。如前所述，自发辐射是原子在不受外界辐射场控制情况下的自发过程，因此，大量原子的自发辐射场的相位是无规则分布的，因而是不相干的。此外，自发辐射场的传播方向和偏振方向也是无规则分布的。

受激辐射是在外界辐射场的控制下的发光过程，因而各原子的受激辐射的相位不再是无规则分布，而应具有和外界辐射场相同的相位。在量子电动力学的基础上可以证明：受激辐射光子与入射（激励）光子属于同一光子态。或者说，受激辐射场与入射辐射场具有相同的频率、相位、波矢（传播方向）和偏振，因而，受激辐射场与入射辐射场属于同一模式。图 2-4 表示了这一特点。特别是，大量原子在同一辐射场激发下产生的受激辐射处于同一光波模或同一光子态，因而是相干的。受激辐射的这一重要特性就是现代量子电子学（包括激光与微波激射）的出发点。归根结底，激光就是一种受激辐射相干光。

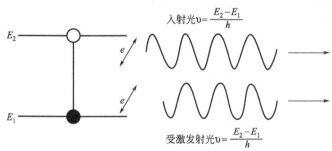

图 2-4　受激辐射示意图

由于爱因斯坦理论采用的是唯象方法，不涉及原子发光的具体物理过程，所以它不能直观地证明受激辐射的这一特性，严格的证明必须依靠量子电动力学。按经典电子论模型，原子的自发跃迁是原子中电子的自发阻尼振荡，没有任何外加光电场来同步各个原子的自发阻尼振荡，因而电子振荡发出的自发辐射是与相位无关的。而受激辐射对应于电子在外加光电场作用下作强迫振荡时的辐射，电子强迫振荡的频率、相位、振动方向显然应与外加光电场一致。因而强迫振动电子发出的受激辐射应与外加光辐射场具有相同的频率、相位、传播方向和偏振状态。

2.1.4.5　粒子数反转

一般情况下，在物质处于热力学平衡状态时，受激吸收和受激辐射同时存在，吸收和辐射的总概率取决于高低能级上的粒子数。平衡状态下各能级上的原子数（或称集居数）服从玻耳兹曼统计分布，如图 2-5 所示，式(2-15)表示了它们之间的关系。

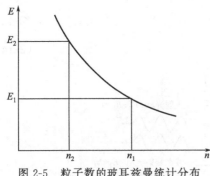

图2-5 粒子数的玻耳兹曼统计分布

$$\frac{n_2}{n_1} = e^{-\frac{E_2 - E_1}{KT}} \qquad (2-15)$$

式中　T——平衡态时的热力学温度；

　　　K——玻耳兹曼常数。

显然，当 $E_2 > E_1$，则 $n_2 < n_1$，即在热平衡状态下，体系高能级粒子数恒小于低能级粒子数。所以在平衡状态下，当频率 $v = (E_2 - E_1)/h$ 的光通过物质时，物质受激吸收的概率恒大于受激辐射的概率，物质对光的吸收总是大于发射。粒子吸收外界光子跃迁到高能级，再以自发辐射的形式将能量消耗掉，因此，处于热平衡状态下的物质只能吸收光子，对光起衰减作用。然而，在一定的条件下（如气体辉光放电、光辐射等），使物质中粒子体系的平衡状态被打破，处于基态上的粒子通过吸收能量而跃迁到高能级，使高能级上的粒子数大大增加，从而超过低能级的粒子数，即 $n_2 > n_1$，这种状态称为粒子数反转。一般来说，当物质处于热平衡状态，即它与外界处于能量平衡状态时，粒子数反转是不可能的，只有当外界向物质供给能量（称为激励或泵浦过程），从而使物质处于非热平衡状态时，粒子数反转才可能实现。

2.1.5　光的受激辐射放大

2.1.5.1　光放大

当体系中呈现粒子数反转状态时，体系的受激辐射概率超过受激吸收的概率，此时受激辐射占主导地位，对外界入射光的反应效果是总发射大于总吸收，体系具备了放大作用。通过此体系的光将得到放大，称这种状态为体系激活。粒子数反转是实现激活和光放大的必要条件，而粒子数的反转是需要外界能量（如激励或泵浦过程）的参与才能实现的，所以激励或泵浦过程是光放大的必要条件。由受激辐射实现放大的光的状态（包括频率、传播方向、偏振等）与入射光完全相同，这种放大又称相干放大，光强的放大率取决于粒子数的反转程度。

2.1.5.2　光放大物质的增益系数与增益曲线

能够实现粒子数反转的工作物质称为激活物质（或激光介质），它具有光放大作用，一段激活物质就是一个光放大器。放大作用的大小通常用放大（或增益）系数 G 来描述。如图2-6所示，设在光传播方向上 z 处的光强为 $I(z)$（光强 I 正比于光的单色能量密度 ρ），则增益系数定义用式(2-16)表示：

$$G(z) = \frac{\mathrm{d}I(z)}{\mathrm{d}(z)} \times \frac{1}{I(z)} \qquad (2-16)$$

$G(z)$ 表示光通过单位长度激活物质后光强增长的百分数。对于一定的激活物质，当 $n_2 - n_1$ 不随 z 变化时，其增益系数 $G(z)$ 为一常数 G^0，也称为小信号增益系数（线性增益模式），$G^0 = G(I = 0)$。式(2-16)为线性微分方程，考虑工作物质内部存在光损耗，用损耗系数 α 来表示工作物质单位长度的损耗，那么积分后可以得到式(2-17)：

$$I(z) = I_0 e^{(G^0 - \alpha)z} \qquad (2-17)$$

式中　I_0——$z = 0$ 时的初始光强。

光强的增加正是由于高能级粒子向低能级受激跃迁的结果，受激辐射是建立在高能级粒子数消耗的基础上，因此，光放大是以粒子数反转值的减小为代价的。并且，光强越大，高能级的粒子由于受激跃迁而不断减少，粒子数反转值逐渐降低，光的放大越来越慢，增益系

数 $G(z)$ 也随 z 的增加而逐渐减小，这种现象称为增益饱和效应。含有增益饱和效应的放大系数 G 与光强 I 的函数可用式(2-18)表示：

$$G(I) \propto G^0/(1+I/I_s) \qquad (2-18)$$

式中 I_s——饱和光强。

如果在放大器中光强始终满足条件 $I \ll I_s$（小信号的情况），则增益系数 $G(I) = G^0$ 为常数，且不随 z 变化。反之，在条件 $I \ll I_s$ 不能满足的情况下，此时式(2-18)中表示的 $G(I)$ 称为大信号增益系数（或饱和增益系数）。

增益系数实际上也是光波频率 υ 的函数，表示为 $G(\upsilon,I)$。这是因为能级 E_1 和 E_2 受各种因素的影响，总存在一定的宽度，在中心频率 $\upsilon_0 = (E_2 - E_1)/h$ 附近小范围（$\pm \Delta \upsilon/2$）内部有受激跃迁发生。$G(\upsilon,I)$ 随频率 υ 的变化曲线称为增益曲线，$\Delta \upsilon$ 称为增益曲线宽度，如图 2-7 所示。

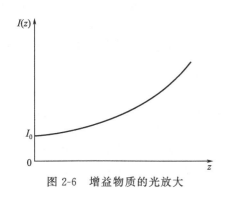

图 2-6　增益物质的光放大

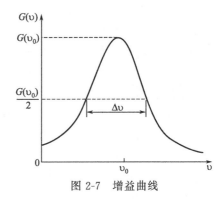

图 2-7　增益曲线

2.1.6　光的自激振荡

假设有微弱光（光强为 I_0）进入一无限长放大器。光强 $I(z)$ 起初将按小信号放大规律 $I(z) = I_0 e^{(G^0-\alpha)z}$ 增长，但随着 $I(z)$ 的增加，由于饱和效应 $G(I)$ 将逐渐减小，导致 $I(z)$ 的增长也将逐渐变缓。最后，当 $G(I) = \alpha$ 时，$I(z)$ 不再增加并达到一个稳定的极限值 I_m。根据条件 $G(I) = \alpha$ 可求得 I_m：

$$G(I_m) = \frac{G^0}{1 + \dfrac{I_m}{I_s}} = \alpha \qquad (2-19)$$

$$I_m = (G^0 - \alpha)\frac{I_s}{\alpha} \qquad (2-20)$$

式(2-20)表明，极限值 I_m 只与放大器本身的参数有关，而与初始光强 I_0 无关。也就是说，不管初始光强 I_0 多么微弱，只要激活物质（放大器）足够长，光就能够不断得到放大，总能够形成确定大小的光强 I_m，这实际上就是自激振荡。它同样表明，只要激光放大器的长度足够大，它就可能成为一个自激振荡器。

实际上，并不需要真正把激活物质的长度无限增加，只要在具有一定距离的光放大器两端共轴放置两块具有特定曲率半径的反射镜（光谐振腔结构），工作物质放在中间，这样，轴向光波模就能在两反射镜之间往返传播，就等效于增加放大器长度，光谐振腔的这种作用也称为光的反馈（见第 3 章）。由于在腔内总是存在频率在 υ_0 附近的微弱自发辐射光（相当于初始光强 I_0），它经过多次受激辐射放大就有可能在轴向光波模上产生光的自激振荡，这就是激光器。

光谐振腔的上述作用虽然重要，但并不是不可缺少的。对于某些增益系数很高的激活物质，不需要很长的放大器就可以达到式（2-20）所示的稳定饱和状态，因而往往不用光谐振腔，但其相干性将有所损失。

一个激光器能够产生自激振荡的条件，即激光能够实际形成和增大的条件可根据式（2-20）求得，用式（2-21）、式（2-22）表示：

$$I_{\mathrm{m}}=(G^0-\alpha)\frac{I_{\mathrm{s}}}{\alpha}\geqslant 0 \tag{2-21}$$

即
$$G^0-\alpha\geqslant 0 \tag{2-22}$$

当 $G^0-\alpha=0$ 时，称为阈值振荡情况，这时腔内光强维持在初始光强 I_0 的极其微弱的水平上；当 $G^0-\alpha>0$ 时，腔内光强才能增加，逐渐达到极限光强 I_{m}，并且 I_{m} 正比于 $G^0-\alpha$，$G^0-\alpha$ 值越大，极限光强就越大，输出功率就越高。

由此可见，工作物质的增益和光腔的损耗成为激光器是否振荡的决定因素。特别应该指出，激光器的几乎一切特性（如输出功率、单色性、方向性等）以及对激光器采取的技术措施（如稳频、选模、锁模等）都与增益和损耗特性有关。因此，工作物质的增益特性和光腔的损耗特性决定着激光器的最基本特性。

2.1.7 激光模式

激光是一种电磁波，并且是被光谐振腔加以限制的电磁波。根据电磁场理论，一切被约束在空间有限范围内的电磁场都只能存在于一系列分列的特征状态——本征态之中，每一个本征态都有自己的振荡频率和空间分布。通常将光学谐振腔内可能存在的电磁场的本征态称为光腔的模式，激光模式也就是光腔内可区分的光波的状态。只要光腔的结构确定，腔内振荡模式的特征也就随之确定。

光波场的空间分布可分解为沿腔轴方向的分布和沿垂直于腔轴的截面内的分布。沿轴向的场分布称为纵模，垂直轴向的平面上的场分布称为横模，光腔模式是横模与纵模的组合。

横模用代表横向电磁波的 TEM_{mn} 表示，m 表示沿辐角 φ 方向光场经过零值的次数，n 表示沿半径 r 方向光场经过零值的次数。m、n 值也对应于横模的传播方向，m、n 较小的模与腔轴构成的夹角较小，因而 m、n 也代表横模发射角的大小。TEM_{00} 模称为基模，基模的发射角最小，能量最为集中，能聚焦成很高的功率密度，在激光精细加工中应用较广。m、n 值大于零的模称为高阶模。TEM_{01} 为环形模，光场为环状，中心场强为零。环形模的发射角较小，有些高功率 CO_2 激光器输出环形模。高阶模的模半径大，发射角也较大，能量不集中，不利于激光切割或焊接。图 2-8 为在共焦谐振腔反射镜上显示的三种横模光斑的强度分布图。

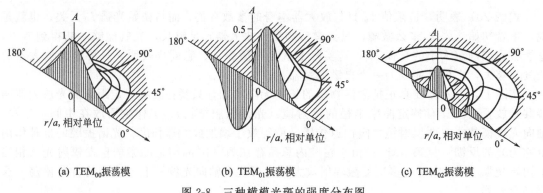

(a) TEM_{00} 振荡模   (b) TEM_{01} 振荡模   (c) TEM_{02} 振荡模

图 2-8 三种横模光斑的强度分布图

2.2 激光的特性

激光具有和普通光源不相同的特性，通常将激光的特性概括为四个：方向性、单色性、相干性和高强度。实际上，它们的量子性根源是一个，因而本质上可归纳为一个特性，即激光具有很高的光子简并度，激光在很大的相干体积内有很高的相干光强。激光的这一特性正是由于受激辐射的本性和光腔的选模作用才得以实现的。激光的四个特性不是孤立的，它们之间有着深刻的内在联系。

2.2.1 激光的方向性

从激光器射出的激光束基本上是沿轴向传播的，即激光束的发散角 θ 很小。通常就把发散角 θ 的大小作为光束方向性的定量描述，光束的发射角 θ 越小，其方向性越好。激光的高方向性主要是由受激发射机理和光学谐振腔对振荡光束方向的限制作用所决定的。除了半导体激光器和氮分子激光器等少数激光器外，激光束的发散角 θ 约为 10^{-3} rad 量级，所对应的立体角 Ω 如式(2-23) 所示：

$$\Omega = \frac{S}{R^2} = \pi \theta^2 \tag{2-23}$$

式中 S ——表面积；

R ——从发射源到端面的半径。

普通光源是在 2π 立体角（面光源）和 4π 立体角（点光源）中发射，它们比激光束的立体角大 10^{-6} 倍。所以说普通光源向四面八方发散，方向性很差。而激光束有很好的方向性，将能量集中在很小的立体角中。

激光的高方向性使激光能有效地传递较长的距离，能聚焦到极高的功率密度，这两点是激光加工的重要条件。基模高斯光束的直径和发射角最小，其方向性最好，在激光切割、焊接中得到很好的应用。

2.2.2 激光的单色性

如果一个光源发射的光的谱线宽度越小，则它的颜色就越纯，看起来就越鲜艳，光源的单色性就越好。如果光波的波长为 λ，谱线宽度为 $\Delta\lambda$，则光波的单色性表示为：

$$\frac{\Delta\lambda}{\lambda} \quad \text{或} \quad \frac{\Delta\upsilon}{\upsilon} \tag{2-24}$$

显然，谱线宽度 $\Delta\lambda$（或 $\Delta\upsilon$）越小，比值越小，单色性越好。单色性最好的普通光源是氪灯，其发射波长为 605.8nm，谱线宽度为 4.7×10^{-4} nm。激光的出现使光源的单色性有了很大的提高。例如，波长为 632.8nm 的氦氖激光器产生的激光的谱线宽度小于 10^{-8} nm，其单色性远远好于氪灯。对于一些特殊的激光器，其单色性还要好得多。

由于激光的单色性极高，几乎完全消除了聚焦透镜的色散效应（即折射率随波长而变化），使光束能精确聚焦到焦点上，得到很高的功率密度。

2.2.3 激光的高强度（相干光强）

描述光源相干性的另一重要参量是光子简并度，激光器可以很容易地产生很高的单模功率或光子简并度，这也是激光的重要特征。光源亮度 B 的定义是：单位面积的光源表面，在单位时间内向垂直于表面方向的单位立体角内发射的能量［式(2-25) ］。

$$B = \frac{\Delta E}{\Delta S \Delta\Omega \Delta t} \tag{2-25}$$

式中 ΔE ——光源发射的能量；

ΔS ——光源的面积；

Δt ——发射 ΔE 所用的时间；

$\Delta \Omega$ ——光束的立体角。

通常，还用光源的光谱亮度来描述光源，光源的光谱亮度 B_v 的定义用式（2-26）表示：

$$B_v = \frac{\Delta E}{\Delta S \Delta t \Delta \upsilon} \tag{2-26}$$

式中 $\Delta \upsilon$ ——ΔE 的谱线宽度。

因为激光束的方向性好，它发射的能量被限制在很小的 $\Delta \Omega$ 内，且能量被压缩在很窄的宽度 $\Delta \upsilon$ 内，这使激光的光谱亮度比普通光源提高很多。在脉冲激光器中，由于能量发射又被压缩在很短的时间间隔内，因而可以进一步提高光谱亮度。提高输出功率和效率是激光器发展的一个重要方向。目前，气体激光器（如 CO_2）能产生最大的连续功率，固体激光器能产生最高的脉冲功率，特别是采用光腔 Q 调制技术和激光放大器后，可使激光振荡时间压缩到极小的数值（10^{-9}s 量级），并将输出能量放大，从而获得极高的脉冲功率。采用锁模技术和脉宽压缩技术，可将激光脉宽进一步压缩到 10^{-15} s。并且最重要的是激光功率（能量）可集中在单一（或少数）模式中，因而具有极高的光子简并度。例如：比较一下一个脉冲激光器和一个普通光源的光谱亮度，设两者的发光面积相等，脉冲激光器发射的能量为 1J，脉冲宽度为 10^{-9}s，谱线宽度为 10^9 Hz，光束发散角为 10^{-3} rad；普通光源为白炽灯，功率为 1W，在 1s 内发射的能量也是 1J，它的光谱宽度为 10^{14} Hz。根据光谱亮度的定义计算，脉冲激光器的光谱亮度比白炽灯的大 2×10^{20} 倍。一台高功率调 Q 固体激光器的亮度比太阳表面高出几百万倍。激光束经透镜聚焦后，能在焦点附近产生几千乃至上万摄氏度的温度，因而能加工所有的材料。

2.2.4 激光的相干性

相干性主要描述光波各个部分的相位关系，相干性有两方面的含义，一是时间相干性，二是空间相干性。对于激光器，通常把光波场的空间分布分解为沿传播方向（腔轴方向）的分布 $E(z)$ 和在垂直于传播方向的横截面上的分布 $E(x, y)$。因而光腔模式可以分解为纵模和横模。它们分别代表光腔模式的纵向光场分布和横向光场分布。

2.2.4.1 时间相干性

激光的时间相干性是沿光束传播方向上各点的相位关系。在实际工作中，经常采用相干时间来描述激光的时间相干性。相干时间就是光通过相干长度所需要的时间，相干时间 τ_c 与单色性 $\Delta \upsilon$ 的关系用式（2-27）表示：

$$\tau_c = \frac{1}{\Delta \upsilon} \tag{2-27}$$

光谱线的频宽越窄，亦即单色性越高，相干时间越长。对于单横模（TEM_{00}）激光器，其单色性取决于它的纵模结构和模式的频带宽度。

激光的时间相干性还可以采用相干长度（ΔL_{max}）来描述，相干长度表示的是具有谱线宽度 $\Delta \lambda$ 的光线出现干涉现象的最大光程差，它与相干时间的关系用式（2-28）所示：

$$\Delta L_{max} = c \tau_c = \frac{c}{\Delta \upsilon} \tag{2-28}$$

单模稳频气体激光器的单色性最好，一般可达 $10^6 \sim 10^3$ Hz，在采用严格的稳频措施的条件下，曾在 He-Ne 激光器中观察到约 2Hz 的带宽。固体激光器的单色性较差，主要是因为工作物质的增益曲线很宽，很难保证单纵模工作。半导体激光器的单色性最差。

激光器的单模工作（选模技术）和稳频对于提高相干性十分重要。一个稳频的 TEM_{00} 单纵模激光器发出的激光接近于理想的单色平面光波，即完全相干性。

2.2.4.2　空间相干性

激光的空间相干性 S_c 是垂直于光束传播方向的平面上各点之间的相位关系，指的是在多大的尺度范围内光束发出的光在空间某处会合时能形成干涉现象，空间相干性与光源大小有关。光束的空间相干性 S_c 与光束发散角 θ 和波长 λ 的关系如式（2-29）所示：

$$S_c = \left(\frac{\lambda}{\theta}\right)^2 \tag{2-29}$$

一个理想的平面光波是完全空间相干光，同时它的发散角为零。但在实际中，由于受到衍射效应的限制，激光所能达到的最小光束发射角不能小于激光通过输出孔径时的衍射极限角 θ_m，如式（2-30）所示：

$$\theta_m \approx \frac{\lambda}{2\alpha}(\text{rad}) \tag{2-30}$$

式中　2α——光腔输出孔径。

激光的高度空间相干性在物理上是容易理解的。以平行平面腔 TEM_{00} 单横模激光器为例，工作物质内所有激发态原子在同一 TEM_{00} 模光波场激发（控制）下受激辐射，并且受激辐射光与激发光波场同相位、同频率、同偏振和同方向，即所有原子的受激辐射都在 TEM_{00} 模内，因而激光器发出的 TEM_{00} 模激光束接近于沿腔轴传播的平面波，即接近于完全空间相干光，并具有很小的光束发射角。

由此可见，为了提高激光器的空间相干性，首先应限制激光器工作在 TEM_{00} 单横模；其次，合理选择光腔的类型以及增加腔长来提高光束的方向性。另外，工作物质的不均匀性、光腔的加工和调整误差等因素也将导致方向性变差。

综上所述，光的时间相干性决定于它的单色性。光的频率愈窄，波列持续的时间愈长，时间相干性就愈好。光的空间相干性本质上决定于光源各发光点之间有无固定的位相差。激光光源的发光面各点有固定的位相关系，所以空间相干性良好。

2.3　激光与材料的相互作用

激光加工的物理基础是激光与材料的相互作用，它既包含复杂的微观量子过程，也包含激光作用于各种介质材料所发生的宏观现象。这些包括材料对激光的反射、吸收、折射、衍射、干涉、偏振、光电效应、气体击穿等。

2.3.1　材料在激光作用下的过程

激光与材料相互作用的物理过程本质上是电磁场（光场）与物质结构的相互作用，即共振相互作用及能量转换过程，是光学、热学和力学等学科的交叉耦合过程。当一束激光照射到金属表面时，随着照射时间的延长，将在金属的表面和内部发生一系列的物理变化与化学变化和过程。这些过程会依据激光材料加工的目的不同而改变，如图 2-9 所示。

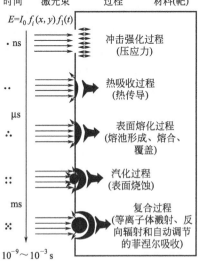

图 2-9　激光束与材料的相互作用

2.3.1.1　冲击强化过程

当激光脉冲的能量足够高、作用时间短，并具有相应的初始条件时，激光束将在材料的表面产生局部的压应力而形成材料表面强化过程。

2.3.1.2　热吸收过程

激光束照射金属表面，除了散射或反射而损失部分能量外，大量的光子通过与金属晶格的相互作用使其振动而转换成热能，能量转换的效率（吸收率）与材料的结构、激光的波长及是否偏振等参数有关。

2.3.1.3 表面熔化过程

随着光能不断向热能转变，材料的表面温度不断升高。当温度超过材料的熔点时，材料表面开始熔化，随着照射时间的延长，热影响区不断向内部扩散，熔池也将向内部发展。

2.3.1.4 汽化过程

当激光束的强度、密度足够高时，可在材料的表面产生汽化和等离子体辐射。随着激光照射时间的延长，熔池的表面将产生汽化，并开始生成等离子体，形成表面烧蚀。

2.3.1.5 复合过程

在激光照射材料时，材料表面形成的汽化物和等离子体的溅射以及反向辐射会对入射光产生屏蔽现象，如果照射持续进行，并满足一定条件，则屏蔽作用开始减弱并形成自动调节的菲涅尔吸收，即自持调整状态。这些过程是在皮秒至微秒级（$10^{-12} \sim 10^{-6}$ s）的时间内完成的，并与入射光的强度和时间特性以及材料的组织结构密切相关。

2.3.2 材料的吸收与反射特性

激光束入射到材料表面，会在材料表面产生反射、散射和吸收等物理过程。要了解材料的激光加工的物理本质，首先必须了解材料对激光的吸收和反射特性。

2.3.2.1 材料的吸收特性

当一束激光束照射到材料的表面时，除一部分光子从材料表面反射外，其余部分能量透入材料内部而被材料吸收。对于金属表面为理想平面的情况下，垂直入射的材料对激光的反射率 R 可用式（2-31）表示：

$$R = \frac{(1-n)^2 + k^2}{(1+n)^2 + k^2} \tag{2-31}$$

式中　n——材料的折射率；

　　　k——消光系数，对于非金属材料 $k = 0$。

对于大部分金属材料，根据实验，反射率 R 在 70%～90% 之间。对激光不透明的材料，其吸收率 α 可用式（2-32）表示：

$$\alpha = 1 - R = \frac{4n}{(1+n)^2 + k^2} \tag{2-32}$$

一般对金属材料来说，n 和 k 都是波长和温度的函数。图 2-10 表示金属钛在 300K 温度下 n 和 k 以及 ε 值随波长变化的曲线。

从图 2-10 中可以看出，在 $0.4\mu m < \lambda < 1.0\mu m$ 波长范围内，n 和 k 值变化较慢，而 ε 值变化较大。在波长值较大时，n 和 k 值变化较快，而 ε 降至较小值。在实际应用中，材料对激光的吸收率受到波长、温度、表面粗糙度、表面涂层等多种因素的影响。

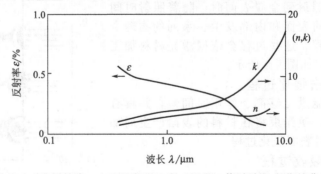

图 2-10　金属钛在 300K 温度下 n 和 k 以及 ε 值随波长变化的曲线

(1) 波长对材料吸收率的影响

导电性好的金属材料（如 Cu、Ag、Au），对于 CO_2 激光和 Nd：YAG 激光的反射率都很高。材料具有很高的反射率，意味着材料对激光能量的吸收率很小，这就增加了激光加工的困难。Fe 与不锈钢的吸收率随波长的变化基本上是相同的，说明主要是 Fe 元素起作用。表 2-1 列出了常用金属材料对不同激光的吸收率与波长的关系，波长越短，材料的吸收率越高。

表 2-1　常用金属材料对不同激光的吸收率与波长的关系

材料(20℃)	吸收率			
	准分子(250nm)	红宝石(700nm)	Nd：YAG(1000nm)	CO_2(10600nm)
Fe	0.60	0.64	—	0.035
Al	0.18	0.11	0.08	0.019
Cu	0.70	0.17	0.10	0.015
Ni	0.58	0.32	0.26	0.03
Mo	0.60	0.48	0.40	0.027
Ag	0.77	0.04	0.04	0.014
Au	—	0.07	—	0.017
Ti	—	0.45	0.42	0.08
Zn	—	—	0.16	0.027
W	—	0.50	0.41	0.026
Pb	—	0.35	0.16	0.045
Sn	—	0.18	0.19	0.034

(2) 温度对材料吸收率的影响

材料对激光的吸收率随温度而增大。金属材料在室温时的吸收率都较小，但当温度升高到接近熔点时，吸收率可达到 40% ~ 50%；当温度接近沸点时，吸收率可达到 90% 左右；并且激光功率越大，金属的吸收率越高。

金属材料对激光的吸收率与温度和金属电阻率有关，金属的直流电阻率随温度升高而升高。吸收率 α 与温度 T 之间有式(2-33)所示的线性关系：

$$\alpha(T)=0.365[\rho_{20}(1+\gamma T)/\lambda]^{1/2}-0.0667[\rho_{20}(1+\gamma T)/\lambda]+0.006[\rho_{20}(1+\gamma T)/\lambda]^{3/2}$$

$$(2-33)$$

式中　ρ_{20}——20℃时金属的电阻率；

　　　γ——电阻率随温度的变化系数；

　　　T——温度。

对于固定波长的入射激光，当测出材料在温度 T 时的电阻率后，就可以计算出该温度下材料的吸收率。

(3) 表面状态对材料吸收率的影响

除了波长和温度对材料吸收率有影响外，材料的表面状态也直接影响着其吸收率的大小。304 不锈钢表面在空气中进行氧化后将改善材料对激光的吸收状况，说明了氧化层的存在，使材料的吸收率明显增加。

在激光热处理工业中，为了提高金属激光热处理的光能利用率，经常采用在材料表面涂覆一层对激光吸收率较高材料的方法来达到提高激光的光能利用率的目的。因此，表面涂层也就放宽了激光热处理时对激光入射角的严格要求。表 2-2 列出了不同涂层的吸收率。

表 2-2　不同涂层的吸收率

涂层材料	吸收率	硬化层厚度/mm
石墨	0.63	0.15
炭黑	0.79	0.17
氧化钛	0.89	0.20
氧化锆	0.90	—
磷酸盐	＞0.90	0.25

注：材料为 40 钢；激光功率为 150W；扫描速度为 10mm/s。

增大材料表面粗糙度也可起到提高吸收率的作用，但对激光加工的实际应用作用不大。利用喷砂处理可提高不锈钢的吸收率仅约 2%，但当温度超过 600℃时，其作用就失效了。

(4) 半导体和绝缘材料对激光吸收率的影响

当半导体和绝缘材料受到激光照射时，其吸收率是波长的函数。激光作用于半导体材料时通过晶格振动或有机固体的分子相互碰撞作用而使吸收率增加。在这些材料中，吸收率 α 一般为 $10^2 \sim 10^4 cm^{-1}$。在可见光区域，如果晶体中含有杂质（如孔隙、缺陷中心等），或者由于在分子晶体中（有机材料）有强烈的紫外吸收，其吸收率也会因电子的跃迁而增加。这些材料的吸收率为 $10^3 \sim 10^6 cm^{-1}$。表 2-3 列出了几种绝缘体和半导体材料对红外辐射的透明范围。许多材料在 $\lambda = 1\mu m$ 区是不透明的，而在红外区是部分透明的。原因在于在可见光区域有带隙之间吸收的影响，在红外区吸收主要是自由载体的吸收和跃迁的杂质能级，这也是为什么半导体激光退火常用 Nd:YAG 激光的缘故。

表 2-3　绝缘体和半导体材料对红外辐射的透明范围

材料	10%切割点之间的透明范围/μm	材料	10%切割点之间的透明范围/μm
Al_2O_3	0.15~6.5	Ge	1.8~23
Diamond(Ⅱa)	0.225~2.5,6~100	Se	1~20
CdS	0.5~16	Si	1.2~15
CaF_2	0.13~12	TiO_2	0.43~6.2
GaAs	1~15	ZnS	0.54~10

2.3.2.2　材料反射率

材料的反射率是指材料表面反射的激光束辐射功率 $P_反$ 与入射激光功率 $P_总$ 之比。由于材料的反射率与其吸收率存在 $\alpha + R = 1$ 的关系，吸收率低的材料，其反射率就高，反之亦然。所以，影响材料吸收率的因素（波长、温度、表面状态等）也直接影响其反射率。材料的反射率可以直接测量，也可以通过测量电阻率求得。

2.4　材料在激光作用下的热力效应与组织效应

2.4.1　热力效应

激光加热时温度场及其随时间变化的规律作为各种激光加工技术的基础，反映了激光材料加工的内在物理本质。激光辐射作用可看作是一个加热的热源，激光加热时的热源模型一般是在假定一定边界条件下求热传导方程的解。

一个三维热传导方程可写成式（2-34）表示的通用形式：

$$\rho c \frac{\partial T}{\partial t} = \frac{\partial}{\partial x}\left(K\frac{\partial T}{\partial x}\right) + \frac{\partial}{\partial y}\left(K\frac{\partial T}{\partial y}\right) + \frac{\partial}{\partial z}\left(K\frac{\partial T}{\partial z}\right) + Q(x,y,z,t) \tag{2-34}$$

式中　　ρ——材料密度；

　　　　c——材料比热容；

　　　　T——温度；

　　　　t——时间变量；

　　　　K——热导率；

$Q(x,y,z,t)$——每单位时间、单位面积传递给固体材料的加热速率（或称热源分布函数）。

在求解以上热传导方程时的一个重要问题是对材料的热物理参数的处理。在激光加热过程中，由于材料的热物理参数是随着温度的升高而发生变化，如果将它们作为温度函数来处理，方程式（2-34）将变为非线性方程，其求解难度非常大，很难得到解析解。对于大多数材料而言，其热物理参数随温度的变化并不明显，故在一定条件下可假定其与温度无关，视为常数，也可对过程涉及的温度取平均值，这样可得到方程式（2-34）的解析解。若激光作用下材料是均匀和各向同性的，则方程可简化成式（2-35）所示的形式：

$$\nabla^2 T - \frac{1}{k} \times \frac{\partial T}{\partial t} = -Q(x,y,z,t)/K \tag{2-35}$$

式中　k——材料的热扩散率，$k = K/(\rho c)$。

在热稳态情况下，$\dfrac{\partial T}{\partial t} = 0$，则有式（2-36）：

$$\nabla^2 T = -Q(x,y,z,t)/K \tag{2-36}$$

在激光加工中，激光辐射一般能被材料表面吸收，不存在体积热源，所以 $Q = 0$，则方程式（2-35）和式（2-36）变成式（2-37）和式（2-38）：

$$\nabla^2 T = \frac{1}{k} \times \frac{\partial T}{\partial t}（与时间相关情况） \tag{2-37}$$

$$\nabla^2 T = 0（稳态情况） \tag{2-38}$$

通常情况下，在激光材料加热对热传导方程求解时可假定 K、k 与温度无关，或将其取为一定温度范围内的平均值。

$$k_{av} = \frac{1}{T} \int_0^T k(T)\mathrm{d}T \tag{2-39}$$

虽然材料在激光辐射作用下，遵循热力学中的传热基本规律，包含热传导、对流、辐射三种形式，但激光材料加热具有诸如加热速度快、温度梯度大等自身的许多特性；激光作用有脉冲和连续之分，材料表面激光作用区内的激光束的功率密度分布不均匀；在激光加热过程中，材料的吸收率及其一些热物理参数随温度升高而变化是个十分复杂的问题，至今仍未找到一个十分完善的、与实际情况吻合很好的激光加热的热源模型。同时，求解各种传热模型的方程也相当困难，因而常借助计算机进行数值分析。目前大多数求解热传导方程都是在如下简化假定条件下进行的。

① 被加热材料是均匀且各向同性物质。

② 材料的光学和热物理参数与温度无关，或者在某一特定范围内取平均值。

③ 忽略传热过程中的辐射和对流，只考虑材料表面的热传导。

2.4.2　组织效应

在激光材料加工技术中，随着激光波长、能量密度、作用时间及不同材料的各种变化，使材料的温度发生变化，同时材料的表面也发生物态的变化。了解和掌握激光材料加工时材料组织的变化规律，将有助于对激光材料加工的研究、开发和应用。

传质主要有两种基本形式，即扩散传质和对流传质。扩散传质是原子和分子的微观运动；而对流传质是流体的宏观运动。实际上，热量、质量和动量三种传输之间存在基本相似的过程，因此，研究热量传输中已经建立的基本理论同样可以在传质过程的研究中得到应用。激光材料加工传质的主要特性包括以下内容。

① 激光照射材料时间较短，亦即传质过程的时间很短。此时传质主要包括激光直接作用下的传质和激光作用结束后热滞期的传质过程。由于激光作用时间很短，传质也将远远偏离平衡条件，在材料的表面和内部造成溶质再分布的极度不均匀，导致材料组织的不均匀。

② 传质过程发生在温度梯度很大的条件下。这时不但溶质原子的化学位出现差值，而且在液体表面的溶质原子将出现选择性蒸发，从而在液体表面和内部之间形成浓度差。化学位差值和浓度差值都是液体传质的源动力。

③ 传质过程中有表面张力梯度的作用。当激光使材料处于熔体状态时，由于温度梯度和浓度梯度共存，在熔体中将出现表面张力梯度，它也将促进熔体中的对流传质。

Chapter 03

第3章

激光器系统

在激光材料加工中，激光器系统是产生激光束（热源）的关键部件之一。本章主要介绍激光材料加工中常用的固体激光器、CO_2激光器等几种激光器系统。目前用于激光加工的固体激光器通常是掺钕钇铝石榴石激光器（简称 Nd：YAG 激光器），钕玻璃激光器和红宝石激光器等，气体激光器通常是 CO_2 激光器和准分子激光器。

3.1　固体激光器

1960 年问世的第一台激光器就是固体红宝石激光器。50 多年来，固体激光器得到迅速的发展。目前，能产生激光的工作物质达数百种，单脉冲输出能量高达上万焦耳，平均输出功率已超过千瓦，最大峰值功率为几十太瓦，并不断向更高功率发展。

固体激光器以其独特的优越性在材料加工中获得广泛的应用，其优点主要如下。

① 输出光波波长较短。红宝石激光器输出波长为 694.3nm；掺钕钇铝石榴石及钕玻璃激光器的输出波长为 $1.06\mu m$，比 CO_2 激光器低一个数量级。另外，固体激光器的输出波长多在可见光区段或近红外光区段，很容易用某些晶体倍频获得可见光甚至紫外光波段光波。对于大多数材料，激光波长越短，吸收率越大。在加工工件时，固体激光器所需的平均功率比用 CO_2 激光器时要小。

② 固体激光器输出较易使用普通光学元件传递。对于波长为 $1.06\mu m$ 的近红外光，还可用光纤传输，具有方便灵活的特点。

③ 结构紧凑、牢固耐用、使用维护比较方便，价格也比气体激光器低。

固体激光器的这些优越性使其在激光打孔、焊接、表面工程和半导体加工技术中得到广泛应用。

3.1.1　固体激光加工系统

固体激光加工系统主要由激光器、光学聚焦和观察系统、工作台系统及电源供电系统组成。固体激光器的基本结构如图 3-1 所示，它主要由激光工作物质、泵浦灯、聚光器、光学谐振腔等部分组成。

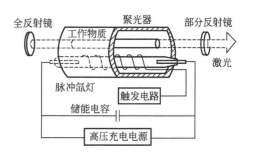

图 3-1　固体激光器基本结构

3.1.1.1　激光工作物质

工作物质是激光器的核心，它将泵浦灯中部分光能转换为相干光。它由发光中心的激活离子和为激活离子提供配位场的基质组成。其中能级结构、荧光寿命和激光特性主要由激活离子和它所在的配位场决定；光学和力学性能则主要取决于基质材料。固体激光工作物质一般有晶体和玻璃两大类；属于晶体的有掺钕钇铝石榴石和红宝石晶体等；属于玻璃的主要有钕玻璃。

固体激光工作物质应具有较高的荧光量子效率、较长的亚稳态寿命、较宽的吸收带和较大的吸收系数、较高的掺杂浓度及内损耗较小的基质，也就是说具有高增益系数、低阈值的特性。激光工作物质还应具有光学均匀性和物理特性好的特点，即激光棒无杂质颗粒、气泡、裂纹、残余应力等缺陷。

表 3-1 列出了三种常用固体激光器工作物质的主要性能。可以看出：红宝石激光器属于三能级系统，机械强度大，能承受高功率密度，亚稳态寿命长，可获得大能量输出，尤其是大能量单模输出，但其阈值较高，输出性能受温度变化明显，不宜作连续及高重复率运行，只能制作低重复率脉冲器件；Nd:YAG 激光器属于四能级系统，荧光量子效率高，阈值低，并且具有良好的热稳定性能及热导率高、硬度大、化学性质稳定等特点，是这三种固体激光器中唯一能够连续运转的激光器，已经广泛应用于材料加工；钕玻璃激光器属四能级系统，具有较宽的荧光谱线，荧光寿命长，易积累粒子数反转而获得大能量输出，容易加工，但其热导率较低，故只能在脉冲状态下工作。

表 3-1　三种常用固体激光器工作物质的主要性能（室温）

性能	材料		
	红宝石	Nd:YAG	钕玻璃
基质成分	$\alpha\text{-}Al_2O_3$	$Y_3Al_5O_{12}$	如 $K_2O\text{-}BaO\text{-}SiO_2$
基质结构	六方晶系	六方晶系	固溶体
掺杂质量分数/%	Cr^{3+} 0.05	Nd^{3+} 1.0	Nd_2O_3 3.1
波长/μm	0.6943	1.06	1.06
频率/Hz	4.32×10^{14}	2.83×10^{-14}	2.83×10^{-14}
吸收带宽	很宽	窄	较宽
荧光线宽/s^{-1}	3.3×10^{11}	4.32×10^{14}	7.0×10^{12}
荧光寿命/ms	3	0.23	0.6~0.9
折射率	1.76	1.82	1.52
热膨胀系数/$10^{-6}K^{-1}$	6	6.9	7.0
热导率/$W \cdot cm^{-1} \cdot K^{-1}$	0.384	0.14	0.01
$N_{阈1}/cm^{-3}$	8.7×10^{17}	1.4×10^{16}	1.4×10^{18}
$N_{阈2}/cm^{-3}$	8.4×10^{18}	1.4×10^{16}	1.4×10^{18}
荧光量子效率	0.5~0.7	1	0.4~0.6

3.1.1.2　泵浦灯

在固体激光工作物质中，激光物质内的粒子数反转是通过光泵的抽运实现的。最常用的泵浦光源是电光源。光泵浦激光器使用光源的主要目的是将电能有效地转化为辐射能，这就要求泵浦光源具有较高的辐射效率，并且必须具有与激光工作物质吸收带相匹配的辐射光谱分布、高的光源辐射功率密度。泵浦灯以其制作简单、使用方便而应用最广，它能运行于高输入单脉冲，也能在高重复率及连续状态下运转。表 3-2 为典型泵浦光源的亮度。

表 3-2　典型泵浦光源的亮度 K

白炽灯	太阳	脉冲弧光	连续弧光
2400～3400	5800	5000～15000	4000～5500

3.1.1.3　谐振腔

激光谐振腔是由两块平面或球面反射镜按一定方式组合而成的。其中一个端面是全反射膜片，另一个端面是具有一定透过率的部分反射膜片。谐振腔是决定激光输出功率、振荡模式、发散角等激光输出参数的重要光学器件。固体激光器的谐振腔膜片，一般都是通过在玻璃基片上镀多层介质膜得到的。每层介质膜的厚度为特定激光波长的1/4。介质膜的层数越多，反射率越高。全反射膜片的介质膜一般有17～21层。输出反射镜的透过率应在获得最大激光输出参数的条件下确定，它取决于激光器的运行状态、输出功率的大小等。为了提高激光器效率，全反射介质膜片应具有较好的光学均匀性；在激光振荡放大过程中，其散射、吸收和衍射损耗应尽量小。

3.1.1.4　聚光腔

在固体激光器中，为了提高泵浦效率，使泵浦灯发出的光能有效地会聚，并有效地传输到激光物质上，以激励激光工作物质产生激光，可在激光棒和泵浦灯外增加一个聚光腔。聚光腔的传输性能在很大程度上决定了激光系统的总效率，聚光腔除了给光源和吸收激活材料之间提供良好耦合之外，还决定了激光工作物质上泵浦光能密度的分布，从而影响激光器输出光束的均匀性、发散度和光学热畸变。

聚光腔的材料以往大多采用铜、铝，然后在聚光腔内壁镀金、银或介质膜。但近几年也采用聚四氟乙烯或陶瓷制作聚光腔。这些聚光腔具有抗擦伤和聚光效率高等特点。

3.1.1.5　Q 开关技术

为了压缩脉冲宽度，提高峰值功率，在脉冲激光器中使用 Q 开关技术。Q 开关技术是指一种基于调节激光谐振腔的品质因数 Q 的技术。Q 值愈高，激光振荡愈容易，Q 值愈低，激光振荡愈难，即在光泵浦开始时，使谐振腔内的损耗增大，降低腔内 Q 值，以让尽量多的低能态粒子抽运到高能态去，达到粒子数反转。由于 Q 值低，故不会产生激光振荡。当激光上能级粒子数达到最大值（饱和值）时，设法突然使腔的损耗变小，Q 值突增，这时激光振荡迅速建立。如果处于激光上能级的粒子像雪崩一样地跃迁到激光下能级，使之在极短时间内达到反转，粒子数大量被消耗，则在输出端可得到一个极强的激光巨脉冲输出，其脉冲宽度通常在 10^{-6}～10^{-9} s 数量级，脉冲峰值功率可达 10^8～10^9 W。

目前在激光加工中采用的有电光调 Q、声光调 Q、染料调 Q、机械调 Q 等。但采用最多的是电光调 Q 和声光调 Q 两种。

电光调 Q 是利用在晶体上加电场，使晶体的折射率产生变化的"电光效应"原理来实现调 Q 的。电光调 Q 开关具有反应时间短、结构简单、使用寿命长、重复性好等优点。对 Nd：YAG 激光器进行电光调 Q，可获得脉冲宽度小于 10ns、10^6 W 以上的脉冲峰值功率。

声光调 Q 是激光通过声光介质中的超声场时，产生布拉格衍射，使光束偏离谐振腔，导致腔内损耗增大，Q 值下降。当撤出超声场时，Q 值即刻猛增，此时可获得巨脉冲输出。声光调 Q 在激光加工中得到了广泛应用（包括激光打标、焊接和微雕等）。

3.1.2　用于热加工固体激光器

用于激光热加工的固体激光器主要有三种：红宝石激光器、Nd：YAG 激光器和钕玻璃激光器。Nd：YAG 激光器在三种激光器中是应用最多的一种。表 3-3 列出了用于激光热加工的固体激光器的常用参数。

表 3-3　三种固体激光器的常用参数

类型	波长/μm	工作方式	激光功率或脉冲能量	脉冲宽度/ns	发散角/mrad	效率/%
红宝石	0.6943	脉冲	$100\sim1000$J/脉冲（TEM_{mn}） 1J/脉冲（TEM_{00}） $10^8\sim10^9$ W 10^{-2} J/脉冲	$1\sim10$ $1\sim3$	$5\sim10$	1
Nd:YAG	1.06	连续 脉冲 Q 开关	2100W（TEM_{mn}） 20W（TEM_{00}） $1\sim500$J/脉冲 5J/脉冲（TEM_{00}） 5×10^{-3}J（TEM_{00}） 1×10^{-3}J $10^8\sim10^9$ W $(37\sim350)\times10^{-3}$J 8×10^5J（TEM_{00}） 10W（TEM_{00}）	$0.1\sim20$ $(3\sim20)\times10^{-5}$ $(0.1\sim1)\times10^{-5}$ 10^{-5}	$10\sim20$ $0.2\sim2$ $5\sim20$ 3 0.1 $5\sim20$ $1\sim10$ 0.1	$1\sim3$
钕玻璃	1.06	脉冲 Q 开关 锁模	500J 5×10^{10}W（100J/脉冲） 1.7×10^{13}W	$0.5\sim10$ 10^{10}	$1\sim10$ $0.2\sim0.3$	2

3.1.2.1　红宝石激光器

红宝石激光晶体的基质为刚玉（Al_2O_3），掺入三价过渡金属铬离子 Cr^{3+} 为激活离子所组成的晶体激光材料，其化学式为 Cr^{3+}：Al_2O_3。红宝石为各向异性光学单轴晶体，具有光学双折射特性。

红宝石晶体（提拉法生长）具有较好的光学质量、化学成分与结构十分稳定、力学性能好、质地坚硬、熔点高、热形变小、热导率高、抗激光破坏能力强等优点，尤其在低温下性能更佳。

红宝石激光器一般采用石英脉冲氙灯泵浦，激光器可以工作在脉冲和调 Q 状态。在脉冲工作状态，最高脉冲输出大于 1000J，脉冲宽度在 0.1～10ms。在调 Q 工作状态时，脉冲峰值功率大于 10^9 W，光电转换效率在 1% 左右。红宝石激光器可得到 TEM_{00} 模输出，光束发散角为 1mrad。红宝石激光器可用于脉冲微型焊接。

3.1.2.2　掺钕钇铝石榴石激光器

掺钕钇铝石榴石晶体（Nd:YAG）激光器，具有很高的增益，良好的热性能和力学性能，因此，它是科学技术、医学、工业和军事等领域中最重要的固体激光器。

掺钕钇铝石榴石晶体是在基质材料（钇铝石榴石单晶）中掺入适量的三价钕离子 Nd^{3+} 形成的。钇铝石榴石晶体的熔点约为 1970℃，具有很高的硬度、优良的热物理性能，并具有荧光谱线窄、量子效率高等特点，使 Nd:YAG 激光器成为三种固体激光器中唯一能够连续工作和高重复率工作的激光器，是激光热加工中较常用的一种固体激光器。一根 ϕ10mm×152mm 的 Nd:YAG 优质晶体激光棒，可得到约 600W 的连续输出功率；单晶 Nd:YAG 光纤激光器仅需吸收小于 1mW 的泵浦功率就可达到阀值；特别是半导体激光器泵浦技术的发展，使 Nd:YAG 固体激光器在小型化、全固体化方面取得了突破性进展。

目前采用多根棒串联、双灯泵浦的激光器的输出功率已超过 10kW，10kW 连续输出的 Nd:YAG 激光器已问世，实用化的 Nd:YAG 激光器输出功率达到 5kW。图 3-2 是工业应用的 Nd:YAG 激光加工中心，可实现微加工、切割、焊接、刻蚀、热处理等功能。

Nd:YAG 激光器在高功率运转时，经泵浦灯输入的能量只有极小部分（<10%）转为激光输出，绝大部分转化为热能损耗，这导致激光腔温度升高，使激光棒产生热效应。尤其在激光棒内的热积累，在棒内沿径向的变化呈抛物线分布，棒的中心温度高，边缘温度低，分布不均匀并产生热应力。另外，晶体折射率随温度的变化而变化，使棒的中心折射率高，边缘折射率低，其效果类似于一个会聚的正透镜，因此被称为热透镜效应。激光棒内的热透镜效应将使光束发散角、光束直径、光束聚焦的焦点位置等发生变化，从

图 3-2　工业应用的 Nd:YAG 激光加工中心
（U. S. LASER 公司的 4000 系列加工中心）

而极大影响激光器输出的光束质量。热透镜效应越大，光束质量越差。同时，激光棒内的温度分布不均匀还会造成棒的光学双折射现象和棒端面效应，它们都将对激光加工带来不利的影响。为了克服热透镜效应，可采用以下方法。

① 通过改变 YAG 棒形状（如圆形改成片状或管状），以加强对激光工作物质的冷却，减少棒的热效应。

② 采用热灵敏度低的谐振腔，来避免热对激光棒的影响。

③ 采用板条结构的 Nd:YAG 激光工作物质，称板条 Nd:YAG 激光器。该类型激光器冷却效果好，光束发散角小（接近衍射极限），使激光加工质量大为提高，并可进行深加工。例如，激光打孔深度可达 76mm，激光切割厚度可达 40mm。将几个板条串接在一个谐振腔内能获得几千瓦的激光输出功率。通过聚光腔和冷却系统的精细设计，使板条在长宽方向均匀泵浦和冷却，并使板条未受激励的两侧绝热，可在板条的绝大部分区域得到一维热源分布，y 方向能量均匀分布，从而不出现热透镜效应。板条 Nd:YAG 激光器的热透镜效应比一般棒状系统要小一个数量级。

近年来开发的半导体二极管泵浦、激光二极管泵浦（简称 LD 泵浦）的 Nd:YAG 激光器发展非常迅速。该激光器是采用与 Nd:YAG 光谱吸收带吻合的激光二极管去泵浦 Nd:YAG，大大减少了非吸收带光能转换的热量，电光转换效率高（高达 20%～40%），能直接获得紫外波长的激光，从而为大功率、小型化、能耗低（工作电压也低）、热负荷小和长寿命稳定工作创造了条件。由于该激光器波长位于紫外区，光束质量好，可进行多种优质加工。

3.1.2.3　钕玻璃激光器

钕玻璃是以玻璃为基质，掺入适量的氧化钕而制成的固体激光工作物质。钕玻璃的许多特性不同于其他固体激光材料。钕玻璃一般具有良好的光学均匀性（各向同性），并且具有非常高的掺杂浓度和极好的组织均匀性，性能稳定，玻璃的形状和尺寸有较大的自由度。钕玻璃棒最大可达长 1～2m、直径 3～10cm，还可做成厚 5cm、直径 90cm 的盘片，使其比较容易做成特大功率激光器（用于受控热核聚变等实验中）；小的可做成直径仅几微米的玻璃纤维（用于集成光路中的光放大或振荡）。

钕玻璃的热性能和力学性能较差，热导率比 Nd:YAG 晶体约低一个数量级，而且热膨胀系数又比较大，受热畸变比晶体严重，不适合使用在连续或高重复率的运转情况。

3.2　气体激光器

气体激光器是以气体或蒸气为工作物质的激光器。它是目前种类最多、波长分布区域最宽、应用最广的一类激光器。气体激光器所发射的谱线波长分布区域宽，覆盖了从紫外到远

红外整个光谱区，有上万条谱线，目前已向两端扩展到 X 射线波段和毫米波波段。气体激光器输出光束的质量高，其单色性和发散度均优于固体和半导体激光器，是很好的相干光源。目前气体激光器是功率最大的连续输出的激光器，如 CO_2 激光器的连续输出功率量级可达数十万瓦。与其他激光器相比，气体激光器还具有转换效率高、结构简单、造价低廉等优点。气体激光器广泛应用于工业、农业、国防、医学和其他科研领域中。在激光先进制造技术中，常用的气体激光器有 CO_2 激光器和准分子激光器。

3.2.1　高功率 CO_2 激光器

自从 1964 年研制成功第一台 CO_2 激光器以来，由于 CO_2 在电光转换效率和输出功率等方面具有的明显优势，这种激光器得到了迅猛发展。目前，无论是激光器的使用数量和市场销售量，CO_2 激光器都是重要的工业激光器之一。CO_2 激光器的输出功率和能量相当大，并且可连续波工作和脉冲工作。连续波输出功率已达到数十万瓦，$2×10^4$ W 的连续波功率器件已成为商品，CO_2 激光器是所有激光器中连续波输出功率最高的激光器。CO_2 激光器的脉冲输出能量达数万焦耳，脉冲宽度可压缩到纳秒级，脉冲功率密度高达 10^{12} W/cm^2。CO_2 激光器的能量转换效率为 20%～25%，是能量利用率最高的激光器。CO_2 激光器的输出谱带也相当丰富，主要波长分布在 9～11μm，正好处于大气传输窗口，十分适宜于在制导、测距和通信上应用。同时，用于研究物质在 10.6μm 的非线性光学现象，在工业加工及医疗方面都具广阔的应用前景。CO_2 激光器种类繁多，性能各异，给高功率激光在工业生产及科研中的应用提供了有效的手段。

3.2.1.1　CO_2 激光器的工作原理

在 CO_2 激光器中，激光工作物质 CO_2 是一种线性排列的三原子分子（线性对称），中间是碳原子，两边对称排列氧原子。在正常的情况下，CO_2 分子处于不停的运动状态，存在三种基本的振动方式和四个振动自由度。图 3-3 显示了这三种基本的振动方式（反对称振动、对称振动、形变振动）。在简谐近似条件下，CO_2 分子的三种基本振动近似简谐振动，并且三种振动相互独立。激光跃迁主要在 001～100 之间，输出波长为 10.6μm 的激光。

在常温下，CO_2 分子大部分处于基态。在电激励条件下，主要是通过电子碰撞直接激发和共振转移激发。在直接激发中，慢速电子碰撞激发 N_2 分子和 CO_2 分子。另一个激发主要是由 N_2（$v=1$）与 CO_2（001）的共振转移激发，这是 CO_2 激光器效率高于其他类型激光器的重要原因。图 3-4 给出了应用于工业加工的 6kW 的 CO_2 激光系统。

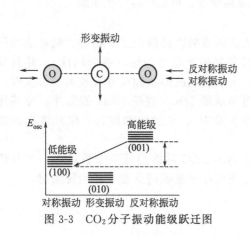

图 3-3　CO_2 分子振动能级跃迁图

图 3-4　6kW 的工业用 CO_2 激光系统

3.2.1.2　CO_2 激光器的分类和特性

CO_2 激光器是目前工业应用中功率最大、光转换效率最高、种类较多、应用较广泛的气体激光器。CO_2激光器主要的分类及特性如表 3-4 所示。

表 3-4　CO_2激光器的分类及特性

分类方式		特点	应用
按运转方式分类	连续 CO_2 激光器		激光切割、焊接、表面改性
	脉冲 CO_2 激光器		激光打标、精密切割和焊接
按结构分类	横流 CO_2 激光器	激光输出功率高,最大输出功率不小于 150kW,光束质量相对较差	激光表面改性、焊接
	轴流 CO_2 激光器(快流、慢流 CO_2 激光器)	光束质量高、效率高、体积小,激光输出功率达到 25kW	激光切割、焊接
	封离式 CO_2 激光器	光束质量好、寿命长、结构简单、可靠性高、运行费用低	微细加工、薄板的激光切割
按激励方式分类	高压直流辉光放电激励	依靠气体在高压下放电电离产生的电子来激发,属自持放电激励	
	电子束激励	利用腔外高能电子枪产生的电子束直接注入腔内来激发,属非自持放电激励	
	Macken 辉光放电激励	利用具有特殊性质的电场和均匀磁场来实现矩形放电,结构得到简化,输出功率高,成本低	
	射频激励	放电均匀、注入功率密度高、寿命长、光束质量高、结构紧凑、电转化效率高	
	微波激励	注入功率密度高、效率高、寿命长、造价低,尚处于研究阶段	

3.2.1.3　扩散冷却型 CO_2 激光器

CO_2 激光器的电光转换效率一般为 $15\%\sim20\%$,将近 80% 以上的输入功率变成了热能,使工作气体温度升高。工作气体的温度直接降低了粒子数的反转程度和光子辐射的速度,使激光器的输出功率降低。因此废热的排除和工作气体的冷却是保证高功率激光器连续运转的必要条件。按照气体冷却方式的不同可将高功率 CO_2 激光器分为扩散冷却和流动冷却两大类,流动冷却又分为轴向、横向和螺旋流动等类型。

扩散冷却型激光器的工作气体是靠气体自身的热扩散来冷却的。较高功率的封离型激光器都具有一套真空排气-充气系统,用于腔内变质气体的更换,把这种激光器称为准封离型激光器(图 3-5)。目前设有加长放电管的封离型激光器的输出功率达到 3kW,国内也有千瓦级封离型 CO_2 激光器。

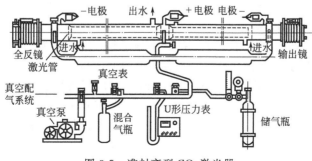

图 3-5　准封离型 CO_2 激光器

3.2.1.4 轴向流动 CO_2 激光器

轴向流动型 CO_2 激光器的工作气体沿放电管轴向流动实现冷却,气流方向同电场方向和激光方向一致,它包括慢速轴流(气流速度在 50m/s 左右)和快速轴流(气流速度大于 100m/s,甚至可达亚音速)。慢速轴流 CO_2 激光器由于结构复杂,输出功率低,较少采用;采用较多的是快速轴流 CO_2 激光器(图 3-6)。

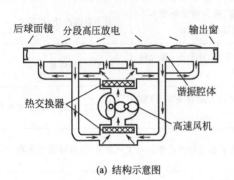

(a) 结构示意图

(b) 轴流2.2kW激光加工系统

图 3-6 快速轴流 CO_2 激光器

快速轴流激光器的技术关键是使气体高速循环的罗茨泵,要求泵的流速高、振动小、噪声低,泵所需容量等于激活区域体积除以气体流过激活长度的时间。快速轴流激光器的主要特点是光束质量好,功率密度高,电光效率可达 26%,结构紧凑,可以连续和脉冲双制运行,使用范围广。

3.2.1.5 横向流动型 CO_2 激光器

横向流动型 CO_2 激光器的工作气体是沿着与光轴垂直的方向快速流过放电区来维持腔内较低气体温度的。图 3-7 为横流 CO_2 激光器的典型结构,横流 CO_2 激光器的光轴、气体流动方向和放电方向三轴正交。横流激光器中气压高,光腔流道截面面积大,流速也相当高,所以横流 CO_2 激光器输出功率大。目前,横流 CO_2 激光器的输出功率已达到 30kW。

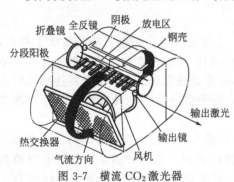

图 3-7 横流 CO_2 激光器

横流 CO_2 激光器根据电极形状的不同主要分为管-板电极结构 CO_2 激光器和针-板电极结构 CO_2 激光器。横流 CO_2 激光器的光束质量比轴流 CO_2 激光器的差,一般输出高阶模,常用于激光表面淬火、表面熔覆与表面合金化。

此外,在流动型 CO_2 激光器中还有螺旋流动型、横流圆筒结构 CO_2 激光器等。

3.2.2 准分子激光器

准分子激光器的工作物质是准分子气体。准分子是一种在激发态复合成的分子,而在基态则离解成原子的不稳定缔合物。准分子只在激发态时才以分子形式存在,其基态的平均寿命很短,仅为 10~13s,当从激发态跃迁到基态时,很快便离解成独立的原子。准分子激光为紫外短脉冲激光,波长范围在 193~351nm,约是 Nd:YAG 波长的1/5和 CO_2 波长的1/50,单光子能量可达到 7.9eV,高于大部分分子的化学键能,能直接深入材料分子内部进行加工。

激光器可分为惰性准分子准分子激光器、惰性卤化物准分子激光器、惰性氧化物准分子激光器、惰性金属蒸气准分子激光器和金属蒸气准分子激光器五种，目前商品化的准分子激光器采用的大都是惰性气体卤化物准分子，包括 XeCl、KrF、ArF 和 XeF 等气态物质。

准分子激光器的基本结构与 CO_2 激光器相同，可以调谐运转。紫外波段的准分子激光器主要靠激光剥离（laser ablation）加工材料，即由于准分子激光能量比材料分子原子连接键能量大，材料吸收后（吸收率高），光子能量耦合于连接键，破坏了原有的键连接而形成微小碎片，碎片材料自行脱落，每个脉冲可去除亚微米层厚的材料，如此逐层剥离材料，达到加工目的。目前准分子激光器主要为脉冲工作方式，商品化的准分子激光器平均功率为 $100 \sim 200$W，最高已达 750W。目前国际上有 Labe Physic 和日本三菱电机等公司生产的商用准分子激光器。图 3-8 是工业用的 XeCl 激光系统，在 250Hz 重复频率下的脉冲能量为 600mJ。表 3-5 列出了典型商用准分子激光器的基本参数。

图 3-8　工业用准分子（XeCl）激光器

表 3-5　典型商用准分子激光器的基本参数

准分子	ArF	KrF	XeCl	XeF
波长/nm	193	248	308	351
脉冲能量/mJ	275	450	250	200
平均功率/W	45	80	45	35

3.2.3　其他气体激光器

3.2.3.1　氩离子激光器（离子激光器）

氩离子激光器是一种惰性气体离子激光器，相类似的还有氦、氖和氙的离子激光器。氩离子激光器的主要激光波长在可见光的蓝绿区，是可见光区域输出功率最高的一种连续工作的激光器，输出功率为几瓦到几十瓦，最高可达 150W，比 632.8nm 的氦氖激光器的输出约高三个数量级，因此用途极广，在激光电视、全息照相、信息存储、光谱分析、医疗和工业加工等方面都有应用。

氩离子激光器一般由放电管、谐振腔、轴向磁场和放电电源等组成，放电管是最关键的部分。氩离子激光器放电管的核心是放电毛细管。由于氩离子激光器的工作电流密度每平方厘米高达数百安，放电毛细管的管壁温度常在 1000℃ 以上，因此放电毛细管必须采用耐高温、导热性较好、气体清除速率低的材料制成，如石英管、氧化铍陶瓷管、分段石墨管等。

氩离子激光器的谐振腔由两个镀有多层介质膜的反射镜组成。反射端镀 17 层，反射率大于 99%，透射端镀 5 层，透射率约 14%（488nm）和 12%（514.5nm）。

为了提高氩离子激光器的输出功率和寿命，一般都要加上一个强度为 $10^{-2} \sim 10^3$ T（$10^2 \sim 10^7$ Gs）的轴向磁场。该磁场通常由套在放电管外面的螺管线圈产生。

氩离子激光器供电电源的特点是工作电流大、工作电压较低，一般采用三相整流电路供电，并采用管内辅助的辉光放电进行触发。

3.2.3.2　氦氖激光器（原子激光器）

氦氖激光器是最早问世的气体激光器。氦氖激光器是连续波运转，主要波段在可见光区或近红外区。工作物质是 He_2 和 Ne_2 的混合气体，比例是 5:1，工作压力为 $0.4 \sim 4$kPa。氖为激活物质，通常运转的谱线波长为 632.8nm，单横模输出功率在 50mW/m 量级水平。氦氦氖激光器的主要特点是输出光束的单色性、方向性好，输出功率和频率稳定度高，并有结构简单紧凑、制作容易、使用方便、寿命长等优点，因而氦氖激光器已广泛应用于检测、导向、精密计量、全息照相、信息处理及医学等方面。

光学谐振腔由一对高反射率的多层介质膜反射镜组成，一般采用平凹腔形式，平面镜为输出镜，透过率依赖于激光器长度，约为 $1\% \sim 2\%$，凹面镜为全反射镜，反射率接近 100%。

放电管由毛细管和储气管构成。毛细管处于增益介质工作区，因此毛细管的尺寸和质量是决定激光器输出性能的关键因素。储气管与毛细管相连，为了使放电只限制在毛细管内，在毛细管的一端装有隔板，储气管的作用是为了增加放电管的工作气体总量，保证毛细管内的气体得到不断更新，延长了器件寿命。普通的氦氖激光器的放电管一般采用 GG17 硬质玻璃制成，对输出功率和波长要求稳定性高的器件通常用热膨胀系数更小的石英玻璃制作。

连续工作的氦氖激光器多采用直流放电激励的方式，启辉电压和工作电压与激光器的结构参数和放电条件有关，放电长度为 1m 的激光器，启辉电压在 8kV 左右。氦氖激光器的工作电流在几毫安到几百毫安的范围内。

氦氖激光器的放电电极多采用冷阴极形式，冷阴极材料多用溅射率小、电子发射率高的铝或铝合金。为了增加电子发射面积和降低阴极溅射，阴极通常制成圆筒状，并有尽可能大的尺寸。阳极一般用钨针制成。

近年来，放电管与反射镜片、窗片的封接工艺技术取得显著的进展，目前，用玻璃粉加热的"硬封接"工艺已替代以往的环氧树脂封贴，提高了密封可靠性，进而提高了氦氖激光器的工作和存放寿命。

3.3 其他类型激光器

3.3.1 化学激光器

化学激光器是利用工作物质的化学反应所释放的能量激励工作物质产生激光，其工作物质可以是气体或液体，其主要的特点如下。

① 比能量高，可达 $500 \sim 1000 J/g$；易制成高功率激光器（能制成数百万瓦或千万瓦功率的激光器）。

② 光束质量好，不需要外电源等，特别是氟化氘（DF）激光器，输出波长为 $3.8 \mu m$，大气传输特性好。

③ 激光波长丰富。

化学激光器在各个领域都有广阔的应用前景，尤其是在要求大功率输出的场合，如同位素分离和激光武器等方面。可用作激光武器的化学激光器有氟化氘激光器、氟化氢激光器和氧-碘激光器等，利用氟化氘激光器击落靶机已见报道。此外，氧-碘激光器作为激光武器，已完成了从实验室向实际应用的过渡。化学激光器的主要缺点是要排放有害气体。

3.3.2 高功率 CO 激光器

CO 激光器的波长为 $5\mu m$，它的主要优点如下。

① 波长 $5\mu m$，为 CO_2 激光波长的 $1/2$，发散角为 CO_2 激光的 $1/2$，聚焦后，能量密度比 CO_2 激光高 4 倍。

② 许多材料对 $5\mu m$ 波长的吸收率很高，对激光加工极为有利。

③ CO 激光的量子效率接近 100%，而 CO_2 激光只有 40%，其电效率比 CO_2 激光提高 20%。

但 CO 激光存在以下两个明显的缺点。

① 要想获得较高的效率，工作气体必须冷却到 200K 左右的低温。

② 工作气体的劣化较快，因此，CO 激光器的投资较高，实际运行费用也较高，故在一定程度上限制了这种激光器的发展。尽管如此，由于 CO 激光良好的加工优势使它仍然受到人们相当的重视，其主要发展方向为快速流动结构，是下一代最有希望的加工激光器之一。

3.3.3 染料激光器

常用的染料激光器是以液体染料（有机染料）为工作物质，大多数情况是把有机染料溶于溶剂（酒精、丙酮、水等）中使用，也有以蒸气状态工作的，所以染料激光器也称为"液体激光器"。染料激光器一般使用激光作泵浦源，例如常用的有氩离子激光器等。染料激光器的稳定性和可靠性都已达到了一定水平，其突出的特点是它的输出激光波长连续可调，利用不同染料可获得不同波长的激光（在可见光范围），一台染料激光器犹如一台单色仪。其次，激活粒子密度较大，因而增益系数大，输出功率可与固体激光器相比，其光学质量好，冷却方便。另外，染料激光器种类繁多，价格低廉，在相同的输出功率条件下，染料激活介质价格只有固体介质的千分之一。因此，染料激光器在生物学、光谱学、光化学、化学动力学、同位素分离、大气和电离层光化学、全息照相和光通信等方面得到日益广泛的应用。

3.3.4 光纤激光器

工作物质是光纤的激光器称为光纤激光器。工作物质是掺稀土元素的增益光纤，可长达几十米到几百米。与其他激光器一样，光纤激光器由产生光子的增益介质，使光子得到反馈并在增益介质中进行谐振放大的光学谐振腔和激励光跃迁的泵浦源三部分组成，其基本结构与固体激光器的结构基本相同。光纤激光器有稀土元素掺杂（Nd^{3+}、Er^{3+}、Yb^{3+}、Tm^{3+}等，基质可以是石英玻璃、氟化锆玻璃、单晶）光纤激光器、染料光纤激光器（纤芯、包层或二者加入激光染料）和非线性光纤激光器（利用光纤中的 SRS、SBS 非线性效应产生波长可调谐的激光）等。

光纤激光器的激光介质本身就是导波介质，耦合效率高；光纤芯很细，纤内易形成高功率密度，可方便地与目前的光纤传输系统高效连接。光纤激光器是一种紧凑、风冷、嵌入式的器件，几乎适合所有的生产线，并具有持续多年不需更换部件和维护等特点。极高的光束聚焦性能提供了超高的功率密度，使其在有效的工作距离内享有更广的应用范围。

光纤激光器的输出波段可覆盖 400～3400nm 的范围，可用于光纤通信、光谱研究与测量、存储及工业加工等方面。目前国际上商业化的光纤激光器波长已从 800nm 扩展到 2000nm 以上，输出连续光功率从数百毫瓦上升到数千瓦量级，美国 IPG 光电公司于 2002 年 5 月推出 2kW 的高功率掺Yb 光纤激光器，如图 3-9 所示，其泵浦寿命大于 10 万小时。

光纤激光器具有的最大优势是：轻便；积木式的现代光纤激光概念；优越的性价比。随着市场需求量的增长和生产工艺的流水线化，半导体泵浦激光器和光纤组件的生产成本将会显著降低，光纤激光器的成本与等效的传统激光系统相比则更低。由于光纤是柔性物质，可随意弯曲，又有优良的光导性质，它的出现代表了一个新的激光器发展方向。

图 3-9　2kW 光纤激光器

3.3.5 半导体激光器

半导体激光器是以半导体材料（主要是化合物半导体）作为工作物质，以电流注入作为激励方式的一种小型化激光器。在应用时应满足以下三个基本条件。

① p-n 结区的电子-空穴复合，提供光增益。

② 正向偏置 p-n 结提供载流子注入。

③ 垂直于结的两个解理端面形成 F-P 谐振腔提供反馈。

半导体激光器的种类有同质结激光器、单异质结激光器、双异质结激光器、分布反馈激光器（DFB）、量子阱激光器、垂直腔面发射激光器（VCSEL）等，表 3-6 是各种类型的半导体激光器的性能对照。

表 3-6　各种类型的半导体激光器的性能对照

名称	同质结	单异质结	双异质结	DFB	量子阱	VCSEL
制成时间	1962	1967	1970	1975	1978	1979
典型材料举例	GaAs	GaAs/AlCaAs	AlGaAs/GaAs	GaAs/AlCaAs	GaAs/AlCaAs	AlGaInP/InP
主要制作方法	扩散法	液相外延法	液相外延法	离子刻蚀法	MBEMOCVD	MOCVD
特性	在半导体材料中实现受激发射	可在脉冲下工作	可连续工作	单纵模运行	有源区为量子化尺寸	动态单纵模
阈值电流密度 /A·cm^{-2}	10^5	10^4	10^3	10^2	50	10
工作温度	77K 下脉冲工作	室温下脉冲工作	室温下连续工作	室温下连续工作	可直接在较高温度下工作	室温下连续工作
缺点	阈值电流密度过高不能脉冲工作	不能连续工作	多纵模发射	制作工艺难		输出功率小

半导体激光器具有的优点如下。

① 可调谐性　这是用于激光光谱学的半导体激光器的一个重要特征，其波长可通过改变温度或改变驱动电流来调谐。

② 高灵敏度　如对于某种气体只要选择合适的光谱波段就可测出低于 10^{-9} 的浓度。

③ 高选择性　半导体激光器的谱线宽度可限制在多普勒宽度范围内，从而可以减少谱线重叠，增加选择性。

④ 波长易于调制　半导体激光器用调制技术能够减少激光的过量噪声。

⑤ 光谱纯度高　通常半导体激光器在测定谱区重复扫描，所记录的吸收光谱是特定时间间隔内的平均结果，因而信噪比大为提高。

由于半导体激光器具有体积小、重量轻、输入能量低、寿命较长、易于调制、效率高以及价格低廉等优点，已在激光技术中占有显赫的地位。半导体激光器的应用已遍及激光唱机、光储存器、激光打印机、条形码解读器、光纤电信以及激光光谱学等许多重要领域。VCSEL 型半导体激光器由于单纵模、波长可连续调谐、无模式跳跃、波长分布范围广等特点，很适合各种气体的激光光谱学研究。

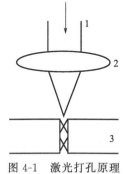

第4章

Chapter 04

激光去除加工

4.1 激光打孔

激光打孔是最早在工业生产中应用的、比较成熟的激光加工技术。主要用于金刚石拉丝模、硬质合金喷嘴、拉制化学纤维的喷丝头以及金属、陶瓷、橡胶等多种材料工模具及零部件上的各类单孔或群孔的加工。运用激光技术可以在高熔点金属钼板上加工出直径为微米级的小孔，能在世界上最硬的物质——金刚石上加工出孔径小于 $10\mu m$、孔形精确的微型孔，并能在红、蓝宝石上加工数百微米深的深孔等。在超硬材料微精加工技术中，激光打孔是一项不可缺少的特殊技术。

4.1.1 激光打孔的原理及特点

4.1.1.1 激光打孔的原理

激光打孔的原理是基于激光与被加工材料相互作用引起物态变化形成的热物理效应，以及各种能量变化产生的综合结果。影响这种变化的主要因素取决于激光的波长、能量密度、光束发散角、聚焦状态和被加工材料本身的物理特性等参数。激光打孔在激光加工中属于激光去除类，也被称为蒸发加工。激光打孔原理如图 4-1 所示。

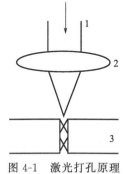

图 4-1　激光打孔原理
1—激光束；2—聚光透镜；3—工件

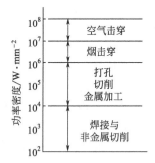

图 4-2　激光加工过程所需要的激光功率密度

激光束经过聚焦透镜照射在处于焦平面的工件上，激光作为高强度热源作用于工件材料上，材料因吸收激光而获得能量，并将其转换成热能、电能、化学能及不同波长的光能等多种形式，其中热能将使材料局部温度升高，当激光功率密度达到 $103\sim105W/mm^2$ 时就能使各种类型的被加工材料（包括陶瓷）熔化或汽化，实现激光去除材料的加工过程。图 4-2 为几种激光加工过程所需要的激光功率密度。

激光是波长单一、亮度极高、空间相干性好、时间特性可控的光束，具有良好的可聚焦性。激光经过光学系统调整、聚焦和传输，在焦平面处可得到直径为几微米至十几微米的细小光斑，光斑直径的大小可由式（4-1）求得。

$$d = \frac{4\lambda f}{\pi D} = f\theta \tag{4-1}$$

式中　θ——激光发散角；

　　　D——光束直径；

　　　f——焦距；

　　　d——焦平面处的光斑直径；

　　　λ——激光的波长。

在焦点处激光功率密度与激光输出功率及光斑面积的关系可由式（4-2）得出。

$$F = \frac{4P}{\pi d^2} \tag{4-2}$$

式中　F——焦点处的激光功率密度；

　　　P——激光输出功率；

　　　d——焦平面处光斑直径。

激光打孔的过程是：聚焦的高能量光束照射在工件上，使被加工材料表面激光焦点部位的温度迅速上升，瞬间可达万摄氏度以上，当温度升至接近于材料蒸发的高温时，激光对材料的去除加工开始进行，此时，固态金属发生强烈的相变，最先出现液相金属，进而产生待蒸发的气相金属，随着温度的不断上升，金属蒸气携带着液相物质以极高的速度从液相底部猛烈地喷溅出来，在喷溅物中，大约有 4/5 的液相物质被高压金属蒸气从加工区内排出，从而完成打孔过程。在这一过程中，金属蒸气仅在光照脉冲开始约 $10^{-10} \sim 10^{-8}$ s 内就形成了，而用于激光脉冲打孔的脉冲宽度均大于 10^{-4} s。当金属材料一旦形成蒸气喷射，对光通量的吸收特性将会产生很大影响。由于金属蒸气对光的吸收比固态金属对光的吸收要强烈得多，所以这时的光通量几乎全部被吸收用来使金属升温，金属材料将继续被强烈地加热。而且用于去除材料的光通量远比热扩散的光通量要大得多，金属蒸气流的温度及发光亮度都有显著提高。由此，在开始相变区域（通常为圆窝形）的中心底部形成了非常强烈的喷射中心。蒸气喷射的状况表现为：开始是在较大的立体角范围向外喷，随后逐渐聚拢，形成稍有扩散的喷射流。此时由于相变的产生极为迅速，尚未使横向熔融区扩大，就已被金属蒸气"全部"携带喷出。激光光通量几乎完全用于沿轴向逐渐深入材料内部，去除内部的金属材料。由于光通量总是具有一定能量的，横向尺寸由最初的喇叭口形逐渐收敛到一定值后，便会达到稳定不变的状态。这种状态一直维持到激光脉冲即将结束，这时激光光强开始迅速减弱，已熔化尚未被排出的液相材料会重新凝聚在孔壁上，形成再铸层。由于再铸层的厚度、残留状态及分布情况等都是无规则的，因此，对激光打孔的精度和重复性都会产生一定影响。一般来讲，再铸层的形态取决于材料的性质和激光脉冲波形的尾缘形状，尾缘越陡，再铸层越少。

以脉冲激光打孔为例，激光打孔过程可分为三个阶段：前缘阶段、稳定输出阶段和尾缘阶段。

在前缘阶段，激光束最初照射在被加工材料上并开始与其相互作用，由于材料表面的反射损耗，使材料被加热的速度较后一阶段的反应激烈程度略显缓和，随着热量向材料内部传导，造成周围区域内的材料升温，这一阶段的相变以熔化为主，相变区面积略宽，而深度较浅。激光束继续照射被加工材料，加工进入第二阶段，由于相变使材料的吸收率增大，加热后反应更加剧烈，开始产生金属蒸气，熔融区面积逐渐缩小，孔形呈收敛趋势而深度增加。随后打孔过程相对稳定，材料的汽化程度剧增，气相物质裹带着液相材料飞溅出加工区，形成了锥度较小的圆柱孔段。最后进入尾缘阶段，激光对材料的加热临近终止，材料的汽化、熔化状态即将结束，在孔形的最后阶段形成了尖锐的锥形底孔。孔形成的过程如图4-3所示。

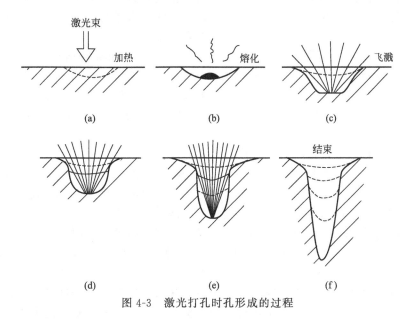

图4-3　激光打孔时孔形成的过程

由上述脉冲激光打孔过程可以看出，材料的熔化和蒸发是激光打孔的两个最基本的过程，其中，提高汽化蒸发的比例可以增加孔径的深度，而加大孔径主要靠孔壁熔化和蒸气压力以飞溅的方式将液相物质排出加工区来实现。

4.1.1.2　激光打孔的特点

激光打孔主要用于小孔、窄缝的微细加工与多孔、密集的群孔加工，以及在倾斜面上进行的斜孔加工等。利用高品质的激光束可加工出孔径小于0.01mm的微孔模具，如果将激光与精密数控机床结合，让激光头按所编程序的成形轨迹运行，就能加工出孔形精确的成形孔工模具。

目前，激光打孔成功地应用于火箭发动机和柴油机燃料喷嘴孔加工、化学纤维喷丝板孔加工、钟表和仪表的宝石轴承孔加工、金刚石拉丝模和其他工模具加工，以及手机、电脑、通信装置中的积层、多层印制线路板（BUM）上高密度、微细化小孔加工。激光打孔已经成为航空航天业、纺织业、钟表和仪表业、金刚石拉丝模和其他工模具制造业，以及电子、通信业中非常重要的加工技术。

激光打孔与机械钻孔、电火花加工等其他加工方法相比，具有以下显著特点。

（1）激光打孔不受材料的硬度、刚性、强度和脆性等力学性能限制

只要选择和调整好激光器的类型及激光束的波长、脉冲宽度、功率密度、光束发散角、聚焦状态等参数，满足被加工材料对激光的吸收率及材料本身热物理特性的要求，激光可以在几乎所有硬、脆或软等性质的材料上进行正常的打孔加工。激光打孔既可以加工导电的金属材料，也能加工用其他加工方法难以加工的某些非金属材料（如宝石类、陶瓷类、各种金刚石等材料），进行小孔、微孔的加工；既可以在硬度最高的金刚石上加工，也能在硬度非常低、弹性很高的橡胶、塑料、尼龙等材料上加工；而且，可以加工出孔形精细的微型孔，不产生任何烧伤、变形等破坏痕迹，这是其他加工方法都难以做到的。

（2）激光打孔速度快、效率高、精度好，非常适合进行数量多、密度高的多孔、群孔加工

由于在激光打孔时，激光束的功率密度高达 $10^5 \sim 10^7\,\mathrm{W/mm^2}$，利用具有这样高功率密度的激光束只需对被加工材料照射 $10^{-3} \sim 10^{-5}\,\mathrm{s}$ 就有明显的激光去除材料的现象产生，因此激光打孔的速度极快。如果将高效能激光器与高精度机床和计算机数控系统相结合，控制激光头和承载被加工工件的工作台的精确运行，不仅能实现单孔的高速加工，而且还可以连续、高效地加工出孔径小、数量多、密度高的群孔模板来。

在不同形式工件上的单孔加工，激光打孔比电火花加工和机械钻孔的加工效率高 10～1000 倍。而利用激光进行群孔加工，孔的密度比用电火花或机械加工高 1～3 个数量级。在航天航空领域利用激光打群孔是一种必不可少的加工方式，许多重要部件上需要加工数以万计的孔，有的高达 50 多万个孔，对于这类群孔加工，除了激光打孔，用其他加工方法都是很难实现的。

（3）激光打孔可以获得很大的深径比

深径比是衡量小孔加工难易程度的一项重要指标。一般深径比超过 10：1 的小孔对于机械或电火花打孔来讲就属于难加工孔。对于激光打孔，只要合理地利用选模、调 Q 等技术，提高激光光束的质量就可以容易地获得高质量、大深径比的小孔。

例如，用带 Q 开关的连续波 ND：YAG 激光器在镍基高熔点、耐腐蚀合金上可加工孔径为 $\phi 2 \sim 10\,\mu\mathrm{m}$ 的小孔，其深径比为 250：1。又如，通过对激光器的导光系统参数进行调整，可在厚度为 16.2mm 在碳钢上加工出孔径为 $\phi 0.25\mathrm{mm}$ 的小孔，其深径比为 65：1。

（4）激光打孔可以在难加工材料上加工出与其平面倾斜 6°～90° 的斜向小孔

对于加工这类斜向小孔，无论是接触式的机械钻孔，还是非接触式的电火花打孔都是极为困难的，主要是因为钻头或电极无法入钻，当钻头在与平面不垂直，倾斜角为 6°以上进行加工时，由于单刃切削，钻头两边受力不均产生打滑，故难以入钻甚至造成钻头折断；电火花虽然属于非接触式加工，但在加工斜面时由于火花放电产生的斜向力使电极颤抖同样无法正常加工。而激光打孔不存在上述困难，在倾斜面上特别是大角度倾斜面上成功加工小孔是激光打孔的一大特点。

（5）激光打孔没有工具损耗

由于激光加工的特殊性，在加工过程中不需要加工工具，或者说加工工具仅为具有很高能量密度的一束光，故不存在工具被损耗、损坏或需要更换等问题，因此激光打孔减少了类似钻头折断、电极损耗或因更换工具而影响加工效率和精度的麻烦，从而降低了加工成本，减少了辅助工时，使加工更加精确、简便、快捷。

4.1.2　激光打孔的分类

激光打孔的形式多种多样，其类型可分为复制成形法和轮廓成形法两类。

4.1.2.1　复制成形法

复制成形法就是控制激光束的形状进行加工，所得孔的形状与光束相似。在加工过程中，通过调整激光参数或在光学系统中加入异形孔光阑，使输出的激光束以特定的形状和精度重复照射到被加工材料固定的一点上，在与辐射传播方向垂直的方向上，没有光束和工件位移的情况下"复制"出与光束形状相同的孔，如图 4-4 所示。

复制成形法所用激光器多为红宝石激光器、钕玻璃激光器或 CO_2 激光器，采用单脉冲或低重复频率多脉冲的形式进行打孔，上述激光器可使激光束作用在工件的能量横向扩散减至最小，有助于控制孔径的大小和孔的形状。激光脉冲持续时间为毫秒级，可以有足够的热量沿着孔的轴向深度扩散，而不只是被材料表面吸收。

对简单的异形通孔，可以用光学系统改变激光束，获得所需光束形状进行加工。具体改变光束形状的方法为在聚焦光束中或在透镜前方放置一个所需形状的异形孔光阑，可以得到异形光束；也可将异形孔光阑放置在激光器谐振腔的内部，这种方式虽然效率可以提高，但设计、实施都比较复杂，所以应用较少。

在加工较大直径的孔时，可以采用环形聚焦法进行加工，即用一个锥形聚焦透镜，将激光器发出的光束聚焦成一个圆环，用单个或多个脉冲能量把聚焦光环中被激光照射的材料去除，中间未被激光照射的柱状材料自然脱落，在工件上形成一个孔，如图4-5所示。采用这种方法不必将孔内所有材料都蚀除掉，可以节省能量和工时，但要求激光束必须具有足够大的能量密度，否则无法将孔穿透。

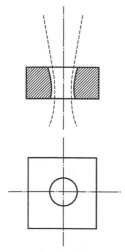

图 4-4 采用透镜法控制孔径

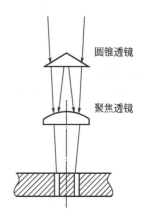

图 4-5 采用锥形聚焦透镜形式的激光打孔

复制成形法主要用于形状简单的孔加工，具有加工速度快、重复性好的优点，例如，在1s内就可以在10mm厚的氮化硅板上完成一个直径为 $\phi0.4mm$ 的小孔加工。

4.1.2.2 轮廓成形法

轮廓成形法是采用逐点挖坑，分层去除的方式进行激光加工的。工件上打孔的形状是由激光束和工件相对位移的轨迹逐层形成的。用轮廓成形法加工时，激光器既可以在高重复频率脉冲状态下工作，也可以在连续状态下工作。激光器主要采用 Nd:YAG 激光器或 CO_2 激光器。在用脉冲方式进行加工时，要注意脉冲的重复频率应与工件相对位移速度协调一致，即激光束照射在工件上的光斑所形成的凹坑必须连续地彼此叠加从而形成一个完整的、连续的轮廓，如图4-6所示。

利用轮廓成形法，可以对形状复杂的变截面孔进行加工，并可获得精度很高的孔形。激光打孔加工金刚石拉丝模就是典型的运用轮廓成形法加工复杂孔形的实例。金刚石拉丝模的孔形如图4-7所示。

金刚石拉丝模的孔形由入口区、润滑区、压缩区（工作区）、定径区、倒锥区、出口区六个不同角度的区域组成，各区域间的连接要求圆滑过渡。对于这种形状复杂的孔进行激光打孔加工，需要采用轮廓成形法将其完成。在打孔过程中，可将拉丝模横截面分为若干层，每一层的加工都由数控系统按工件的孔形变化控制工作台的运行轨迹和旋转轴的转速，使其配合激光脉冲重复频率来保证激光束照射在加工部位上的激光斑点随位移连续地彼此叠加，加工出的凹坑形成连续的孔形轮廓，由此逐层加工，最终完成完整、精确的孔形。

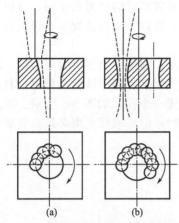

图 4-6 采用轮廓成形法进行激光打孔

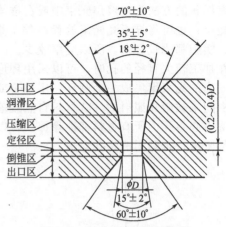

图 4-7 金刚石拉丝模的孔形

4.1.3 激光打孔的加工系统

激光打孔的加工系统主要由激光器、光学系统和数控机械系统等部分组成，其原理框图如图 4-8 所示。

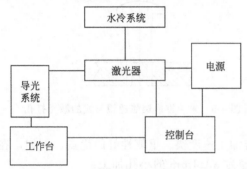

图 4-8 激光打孔的加工系统原理框图

4.1.3.1 激光打孔的激光器

激光器是整个加工系统的核心，其作用是把电源系统提供的电能转变成光能，产生激光打孔所需要的激光束。用于打孔的激光器主要有气体激光器中的 CO_2 激光器和固体激光器中的红宝石激光器、钕玻璃激光器、Nd:YAG 激光器等。

(1) CO_2 激光器

CO_2 激光器转换效率高于其他激光器，可达 15%～20%。它的波长为 $10.6\mu m$，适合对许多非金属材料（如有机玻璃、塑料、木材、多层复合板材、石英玻璃等）进行加工。此外，CO_2 激光器还具有大功率连续输出的优点，与其他技术相配合可实现高速打孔。但由于 CO_2 激光器也存在一些缺点，如体积大、输出的瞬间功率偏小、输出的激光束为不可见的红外光等，使调整焦平面和对准光束位置的操作都不方便，故在激光打孔中的应用不如固体激光器多。

(2) 固体激光器

固体激光器在激光打孔中得到广泛的应用，它具有以下优点。

① 固体激光器输出波长普遍较短。如红宝石激光器输出波长为 694.3nm，钕玻璃激光器和 Nd:YAG 激光器的输出波长均为 $1.06\mu m$，比 CO_2 激光器低一个数量级，由于大多数材料特别是金属材料在对光的吸收存在波长越短吸收率越高的规律，因此，在功率相同的状态下，加工同一种材料，固体激光器比 CO_2 激光器的加工效率要高得多，尤其在加工高反射率金属方面，固体激光器更胜一筹。

② 固体激光器输出的光束可以用普通的光学材料传递，如光学玻璃、石英玻璃等。这样可以将显微镜、投影仪或工业电视等目视观察系统与激光器输出的导光系统同轴安装，以实现对加工点的对焦、定位及对加工过程出现的情况进行实时监控。对于 $1.06\mu m$ 的近红外光，还可以用光导纤维进行能量传递，使导光系统更加灵活、方便。

③ 固体激光器结构紧凑,整机体积小,使用维护方便,价格低于CO_2激光器。

4.1.3.2　激光打孔的光学系统

光学系统由导光系统（包括折反镜、分光镜、光导纤维及耦合元件等）、观察系统及改善光束性能的装置等部分组成。在激光打孔中,光学系统的作用是把激光束从激光器输出窗口引导至被加工工件表面,并在加工部位获得所需的光斑形状、尺寸及功率密度;指示加工部位、提供控制信息、观察加工过程和简单评估加工结果。具体功能如下。

① 利用光学系统中的45°棱镜或倾斜放置的全反镜来改变打孔用激光器发出光束的输出方向,将激光束引导到工件的被加工部位。

② 利用光学系统中聚焦透镜对激光器发出的光束进行整理聚焦,实现在加工部位得到具有足够高功率密度的激光光斑。激光束的聚焦原理如图4-9所示。

由图4-9可知要想得到更小的光斑直径,必须缩小焦距,而缩小焦距的结果是缩短了光学系统的工作距离,很可能造成系统的前透镜在加工时被不断产生的蒸气和液滴所损坏。因此必须采取在长焦距物镜前安装一个望远系统,以改善光束的方向性,这一措施可以保证在相当长的工作距离内把光束聚焦成一个直径仅为数微米的光斑。望远系统如图4-10所示。

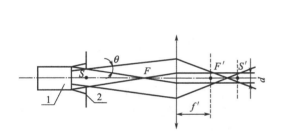

图4-9　激光束的聚焦原理

1—激光器;2—光阑,聚焦物镜

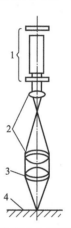

图4-10　用望远系统减小焦平面上的光斑直径

1—激光器;2—望远系统;3—聚焦物镜;4—加工表面

此时的光斑直径 d 可以按式(4-3)求得。

$$d = \frac{\theta f}{L} \tag{4-3}$$

式中　L——望远系统的倍率;

　　　θ——激光发散角;

　　　f——焦距。

③ 利用在光学系统中设置光阑的方法,改善光束性能。光阑对提高激光打孔质量起着很重要的作用,一方面起选模、限模的作用,另一方面也有控制改变脉冲能量的功能。尤其在加工微细孔时,光阑在光学系统中是不可缺少的,可通过光阑控制,改变脉冲能量的大小,提高激光打孔的圆整度,这种方法也被称为投影法,图4-11为投影打孔光路示意图。

激光通过具有较小负球差的双分离透镜,聚焦于 f_1' 之后的理论焦点 S_1' 上,由于 f_2 远离 S_1',因此 S_1' 将通过打孔物镜成像,第二次聚焦到 f_2' 之后的 S_2' 上,使 S_1' 和 S_2' 成为一对物像共轭点,也就形成了 S_1' 被投影到 S_2' 上。实验证明,在 S_1' 位置上放置孔径合适的投影光阑并保证与激光束同心,激光打孔的圆整度将在很大程度上得到改善;另一方面,激光强度通常为高斯分布,如果在光学系统中没有投影光阑对激光束进行约束,则在工件加工部位

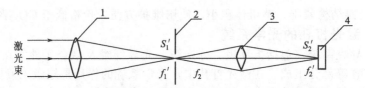

图 4-11 投影打孔光路示意图
1—双分离透镜；2—光阑；3—打孔物镜；4—工件

出现由中心到边沿功率密度逐渐减弱的光斑，光斑外沿上的功率密度不足以使材料蒸发，激光能量相当大的部分消耗在熔化上。在照射面中心区域内，由于蒸气压力的作用，使已熔化的材料被抛出孔的中心，结果就使其入口成为锥度较大圆锥状。在光学系统中加入投影光阑后，去除了因功率密度不足而造成的材料蒸发的光束外缘部分，照射区的边界变得清晰、整齐，由此可以减小激光打孔的入口锥度。在其他参数相同的情况下，用投影法加工的孔其入口锥直径要比焦面加工的小50%。

另一种改善光束性能的装置是采用倒置的拉长距离的伽利略式望远镜系统打孔，简称为发散-会聚打孔，其光路如图 4-12 所示。

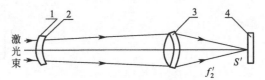

图 4-12 发散-会聚打孔光路示意图
1—发散镜；2—光阑；3—打孔物镜；4—工件

激光束通过透镜后，成为发散光，再经过透镜聚焦于 f_2' 之后的 S' 上，若在发散镜 1 右端设置光阑，也可以大大提高孔的圆整度，并且由于正负透镜球差的抵消，系统轴向球差小且能量集中，容易打出锥度小、粗糙度低的孔。在充分利用透镜通光口径的基础上，使其能量分散，热变形小。这种光学系统不但结构紧凑，而且使加工区域远离了聚焦透镜，从而大大改善了飞溅物对保护片的污染。运用这种光路时应注意，随着重复频率的提高会使物镜的温度上升，可能导致物镜的胶合层损坏。

④ 利用光学系统中的校正观察装置，在加工前对工件的被加工部位及激光束的焦点位置进行校准；在加工中跟踪、观察全过程；在加工后简单评估加工结果。这部分光路一般可由望远镜、投影仪或工业电视所组成。注意必须保证观测系统的光轴与激光束的光轴及聚焦物镜的光轴三轴完全重合，以保证打孔点与观测点的一致性。

4.1.3.3 激光打孔用机床

通用型激光打孔机床为三轴机床，X、Y 两坐标轴相互垂直作平面运动，用于调整、对正激光束与工件被加工部位的相对位置。Z 轴与 X-Y 平面垂直，用于带动激光头上下运动，调整激光束的焦点位置，在深孔加工中起带动激光头进给的作用。三轴采用步进电机带动滚珠丝杠在直线滚珠导轨上运行，运动精度由丝杠的精度和滚珠导轨的精度确定。如配以计算机控制系统，三维激光打孔机床可以完成平面内各种孔及一定范围内群孔的加工。

为了便于加工变截面等复杂形状的成形孔，还需对三轴激光打孔机床进行改进，如加工金刚石拉丝模的专用机床，就是在通用的三轴打孔机床上增加一个被称为 C 轴的旋转轴来实现的。在运用轮廓迂回成形法加工时，通常根据孔形轮廓直径的大小和激光重复频率的数值，控制承载工件 C 轴的旋转速度，使脉冲激光斑点彼此叠加，形成一个连续的轮廓，同时工作台相对激光头沿 X 轴由 0 点（孔的中心）到轮廓外缘作往复运动，以实现逐层去除的加工。每去除一层，通过计算机根据孔形进行数据处理，改变 X 轴运行到孔轮廓外沿的数值，Z 轴也相应进给一个当量（当量数值根据每一层去除的深度预先赋值）。通过这种分层加工达到有效地控制孔的复杂形状的目的。

当需要在管材或桶形材料上进行打孔时，机床应具有五轴功能，除了通用机床的三维运动外，另增加两轴运动：X-Y 平面 $360°$ 的旋转运动，称为 A 轴；X-Y 在 Z 方向上 $0°\sim90°$ 的倾斜，称为 B 轴，对于各种类型难度较大的激光加工，五轴机床都能胜任。

4.1.4 激光打孔工艺

4.1.4.1 激光打孔的工艺步骤

(1) 对被加工材料的物理性质和加工要求进行加工可行性分析

激光加工的实质是激光与被加工材料相互作用所产生的物态变化。因此，激光打孔设备与被加工材料构成了激光打孔的两个基本要素。从广义上讲，激光可以对几乎所有材料进行有效的加工，但具体到某一台激光打孔设备的加工范围却是很有限的。这是因为激光的某些参数如波长、功率调制情况及范围、脉冲重复频率、脉冲宽度、光束发散角、导光系统、聚焦情况等一旦确定，也就确定了这台激光设备的打孔范围。例如，波长为 $1.06\mu m$ 的 Nd：YAG 激光器和钕玻璃激光器就无法在普通玻璃或石英玻璃上进行打孔加工，这是因为这两种材料对 $1.06\mu m$ 波长光的吸收率极低。还应注意尽量避免用 CO_2 激光器对铜、铝等对波长为 $10.6\mu m$ 的光具有极高反射率的金属进行打孔，防止强烈的反射光对聚焦透镜造成破坏。所以在加工之前，要详细了解现有激光设备的性能及被加工材料的物理特性，作出正确的判断和选择。之后再根据工件的加工位置、尺寸和孔的形状等要求，了解现有激光设备的机床精度、运行方式及行程是否能满足加工的需要。

(2) 模拟试验加工，得出最佳加工参数

由于激光的加工精度和表面质量都非常高，因此常把激光打孔作为最后一道工序。故激光打孔所面对的绝大部分工件是接近成品的零件。对于这样的加工必须谨慎，为避免在正式加工中因出现偏差而出次品，有必要在与实际加工零件的材质、厚度等条件相似的试件上，依照对正式工件的加工要求进行模拟激光打孔，以便对激光参数进行选择和完成外围条件的设计。并最终得出最佳的工艺参数和加工环境，为正式加工做好准备。

(3) 设计简便、实用的工装夹具，减少辅助工时，保证加工效率

激光打孔很少进行单件加工，多数为数量较大的批量加工。因此更换、装夹工件辅助时间的长短直接影响激光打孔的效率。一般加工工件的数量小于 10 件时，可使用通用的三爪卡盘或平口钳作为夹具；当加工工件的数量较多时，可制作专用夹具，与加工程序配套使用。夹具的设计应本着结构简单、合理，装夹定位快捷、准确，加工制作方便、易行的原则。

(4) 设计加工程序

根据被加工工件的孔径、孔形以及加工形式的不同要求，利用激光打孔机配备的计算机控制系统进行合理的编程，以保证激光打孔设备正常有序的运行。在程序开始之前还需进行工件定位调零和焦平面确认的工作，以保证激光打孔的定位精度，减少孔形误差。

(5) 实施有效的激光打孔加工

在一切准备工作就绪后，开始正式实施激光打孔。在加工过程中，应注意机器有无异常及外围条件（如保护气体压力等）有无变化，还应定时抽测工件，检测激光打孔的尺寸，及时排除激光打孔中出现的不稳定因素，确保激光打孔的质量。

4.1.4.2 影响激光打孔质量的工艺参数

激光打孔不仅要求有很高的生产率和较好的表面加工质量，而且对加工精度也有很高的

要求，因此在加工孔径只有几微米，精度达微米级的微型孔时难度非常大。为了达到这样高的精度要求，除了保证光学系统和机械方面的精度外，还必须根据激光打孔基本原理和激光特点，分析有关因素对加工过程的影响，正确选择激光加工参数。以下就激光加工的工艺规律讨论影响激光打孔的主要因素。

（1）激光输出功率对激光打孔的影响

激光打孔时，激光束照射在被加工材料上的功率密度是一个非常重要的参数，在加工过程中焦平面上的激光聚焦光斑的大小是由激光器和光学系统的系统参数决定的。光斑直径 d 可由式(4-3) 求出。

在光学系统的格局确定以后，激光焦点处能量密度的变化取决于激光输出功率的变化。因此，对于加工孔的纵向深度和横向直径的大小主要是通过改变激光输出功率来加以控制的。由激光加工原理可知，被加工材料的去除是由蒸发和熔化两种基本形式完成的，孔深的增加主要靠蒸发的形式来实现，而孔径的增加则是依靠孔壁上材料的熔化和利用剩余蒸气压力对熔融状物质的排除。

当激光功率很高时，由于过热的温度使物质的蒸发占材料去除量的绝大部分，而由热传导引起的能量损失可以忽略不计，激光脉冲能量几乎全部用于对材料的破坏和蒸发去除。如果在材料上加工一个孔径为 d、孔深为 h 的孔所需的激光脉冲能量为 E，可以根据能量平衡原理得出式(4-4)：

$$E=\frac{1}{4}\pi d^2 h L_p \tag{4-4}$$

式中　L_p——材料的单位体积破坏比能，J/cm^3。

孔径 d 和孔深 h 可由式(4-5) 和式(4-6) 得出：

$$d=2\left[\frac{3E}{\pi(L_B+2L_M)}\right]^{\frac{1}{3}} \tag{4-5}$$

$$h=2\left[\frac{3E}{\pi\tan^2\theta(L_B+2L_M)}\right]^{\frac{1}{3}} \tag{4-6}$$

式中　E——激光脉冲能量，J；

　　　L_B——材料汽化热体积热值，J/cm^3；

　　　L_M——材料熔化热体积热值，J/cm^3；

　　　θ——光束照射材料表面时的发散半角。

对于同一种材料 L_B 和 L_M 都是固定的，所以孔径 d 和孔深 h 与脉冲能量 E 的关系如式(4-7)、式(4-8) 所示：

$$d\propto(3E)^{\frac{1}{3}} \tag{4-7}$$

$$h\propto(3E)^{\frac{1}{3}} \tag{4-8}$$

式(4-7)、式(4-8) 显示了孔径 d 和孔深 h 与脉冲能量 E 的非线性关系。图 4-13、图 4-14 是根据脉冲能量变化的实际情况绘制的 h、d 与 E 的关系曲线，图中脉冲能量的变化是通过控制对光泵输入电功率的变化来实现的，而其他激光参数固定不变。图 4-15 显示了脉冲能量 E 变化的情况。

当输出脉冲波形的脉冲宽度不变，而脉冲前沿幅值增大时，也就是激光束照射在被加工材料上的时间不变，而功率密度增大时，孔深 h、孔径 d 都随之增加，孔深 h 随脉冲能量增大而增加的原因主要是由于过高的功率密度使打孔过程中产生过多的气相物质而产生强烈的冲击波，致使高压蒸气带着熔融状物质从孔底部高速向外喷射，如同产生局部微型爆炸一样，这一现象可以通过打孔过程中功率越高，发出的微型爆炸声越大而得以证实。与此同时，激光功率越高，功率密度越大，产生的金属蒸气压力越大，高压蒸气带走的液相物质也越多，因而孔径 d 也随之越大。但孔径随能量的增加而增大的速度比孔深随能量而增加的缓慢，而且这种增大是有限度的。

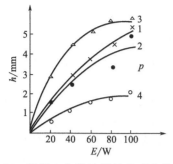 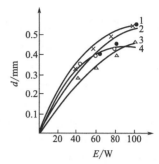

图 4-13　孔深 h 与脉冲能量 E 变化的关系　　图 4-14　孔径 d 与脉冲能量 E 变化的关系
1—铝；2—红宝石；3—45 钢；4—铜　　　　　　1—铝；2—红宝石；3—45 钢；4—铜

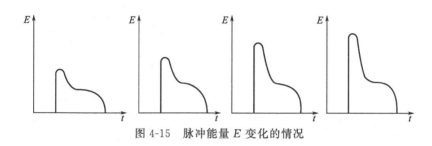

图 4-15　脉冲能量 E 变化的情况

因此，当要求激光打孔的深度 h 和直径 d 值较大时，激光输出功率也应较大；激光打孔时，对于导热性越好（如 Al、Cu）、熔点越高或硬度越高的材料，选择的输出功率参数应越大，这样才能达到加工目的。应当注意到，过大的脉冲能量会使孔的锥度和直径变大，而且孔的入口会遭到较严重的破坏，这是激光打孔加工所要避免的。

（2）焦距与发散角对激光打孔的影响

在利用激光加工精密微细孔时，为了提高被加工孔的质量，要求激光束经聚焦后具有非常小的光斑直径和较高的能量密度。焦平面上的光斑直径越小，所打出的孔也越小，且由于能量密度大，激光束对工件的穿透力也大，打出的孔不仅深，而且锥度小。所以要想提高激光打孔质量，必须缩小光斑直径。光斑直径 d_1 可用式（4-9）表示：

$$d_1 = f\theta \tag{4-9}$$

式中　f——透镜焦距；

θ——光束发散角。

透镜焦距 f 受一定条件的限制不能太小，如在实际加工中为防止飞溅的熔融物质破坏光学镜头，以及方便地取、放需要更换的被加工工件，应留出合适的作用距离。有时为了满足特殊工件打孔（如在距离工件表面较深的部位实施打孔）的要求，希望作用距离更大一些。理论分析表明，作用距离 S 与光束发散角 θ 的平方根成反比，如式（4-10）所示：

$$S \propto \theta^{-\frac{1}{2}} \tag{4-10}$$

为了获得尽可能小的光斑，只有尽量减少光束发散角，而要改善光束发散角，就必须利用选模技术对激光谐振腔的振荡模式进行选择，滤去杂波形成基模（TEM_{00}）输出。

选模的方法较多，其中利用小孔光阑法对于减小光束发散角是既简单又行之有效的方法。虽然经选模后激光输出功率可能有所减弱，但由于激光发散度的改善，其亮度可提高几个数量级，而且聚焦后，可以产生一个衍射极限的光斑，这对小孔加工的质量是非常有利的。

（3）脉冲宽度对激光打孔的影响

当激光输出功率一定，即脉冲能量不变时，脉冲宽度越窄，激光照射时间变短而能量密度越大；反之，激光照射时间加长则能量密度变小。因此脉冲宽度的变化对激光打孔的深度、孔径、孔形都有较大的影响。

图 4-16、图 4-17 是通过改变脉冲宽度的大小，分别对 45 钢、铜、铝及红宝石进行激光打盲孔试验后得出的试验数据及变化规律曲线，从图中可以看出，不同材料（45 钢的孔深变化除外）随脉冲宽度变化的趋势是相同的，而变化幅度的差异主要是因为被加工材料本身性质和热物理参数的不同所造成的。

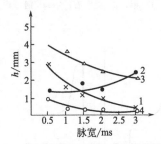

图 4-16　孔深与脉冲宽度变化的规律曲线
1—铝；2—红宝石；3—45 钢；4—铜

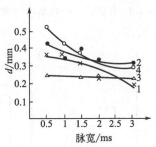

图 4-17　孔径与脉冲宽度变化的规律曲线
1—铝；2—红宝石；3—45 钢；4—铜

固定激光输出功率而改变脉冲宽度，相当于激光照射时间和激光焦点处的功率密度都相应发生了变化，在这种情况下，激光束照射工件的时间越短，作用在工件上的能量密度就越大。从原理上讲，能量密度越大，激光打孔中产生的气相物质比例就越大，金属蒸气压力越高。由于孔深的增加主要靠蒸发，而蒸气压力的增大可以携带出更多孔内液相的熔融物质也使孔径得以增大。因此，脉冲宽度越窄，孔的深度越深，且孔的直径越大。

在相同条件下，当脉冲宽度明显加宽时，激光焦点处能量密度降低，孔内金属蒸气比例减少，剩余蒸气压力也相应变小。在这种情况下，激光能量主要以横向热传导的方式向孔的四周扩散，由此产生大量的液相物质，而金属蒸气压力过小，不能将液相物质从孔内全部排除，使其无规律地重新凝结于孔壁上，造成孔的深度和直径减小，孔的表面质量和尺寸精度变差，使打孔过程难以控制。

用于激光打孔的脉冲宽度一般为几分之一秒到几毫秒之间。当激光能量一定时，过宽的脉冲宽度会使热量扩散到非加工区，而过窄的脉冲宽度会因能量密度过高使蚀除物以高温气体喷出，都会使能量的使用效率降低。此外，还应注意对于不同性质的材料，不可同等对待。例如，同样需要增加打孔的深度，对于导热性较好的材料（如 Al、Cu 等），应使用较窄脉冲宽度进行加工；而对于导热性较差的材料（如硬质合金、Al_2O_3 等），可用较宽的脉冲宽度进行打孔，这样可以有效地提高激光脉冲能量的利用率。

（4）激光束焦点位置对激光打孔的影响

焦点位置对激光打孔的形状和深度都有很大影响，被加工材料表面与焦点之间的距离称为离焦量。焦点位于材料表面之上所形成的离焦量为正，焦点位于材料表面之下所形成的离焦量为负，如图 4-18 所示。

离焦量的变化对打孔加工的影响程度，可通过在金属材料上进行的只改变离焦量，不改变其他激光参数的打孔试验中获得，如图 4-19 所示。

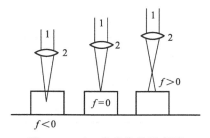

图 4-18 正、负离焦量示意图
1—激光束；2—聚焦透镜

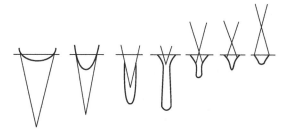

图 4-19 离焦量对打孔的影响示意图

当离焦量负得较深时，透过工件表面的光斑面积很大，从而大大降低了激光能量密度，使热影响区较大，加工深度很浅。随着负离焦量逐渐变小，加工孔的深度加大，锥度变小。当焦点处于材料表面偏下某一位置时，可以打出最大孔深。随着离焦量由负转正，当焦点处于材料表面偏上某一点时，孔的入口直径最小。焦点的具体位置及数据因工件材料而异。图 4-20 显示了焦点位置与打孔深度之间的关系曲线。当焦点处于工件表面以下某一点时出现最大值，在相同的打孔条件下，打的孔最深；而过分的入焦或过分的离焦，孔深都会由于光束的散射而大大减小。

（5）脉冲激光的重复频率对激光打孔的影响

单个激光脉冲打出孔的深度一般为孔径的 5～10 倍，而且锥度较大。在实际激光打孔中常采用重复脉冲的方法，即一个孔用多个激光脉冲重复照射加工而成，这样可以减少每个脉冲的能量，延长激光器中泵浦器件的使用寿命，并克服了偶然因素引起的单个脉冲能量起伏的现象，使打出的孔具有较好的圆度和重复性。使用多个激光脉冲打孔时，如果增加脉冲次数，用脉冲激光束多次照射工件进行加工，孔的深度可以明显增加，锥度也能减小，而孔径几乎不变。但是孔的深度并不是与脉冲次数成比例，而是加工到一定深度后，由于孔内壁的反射、透射以及激光的散射使材料的吸收和抛出力减小、排屑困难，造成孔的前端的能量密度不断降低，加工量逐渐减小，以致难于继续加工。图 4-21 是使用红宝石激光器加工蓝宝石时获得的脉冲次数与孔深的关系曲线，由图可知，脉冲次数大于 30 时，孔的深度变化很小，如果单脉冲能量不变，孔的深度不能继续增加。

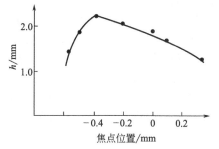

图 4-20 焦点位置与打孔深度之间的关系曲线

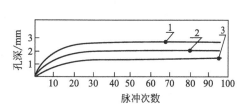

图 4-21 激光打孔时脉冲次数与孔深的关系曲线
1—单脉冲能量 2.0J；2—单脉冲能量 1.5J；3—单脉冲能量 1.0J

改变激光脉冲重复频率及相应的平均功率密度等参数，在 45 钢上进行打孔试验，结果见表 4-1。

表 4-1　激光脉冲重复频率 f_p 及脉冲能量 E 对激光打孔的影响（45 钢）

f_p/Hz	E/W	h/mm	d/mm
1	4	1.7	0.23
10	18	4	0.3
20	30	3.3	0.32
30	30	2	0.33
40	30	2	0.36
50	40	1.5	0.4

　　由脉冲重复频率变化引起的盲孔深度和直径的变化如图 4-22、图 4-23 所示。脉冲重复频率的增加对孔径的影响不大，其原因是孔的直径大小是由一组脉冲中单个脉冲的能量、脉冲宽度等参数所决定的，孔的直径还受到激光光束在加工区域的光斑尺寸和散焦面形状的制约。当脉冲平均功率不变、脉冲宽度不变，只改变脉冲重复频率时，随着脉冲重复频率的增加，孔的深度值却越来越小，这是由于在激光输出平均功率值相同的状态下，脉冲重复频率越高，脉冲峰值功率越小，因而使加工孔的深度值减小。

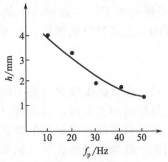

图 4-22　重复频率与孔深的关系曲线

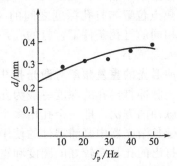

图 4-23　重复频率与孔径的关系曲线

（6）工件材料对激光打孔的影响

　　激光加工过程实质上就是激光与工件材料之间相互作用的过程。工件材料对激光打孔影响最大的一个参数是材料对激光波长的吸收率，吸收率的高低直接影响激光打孔的效率，如果工件材料对某种激光器光束波长的吸收率高，利用这种激光器进行打孔的效率就高。如果吸收率低，激光束照射在工件材料上的能量大部分被反射或透过材料散失，而没有对工件材料的加工产生作用，故打孔的效率就低。工件材料的吸收率本身也受到温度变化和表面涂层等条件的影响。如在真空条件下，金属材料处于室温时的吸收率都很小，当温度升高到接近熔点时，其吸收率可达 40%～50%；如温度接近沸点，其吸收率高达 90%。在实际进行激光打孔时，由于金属随温度升高表面氧化加重也会增大吸收率。又如，在用红宝石激光器或 Nd:YAG 激光器对天然金刚石、大颗粒人造单晶金刚石进行打孔加工时，必须在材料表面涂覆碳素墨水或涂改液涂层，以改善材料加工瞬间的吸收率，保证打孔加工有效正常地进行，避免材料碎裂现象的发生。

　　另一方面，不同性质的材料对不同波长激光束的吸收率和反射率差别很大，因此要根据加工材料的热物理性质来选择相应的激光器，例如对宝石轴承的激光打孔，可选用波长为 $0.69\mu m$ 的红宝石激光器、波长为 $1.06\mu m$ 的 Nd:YAG 激光器和波长为 $10.6\mu m$ 的 CO_2 激光器。对玻璃、石英、陶瓷等材料的激光打孔，则必须选用波长为 $10.6\mu m$ 的 CO_2 激光器，对加工更为有利。

4.1.5 典型材料的激光打孔

4.1.5.1 金属材料

在工业生产中,利用激光在金属材料上打孔制造各种零部件及工模具是较为常见的。激光加工金属材料的难易程度并不取决于材料的硬度,而是取决于金属材料对激光的吸收及热量传递等因素。下面介绍一些激光对金属材料的打孔实例和数据。

(1) 硬质合金的激光打孔实例

硬质合金是使用激光打孔较多的材料之一。下面是用脉冲能量为30J的Nd:YAG激光器在厚度分别为6mm和10mm的硬质合金工件上加工中心孔和通孔,孔径分别为0.3mm、0.6mm和1.0mm。由于中心孔的孔形比较复杂,需分两步进行加工,先加工锥形导入孔部分,然后加工直孔部分。加工参数为:脉冲能量20~25J;聚焦透镜焦距70~80mm;脉冲跟踪频率0.5~1Hz;加工中心孔导入加工区的脉冲数为8~13/s,加工通孔的脉冲数为16~20/s。中心孔加工时间为5~20s,通孔的加工时间为20~30s。

(2) 不锈钢材料的燃油喷嘴小孔的激光加工实例

不锈钢燃油喷嘴主要用于燃气轮机、火箭发动机、内燃机等。喷嘴可以限定燃料的注入量,使燃料以一定角度注入燃气室,形成涡流,达到燃料与空气或氧化剂更好地混合并使燃料充分燃烧的目的。这就要求喷嘴小孔既有较高的尺寸精度,又要求小孔与工件有准确的空间位置精度,图4-24为两种喷嘴的结构示意图。

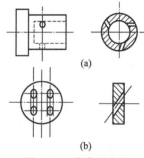

图4-24 喷嘴示意图

传统的喷嘴小孔加工方法多采用钻头钻削工艺。这种加工速度慢,费钻头,由于是接触加工,所以工件夹具必须有钻头导向套,以防止钻头的折断,结构相当复杂。而采用精密激光打孔可以获得满意的效果。与其他加工工艺相比,激光打孔不仅可使效率成倍增长,而且大大降低了操作人员的劳动强度。

图4-24(a)所示的喷嘴小孔采用激光打孔使用的工艺条件如下。

① 激光器:钕玻璃棒 ϕ10mm×300mm;氙灯 ϕ16mm×300mm;聚光器双灯双椭圆;冷却玻璃管磨毛。

② 工艺参数:工作电压3000V;储能电容900μF;脉冲能量40J;透镜焦距75mm;偏焦量第一脉冲为+4mm,第二至第四脉冲为+7mm;打孔脉冲数4。

③ 喷嘴小孔加工结果:孔径 $\phi0.64^{+0.03}_{0}$mm;圆度误差小于0.02mm;表面粗糙度 $Ra \leqslant 3.2\mu$m。

由于孔的入口呈锥形,深度一般不超过0.10~0.20mm,因此在激光打孔时应留出相应的加工余量,以便在打完孔后将其去除,此时小孔的出入口直径差(即锥度)一般不超过0.03mm。为保证工件上三个喷油小孔的轴线所构成的切向圆直径在规定公差范围内,只需将工件打孔位置偏离工件轴线一定距离,将其固定即可。采用简单的分度块便可保证三孔沿圆周均布的位置精度。

对图4-24(b)所示喷嘴的激光打孔,采用在零件背面衬垫真空橡胶的方法,可用较低规准打出直径为 ϕ0.55mm±0.015mm的小孔,其轴线与表面法向成55°。

(3) 采用辅助工艺提高加工质量的一些激光打孔实例

① 用ND:YAG激光器在钕铁硼材料的工件上打一个孔径为 ϕ0.8mm的孔。采用旋切打孔加辅助吹氧保护的方法,仅用40W的平均功率进行激光打孔,就能收到很好的加工效果。

② 在厚度为 0.4mm 的金属铝板上进行孔径为 $\phi0.05$mm 的激光打孔时，孔的圆度为 ±0.003mm，锥度为 ±0.012mm，加工时间为 5s。激光加工金属铝，在孔的入口处容易产生粘渣。铝材上的粘渣很难去掉，从而影响加工质量。因此在用激光对金属铝打孔时，必须控制 Q 开关的频率，且必须使用高峰值功率进行激光加工，以减少或避免粘渣的产生。

③ 由于铜具有很好的导热性和反光性，所以对于金属铜的打孔，必须要有足够高的激光脉冲能量，才能对其进行有效地激光打孔加工。为了既能提高激光的能量密度，且不使加工时的金属粉尘飞溅到透镜上造成破坏，可采用缩小激光发散角和拉长焦距的办法。具体加工条件如下。

激光器：钕玻璃棒 $\phi10$mm×250mm；泵浦灯采用双氙灯。

工艺参数：工作电压 2300V；储能电容 400μF；脉冲能量 20J；透镜焦距 120mm；

激光发散角：静态 $\theta\leqslant1$mrad；动态 $\theta\leqslant2$mrad。

用上述参数，一次脉冲就可以在直径为 $\phi1.6$mm 的柱面上打出入口为 $\phi0.50$mm、出口为 $\phi0.42$mm 的圆整光滑的小孔，误差仅为 ±0.02mm。

表 4-2～表 4-4 为一些金属材料激光打孔的参数和结果。

表 4-2 一些金属材料激光打孔的参数和结果

材料		激光参数			孔直径/mm	
类别	厚度/mm	脉冲宽度/ms	输出能量/J		入口	出口
PE Mg	0.15	1.8	2.1		0.03	0.02
PE Mg	0.15	2.0	3.3		0.04	0.03
Mo	0.05	2.0	3.3		0.02	0.02
Mo	0.05	2.25	4.9		0.02	0.02
Mo	0.05	2.35	5.9		0.02	0.02
Cu	0.08	2.25	4.9		0.02	—
304 不锈钢	0.09	2.35	5.9		0.05	0.02
Ta	0.15	2.35	5.9		0.03	0.01
Ta	0.15	2.42	8.0		0.03	0.01
Ti-6Al-4V	0.24	2.35	5.9		0.04	0.01
Ti-6Al-4V	0.24	2.4	7.0		0.04	0.01
Ti-6Al-4V	0.24	2.4	7.0		0.05	0.05
W	0.05	2.0	3.3		0.02	0.01
W	0.05	2.1	4.0		0.02	0.02
W	0.05	2.35	5.9		0.02	0.03

表 4-3 几种材料激光打孔的参数和结果

材料	孔形参数		加工工艺				
	直径/mm	厚度/mm	单脉冲加工		多脉冲加工		
			能量/J	脉冲宽度/ms	能量/J	脉冲宽度/ms	次数
纯铁	200	1.0	1.6	1	0.3	0.1	7
	50	2.0	1.6	1	0.05	0.09	10
铝合金	100～600	1～2	2～10	0.1～1	0.5～1.0	0.1～1	5～10

材料	孔形参数		加工工艺				
	直径/mm	厚度/mm	单脉冲加工		多脉冲加工		
			能量/J	脉冲宽度/ms	能量/J	脉冲宽度/ms	次数
钢	20~100	0.1~0.2	0.1~0.5	0.1~1	0.05~0.1	0.1	3~5
不锈钢	100	0.7	1.5	1	—	—	—
不锈钢	100	0.5	—	—	0.2	0.09	9
不锈钢	50	1.2	—	—	0.2	0.09	12
不锈钢	50	0.1	—	—	0.2	0.08	1~5
铜	50~100	0.5	0.7~1.5	0.1~0.5	0.2	0.1	4~8
青铜	20~50	0.1	0.1~0.2	0.1~0.5	0.05	0.1	2~4
黄铜	30	0.1	0.1~0.2	0.1~0.5	0.05	0.1	1~3
铝合金	200~300	1	3.0~5	0.1~0.5	0.5	0.1	6~10
铝合金	500~1000	5	30~100	0.1~0.5	10	0.1~0.5	5~10
镍	30~200	0.3~0.6	0.1~1	0.1~0.5	0.05~0.1	0.1	5~15
难熔金属与合金	10~20	0.1	0.1	0.1~1	0.5	0.1	2~3
	30~200	0.5	0.5~4	0.1~1	0.1~0.5	0.1~0.5	5~10
	100~200	1	5.0~10	0.1~1	1	0.1~1	5~10
铁氧体	200	1	1.6	1	0.3	0.1	7

表 4-4 Nd:YAG 激光器用于金属打孔的工艺参数

材料		304 不锈钢	铍	铝	钨	钽	镁	铀
时间/min	氧气	1.46	4.63		0.32	0.44		0.20
	空气	1.33	3.41	0.99	0.27	0.35	12.5	0.22
	氩气	3.69	0.56	0.28	1.34	1.88	0.36	0.43
平均功率/W		31	24	31	31	42	42	42
最大可打厚度/mm		4.83	5.03	3.10	2.54	2.67	3.12	3.18

4.1.5.2 非金属材料

大部分非金属材料（如有机玻璃、塑料、木材、橡胶、石英玻璃等）对波长为 $10.6\mu m$ 的激光有较好的吸收效果。CO_2 激光器具有转换效率高、输出激光时波长为 $10.6\mu m$ 的特点，因此被广泛地应用于对非金属材料的激光打孔。下面介绍一些非金属材料的激光打孔实例和数据。

(1) 玻璃打孔

用 500W 的 CO_2 激光器，配装回转透镜装置，在厚度为 2.54mm 的玻璃板上加工孔径为 ϕ12.7mm 的孔，加工时间为 6s。

对于热冲击敏感的钠玻璃进行激光加工时，需先将其预热到 400℃，以避免温度突变造成对材料的破坏。

使用 1000W CO_2 激光器，并配合采用压缩空气吹加工区的辅助工艺，可以在1～

2mm 厚的以玻璃纤维加环氧树脂（玻璃钢）为材料的电子线路板上进行激光高速打孔。

(2) 塑料打孔

用功率为 250W，脉冲宽度为 5~15ms 的 CO_2 激光器，配装一套特殊的光学系统，在聚氯乙烯塑料制成的灌溉用管上打孔，孔径为 0.5mm，年加工量达 3 亿米，加工质量优于传统的机械加工方法。

用输出功率 50W CO_2 激光器，采用数控装置在异丁烯制作的接触透镜上打孔，1.5s 能加工 5~15 个 $\phi0.1mm$ 的小孔，打出的孔不产生毛刺。

用输出功率 6W 的 CO_2 激光器，对亲水性的苯系高分子聚合物制成的接触透镜和对聚醛酯制造的烟雾阀进行打孔。孔径为 $\phi0.1~0.2mm$，精度为 $\pm0.038mm$，5~80ms 可打一个孔，每分钟可打 300 个阀孔。

表 4-5 列出了一些塑料件激光打孔的参数和结果。

表 4-5 CO_2 激光器在塑料件上打孔的参数和结果

材料	厚度/mm	孔径/mm	脉冲宽度/ms	激光器功率/W
聚乙烯	0.15	0.36	4.5	150
	0.50	0.38	20	50
聚苯乙烯树脂	0.33	0.25	5	50
	0.28	1.02	40	50
环氧树脂	0.76	1.02	100	50
	0.76	0.25	20	50
聚氯乙烯树脂	0.64	0.25	5	50
	0.64	0.75	40	50
	0.50	0.30	10	50
	0.50	0.58	30	50
异丁烯树脂	1.52	0.18	10	50
	0.89	0.41	10	175
聚碳酸酯	0.89	0.38	10	175
聚酰胺	0.89	0.28	10	175

(3) 橡胶打孔

CO_2 激光器适用于橡胶打孔。用峰值功率为 1kW、脉冲宽度为 $60\mu s$、脉冲重复频率为 25Hz 的 CO_2 激光器，在厚度为 0.15mm，直径为 $\phi100mm$ 的橡胶上打 4000 个孔径为 $\phi0.09mm$ 的小孔，全部用时仅为 8min。

用 100W CO_2 激光器，在壁厚为 0.5~1.25mm 的汽车流量控制阀的橡胶隔膜上打 25 个直径为 $\phi0.64mm$ 同心孔，加工时间仅用 8s，而且不产生毛刺。

(4) 纸打孔

武汉华工激光工程有限责任公司研究开发的 HGL-T 系列双盘水松纸激光打孔机（图 4-25）采用射频激励 CO_2 激光器在香烟过滤嘴的两侧打两排小孔，一台激光器输出的光束经光分配器可被分成 8 路独立的脉冲激光，可以同时打 8 路孔。该系列激光打孔机的主要技术参数见表 4-6。

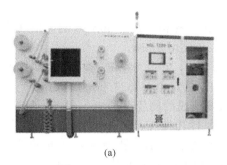
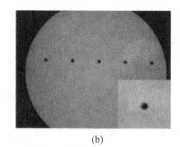

(a)   (b)

图 4-25　HGL-T 系列双盘水松纸激光打孔机及打孔实例

表 4-6　HGL-T 系列双盘水松纸激光打孔机的主要技术参数

型号	HGL-T200-2	HGL-T300-2	HGL-T400-2	HGL-T500-2
激光器功率/W	200	300	400	500
打孔速度/万孔·min^{-1}	230	288	345	384
最大打孔排数	8	8	8	8
孔径大小/mm	0.06～0.30	0.06～0.40	0.06～0.50	0.06～0.60
打孔盘数	2	2	2	2
最大走纸速度/m·min^{-1}	400	400	400	400
生产能力/kg·班$^{-1}$	350	450	550	650
盘纸宽度/mm	48～78	48～78	48～78	48～78
透气度/CU	50～2500	50～2500	50～2500	50～2500
计长精度/%	≤1	≤1	≤1	≤1

4.1.5.3　陶瓷材料

随着科学技术的发展，陶瓷材料将得到越来越广泛的应用，特别是陶瓷材料的物理性能的不断提高，传统的机械加工方法越来越难以满足材料及加工工艺的要求。而对于激光加工来说，陶瓷材料是易加工材料，激光对陶瓷材料打孔具有加工能力强、质量好、效率高的特点。氧化铝、碳化硅、氮化硅和氧化锆等各类陶瓷都可以用激光进行打孔，并可获得较大的深径比，最高可达 25：1。在陶瓷上用普通机械方法钻孔或用超声波打孔，只能得到（2：1）～（4：1）的深径比，远不及激光打孔的优势。用于陶瓷打孔的设备主要有红宝石、钕玻璃、钇铝石榴石和 CO_2 激光打孔机，针对不同性质的陶瓷材料，选择相应的激光器及参数可以有效地防止微小裂纹及其他缺陷的产生。

① 氧化铝对 Nd：YAG 激光的吸收率较低，但其热性能好，属于高脆材料。当激光能量过大时，氧化铝工件会因热变形而产生裂纹，因此适合用脉冲宽度窄的 Q 开关脉冲激光进行打孔。

② 氮化硅激光打孔时，在加工表面容易出现裂纹。为防止裂纹的产生，应使用低的 Q 开关频率进行激光加工。

③ 在太阳能电池的硅片上打孔，硅片厚度为 0.3mm，加工孔径为 ϕ0.2mm。必须使用窄脉冲宽度、低能量进行激光加工，才可避免产生裂纹。

此外，还应选择合适的加工方法，例如对陶瓷等脆性材料进行激光加工时，如果加大单次激光的输出能量，则会因热变形造成陶瓷材料的被加工表面出现裂纹，因此，应减小单次激光照射的能量而采用多次重复打孔的方法，以免产生裂纹。

下面介绍一些陶瓷材料激光打孔的实例。

使用输出功率为 250W 的连续波 CO_2 激光打孔机，以 36mm/s 的进给速度，平均每秒钟可打两个孔，在 $100mm^2$ 的陶瓷上打 920 个孔仅用 8min。

使用红宝石激光器，脉冲宽度为 0.3～0.7ms，在 0.69mm 厚的高温烧结陶瓷电路板上可打出直径为 $\phi0.25mm$ 的孔，其孔径与孔间隔的误差不超过 $\pm0.025mm$。

在厚度为 0.35mm 的氧化铝、氧化铍微波集成的陶瓷基片上，用 Nd:YAG 激光器加工孔径为 $\phi0.1～0.2mm$ 的精密小孔，可以做到打孔精度高，一致性好，速度快，无加工缺陷。在汽车制冷器陶瓷集成片上，用 Nd:YAG 激光器加工孔径为 $\phi4.8mm$ 的孔。由于孔径较大，采用机床相对激光头作圆运动的方法。为了避免出现椭圆，让激光的起点和终点都落在圆的中心。在选择加工半径时，应考虑到激光切缝宽度，以保证孔径的尺寸精度。

使用 Nd:YAG 激光打孔机，在绝热发动机上的陶瓷缸盖上，加工出的孔直径为 $\phi0.3mm\pm0.02mm$ 的孔，其工艺参数为电压 1560V，电感 2.4mH，焦距 50.5mm，脉冲次数 3 次/s。

对于厚度为 0.6mm 的氧化铝，用 Nd:YAG 激光器加工直径为 $\phi0.15mm$ 的小孔，加工精度为 0.025mm，加工时间为 1min/孔。

在厚 1mm 的氮化硅板上打 $\phi0.2mm$ 的小孔时，间距精度可控制到 0.01mm；在 0.05mm 厚的陶瓷薄膜上可加工出 $\phi0.02mm$ 的孔；在 10mm 厚的氮化硅板上打 $\phi0.4mm$ 的群孔，速度可达 1min/孔。

表 4-7 列出了一些激光器对陶瓷材料激光打孔的工艺参数和结果。

表 4-7　一些激光器对陶瓷材料激光打孔的工艺参数和结果

材料及零件	厚度/mm	孔径/mm	使用激光器	激光输出功率（能量）	脉冲次数	时间/s
铁氧体	1	0.1	Nd:YAG	0.5～0.1J	约 10	1
氧化铝陶瓷	3	0.2	Nd:YAG	1～2J	约 50	5
氧化铝陶瓷	3.2	0.25	红宝石	1.4J	约 40	8
氧化铝陶瓷	0.6	0.5	CO_2	75W	—	0.2
氧化铝陶瓷	0.7	0.25	CO_2	250W	—	1

4.1.5.4　金刚石拉丝模

金刚石是世界上已知的物质中硬度最高的材料。表 4-8 列出了金刚石和有关物质的硬度。

表 4-8　金刚石和有关物质的硬度

名称	化学分子式	莫氏硬度（MOHS）	努氏硬度（KNOOP）	莫-吴氏硬度（MOHS-WOODDELL）
滑石	$Mg_3Si_4O_{10}(OH)_2$	1	—	1
石盐	$NaCl$	2	32	2
方解石	$CaCO_3$	3	135	3
萤石	CaF_2	4	163	4
磷灰石	$Ca_5F(PO_4)_3$	5	430	5
长石	$KAlSi_3O_5$	6	560	6
石英	SiO_2	7	820	7
黄玉	$Al_2[F\cdot OH]_2SiO_4$	8	1310	8

名称	化学分子式	莫氏硬度（MOHS）	努氏硬度（KNOOP）	莫-吴氏硬度（MOHS-WOODDELL）
刚玉	Al_2O_3	9	2100	9
立方氮化硼	BN	9^+	4500～4800	19
金刚石	C	10	7000	42.5

利用激光加工金刚石拉丝模，早在 20 世纪 70 年代就已经在国内发展起来了。最先应用的是红宝石激光器，用红宝石激光器在金刚石拉丝模上打孔不仅效率高，而且锥形边比较平滑，模具正反面的锥形同轴度好。表 4-9 是用红宝石激光器加工金刚石拉丝模的参数及结果。

表 4-9　用红宝石激光器加工金刚石拉丝模的参数及结果

金刚石		激光参数			金刚石		激光参数		
厚度/mm	孔径/mm	能量/J	脉冲次数	打孔时间/min	厚度/mm	孔径/mm	能量/J	脉冲次数	打孔时间/min
0.89	0.46	9.0	85	5.5	1.93	0.10	8.2	110	5.9
1.14	0.51	10.2	223	7.75	1.93	0.10	9.5	88	5.3
1.4	0.91	11.0	799	22.0	2.00	0.15	7.0	233	7.9
1.3	0.03	5.0	38	4.6	2.03	0.15	8.2	103	6.7
1.32	0.03	4.5	147	6.5	2.18	0.51	12.5	318	11.3
1.45	0.10	8.2	15	4.25	2.33	0.20	9.0	181	9.0
1.47	0.05	7.0	67	5.0	2.36	0.15	8.0	87	6.3
1.72	0.20	9.5	77	4.0	2.41	0.38	10.5	340	11.4
1.75	0.10	7.0	178	7.0	2.90	0.38	12.5	222	9.7
1.82	0.10	8.0	75	5.25	2.90	0.51	12.5	351	11.9

目前，对于加工金刚石拉丝模，较多地采用具有高度自动化程度的 $Nd:YAG$ 脉冲激光加工中心进行打孔，其加工效果极佳，有很好的孔形精度和表面质量。图 4-26 为激光加工中心原理框图。

加工过程如下：通过遥控调节系统将电参数输入电源，由电源发出超声电信号和激光电信号，分别传输给 Q 开关和激光发生器，经 Q 开关调制激光发生器将电信号转换成具有一定频率和能量的激光束，输送到激光工作头经聚焦后照射在被加工工件上进行激光打孔。根据被加工的模具孔形及定径尺寸，编制加工程序，通过手动操作系统将运行轨迹数据输入微机控制系统，经机械传动系统控制承载工件的工作台和发射激光束的激光工作头按输入程序的轨迹运行，从而实现对工件进行激光打孔。

下面介绍金刚石激光打孔实例。

（1）微孔拉丝模的激光打孔

一般把孔径不大于 $\phi0.03mm$ 的金刚石拉丝模统称为微孔模。这类模具通常用天然金刚石

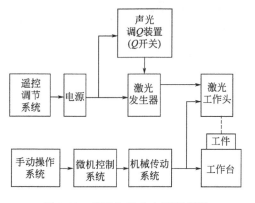

图 4-26　激光加工中心原理框图

（ND）或大颗粒人造单晶金刚石（MCD）材料制作。目前所采用的裸料加工方法是20世纪50年代从苏联引进的一项专做微孔模的特殊工艺。国内大多数加工微孔模的厂家仍延续使用这一工艺。具体的做法是：在激光加工前，将金刚石晶体按其解理面（111）磨出两个相互平行的定位面，作为拉丝模的上下面，再磨出一个与定位面垂直的平面作为窗口，通过窗口可以对激光打孔的情况进行观察，随时修正加工程序。加工时，不用夹具预先固定金刚石坯料，以便在加工过程中检验成孔情况。图4-27为金刚石微孔模制作过程示意图。

(a) 金刚石原粒　　　　　(b) 磨平面　　　　　(c) 激光加工入口面

(d) 激光加工出口面　　(e) 超声连通、整形　　(f) 精制　　(g) 镶装金属套

图4-27　金刚石微孔模制作过程示意图

在激光加工微孔模时应注意以下事项。

① 调整激光器，令其以基模（TEM_{00}）的模式输出，确保激光束的质量。

② 激光打孔不能将孔穿透。因为激光打孔仅是微孔模全部加工中的一道工序，起到使模具成形的作用，其后道工序还需利用超声波或精密机械研磨的方式将微孔模最后完成，如果激光将孔穿透则只能加工出孔径为 $\phi0.05mm$ 以上的模具，所以应当控制激光参数和加工程序进行盲孔加工。

③ 激光加工之前，要在金刚石表面待加工部位涂抹白色涂改液，以避免出现金刚石碎裂的现象。

(2) 聚晶金刚石拉丝模的激光打孔

聚晶金刚石（PCD）一般被用于制作孔径大于 $\phi0.08mm$ 以上的模具（激光加工预孔直径为 $\phi0.03mm$ 左右），对于聚晶金刚石拉丝模的激光打孔，采取了分层去除的方法，即将复杂的拉丝模孔形正面分成四个区，每个区水平分成若干层，如图4-28所示，每一层的去除工作都需要完成以下几点。

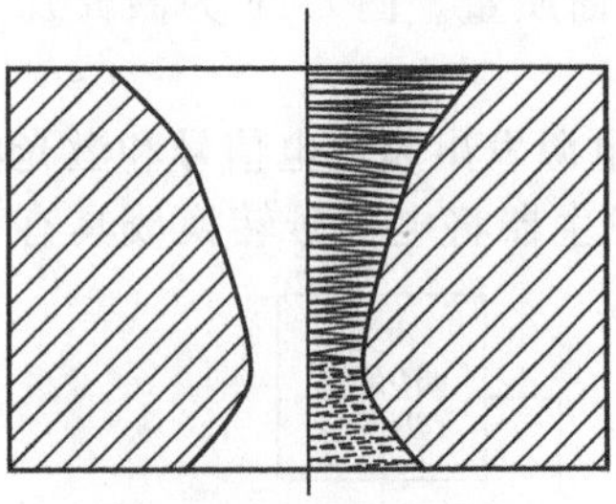

图4-28　激光分层加工拉丝模示意图

① C 轴带动工作台承载被加工模具，按计算机给定的转速数值进行旋转，与激光头的垂直线作相对运动，激光束位于焦点处的光斑在工件上扫描出圆形轮廓轨迹。工件的旋转速度与激光光斑尺寸、激光脉冲重复频率及去除层面最大外圆轮廓直径有关。由式（4-11）得出：

$$v = \frac{f_p d'}{R'} \tag{4-11}$$

式中　v——工件转速；

　　　d'——光斑直径；

　　　f_p——激光脉冲重复频率；

　　　R'——激光去除面最大外圆轮廓半径。

② 工作台沿 X 轴由工件的旋转中心到每一层面的最大轮廓半径作直线往复运动。激光

束扫描轨迹为一圈接一圈首尾相连的，以 X 轴运动速度为速率逐渐变大（或变小）的圆环充斥整个层面，完成去除每一层面外圆轮廓内的材料。X 轴的运动速度由式(4-12)确定：

$$X_v = \frac{vd'}{k} \tag{4-12}$$

式中 X_v——X 轴直线运动速度；

k——与材料相关的系数，PCD（聚晶金刚石）取 $k=1.2$。

③ Z 轴带动激光头由数控系统精密控制，垂直加工面作直线进给运动，进给当量的数值就是去除层面的厚度。进给当量的大小与激光蚀除能力的大小有关，一般取 $0.005\sim0.01\text{mm}$ 为宜。

激光打孔是根据聚晶金刚石拉丝模孔径尺寸的大小、内孔形状的不同确定激光参数、给定相关数据、设计加工程序的，其中有几个参数对加工质量影响很大。

① Q 开关脉冲重复频率对加工的影响 Q 开关脉冲重复频率对激光加工金刚石拉丝模影响极大，加工不同孔径的模具需要选用不同数值的 Q 开关脉冲重复频率。由式(4-13)代入相关数据，可以得出正确的脉冲重复频率数值。

$$f = \frac{K_1 \pi D}{K_2} \tag{4-13}$$

式中 f——Q 开关脉冲重复频率；

K_1——与激光器相关的系数（$K_1=50$）；

D——金刚石拉丝模定径尺寸；

K_2——与材料相关的系数（$K_2=0.02$）。

根据式(4-13)计算，金刚石拉丝模的激光打孔尺寸与 Q 开关脉冲重复频率对应值见表 4-10。

表 4-10 模具孔径与 Q 开关脉冲重复频率对应值

孔径 D/mm	频率 f/Hz
0.01	78.5(80)
0.02	157.0
0.03	235.5
0.04	314.0
0.05	392.5
0.10	785.0
0.20	1570.0
0.30	2355.0
0.50	3925.0
0.60	5000.0

在加工中，固定激光输出能量，并保持其他参数不变，只改变激光脉冲重复频率 f 的数值，用同一加工程序分别加工三块型号相同的聚晶金刚石坯料，得到三组激光打孔的聚晶金刚石被加工表面形貌照片（图 4-29），从照片中可以明显地看出，当频率低时，由于激光峰值功率较大，加工粗糙，激光斑点彼此叠加的纹路不太明显，腐蚀凹坑较大 [图 4-29(a)]，随着重复频率 f 值的提高，加工纹路逐渐清晰变密，表面粗糙度有所下降 [图 4-29(b)]，当脉冲重复频率加大到最佳预定值时，加工表面纹路细密，粗糙度得到明显改善，并可得到孔形精确的拉丝模 [图 4-29(c)]。

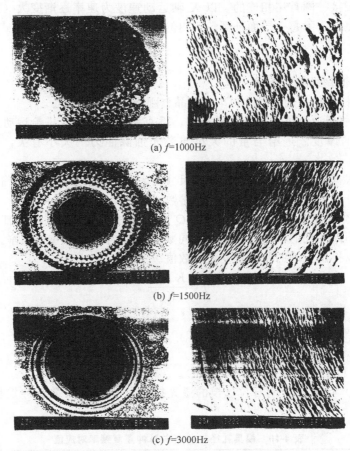

(a) *f*=1000Hz

(b) *f*=1500Hz

(c) *f*=3000Hz

图 4-29　不同脉冲重复频率加工工件形貌

（工件材料为 PCD；激光电源输入电流为 25.9A；模具定径为 ϕ0.402mm）

②　激光能量与激光工作头（Z 轴）进给步进当量（步长 Δ）对激光打孔的影响　激光能量的大小直接影响激光打孔的精度和表面质量。在实际加工中固定脉冲重复频率 *f* 的数值，改变激光电源输入电流 *I* 的数值（改变激光输出能量），加工聚晶金刚石拉丝模表面形貌照片如图 4-30 所示。

由图 4-30 可以看出，当激光能量较小时，PCD 加工表面的炭化层较薄，并有断续腐蚀痕迹［图 4-30(a)］。随着激光能量的增加，蚀除速度加快，加工表面腐蚀凹坑成连续状［图 4-30(b)］。激光能量继续增加超过一定值时，被加工的 PCD 表面质量粗糙，炭化层增厚［图 4-30(c)］，甚至使 PCD 模具孔形产生较大的畸变。

选择激光加工能量的准则是：应使激光的能量最佳值与实际工件的去除量相符合。能量过小或过大都不能得到 PCD 拉丝模精确的孔形和较好的表面加工质量。

在控制激光能量的同时，正确选择激光工作头（Z 轴）进给步进当量（Δ）也是至关重要的。当进给步长（Δ）选择过大时，导致焦点低于焦平面，不能进行有效的去除加工，因而不能达到预定的加工尺寸。同时，在被加工工件的上部，还会出现深度螺旋线痕迹。（Δ）选择过小时，就会造成激光重复加工，出现超出预定加工尺寸的现象。在选择参数时，一定要加以注意。

PCD 拉丝模的加工分两步进行，先从入口方向开始，对拉丝模具进行分区、逐层加工，然后将模具翻过来进行出口、倒锥的加工，加工方式与正面加工相同。下面以加工 ϕ0.4mm

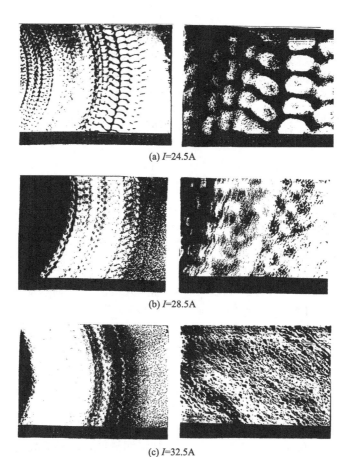

(a) I=24.5A

(b) I=28.5A

(c) I=32.5A

图 4-30 不同激光能量加工工件形貌

(工件材料为 PCD；脉冲重复频率为 2500Hz；模具定径为 ϕ0.403mm)

的聚晶金刚石拉丝模为例阐明加工程序及参数。

工件坯料型号及外形尺寸如下。

激光机型号：LBD-700。

激光器：Nd^{3+}：YAG（117E/QS-YAG）。

电源输入功率：6kW。

工作电压：188～228V。

激光输出功率：TEM_{00}＝16W。

脉冲重复频率可调范围：0.1～5kHz。

激光加工程序如下。

N01	L0＝0.20	入口区高度
N02	L1＝0.15	润滑区高度
N03	L2＝1.00	压缩区高度
N04	L3＝0.25	定径区高度
N05	L4＝0.4/2	定径
N06	L5＝2500	频率
N07	L6＝	Z0 ↘
N08	L18＝	Y0→相对零点

N09	L10=		X0↗
N10	L100=S30/C30		入口区角度
N11	L101=S15/C15		润滑区角度
N12	L102=S7/C7		压缩区角度
N13	L103=0.008		步进当量（入口）
N14	L104=0.008		（润滑）
N15	L105=0.010		（压缩）

.

.

N22	L13=L10-L7	压缩区半径长度
N23	L14=L6+L0	
N24	L15=2*L9*3.14	入口区最大外圆（周长）
N25	L16=L5*0.02*60/L15	加工入口区，C 轴旋转速度（r/min）
N26	G79 L16>3000 N500	
N27	L17=L16*0.02/1.2	加工入口区，X 轴运动速度
N28	L19=L10-L4	
N30	G10 XL10 YL18 ZL6 F500	
N31	M40 M3 SL16	开启旋转轴，顺时针转动
N35	M7	开激光

.

.

N123	L15=2*L8*3.14	润滑区最大外圆（周长）
N124	L16=L5*0.02*60/L15	加工润滑区，C 轴旋转速度（r/min）
N125	G79 L16>3000 N520	
N126	L17=L16*0.02/1.2	加工润滑区，X 轴运动速度
N140	G01 XL10 YL18 ZL6 FL17	
N141	M40 M3 SL16	开启旋转轴，顺时针转动
N150	G01 XL12 ZL6	
N160	L6=L6+L104	
N170	L12=L104*L101+L12	润滑角步进量
G79	L12<L13 N150	

.

.

N233	L15=2*L7*3.14	压缩区最大外圆（周长）
N234	L16=L5*0.02*60/L15	加工压缩区，C 轴旋转速度（r/min）
N235	G79 L16>3000 N540	
N236	L17=L16*0.02/1.2	加工压缩区，X 轴运动速度
N250	G01 XL10 YL18 ZL6 FL17	
N251	M40 M3 SL16	开启旋转轴，顺时针转动
N260	G01 XL13 ZL6	
N270	L6=L6+105	
N280	L13=L105*L102+L13	压缩角步进量
N290	G01 XL10 ZL6	

N300	L6＝L6＋105	
N301	L13＝L105＊L102＋L13	
N302	G79 L13＜L19 N260	
N430	G79 L6＜L14 N390	
·		
·		
N440	M9 M5	关激光，关停旋转轴
N600	G01 XL10 Y60 Z−6 800	
N610	M02	工件加工结束

4.2 激光切割

4.2.1 激光切割的特点

激光切割是将激光束聚焦成很小的光斑（光斑直径小于 $\phi 0.1mm$），在光束焦点处获得超过 $10^4 W/mm^2$ 的功率密度，所产生的能量足以使在焦点处材料的热量大大超过被材料反射、传导或扩散而损耗的部分，由此引起激光照射点处材料的温度急剧上升，并在瞬间达到汽化温度，产生蒸发，形成孔洞。激光切割以此作为起始点，根据被加工工件的形状要求，令激光束与工件按一定运行轨迹作相对运动，形成切缝。在激光切割过程中加工系统还应设置必要的辅助气体吹除装置，以便将切缝处产生的熔渣排除。图 4-31 所示为激光切割示意图。

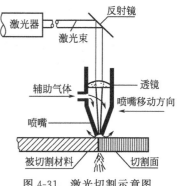

图 4-31 激光切割示意图

利用激光技术，可以切割各种类型的材料，包括金属、非金属、无机物和有机物；还可以切割木材、布料、纸张等易燃材料，甚至能穿过透光物质，将光束聚焦于密封的透光物质之内的材料上进行隔物切割。与其他传统切割方法相比，激光切割有很多优点，现将其概括如下。

① 切割缝隙窄，具有良好的切割精度。由于激光光束聚焦光斑直径小，能量高度集中，切缝宽度只有 0.1mm 左右，可省原材料。通过调节激光参数能用激光光束加工出不切透的窄槽。

② 切割速度快，热影响区小。由于激光光束能量高度集中，在切割过程中，完成切割的激光光束照射时间很短，因而被切割材料发生热畸变程度极低。

③ 激光切割面质量好，切缝边缘垂直，切边光滑，不用修整就可以直接进行焊接。

④ 由于激光切割是以不接触的形式进行加工，因此，切边没有机械应力，不产生剪切毛刺和切屑，即使切割石棉、玻璃纤维等材料时，出现尘埃也极少。

⑤ 激光切割是用一束高能量密度、亮度极强的光作用于被切割材料进行加工的，因此不存在刀具损耗和接触能量损耗等现象，不需要更换刀具，只要根据被切割材料种类，选择激光器的类型，并正确调整激光工艺参数，就能进行有效的切割加工。

⑥ 激光切割可以容易地切割既硬又脆的材料，如玻璃、陶瓷、PCD复合片和半导体等；也能切割既软又有弹性的材料，如塑料、橡胶等。

⑦ 光束运行无惯性，可以实行高速激光切割。且切割不受方向限制，并可在工件的任何部位随时启动开始切割或急停结束加工。

⑧ 利用激光的特性，能实现多工位操作，容易实现数控自动化。

⑨ 切割噪声低。

与其他切割方法相比，激光切割具有很大的优越性，尤其在常规方法不便切割的地方，激光切割更是一种无可替代的有效工具。虽然在某些方面，如切割较厚钢板，激光切割存在性能价格比偏高的问题，但随着激光系统质量不断提高和激光加工设备价格的逐渐降低，激光切割的应用范围将更加广泛。

4.2.2　激光切割的方式

根据激光切割各种材料产生不同的物理形式，可将激光切割分为汽化切割、熔化切割、氧助熔化切割和控制断裂切割四种方式。

(1) 汽化切割

汽化切割需要很高的功率密度（约 10^6 W/mm^2），在这样高的功率密度激光束照射下，材料表面的温度瞬间升至沸点以上，使部分材料化作蒸气逸去，部分材料很快成为喷出物从切割缝底部被吹走形成切缝或窄槽，这种方法主要用于不能熔化的材料，如木材、纸张、碳素和某些有机物的切割。

汽化切割的过程是：激光束照射在工件表面上，部分光束能量被反射，其余部分被材料吸收，随着材料表面继续加热反射率急剧下降，而吸收率快速上升，这是由于材料表面温度升高产生氧化，改变了表层的电子结构，热机械应力造成的形变使材料表面形状发生变化，随后汽化形成有黑体效应的孔洞以及材料表面蒸气离解成等离子层的综合结果。这一过程进行得极为迅速，可用式(4-14)表示。

$$\mu = A e^{-B/t} \tag{4-14}$$

式中　μ——吸收系数；

　　A、B——实验常数；

　　t——激光作用时间。

由式(4-14)可以计算得出，在 10^{-7} s 时间内吸收系数 μ 就能增加到 10^3/cm。材料表面温度升至沸点的速度非常快，足以避免热传导造成的熔化。随后，蒸气以近似声速的速度从材料表面飞快逸出，由此产生的加速度在材料内部形成一应力波。当激光功率密度大于 10^9 W/cm^2 时，应力波在材料内部的反射会导致脆性材料碎裂，同时它也增加蒸发前沿压力，提高汽化温度。蒸发压力使蒸气携带出熔化物质并有冲刷碎屑的作用，从而形成孔洞。汽化过程中近 3/5 的材料是以熔滴形式被去除的。

当发生过热的情况时，来自孔洞的热蒸气由于过高的电子密度也会形成反射和吸收入射激光束的现象。因此存在一个最佳功率密度，可保证激光束不受干扰。例如，不锈钢的最佳功率密度值为 5×10^8 W/cm^2，超过此值，蒸气吸收阻挡了所增加的功率部分，吸收波开始从工件表面向光束方向移开。

对于某些局部可透光束的材料，热量在内部吸收，蒸发前沿发生内沸腾，以表面下爆炸形式去除材料。

(2) 熔化切割

熔化切割的基本过程是：当入射的激光束功率密度超过某一阈值后，会在材料内部产生蒸发，形成孔洞，由于黑体效应孔洞将吸收所有的入射光束能量，小孔被熔化了的金属壁所包围，依靠蒸气流高速流动，使熔壁保持相对稳定，并形成熔化等温线贯穿被加工材料，然后，由与光束同轴的辅助气流的喷射压力将孔洞周围的熔融物质吹出、去除，当被加工材料按加工要求的轨迹运行移动时，小孔平移并形成一条切缝，激光束随着被加工材料的移动继续沿着这条缝的前沿照射，熔化物质持续或脉动地从切缝内被辅助气体吹掉，形成了熔化机制的切割。熔化切割所需要的激光束功率密度约为 10^7 W/cm^2。

（3）氧助熔化切割

氧助熔化切割是用氧或其他活性气体作为辅助气流代替熔化切割所用的惰性气体，由于热基质的点燃，产生了与激光能并存的另一热源。氧助熔化切割是由熔化切割派生出的另一类激光切割方法，其机制较为复杂。基本切割过程是：材料表面在激光束的照射下，瞬间达到点燃温度，随之与氧气接触，发生激烈的燃烧反应，放出大量的热量，在此热量的作用下，材料内部形成充满蒸气的小孔，小孔周围被熔融金属壁所包围，由于蒸气流的运动使周围熔融金属壁向前移动，并发生热量和物质转移，燃烧物质转移成熔渣控制了氧和金属燃烧的速度，同时氧气扩散通过熔渣到达点火前沿的速度也对燃烧速度有较大影响，氧气流速越快，燃烧化学反应和材料去除速度也越快，并且也使切缝出口处化学反应产生的氧化物快速冷却，在未达到燃点温度的区域，氧气作为冷凝剂，起缩小热影响区的作用。

氧助熔化切割同时存在着激光照射能和氧-金属放热反应能两个加热源。图 4-32 和图 4-33 为用惰性气体、氧气作为辅助气体的两种切割方法，分别对不锈钢和金属钛进行激光切割的切割速度示意图。

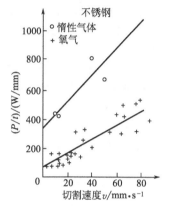

图 4-32 使用不同辅助气体对不锈钢切割
所需功率（P）与切割速度（v）的关系
（t 为工件厚度）

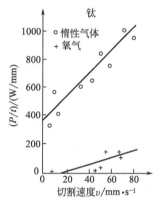

图 4-33 使用不同辅助气体对金属钛切割
所需功率（P）与切割速度（v）的关系
（t 为工件厚度）

很明显，使用氧作为辅助气体进行激光切割可获得比使用惰性气体更高的切割速度。

在存在两个能源的氧助切割过程中，同时存在着两个切割区域：一个区是氧燃烧速度高于激光束行进速度，这时切缝宽而且切面粗糙；另一个区为激光束行进速度高于氧燃烧速度，所得切缝狭窄，切割面相当光滑。这两个区域间的转折是突变的。

（4）控制断裂切割

控制断裂切割是利用激光束对易受热破坏的脆性材料进行加热，使其高速、可控地被切断。这种方法的切割过程可以概括为：激光束加热脆性材料表面的一小块区域，材料受热后产生明显的温度梯度，材料表面温度较高要发生膨胀，而材料内层温度较低，则会阻止其膨胀，结果，内层产生沿径向的挤压应力，表层则相对内层产生拉应力，引起严重的机械变形。由于脆性材料的抗压强度要比抗拉强度高得多，因此材料将首先从内部裂开。因为最大的机械变形发生在激光束加热区域，只要保持均衡的加热梯度，激光束可引导裂缝在任何需要的方向上产生、延伸。需要注意的是这种切割机制不适合切割锐角和角边切缝，也不适合切割特大封闭外形的工件。

控制断裂切割法主要控制的加工参数是激光功率和光斑尺寸。控制断裂切割速度快，不需太高的激光功率，否则会引起工件表面熔化，而破坏切缝边缘。

4.2.3 影响切割质量的因素

激光切割的一个显著特点是对影响加工质量的主要参数可以进行高度有效地控制，使激光切割工件的效果能满足实际应用要求，并且具有很好的重复性。要使激光切割达到切缝入口处轮廓清晰、切缝窄、切边热损伤最小、切边平行度好、无切割粘渣和切割表面光洁度高的良好质量，必须了解和控制对激光切割影响较大的因素。

4.2.3.1 光束特性对激光切割质量的影响

(1) 光束模式的影响

激光束断面能量分布称为模式（也称为模），用 TEM 表示。光束模式与它的聚焦能力有关，很像刀具刃口的锋利程度。最低阶模为 TEM_{00}，光斑内能量呈高斯曲线分布，如图 4-34(a) 所示，具有这种模式的光束可聚焦到理论上最小的光斑尺寸，直径可达百分之几毫米，并给予最陡、尖的高能量密度，如同刀具刃口非常锋利。而高阶模或多模光束的能量分布较扩张，经聚焦的光斑尺寸较大，而能量密度较低，与相同功率输入的低阶模激光束比，犹如一把刃口钝的刀具，如图 4-34(b) 所示。

利用基模（TEM_{00}）激光束进行切割，因其较小的光斑和高功率密度，可获得窄的

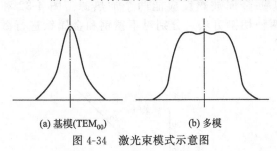

(a) 基模(TEM_{00})　　　(b) 多模

图 4-34　激光束模式示意图

切缝、平直的切边和很小的热影响区。切割区重熔层也最薄，底面粘渣程度最轻，甚至不粘渣。在实际切割加工中，最佳的光斑尺寸要根据被切割材料的厚度来确定。如用同一输出功率激光束切割钢板，钢板越厚，激光束光斑尺寸也应适当增大，才能获得较好的切割质量。

(2) 聚焦光斑及焦点位置的影响

聚焦光斑直径 D 可通过式(4-15) 计算：

$$D = 2.4F\lambda \tag{4-15}$$

式中　D——功率强度下降到 $1/e^2$ 中心值时的光斑直径，μm；

　　　　F——所用光学系统的系数，对于双凸镜，它等于透镜焦长/入射光束直径。

以切割常用的 CO_2 激光器为例，其波长 $\lambda = 10.6 \mu m$，代入式(4-15)：

$$D = 25.44 F \tag{4-16}$$

与光斑尺寸相联系的 Z_S，它表示焦点上下沿光轴中心功率强度超过顶峰强度 $1/2$ 的那段距离，可用式(4-17) 表示：

$$Z_S = \pm 4 \times 1.39\left(\frac{\lambda L^2}{2\pi a^2}\right) = \pm 4 \times 1.39\left(\frac{2\lambda}{\pi}F^2\right) \tag{4-17}$$

式中　λ——波长；

　　　　L——透镜焦长；

　　　　a——光斑半径；

　　　　F——系数，$F = L/(2a)$。

对于 CO_2 激光器，将 $\lambda = 10.6 \mu m$ 代入式(4-17)：

$$Z_S = \pm 37.5F^2 \tag{4-18}$$

由式(4-18) 可知：激光束聚焦后光斑大小与透镜焦长成正比，F 值的选择应与工件材料的性质、厚度以及激光功率相匹配。聚焦透镜焦长越短，F 值越小，光斑尺寸和焦深也越小，焦点处功率密度很高，对材料切割很有利；但焦深小带来的不利因素是调节余量太小，一般比较适合高速切割薄型材料。对于厚度较大的工件来说，要用较大焦深的长焦长透

镜，只要具备足够的激光功率密度，就能满足加工要求。透镜焦长、焦深与光斑大小的关系如图 4-35 所示。从图 4-35 可知，随着焦长的加长，聚焦光斑变大，焦深也随之变长。当增加透镜焦长，使聚焦光斑尺寸加大一倍（即从 Y 到 $2Y$）时，焦深增加到四倍（即从 X 到 $4X$）。

在 F 值确定后，选择适当焦长的聚焦透镜，控制相对工件的焦点位置对保证切割质量具有很重要的意义。由于焦点处激光功率密度最高，在大多数情况下，切割焦点位置处于工件表面，或稍微低于表面的位置为最佳。在切割过程中，由于某些环境因素引起焦长发生变化，应及时调整焦点位置，保证焦点与工件相对位置稳定是获得较好切割质量的重要条件。

在激光切割中，当焦点位置最佳时，切缝最小，效率最高，可获得很好的加工效果。图 4-36 给出了在切割厚 5mm 的合金钢板时，切缝宽度对焦点与工件表面相对位置的变化曲线。

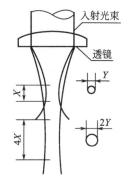

图 4-35　透镜焦长、焦深与光斑尺寸的关系

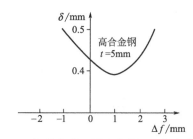

图 4-36　切缝宽度 δ 随离焦量 Δf 的变化曲线

(3) 光束偏振的影响

用于激光切割的高功率激光器几乎都具有平面偏振的性质。与任何形式的电磁波传输相同，激光束也具有电和磁的分矢量，它们相互垂直并与光束运行方向成 90°，在光学领域里习惯把电矢量的方向作为光束偏振方向。在切割过程中，光束在切割面上不断反射，由于光束偏振，当切割走向不同时，被切割材料吸收光束的能力受到很大影响，因此，切缝宽度、切边粗糙度和垂直度的变化都与光束偏振有关。对于大多数金属和陶瓷材料来说，这种现象更为明显。

图 4-37 显示了当切割运行走向与光束偏振位向平行时，形成的切缝窄、切边平直；当切割运行走向与光束偏振位向形成某一偏角时，被切割材料能量吸收减少，使切割速度降低，导致切缝变宽、切边变粗糙且不平直有斜度；当切割运行走向与光束偏振位向完全垂直时，切边斜度消

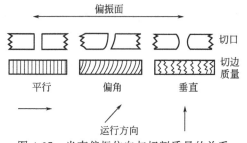

图 4-37　光束偏振位向与切割质量的关系

失，切割速度更慢，切缝更宽，切割质量显得更为粗糙。

对于复杂形状的工件，切割走向频繁改变，不可能保持光束偏振位向始终与工件运行走向平行。这就需要采取控制光束令其形成圆偏振方式的措施，以获得均匀一致的高质量切缝。目前，常用的方法是：由激光腔发出的光束在聚焦前先经过被称为圆偏振镜的特殊镜片，由线偏振光束转换为圆偏振光束，从而避免了线偏振光束对切割质量带来的种种不良影响。即使在高速切割的状态下，圆偏振光束切割的切面质量仍能在各个方向保持一致，并且消除了切缝底部区切面角与切割方向偏离 90° 的现象。

4.2.3.2 材料特性对切割质量的影响

(1) 材料表面反射率的影响

根据材料的种类不同，其表面对光束的反射率也不同。一般来说，材料对光束的反射率越低，激光切割的速度就越快。对于不透明的材料来说，吸收率＝1－反射率，它与材料表面形状、氧化状态、偏振位向以及等离子耦合机制有着非常密切的关联。同时吸收率也是时间和温度的函数。图 4-38 为材料对 $10.6\mu m$ 光束吸收率随温度的变化曲线。

表 2-1 有关不同金属对不同波长的吸收率的数据说明：20℃时金属表面对可见光的吸收率要比红外光的吸收率高一个数量级。在实际激光切割中，被加热的金属表面会有氧化物、杂质及污染物产生，在这种情况下，金属对红外光的吸收率随温度的提高会有显著的增加。而在可见光范围内对吸收率的影响并不明显。因此，在正常加工中所见到的金属对红外光和可见光的吸收率差别没有那样大。图 4-39 是几种金属对 $10.6\mu m$ 波长的吸收率随温度的变化曲线。

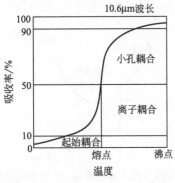

图 4-38 材料对 $10.6\mu m$ 光束吸收率随温度的变化曲线

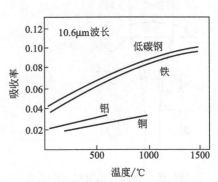

图 4-39 几种金属对 $10.6\mu m$ 波长的吸收率随温度的变化曲线

材料对光束的吸收率在被激光加热的起始阶段起重要作用，当工件内部一旦形成小孔，吸收率的作用便逐渐减小，由于小孔的黑体效应使材料对光束的吸收率接近100%。

(2) 材料表面状态的影响

材料的表面状态是影响光束吸收的重要因素，尤其是材料表面的粗糙度和氧化层可以引起材料表面吸收率的明显变化。表 4-11 为材料表面抛光处理前后对反射率的影响，表 4-12 为材料表面粗糙度对切割速度的影响。

表 4-11 材料表面抛光处理前后对反射率的影响

材　料	反　射　率/%	
	原始状态	抛光状态
316 不锈钢	61	91
416 不锈钢	48	90
铝	88	98
铜	88	98

表 4-12 材料表面粗糙度对切割速度的影响

材　料	原始状态		抛光状态		喷丸状态	
	切速/mm·s^{-1}	功率/W	切速/mm·s^{-1}	功率/W	切速/mm·s^{-1}	功率/W
C263 镍合金	12.7	6.00	12.7	6.00	21.1	6.00

材　料	原始状态		抛光状态		喷丸状态	
	切速/mm·s^{-1}	功率/W	切速/mm·s^{-1}	功率/W	切速/mm·s^{-1}	功率/W
N80A 镍合金	16.9	4.00	12.7	4.00	21.1	4.00
L2% 铬钢	25.4	2.00	12.7	2.00	25.4	2.00

金属在高温下形成的表面氧化物促使吸收率显著增大。图 4-40 所示温度对 304 不锈钢材料吸收激光束能力的影响就清楚地表明了这一点。同时在一定温度下，氧化层的生长又是时间的函数，所以吸收率也随时间变化。

（3）材料切割厚度的影响

在激光切割过程中，当被切割材料的厚度增加时，如果加工去除量加大后还要保持原有的切割速度，必须提高激光功率。在同样激光输出功率下，切割速度也随材料厚度增加而降低。图 4-41 所示为激光输出功率为 800W 时，几种钢材的厚度与切割速度的关系曲线。

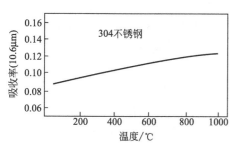

图 4-40　304 不锈钢材料对 10.6μm
光束的吸收率随温度的变化

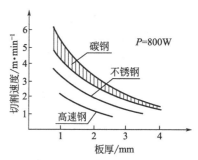

图 4-41　几种钢材的厚度与
切割速度的关系曲线

4.2.3.3　其他工艺参数对切割质量的影响

（1）激光切割速度的影响

激光切割的基础依赖于有效的光束功率密度和被切割材料的热物理性能。材料的切割速度与有效的激光功率密度成正比，与材料密度和切割厚度成反比。在其他参数为定值时，影响切割速度的因素有如下几方面。

① 提高光束功率，可以加快切割速度。

② 改善光束模式，单模比多模切割速度高。

③ 减小聚焦光斑尺寸，光斑尺寸越小，切割速度越快。

④ 材料的起始汽化所需的能量越低，切割速度越快。

⑤ 材料的密度越低，切割速度越快。

⑥ 材料的切割厚度越薄，切割速度越快。

切割速度对切割质量的影响是十分明显的。当切割速度过低时，由于氧燃烧速度高于或等于激光束移动速度，工件被切割边沿出现明显的烧伤痕迹，而且切缝较宽，切面也很粗糙，切边底部的烧伤程度要比顶面更严重。当切割速度逐渐提高进入一定的范围时，激光束移动速度虽然发生变化，但切缝宽度基本趋于恒定，切边平行度好，切面呈规则细条纹状。激光切割通常都在这个范围内工作，超过这个范围，继续提高切割速度，由于缺少光束在切缝内部反射，材料不能被切透。这种切边断面呈一定角度的斜条纹状，熔渣也很难从底部顺利排出，使热影响区明显扩大。切缝平行边被破坏，形成楔形边，以致最后熔渣在凝固前不能被排出，切割彻底失败。针对切割材料的不同厚度都存在着确定的最佳切缝宽度，以利于熔渣顺利地被排出切割区。切缝宽度主要与材料厚度和激光入射光斑尺寸有关。图4-42所示为低碳钢切缝顶面缝宽与切割速度的关系；图4-43所示为用恒定功率的激光切割低碳钢时材料厚度与切割速度对切割质量的影响。板材越厚，正常切割速度相应越慢。一般来说，超过正常速度的切割只能在材料上开一道槽，即切不透。速度过慢，会造成切割缝的宽度大于激光束直径，而且切面凹凸不平，这种现象称为自燃。其原因是切割速度太低，致使切割缝横向产生铁与氧的氧化反应。因此，正常切割区就是切割速度范围居中的部位，越接近其上限割缝越窄，越接近其下限割缝越宽，而且当接近上限或下限时，材料底部就黏附熔渣。合理的参数应在图4-43中曲线包围的区域内选取。

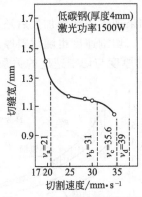

图4-42 低碳钢切缝顶面缝
宽与切割速度的关系

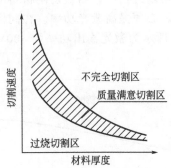

图4-43 材料厚度与切割速度
对切割质量的影响

表4-13、表4-14列出了一些金属材料激光切割速度的数据。

表 4-13 金属氧助 CO_2 激光切割数据

材　　料	厚度/mm	激光功率/W	切割速度/$m \cdot min^{-1}$
纯钛	0.5	135	15.0
纯钛	1.8	240	6.0
Ti-6Al-4V	1.3	210	7.6
Ti-6Al-4V	2.2	210	3.8
Ti-6Al-4V	6.4	250	2.8
Ti-6Al-4V	9.9	260	2.5
钛合金	5.0	850	3.3
碳钢	3.2	190	0.6
302 不锈钢	0.3	200	2.3
401 不锈钢	1.6	250	1.3
401 不锈钢	2.8	250	0.3
不锈钢	0.3	350	4.3
镍合金	0.5	250	2.0
镍合金	1.3	250	0.5
锆合金	0.5	230	15.2

表 4-14　千瓦级 CO_2 激光切割金属数据

材料	厚度/mm	功率/kW	切割速度/m·min^{-1}	材料	厚度/mm	功率/kW	切割速度/m·min^{-1}
铝	12.7	10.0	1.0	300 不锈钢	3.2	3.0	2.5
铝	1.0	3.0	6.4	低碳钢	3.2	3.0	2.5
铝	3.2	4.0	2.5	低碳钢	16.8	3.0	1.1
铝	6.4	3.8	1.0	钛	6.4	3.0	3.6
铝	12.7	5.7	0.8	钛	31.8	3.0	1.3
Inconel 镍合金	12.7	11.0	1.2	钛	50.8	3.0	0.5

切割速度不但影响切缝宽度，而且还影响着热影响区的大小。随着切割速度的增加，切缝顶部热影响区和缝宽都单一地减小，在切缝底部出现最小值。

设具有最佳切割质量的切割速度为 v，激光功率为 P，则 P/v 值可作为表征这种效应的参量。对于低碳钢来说，获得最佳切割质量的 P/v 值约为 70J/mm。

(2) 辅助气体的作用

一般情况下，在利用激光对工件进行切割时都需要使用辅助气体，在切割时喷嘴结构、辅助气体的压力和类型都会影响到切割质量。

① 喷嘴结构的影响　喷嘴的作用在于通过其喷出的辅助气流能有效地去除切缝内熔融产物，同时起到提高切割力的作用。喷嘴直径的大小对辅助气体能否在激光切割中起到良好作用是至关重要的。图 4-44 及图 4-45 所示为在一定激光功率和辅助气体压力下，喷嘴直径对 2mm 厚低碳钢板切割速度的影响，从图中可以看出，尽管辅助气体的类型和压力都有所不同，但都有一个可获得最大切割速度的最佳喷嘴直径值，而且这个最佳值均为 1.5mm 左右。

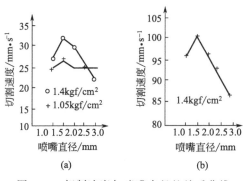

图 4-44　切割速度与喷嘴直径的关系曲线
（1kgf/cm^2≈0.1MPa）

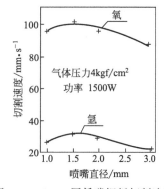

图 4-45　2mm 厚低碳钢板切割速度与喷嘴直径的关系曲线
（1kgf/cm^2≈0.1MPa）

对于激光切割难度较大的钢结硬质合金的切割试验表明，其最佳喷嘴直径值也与上述结果极为接近，如图 4-46 所示。

喷嘴直径的大小对切割质量的影响，主要体现在热影响区的大小和切缝的宽度，如图 4-47 所示。

随着喷嘴直径的增加，热影响区变窄的主要原因是喷气流对切割区母材的强烈冷却作用。喷嘴直径太大会导致切缝过宽；而喷嘴直径太小会引起准直困难，使孔内光束与喷嘴壁接触被小的喷嘴口削截。而且在高的切割速度下，过窄的切缝会阻碍熔渣的排出。

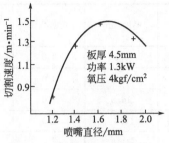

图 4-46　喷嘴直径对钢结硬质
合金激光切割速度的影响
（1kgf/cm²≈0.1MPa）

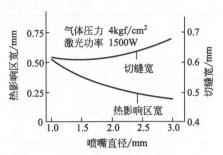

图 4-47　喷嘴直径对极限切速下 2mm
厚低碳钢切割质量的影响
（1kgf/cm²≈0.1MPa）

　　另外，喷嘴排出气流的形式以及喷嘴与工件间距也都是很重要的参变量。喷嘴口不可离工件板面太近，否则会产生对透镜的强烈返回压力，影响对溅散切割产物的驱除能力；喷口离工件板面也不可太远，否则容易造成不必要的动能损失。控制工件与喷口的距离一般为1～2mm。

　　② 辅助气体压力的影响　在实际激光切割过程中，辅助气体压力的大小对加工效果有很大影响。当加大辅助气体压力时，激光切割速度可以随之提高，但达到某一峰值后，继续增加气体压力反而会引起切割速度的下降。由图 4-48 和图 4-49 所示的氧气压力与切割速度的关系曲线可以证明这一点。

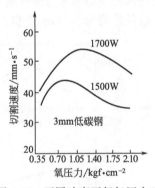

图 4-48　不同功率下氧气压力对
切割速度的影响
（1kgf/cm²≈0.1MPa）

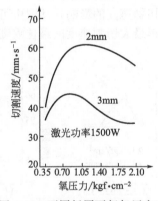

图 4-49　不同板厚下氧气压力对
切割速度的影响
（1kgf/cm²≈0.1MPa）

　　切割速度下降的主要原因除可归结于高的气流速度对激光作用区冷却效应的增强外，还可能是由于气流中存在的间歇冲击波对激光作用区的干扰。在辅助气流中存在着不均匀压力和温度，是引起气流场密度变化的主要因素。这种变化所形成的密度梯度将导致场内折射率的改变，从而干扰光束能量的聚焦，影响熔化效率，使切割质量下降。如果光束发散严重，光斑过大，会造成不能有效地进行切割的不良后果。

　　另外，增加辅助气体压力，切缝宽度也会随之增加，如图 4-50 所示，这是由于快速气流增加对切割产物的拖曳力所致。

　　可以通过改变气流内总压力分布的方法，改进辅助气体的工作方式，避免高速气流对切割性能的不良影响，如图 4-51 所示，即由于气流压力分布的变化，使熔化过程发生中心的气体压力降低，而在其周围的气压得以升高，形成高压区，以保证有效地去除激光切割过程中产生的熔渣。因为新形成高压区的气流间歇性冲击不会对光束造成影响，所以熔化效率得到了提高。

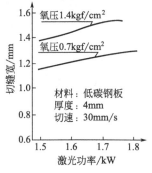

图 4-50　切缝宽度、氧气压力及激光功率的变化关系

（1kgf/cm²≈0.1MPa）

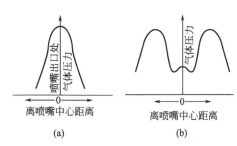

图 4-51　气流压力状态的改进

③ 辅助气体类型的影响　在激光切割过程中，使用辅助气体的目的在于：与金属材料产生放热化学反应，增加能量强度；从切割区吹掉熔渣，清洁切缝；冷却切缝邻近区域，减少热影响区的范围；保护聚焦透镜，防止燃烧产物污染光学镜片。

对于不同性质的材料，要根据各自的切割特性来选择辅助气体的类型。例如，在切割金属时，分别用氧气和氩气作为辅助气体，其热反应就会出现很大的差异。氧气辅助切割钢材时，来自氧与铁产生的放热化学反应能量在切割总能量中占了很大比重，约为 70%，由激光束所产生的能量仅占切割总能量的 30%。如果在切割过程中来自氧所产生的放热化学反应过于激烈，会引起切边粗糙，切割质量下降等现象。因此，在切割金属时应注意对辅助气体的选择。在切割化学性质较活泼的金属时，不应使用纯氧作为辅助气体，如在切割金属铌或钽时，一般用 20%～50% 的氧气作为辅助气体，也可以直接使用空气。当要求获得较高的切边质量时，如切割钛板，则需要使用惰性气体。

在对非金属材料进行切割时，应注意非金属本身的性质对于气体密度及化学活性的要求均没有金属那样敏感，例如激光切割有机玻璃，辅助气体的压力对切割厚度就没有明显的影响，如图 4-52 所示。

对于合成革（皮革代制品纤维）的激光切割需要用氮气辅助切割，其切割速度高于使用氧气。合成革在化学放热反

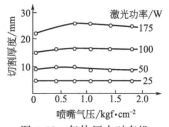

图 4-52　气体压力对有机玻璃切割厚度的影响

（1kgf/cm²≈0.1MPa）

应中并不燃烧，而是产生大量烟雾，阻碍光路的通畅。因此，在切割中应根据材料特殊性质正确地选择辅助气体类型。

4.2.4　常用工程材料的激光切割

4.2.4.1　金属材料的激光切割

金属材料的切割通常采用快轴流 CO_2 激光器，利用纵流 CO_2 激光器光束质量好的特点。虽然大多数金属材料在室温情况下对红外波能量都具有很高的反射率，然而金属表面的吸收率是随温度和氧化程度的升高而迅速增加的。金属对 $10.6\mu m$ 波长的激光束起始吸收率只有 $0.5%$～$10%$，当具有功率密度 $10^6 W/cm^2$ 的聚焦激光束照射到金属表面时，能在微秒级时

间内使金属表面达到熔化温度，处于熔融态的大多数金属的吸收率急剧上升，瞬间可以提高到 $60\%\sim80\%$。大功率 CO_2 激光器具备切割金属的条件。

(1) 碳钢的激光切割

利用现代激光切割系统切割碳钢板材的最大厚度已达到 20mm，氧助熔化切割可将碳钢板材的切缝宽度控制在要求的范围内，薄板切割时其切缝可达 0.1mm 左右。切割过程中的热影响区很小，对于含碳量较低的钢材几乎可以不予考虑。

激光切割碳钢的切缝光滑，切割面清洁平整，切边垂直度好。低碳钢内所含的磷、硫偏析区会引起切边的熔蚀，造成切割质量的下降。因此，含杂质低的优质冷轧钢板的切边质量优于热轧钢板。

激光切割含碳量较高的碳钢时，其切边质量略有改善，但热影响区也有所扩大。

激光切割镀锌或涂塑薄钢板（板厚 0.5～2.0mm）时，具有较高的切割效率，切缝窄，省材料，也不会引起变形。切缝附近的热影响区小，切缝区的镀锌层或塑料涂层不会遭到损坏。

(2) 不锈钢的激光切割

不锈钢的切割性质与低碳钢相似，在低的切割速度下不能获得高的切割质量，其精细切割速度范围随激光功率增大而变宽。所不同的是不锈钢切割需要更高的激光功率和更大的氧气压力。而且，不锈钢虽可达到较满意的切割效果，但却很难获得完全无粘渣的切缝。

激光切割不锈钢薄板是一种非常行之有效的加工方法，在切割过程中通过严格控制热输入，可以使切边热影响区减少到很小，从而保证不锈钢材料的良好耐腐蚀性不遭破坏。

常用的不锈钢有三种：奥氏体不锈钢（如 1Cr18Ni9Ti）、马氏体不锈钢（如 Cr13）和铁素体不锈钢（如 Cr18）。奥氏体不锈钢中含有镍元素，它对激光束能量在材料中的耦合和传输都有影响。尤其是切割过程中熔融态镍的黏度较高，会出现熔渣附着在切割背面的现象，对于切割厚度较大的工件时，这种现象更为明显。马氏体不锈钢和铁素体不锈钢中均不含镍，激光切割都可获得清洁、光滑的切边质量。

(3) 合金钢的激光切割

大多数合金结构钢和合金工具钢用激光的方法进行切割都能获得良好的切边质量。例如，激光功率为 1.7kW、切割速度为 1.2m/min 时，切割 6mm 厚的工具钢和锰钢均可获得无粘渣的切缝，并通过测量硬度可以推定，锰钢切割热影响区小于 0.6mm，切割后硬度增值与机械剪切相似，工具钢热影响区在 0.3mm 以内，最大硬度值为 800HV。对于 Cr-Mo、Cr-Ni-Mo 合金结构钢的激光切割也能获得优质、清洁的平直切边。但含钨的高速钢和热模钢激光切割时有熔蚀和粘渣现象发生。

(4) 铝及合金的激光切割

由于铝对波长为 $10.6\mu m$ 的激光束具有高的反射率和热导率，因此用 CO_2 激光器进行切割时，需要比钢更高的激光能量密度来克服阈值形成的初始孔洞，一旦孔洞形成便可以大幅度提高对光束的吸收率。

对铝及合金的激光切割属于熔化切割机制，辅助气体的作用主要是从切割区吹掉熔融产物，以获得较好的切边质量。图 4-53 和图 4-54 分别表示铝及合金切割速度与板厚度的变化曲线。

(5) 钛及合金的激光切割

纯钛能很好地吸收激光能，用氧气作为辅助气体时化学反应较剧烈，可以提高切割速度，但切边会出现较大的氧化层，并且由于切割过程的喷氧易引起过烧，故辅助气体采用压缩空气或惰性气体比较稳妥，可确保金属钛的切割质量。

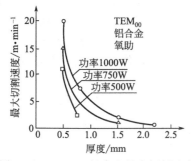

图 4-53 （6061）铝合金最大切割速度
与激光功率和厚度的关系曲线

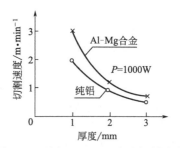

图 4-54 纯铝、Al-Mg 合金切割速度
与厚度的关系曲线

图 4-55 所示为 Ti-6Al-4V 钛合金激光切割参数关系曲线。

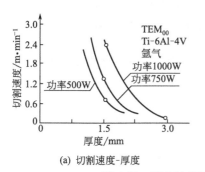

(a) 切割速度-厚度

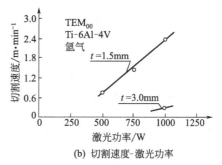

(b) 切割速度-激光功率

图 4-55　Ti-6Al-4V 钛合金激光切割参数关系曲线

（6）其他金属及合金的激光切割

金属铜对 CO_2 激光束的吸收能力比金属铝更差，具有高反射率的性质使其基本不能用激光切割。黄铜（铜合金）可部分吸收激光束，用较大功率的激光器可以切割较薄的黄铜板，但背面有少量粘渣。

镍合金品种很多，其中大多数都可实施氧助熔化切割。图 4-56 为 Hastalloy-X 镍合金激光切割各参量间的关系曲线。

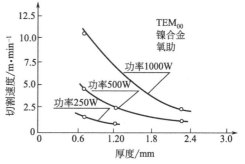

图 4-56　镍合金激光切割速度与激光
功率和板厚变化的关系曲线

4.2.4.2　非金属材料的激光切割

非金属材料大都对 $10.6\mu m$ 波长的 CO_2 激光束能很好地吸收。非金属材料普遍具有热导率小、沸点低的特性，由于热量的传导损失很小，几乎能吸收全部入射光束能量，并在光照处瞬间汽化蒸发，形成激光切割。

（1）无机材料的激光切割

① 陶瓷的激光切割　陶瓷材料的导热性差，几乎没有塑性，较适宜采用可控导向断裂的激光切割机制。在激光切割过程中，激光束沿着预定的方向在被切割材料表面上加热运行，在光点周围很小的区域内引起定向加热梯度并产生高的机械应力，使陶瓷这类硬脆材料表面形成小的裂缝，当工艺参数选择合理并控制恰当时，小的裂缝将沿着光束移动的方向不断生成延伸，从而把被切割的陶瓷材料整齐地切断。例如，加工微电子装置用的刚玉材料，用功率为

250W激光束能精确地在指定部位切出所需尺寸及形状，切割质量良好，没有质点撕裂的现象，无需对切割面进行后续处理。又如，切割用于涡轮发动机上的硬脆陶瓷（如氮化硅），其激光切割速度比砂轮切割快10倍，可以方便地切割出任意形状，而且不存在刀具损耗的问题。

在用激光切割陶瓷时应注意，在连续波CO_2激光束条件下，切勿采用高功率，否则会出现无规则龟裂，导致切割的失败。

② 石英的激光切割　石英的热膨胀系数较低，对激光切割适应性好。虽然切缝附近存在一个浅热影响区，但切边质量好，无裂纹出现，切面光滑，切割后无需进行辅助清理。切割厚度可达10mm，切割速度比锯切加工快两个数量级，且工件不承受任何压力，切缝窄。例如，在卤素灯制造厂用激光切割代替金刚石锯片，切割时不产生尘埃，切边封接性好。用激光切割外径为$\phi 8 \sim 13mm$的石英管，切缝仅为0.5mm。

③ 玻璃的激光切割　激光束瞬间加热时玻璃表面产生汽化，在辅助气体的共同作用下，将部分熔融态玻璃排出加工区，形成激光切割。对于热膨胀系数较低的玻璃（如硼硅酸盐玻璃），在适当预热措施下，可以进行激光切割。但对于大多数玻璃（如钠、钙玻璃），在激光热冲击下易产生裂纹，并沿裂纹扩展，故一般不适合用激光进行切割。

④ 石材的激光切割　石材包括岩石、混凝土、花岗石和矿石等，虽然石材都能较好地吸收CO_2激光束热能，但由于这类材料中含有水分、湿气，经激光束瞬间加热会引起爆炸导致石材开裂，所以这类材料一般不适宜用激光切割。

(2) 有机材料的激光切割

① 木材的激光切割　激光可以有效地切割不同种类的木材及人造层压板和木屑板，在切割过程中不产生切屑，没有工具损耗和噪声，切面上没有出现明显的粗糙、撕裂或绒毛木纹等痕迹，仅在切面有一薄炭化层，其切割质量好于其他传统切割方式。

激光切割木材有两种不同的基本机制：瞬间蒸发和燃烧。激光切割木材采用何种机制主要取决于激光功率密度值的大小，功率密度足够大就可获得瞬间蒸发的切割效果，这是木材切割较理想的切割机制。木材在聚焦光束照射下蒸发去除，形成切缝。由此产生的激光切割具有切割速度快，热量不会传到未切割的基材上，切面不产生炭化的特点。若激光功率不足则会形成燃烧机制的切割，这是一种不理想状态，切割速度慢，切割所耗能量也比蒸发机制大2～4倍，且切边有炭化现象产生。

在实际激光切割木材过程中，几乎所有蒸发机制切割的同时都伴有燃烧过程的发生，这是由于在激光束照射过程中受到激光输出功率或光束模式等因素的影响，在材料光照表面总有部分区域的光束功率密度低于蒸发所需的数值，造成燃烧过程的出现。

② 塑料的激光切割　激光切割塑料时利用其高能量密度汽化胶合剂，快速地破坏聚合体材料的聚合链，从而可实现对塑料的高速切割，并可获得良好的切割质量，切边光洁，仅带有轻微的热抛痕迹。

对于低熔热塑料的激光切割，只需正确控制切割工艺参数，便可获得底边无毛刺，切缝光滑、平整的切割质量。热抛边缘的产生是由重熔凝固所造成的。

对于高强度塑料的激光切割，由于需要较高的光束功率密度，以破坏其连接强链，切割时常伴有燃烧发生，故切边会产生不同程度的炭化。

在切割聚氯乙烯一类的材料时，应特别注意防护切割过程中燃烧所产生的有害气体。

③ 橡胶的激光切割　在聚焦激光束的照射下，厚度小于20mm的天然或人造合成橡胶都可容易地被汽化切割。被激光切割的橡胶材料不产生机械变形，切边附近也不会发生硫化作用，切缝精确，切割速度高。

激光切割橡胶时要控制工艺参数防止切边发黏，对某些材料，特别是含炭黑的橡胶，切割后要及时清除切边边缘的炭化物。

④ 纸的激光切割 激光切割纸张具有较高的切割质量，切边光滑、结实、坚固，完全避免了使用机械切割所造成的切边强行拉开纤维而使边毛糙的缺点。在实际切割时应注意控制好工艺参量，排除切边出焦斑的现象。

⑤ 布料纤维的激光切割 激光切割布料的主要优点是在切割过程中不产生碎片和尘埃。在切割某些合成纤维时还会自行产生热封边的辅助功效。由于激光属于非接触加工，切割后布料不产生压力松弛的现象，切割尺寸精准。布料单层切割速度可高达 20m/min，也可层叠切割，其层叠厚度可超过 50cm。

4.2.4.3 特种材料的激光切割

特种材料的激光切割以钢结硬质合金材料为例加以介绍。钢结硬质合金是制造各种工、模具极为理想的材料，但由于它是以高硬度和高熔点的碳化钨和碳化钛为硬质点，以钢为黏结相所构成的，对其进行传统的机械加工非常困难，若采用电火花的方法进行切割，其生产效率太低。

激光切割钢结硬质合金的难点在于：碳化物熔点极高；作为黏结相的钢与硬化相碳化物二者之间熔点相差太大。切割时，熔融液体实际是混杂着未熔固相碳化物硬质点和液相钢溶液的两相物体，流动性很差。为此，必须对激光工艺参量的选择、匹配提出更高的要求，以适应激光切割对上述难加工材料的要求。

实践证明，在强化工艺参量的控制下，激光切割钢结硬质合金可获得满意的切割质量。图 4-57 和图 4-58 所示为在切割钢结硬质合金时的速度与激光输出功率、辅助气体（氧气）压力及板厚的关系曲线。

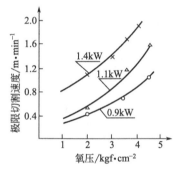

图 4-57 3mm 厚钢结硬质合金切割速度与激光功率和氧压的关系曲线

（1kgf/cm² ≈ 0.1MPa）

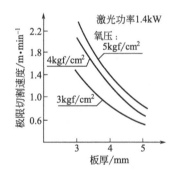

图 4-58 钢结硬质合金在 1.4kW 功率下切割速度与氧压、板厚的关系曲线

（1kgf/cm² ≈ 0.1MPa）

对激光切割面及热影响区测试分析表明，激光切割后，在切面形成一层比原基体硬度高35%的特殊硬化层。这种硬化层是由激光高速加热下形成的超微细硬质相和碳、钨、铁等多元合金组成的硬化壳所形成的。

4.3 激光打标、雕刻

4.3.1 激光打标

4.3.1.1 激光打标的基本原理

激光打标的基本原理是利用高能量的激光束照射在工件表面上，光能瞬间转变成热能，使工件表面迅速产生蒸发，露出深层物质，或由光能导致表层物质的化学物理变化而刻出痕迹，或通过光能烧掉部分物质，从而在工件表面刻出任意所需要的文字和图形，可以作为永久防伪标志。

4.3.1.2 激光打标的特点

激光打标是非接触加工，可在任何异形表面标刻，工件不会变形也不会产生应力，适用于金属、塑料、玻璃、陶瓷、木材、皮革等各种材料；能标记条形码、数字、字符、图案等；标记清晰、永久、美观，并能有效防伪。激光打标的标记线宽可小于$12\mu m$，线的深度可小于$10\mu m$，可以对毫米级的小型零件进行表面标记。激光打标能方便地利用计算机进行图形和轨迹自动控制，具有标刻速度快、运行成本低、无污染等特点，可显著提高被标刻产品的档次。

4.3.1.3 激光打标的方法

激光打标的方法可分为点阵式激光打标法、掩模式激光打标法和振镜式激光打标法三种。

(1) 点阵式激光打标法

使用一台或几台小型激光器同时发射光脉冲，经反射镜和聚焦透镜后使一个或多个激光脉冲在工件表面上烧蚀出形状均匀而细小的凹坑（凹坑的直径一般为$\phi15\mu m$），激光打出标记的字符和图案都是由多个小圆凹坑点构成。一般竖向的笔画最多为七个点，横向笔画最多为五个点形成7×5阵列，如图4-59所示。

(2) 掩模式激光打标法

掩模打标的结构是由 TEA CO_2激光器和掩模板组成。掩模板用耐高温金属薄板等材料制成，利用镂空、机械刻制或照相腐蚀等方法在掩模板上挖出字符、条形码或图案，激光束经准直后呈平行光，射向掩模板，激光束从掩模板挖空的缝隙处透出形成字符、条形码或图案的形状，经会聚透镜后，在工件表面反映出按要求比例缩小的图形，并烧蚀成标记。图4-60所示为掩模式激光打标法原理。

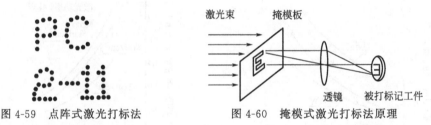

图 4-59　点阵式激光打标法　　　　图 4-60　掩模式激光打标法原理

(3) 振镜式激光打标法

振镜式激光打标的结构主要由调 Q YAG 激光器、高速振镜系统、计算机控制系统等部分组成。利用计算机系统控制振镜系统沿 X-Y 轴扫描在某个确定的面上标刻出数字、文字、图形等。图4-61所示为振镜式激光打标法原理。聚焦形式有两种：一种是先聚焦再经振镜系统照射到工件上，如图4-61(a)所示；另一种是光束先经过振镜系统然后经聚焦镜再打到

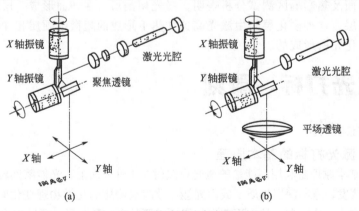

图 4-61　振镜式激光打标法原理

工件上，如图 4-61(b) 所示。这种方法可在 50mm×50mm 或 100mm×100mm 的面积上进行标记，标记的面积可随意调整，可标记出各种复杂字符、图案以及图像。

4.3.1.4 激光打标的工艺方法

目前，激光打标记应用较多的是波长为 $1.06\mu m$ 的 Nd：YAG 激光器和波长为 $10.6\mu m$ 的 CO_2 激光器，这两种激光器可用于不同材料的打标，并且能产生不同颜色的标记，如 CO_2 激光在 PVC 材料上可打出金色标记，而用 Nd：YAG 激光可打出黑色标记。当用于金属材料打标记时，由于不同的金属材料存在着反射率的差异，导致对光束的吸收情况不同，即使应用激光器的功率足够高，光的耦合效率也差别很大，况且，由于功率密度的增加会使标记边缘热效应加剧，带来负面影响。一般对光束吸收好的金属材料，可得到较好的标记质量。普通玻璃对可见光完全透过，对 $1.06\mu m$ 波段的吸收率较差，对紫外光波段的吸收率最好，用 $10.6\mu m$ 的 CO_2 激光也可进行标记，但质量一般。大多数有机材料对紫外光波段较易吸收，适于使用准分子激光器进行打标。

表 4-15 给出了用功率为 50W、波长为 $1.06\mu m$ 的 Nd：YAG 激光器对不同材料进行标记的结果。

表 4-15 Nd：YAG 激光器对不同材料进行标记的结果

材料		标记质量	材料		标记质量
铝	阳极化	很好	印制线路板	裸板	好
	光面	好		镀层纤维板	好
	黑色氧化	很好		感光纤维板	差
	打光	好	塑料	ABS	很好
	铸铝	好		聚丙烯	好
	电铸	好		DIP 塑料	好
	油漆铝	很好		环氧树脂	好
铜	黄铜	好	聚碳酸酯塑料		很好
	涂漆铜	好	有机玻璃		好
	青铜	好	三聚氰胺(蜜胺)		差
	裸铜	差	尼龙		好
	镀镍铜	好	PES		很好
	铸铁青铜	好	酚醛树脂		好
钢	碳钢	很好	聚碳酸酯		很好
	铸钢	好	DVC		很好
	镀铬钢	好	Ryton		差
	镀镍钢	很好	Teflon		差
	弹簧钢	好	橡胶		差
	抛光不锈钢	很好	木		差
	不锈钢	很好	碳素树脂		好
	合金钢	好	陶瓷(裸面、镀金、涂漆)		好
金		差	玻璃		差
银		好	可伐合金		好
钛		很好			

在对不同材料进行激光标记时，仅选择激光波长是不够的，还应综合考虑多种因素，如激光能量密度、脉冲个数、重复频率、标记速度等。表 4-16 给出了用 Nd:YAG 激光器加工不同材料，脉冲能量与标记速度的工艺试验数据，试验中激光焦距为 200mm，光束发散角为 1.6mrad，光斑尺寸为 $\phi0.05mm$。

表 4-16　Nd:YAG 激光器加工不同材料，脉冲能量与标记速度的工艺试验数据

序号	材料	脉冲能量/mJ	标记速度/字·s⁻¹	序号	材料	脉冲能量/mJ	标记速度/字·s⁻¹
1	硅	4	15.7	7	镍钛合金	53	6.7
2	镀镍钢	13	12.1	8	ABC 塑料	24	9.7
3	镀金可伐合金	24	9.7	9	黑色阳极氧化铝	24	9.7
4	坡莫合金	24	9.7	10	硅橡胶	38	8.0
5	不锈钢	38	8.0	11	环氧树脂油漆、塑料	38	8.0
6	抛光铝	53	6.7	12	黑色陶瓷	53	6.7

4.3.2　激光雕刻

激光雕刻与激光打标的原理大体相同。下面以印染圆网激光雕刻技术为例加以叙述。

4.3.2.1　印染圆网激光雕刻的基本原理

印染圆网激光雕刻是用高功率密度的激光作用在涂胶的镍网辊表面来实现的。激光雕刻工作原理结构框图如图 4-62 所示。

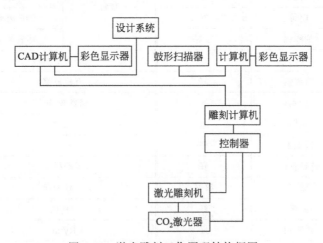

图 4-62　激光雕刻工作原理结构框图

激光雕刻的工作原理是：由计算机及专用软件，控制激光头按印染图案的要求扫描，当激光束作用在圆网辊表面的任意位置时，作用点胶层立即汽化，暴露出胶层下面带网孔的图案，染料透过这些图案可以印出各种样式的花布。

4.3.2.2　激光雕刻的特点

印染圆网激光雕刻是 20 世纪末在世界先进国家纺织业推出的一项新技术，比传统的铜辊用机械或腐蚀法制作花纹的印染方法有了长足的进步。表 4-17 列出了激光雕刻法与照相腐蚀法的特点对比。利用三维扫描技术在激光透明材料内部雕刻见图 4-63。

表 4-17　激光雕刻法与照相腐蚀法特点对比

方法	优点	缺点
激光雕刻法	①周期短,一般只需 20min 左右 ②不需加感光胶,可降低制作成本 ③可通过计算机编程事先接好图案,无痕迹 ④可实现精细图案及云雾花纹的加工	激光雕刻设备一次性投资较高
照相腐蚀法	国产设备一次性投资较低	①制辊时间长,一般单辊需要 1 周的时间 ②需加感光胶 ③对接图案困难,有痕迹 ④不能实现云雾花纹的加工

4.3.2.3　激光雕刻的工艺方法

激光雕刻的工艺方法与其应用的场合有着密切的关系,用于印染圆网的激光雕刻技术与激光功率密度、光束照射时间、激光器的模式、软件的设定、圆网辊孔的目数、开孔率以及孔距等多方面因素有关。表 4-18 列出了常用的 100 目、80 目、60 目三种网孔的印染辊激光雕刻各参数之间的关系。

表 4-18　印染辊激光雕刻各参数之间的关系

目数	光斑/mm	一周光点数	光点行数	开孔率/%	孔距/mm	一周点数	列数	雕刻时间/min
60	0.20	3200	8400	15	0.423	1512	3979	89.6
80	0.15	4267	11200	13	0.318	2016	5291	159
100	0.1	6400	16800	7	0.254	2520	6614	358

此外,还应根据雕刻图案精细度的要求以及对透镜的污染程度等因素综合考虑选定激光焦距。激光焦距、光斑直径及激光扩束倍率之间的关系曲线如图 4-64 所示,从图中曲线变化趋势可以看出,当激光焦距为 100mm 时,聚焦光斑直径随激光扩束倍率的增加而递减;而当激光焦距为 50mm 和 75mm 时,聚焦光斑直径随激光扩束倍率的增加而递增。这一变化在选择激光参数时应加以注意。

图 4-63　激光在透明材料内部雕刻成的"船"的三维图像

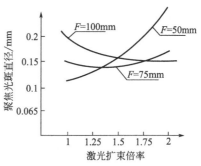

图 4-64　激光焦距、光斑直径及激光扩束倍率之间的关系曲线

第5章

激光焊接技术

5.1 概述

激光焊接是激光加工技术应用的重要方面之一。传导型激光焊接与深穿透激光焊接相同，需将高强度激光束直接辐射至材料表面，通过激光与材料的相互作用，使材料局部熔化实现焊接。早期的应用均是采用脉冲固体激光器，进行小型零件的点焊和由点焊搭接而成的缝焊；焊接过程属传导焊接，即激光辐照加热工件表面，产生的热量通过热传导向内部传递。高功率 CO_2 及 $Nd:YAG$ 激光器的出现，开辟了激光焊接的新领域，获得了以小孔效应为理论基础的深熔焊接，在机械、汽车、钢铁等行业获得了日益广泛的应用。

由于吸收强激光束的热是以高速进行的，材料表面迅速被加热至熔点温度，在激光辐射作用下的熔化是激光焊接的基本过程。激光焊接的应用领域之所以迅速地扩展，是由于它能在其作用区域内，以不同的脉冲宽度和脉冲重复频率进行连续、脉冲辐射，并且定域加热和控制光通密度的分布均相对容易。

5.2 激光热传导焊接

5.2.1 激光热传导焊接基本原理

在激光辐射作用下的熔化是激光焊接的基本过程。将高强度的激光束辐射至金属表面，通过激光与金属的相互作用，使金属熔化形成焊接。激光与材料相互作用过程中，同样会出现光的反射、吸收、热传导及物质的传导，只是在热传导型激光焊接中，辐射至材料表面的功率密度较低，光能量只能被表层吸收，不产生非线性效应或小孔效应。光的穿透深度 ΔZ 可用式(5-1)表示：

$$\Delta Z = \frac{1}{A} \ln \frac{I}{I_0} \tag{5-1}$$

式中　ΔZ——光的穿透深度；

　　　A——材料对激光的吸收系数，对大多数金属 A 为 $10^5 \sim 10^6 / cm$；

　　　I_0——材料表面吸收的光强；

　　　I——光入射至 ΔZ 处的光强。

由此可见，当光穿透微米数量级后，入射光强 I 已趋于零，因此，材料内部加热是通过热传导方式进行的。

5.2.2 激光焊接工艺参数与焊接方法

5.2.2.1 工艺参数的选择

(1) 功率密度

功率密度是激光加工最关键的参数之一。图 5-1 给出了两种不同功率密度下，金属表层温度及底层温度随时间的变化曲线。采用较高的功率密度，在几毫秒时间范围内，表层可加热至沸点，即有汽化发生。因此，高功率密度对于材料去除加工，如打孔、雕刻、切割等有利。采用较低功率密度，表层温度达到沸点需经数毫秒，并在表层汽化前，底层温度就到达熔点，易形成良好的熔融焊接。由此可见，在传导型激光焊接中，功率密度的范围为 $10^4 \sim 10^6\,W/cm^2$。

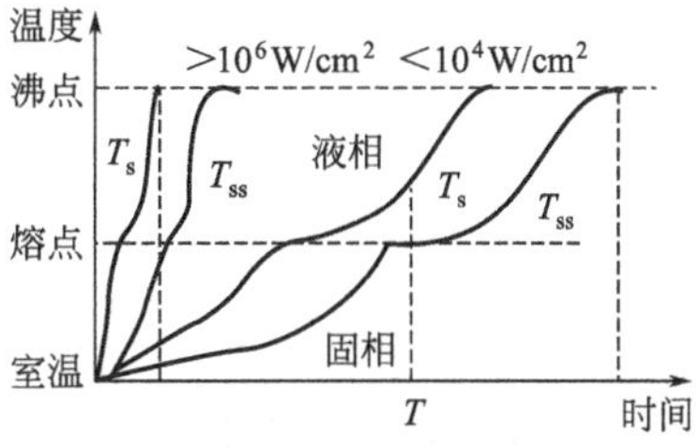

图 5-1 不同功率密度下金属表层温度及底层温度随时间的变化曲线
T_s—表层温度；T_{ss}—底层温度

根据热传导方程分析，可求出在一定脉冲宽度（τ_i）条件下，在材料的一定范围内达到某一温度所需的功率密度。具有恒定强度的表面热源作用下，表面达到材料熔点的功率密度 I_{01} 可用式（5-2）表示：

$$I_{01} = \frac{0.885 T_m K}{(a\tau_i)^{1/2}} \tag{5-2}$$

表面达到沸点的功率密度 I_{02} 可用式（5-3）表示：

$$I_{02} = \frac{0.885 T_v K}{(a\tau_i)^{1/2}} \tag{5-3}$$

式中　a——材料热扩散率；

　　　T_m——材料的熔点；

　　　T_v——材料的沸点；

　　　K——材料的热导率。

例如对于铜，$T_v = 2300℃$，则 $I_{02} = 2.3 \times 10^5\,W/cm^2$。式（5-3）可用于估算激光焊接中所需的功率密度，一些金属材料的 I_{01} 和 I_{02} 值如表 5-1 所示。

表 5-1　一些金属材料的 I_{01} 和 I_{02} 值

金属	$K/W \cdot m^{-1} \cdot K^{-1}$	$a/cm^2 \cdot s^{-1}$	$T_m/℃$	$T_v/℃$	τ_i/s	$I_{01}/W \cdot cm^{-2}$	$I_{02}/W \cdot cm^{-2}$
Cu	3.89	1.12	1083	2300	10^{-3}	1.1×10^5	2.43×10^5
Ti	0.15	0.06	1800	3200	10^{-3}	3.0×10^4	5.3×10^4
W	1.69	0.65	3380	5900	10^{-3}	2.0×10^5	3.5×10^5
Ni	0.67	0.24	1453	2730	10^{-3}	5.4×10^4	1.0×10^5
Mo	1.41	0.55	2600	4800	10^{-3}	1.4×10^5	2.6×10^5
Cr	0.70	0.22	1830	2200	10^{-3}	7.6×10^4	9.1×10^4
Al	2.09	0.87	660	2062	10^{-3}	4.1×10^4	1.3×10^5
Ag	4.17	1.71	960	2210	10^{-3}	8.6×10^4	2.0×10^5
Au	2.92	1.18	1063	2970	10^{-3}	8.1×10^4	2.3×10^5
Mg	1.58	0.91	651	1107	10^{-3}	3.0×10^4	5.1×10^4
Zn	1.13	0.41	491	906	10^{-3}	2.5×10^4	4.5×10^4
Sn	0.63	0.38	231	2270	10^{-3}	0.65×10^4	6.3×10^4

金属	$K/W \cdot m^{-1} \cdot K^{-1}$	$a/cm^2 \cdot s^{-1}$	$T_m/℃$	$T_v/℃$	τ_i/s	$I_{01}/W \cdot cm^{-2}$	$I_{02}/W \cdot cm^{-2}$
Pt	0.71	0.25	1796	4530	10^{-3}	6.9×10^4	1.8×10^5
Pb	0.35	0.25	327	1740	10^{-3}	0.63×10^4	3.4×10^4
Be	0.96	0.42	1285	2968	10^{-3}	5.5×10^4	1.3×10^5
Fe	0.96	0.21	1539	2700	10^{-3}	8.7×10^4	1.5×10^5
钢	0.51	0.15	1535	2700	10^{-3}	5.8×10^4	1.0×10^5
不锈钢	0.16	0.041	1500	2700	10^{-3}	3.5×10^4	6.3×10^4
可伐合金	0.17	0.045	1450	2700	10^{-3}	3.6×10^4	6.8×10^4

I_{01}、I_{02} 都随材料的熔点、沸点、热导率增加而增加，随热扩散率、脉冲宽度增加而减少。

当材料表面出现强烈汽化时，材料加热过程中将出现两种波向材料内部传播，其一是热波，其二是汽化波。在功率密度较低时，热波速度高于汽化波速度，达到某一功率密度 I_{03}（称临界功率密度）时，热波与汽化波的速度相等。对大多数材料，热波速度 $v_h \approx (a/\tau_i)^{1/2}$；而汽化波速度 $v_b = I_{03}/L_b \rho$（L_b 为材料汽化热；ρ 为材料热导率）。当 $v_h = v_b$ 时，即有式(5-4)：

$$I_{03} = L_b \rho \left(\frac{a}{\tau_i} \right)^{1/2} \tag{5-4}$$

由式(5-4)可见，I_{03} 的值随材料的汽化热和热导率增加而增加，随脉冲宽度的增加而减少，某些金属材料的 I_{03} 值列于表 5-2 中，对于大多数材料，$I_{01} < I_{02} < I_{03}$。

表 5-2　某些金属材料的临界功率密度 I_{03}

金属	$L_b\rho/J \cdot cm^{-3}$	$a/cm^2 \cdot s^{-1}$	τ_i/s	$I_{03}/W \cdot cm^{-2}$
Cu	42.88	1.12	10^{-3}	1.4×10^6
Ni	55.3	0.24	10^{-3}	7.5×10^5
Ti	44.27	0.06	10^{-3}	3.4×10^3
W	95.43	0.65	10^{-3}	2.4×10^6
Mo	69.05	0.55	10^{-3}	1.6×10^6
Cr	54.17	0.22	10^{-3}	8.4×10^5
Al	28.09	0.87	10^{-3}	8.6×10^5
钢	54.76	0.15	10^{-3}	6.7×10^5

在实际应用中，功率密度的选取除与材料本身特性有关外，还需根据焊接要求确定。在薄壁材料（如材料壁厚为 0.01～0.10mm）的焊接中，材料表面少量汽化，易使焊点成孔，尤其是薄片表面的穿透焊。因此，在整个加热过程中，工件任何位置的温度不允许超过沸点。以上功率密度的推导是针对理想状况，即均匀强度热源进行的，实际热源的强度分布比理想值复杂得多，且在运行过程中受多种因素影响。因此，为保证焊接过程中薄板任何部位不出现汽化，其功率密度 I_0 应控制在 $I_{01} < I_0 < I_{02}$。在厚材（壁厚≥0.5mm）的焊接过程中应维持表面在熔、沸点间传递能量，为达到一定的熔深，应使激光的脉冲宽度很大。由于表层较厚，出现一定量的汽化不会影响焊接质量，因此功率密度 I_0 可在 $I_{02} < I_0 < I_{03}$ 的范围内相应取高一些，对于大多数金属材料，可取 $I_0 = I_{02}$。

（2）脉冲波形及脉冲宽度

不同的激光脉冲波形，对焊接会产生不同的影响。采用有前端尖峰脉冲的波形，可使金属表面温度迅速上升达到熔点，降低了材料对激光的反射率，这种波形适用于高反射率金属，如有色金属（图 5-2 中曲线 1）。对反射率比较低的金属，如某些黑色金属（图 5-2 中曲线 2），则要求激光波形比较平坦。对脉冲重复频率较高的缝焊，采用前端尖峰脉冲会产生飞溅和孔洞，影响焊接质量。因此对不同材料，不同状态下选择合适的激光波形尤为重要。图 5-2 给出了到达沸点时，在一个激光脉冲周期内金属反射率 R 的变化曲线，由图可知，脉冲开始时，强度很高的激光束入射到金属材料的表面，大部分的激光能量被反射，当温度逐渐上升到熔点时，反射率迅速下降（由 a 点到 b 点），随着温度的继续升高反射率再次迅速下降（由 b 点到 c 点）。

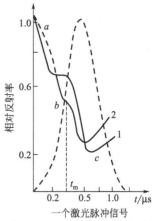

图 5-2　一个激光脉冲周期内金属反射率 R 的变化曲线

脉冲宽度的设定取决于焊接所需熔化深度以及热影响区等。一般来讲，若需获得的熔深越深，脉冲宽度应越大。对于同一种金属，达到同样的熔深，脉冲宽度小，则需功率密度高，激光参数可焊范围窄、热效率高；脉冲宽度大，所需功率密度低，激光参数可焊范围大、热效率低。表 5-3 列出了一些金属材料的 $I_0 Z_{max}$ 值以及不同脉冲宽度作用下可达到的最大熔深。

表 5-3　一些金属材料的 $I_0 Z_{max}$ 值、脉冲宽度与最大熔深的关系

金属	$I_0 Z_{max}$ /W·cm^{-1}	1ms			3ms			5ms			7ms		
		I_0/W·cm^{-2}	τ_i/ms	Z_{max}/mm	I_0/W·cm^{-2}	τ_i/ms	Z_{max}/mm	I_0/W·cm^{-2}	τ_i/ms	Z_{max}/mm	I_0/W·cm^{-2}	τ_i/ms	Z_{max}/mm
Cu	5680	2.34×10^5	1.0	0.24	1.35×10^5	3.0	0.42	1.05×10^5	5.0	0.54	0.88×10^5	7.0	0.65
Ni	1026	1.0×10^5	1.0	0.10	0.58×10^5	3.0	0.18	0.45×10^5	5.0	0.23	0.38×10^5	7.0	0.27
Ti	252	5.3×10^4	1.0	0.04	3.1×10^4	3.0	0.08	2.38×10^4	5.0	0.11	2.0×10^4	7.0	0.13
W	5110	3.5×10^5	1.0	0.15	2.03×10^5	3.0	0.25	1.56×10^4	5.0	0.33	1.3×10^5	7.0	0.39
Mo	3722	2.6×10^5	1.0	0.14	1.5×10^5	3.0	0.25	1.16×10^5	5.0	0.32	0.98×10^5	7.0	0.38
Cr	310	9.1×10^4	1.0	0.03	5.3×10^4	3.0	0.06	4.09×10^4	5.0	0.076	3.4×10^4	7.0	0.09
Al	3516	1.3×10^5	1.0	0.27	0.75×10^5	3.0	0.47	0.58×10^5	5.0	0.61	0.49×10^5	7.0	0.72
Ag	6255	2.0×10^5	1.0	0.31	1.16×10^5	3.0	0.54	0.89×10^5	5.0	0.70	0.76×10^5	7.0	0.82
Au	6682	2.3×10^5	1.0	0.29	1.3×10^5	3.0	0.51	1.03×10^5	5.0	0.65	0.87×10^5	7.0	0.77
Mg	865	5.1×10^4	1.0	0.17	3.0×10^4	3.0	0.29	2.28×10^4	5.0	0.38	1.93×10^4	7.0	0.49
Zn	563	4.5×10^4	1.0	0.13	2.6×10^4	3.0	0.22	2.0×10^4	5.0	0.28	1.70×10^4	7.0	0.33
Sn	1546	6.3×10^4	1.0	0.25	3.7×10^4	3.0	0.42	2.8×10^4	5.0	0.55	2.38×10^4	7.0	0.65
Pt	2352	1.8×10^5	1.0	0.13	1.0×10^5	3.0	0.24	0.8×10^5	5.0	0.29	0.68×10^5	7.0	0.35
Pb	593	3.4×10^4	1.0	0.17	2.0×10^4	3.0	0.29	1.5×10^4	5.0	0.40	1.3×10^4	7.0	0.46
Be	1939	1.3×10^5	1.0	0.15	0.75×10^5	3.0	0.26	0.58×10^5	5.0	0.33	0.49×10^5	7.0	0.40
Fe	1337	1.5×10^5	1.0	0.09	0.87×10^5	3.0	0.15	0.67×10^5	5.0	0.20	0.57×10^5	7.0	0.23
钢	713	1.0×10^5	1.0	0.07	0.58×10^5	3.0	0.12	0.45×10^5	5.0	0.16	0.38×10^5	7.0	0.19

续表

金属	I_0Z_{max} /W·cm^{-1}	1ms			3ms			5ms			7ms		
		I_0/W·cm^{-2}	τ_i/ms	Z_{max}/mm	I_0/W·cm^{-2}	τ_i/ms	Z_{max}/mm	I_0/W·cm^{-2}	τ_i/ms	Z_{max}/mm	I_0/W·cm^{-2}	τ_i/ms	Z_{max}/mm
304不锈钢	230.4	6.3×10^4	1.0	0.04	3.7×10^4	3.0	0.06	2.8×10^4	5.0	0.08	2.38×10^4	7.0	0.10
可伐合金	255	6.8×10^4	1.0	0.04	3.9×10^4	3.0	0.07	3.0×10^4	5.0	0.09	2.6×10^4	7.0	0.10

热影响区与脉冲宽度有关，脉冲宽度越大，热影响区越大。因此，在薄片与薄膜焊接中，脉冲宽度的选取应在保证热影响区所允许的情况下，适当增加脉冲宽度，提高焊接质量的稳定性。

图 5-3　激光焦点与离焦量的关系示意图

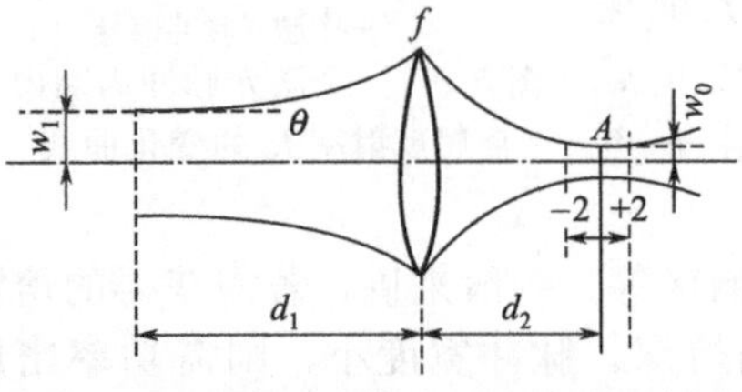

(3) 离焦量

图 5-3 是激光焦点与离焦量的关系示意图。经透镜聚焦后的光束腰部不在透镜焦平面上，而在位置 A 处，A 点称激光焦点。激光焦点处的光斑最小，能量密度最大。激光焦点处光斑中心的功率密度过高，容易造成汽化成孔。离开激光焦点的各平面上，功率密度分布相对均匀，因此，激光焊接通常需要一定的离焦量。

按几何光学理论，当正、负离焦量相等时，所对应平面上功率密度近似相同，但实际上所获得的熔池形状不同。当负离焦时，材料内部功率密度比表面还高，易形成更强的熔化、汽化，使光能向材料更深处传递，因此可获得更大的熔深，这与熔池的形成过程有关。实验表明，激光加热 50～200μs 后，材料开始熔化，形成液相金属，出现部分汽化，形成高压蒸气，并以极高的速度喷射，发出耀眼的白光。与此同时，高浓度气体使液相金属运动至熔池边缘，在熔池中心形成凹陷。所以在实际应用中，当要求熔深较大时，采用负离焦；焊接薄材料时，宜用正离焦。

5.2.2.2　焊接的方法

(1) 导线的焊接

导线的焊接有四种焊接形式：对接、搭接、十字接和 T 形接。图 5-4 是不同的导线焊接形式。表 5-4 给出了部分导线的焊接形式。

图 5-4(a) 为导线的对接。要求激光束对准两线的接触区熔化并形成焊点。辐射加热时，导线终端开始熔化。在表面张力的作用下，熔化的金属被拉成两滴，接着合二为一，在两根要焊接的导线之间形成液体桥。在细线焊接中对参数的要求比较高，线的直径越细，间隙要

(a) 对接　(b) 平行搭接　(c) 平行搭接

(d) 交叉连接　(e) 交叉连接　(f) 角形连接　(g) 角形连接

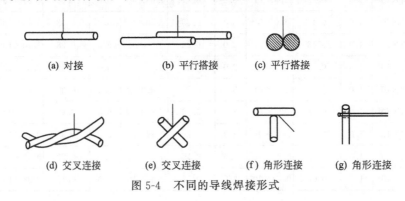

图 5-4　不同的导线焊接形式

求越小。如果间隙过大，即使没有汽化，但由于熔融金属填充间隙，使熔融区变细，线强度就会降低。导线对接时，光斑的直径应约等于导线的直径。若两导线的材料相同，则光斑中心与对接面重合；若两导线的材料不同，光斑中心移向热导率、熔点或反射率较高的导线一侧。对于直径相差较大的两导线对焊，要求光斑直径比细线大得多，中心偏向粗线一侧，以保证粗、细线同时熔化。

图 5-4(b)、(c) 为两导线平行搭接。搭接的特点是在圆柱体接触表面之间形成一楔形的间隙，这个间隙起着聚光器的作用。激光同时照射搭接部位，使两线同时熔化。为了在平行焊接时达到高强度，光斑的直径应近似等于两导线直径之和，为两导线形成共同的液滴创造最有利的条件。

图 5-4(d)、(e) 为交叉连接。激光同时照射两金属线交叉点，使两线同时熔化，焊接时必须利用夹具保证导线间相互有一定压力。在这个压力的作用下，当共同焊槽形成时，两根导线移动，使它们的轴线移至同一平面内；若两导线直径不同，应将较细的导线置于上层，此时可用较小的能量获得良好的焊接效果。

图 5-4(f)、(g) 为角形连接（即 T 形接）。此焊接方式类似于交叉焊，但更灵活。例如，将细导线绕在粗导线上，焊接缠绕区。若导线直径相差 5 倍以上，细线直径又很小，可用激光在粗线上打孔，将细线从小孔中穿出，并将其端部球化，最后将细线球部在小孔处与粗线熔接为一体。采用这种工艺方法，不仅焊接处光滑，而且强度好。

表 5-4 部分导线的焊接形式

材料	直径/mm	焊接类型	能量/J	脉冲宽度/ms
不锈钢	0.38	对接	8	3
	0.38	十字接	8	3
	0.38	搭接	8	3
	0.38	端面接	8	3
	0.76	对接	10	3.4
	0.76	搭接	10	3.4
铜	0.38	对接	10	3.4
	0.38	十字接	10	3.4
	0.38	搭接	10	3.4
	0.38	端面接	11	3.7
镍	0.5	对接	10	3.4
	0.5	十字接	9	3.2
	0.5	搭接	7	2.8
	0.5	端面接	11	3.6
钽	0.38	对接	8	3.0
	0.38	十字接	9	3.2
	0.38	搭接	8	3.0
	0.38	端面接	8	3.0

（2）导线与接触面的焊接

为了实现焊接，必须保证提前熔化大块金属。此外，大块金属的熔深应约等于被焊接的导线半径的一半，这样才能获得高质量的连接。为了完成焊接，必须满足下列条件：大块金属开始熔化的时间 τ_1 应大于导线开始熔化需要的时间 τ_2，$\tau_1 > \tau_2$；大块金属开始破坏的时间 τ_{p1} 应大于辐射的脉冲宽度 τ，$\tau_{p1} > \tau$。

在焊接时，块状零件的几何尺寸可以任意，但应注意导线的几何尺寸，图 5-5 给出了几种焊接方式。当导线与块状零件进行 T 形连接时，如图 5-5(a)、(b) 所示，需根据金属导线的直径，从周围对称焊两点或更多的点，激光同时照射导线与块状零件，则效果良好。如图 5-5(a) 所示，将线插入预先钻好的孔中更容易实现焊接。在焊接时，光点直径应略大于导线的直径，线与孔的配合越紧越好，线端高出块状零件表面的高度为线径的 0.3～0.5 倍，适当增加激光辐射能量，则可形成一半球面的"帽子"，显著增加了连接强度。图 5-5(c)、(d) 所示为端焊，它可用单点或多点焊接。激光束必须同时照射在两个工件上，才能获得良好的效果。金属线置于平板零件的小槽或凹口内，当激光光斑大于线径时，焊接可靠性好。

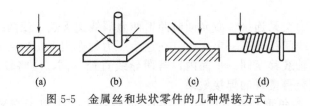

图 5-5　金属丝和块状零件的几种焊接方式

（3）片状材料的焊接

图 5-6 给出了片状材料的几种焊接方式。

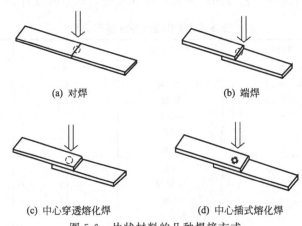

图 5-6　片状材料的几种焊接方式

图 5-6(a) 为片状材料的对焊。将两片材料对头齐缝放置，激光同时照射两片材料，两片材料本体的熔化部分流入缝内后一起凝固，形成焊接。

图 5-6(b) 为片状材料的端焊。将两片材料上下重叠放置，激光照射于搭接处使两片材料熔化形成焊接。注意焊接时将上下两片材料压紧，其间隙小于熔深的 25%，上片不宜太厚，也可将上片材料端头倒角，减小厚度。

图 5-6(c) 为中心穿透熔化焊。激光直接照射上片材料，通过热传导方式使上下片金属熔化形成焊接，焊接的熔深应大于上片材料的厚度。此种方法较适于上片为薄片的材料。如果上片必须为厚片时，则应增大激光能量，使之可穿透熔化两片材料，同时要避免飞溅。

图 5-6(d) 为中心插式熔化焊。采用带有较高前置尖峰的激光脉冲，使光斑中心处首先汽化成一小孔。激光通过小孔直接照射下片表面或上层金属的较深部位，使其熔化。此种方法适用于上片较厚的材料和点焊，对气密性缝焊不适用。

（4）不同类金属材料的焊接

不同材料之间的激光焊接的可焊性是不一样的，只有某些特定的材料组合才有可能，如

图 5-7 所示。若两种材料的熔、沸点相近，能形成较为牢固的连接。设金属 A 的熔点为 $A_{熔}$，沸点为 $A_{沸}$；金属 B 的熔点为 $B_{熔}$，沸点为 $B_{沸}$；当 $A_{沸}>B_{沸}>A_{熔}>B_{熔}$ 时［图 5-8(a)］，可在 $A_{熔}$ 与 $B_{沸}$ 之间调节金属表面的温度，$A_{熔}$ 与 $B_{沸}$ 之间温差越大，激光参数选择范围越大。如果 $A_{熔}>B_{沸}>B_{熔}$ 时［图 5-8(b)］，牢固焊接两种金属是不可能的，可借助与两金属材料相匹配的过渡金属来实现焊接。

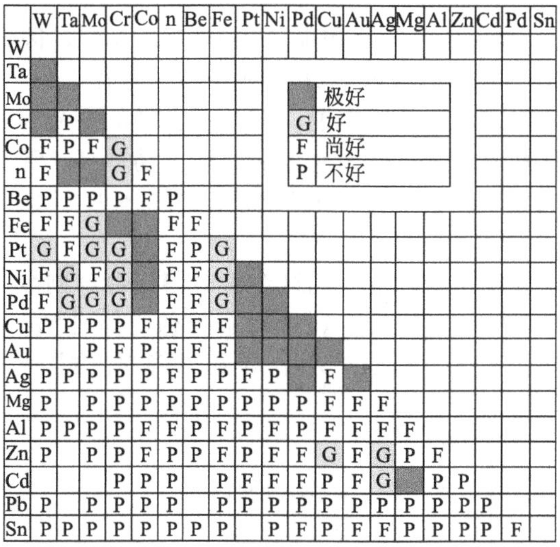

W Ta Mo Cr Co n Be Fe Pt Ni Pd Cu Au Ag Mg Al Zn Cd Pd Sn
W
Ta
Mo
Cr P
Co F P F G
n F G F
Be P P P P F P
Fe F F G F F
Pt G F G G F P G
Ni F G F G F F G
Pd F G G G F F G
Cu P P P P F F F F
Au P F P F F F
Ag P P P P P F P P F P F
Mg P P P P P P P P P P F F F
Al P P P P F F P F P F P F F F F
Zn P P P F P P F P F F G F G P F
Cd P P P P F F F P F G P P
Pb P P P P P P P P P P P P P P P P P
Sn P P P P P P P P P F P F F P P P P F
极好
G 好
F 尚好
P 不好
图 5-7 不同金属材料间采用激光焊接的可焊性

$A_{熔}$
$A_{沸}$
$B_{熔}$
$B_{沸}$
温度
(a)
$A_{熔}$
$A_{沸}$
$B_{熔}$
$B_{沸}$
温度
(b)
图 5-8 两种金属熔、沸点示意图

5.3 激光深熔焊

5.3.1 深熔焊理论

激光深熔焊接，其本质特征为存在小孔效应的焊接。当激光光斑功率足够大，材料表面在激光束的照射下迅速加热，其表面温度在极短的时间内升高至沸点，使材料熔化和汽化，形成小孔。这个充满蒸气的小孔犹如一个黑体，几乎全部吸收入射光束能量，孔腔内平衡温度达 25000℃左右。热量从这个高温孔腔外壁传递出来，使包围着这个孔腔四周的金属熔化。

激光
熔化带宽度W
熔池
焊接速度v
小孔
光斑直径d
熔深 h
图 5-9 小孔效应的深熔焊接示意图

图 5-9 是小孔效应的深熔焊接示意图，当材料满足可焊性基本要求时，就会形成局部焊接区。当光束在工件上移动或工件在光束下行进时，即形成连续焊接。也就是说，小孔和围着孔壁的熔融金属随着前导光束的运动向前移动，熔融金属充填着小孔移开后留下的空隙并随之冷凝，就形成了焊缝。深熔焊的激光束可深入到材料内部，因而可得到较大深径比（12∶1）的焊缝。

在深熔焊过程中，激光的吸收决定于小孔和等离子体效应。一般地说，工件表面的等离子体云对焊接过程有害，它吸收部分激光，使激光有效能量减少，并使光束波前畸变导致焦光斑扩散，使表面熔化区扩大。等离子云形成的程度（即金属蒸气被电离程度）取决于温度，由于激光器输出功率过大导致过高的功率密度，被焊工件表面温度高而过多的蒸气形成

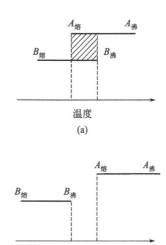

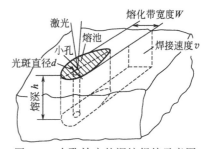

等离子云。当小孔上方形成稀薄的等离子体时，改变了吸收和聚焦条件，对入射光束实际上起了屏蔽作用，从而影响焊接过程继续向材料深部进行。预防措施主要有两种途径：一种是使用保护气体吹散激光与工件作用点反冲出的金属蒸气；另一种是使用可抑制蒸气电离的保护气体，从根本上阻止等离子云的形成。

5.3.2　深熔焊的主要影响因素

5.3.2.1　激光功率密度

进行深熔焊接的前提是聚焦激光光斑有足够高的功率密度（$>10^6 \text{W/cm}^2$），因而激光功率密度对焊缝成形有决定性的影响。激光功率同时控制熔透深度与焊接速度，图 5-10 给出了焊接碳钢时激光功率与熔深及焊接速度的关系。一般来说，对一定直径的激光束，熔深随着激光功率的增加而增加，焊接速度随着激光功率的增加而加快。由于功率高、焊接速度快，可以有效防止焊缝中气体的聚集，有利于防止焊接区域形成聚集气体的不稳定焊接截面。

对产生一定焊接熔深的激光功率存在一个临界值，达不到这个值时熔深会急剧减少。由于焊接速度不同，这个功率临界值在 0.8kW 左右，一旦达到这一临界值，熔池激烈沸腾。另外，由于金属蒸气的作用力，熔池内形成小孔，正是这个小孔导致深熔焊。图 5-11 给出了激光功率与熔深的关系。

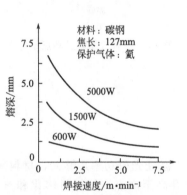

图 5-10　激光功率与熔深及焊接速度的关系

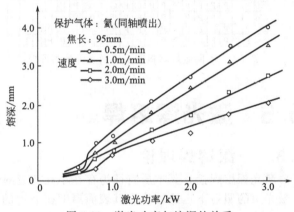

图 5-11　激光功率与熔深的关系

焦斑功率密度不仅与激光功率成正比，还与激光束和聚焦光路的参数有关。采用非稳定腔，输出 TEM_{01} 模激光，其横向放大率 M 对焦斑功率密度有显著的影响。M 值越大，则聚焦光斑的中央亮斑能量聚集得越多，功率密度越高，越有利于深熔焊接。

5.3.2.2　材料本性

材料对光能量的吸收决定了激光深熔焊的效率，影响材料对激光的吸收率的因素有两个方面。一是材料电阻率，经过对不同材料抛光表面的吸收率测量发现，材料对激光的吸收率与电阻率的平方根成正比，而电阻率又随温度的变化而变化；材料吸收光束能量后的效应取决于材料的热特性，包括热导率、热扩散率、熔点、汽化温度、比热容和潜热。例如，熔点高的金属由于消耗的热能大，远不如熔点低且热导率也低的金属容易焊接。二是材料的表面状态对光束吸收率有较重要影响，因而对焊接效果产生明显作用。材料一旦熔化乃至汽化，它对光束的吸收将急剧增加。材料经过不同的表面处理（如表面涂层或生成氧化膜），材料表面性能有了变化，从而会影响对激光的吸收率。

5.3.2.3　保护气体

激光焊接中采用保护气体的作用有两点：一方面排除空气，保护工件表面不受氧化；另一方面抑制高功率激光焊产生的等离子云。

通过增加电子与离子和中性原子三体碰撞来增加电子的复合速度，以降低等离子体中的电子密度。中性原子越轻，碰撞频率越高，复合速度越高。氦气最轻且电离能量高，作为保护气体有最好的抑制等离子体效果，但氦气很贵，通常采用氩气或氮气作为保护气体。

利用保护气体的流动，将金属蒸气和光致等离子体从激光光路中吹出。保护气体是通过焊炬喷嘴以一定压力射出到达工件表面的，只要侧吹的保护气体可驱使金属蒸气从光束聚焦区强制移开，不管使用什么类型的保护气体，都可增加熔深。

5.3.2.4 焊接速度

深熔焊时，焊接熔深与焊接速度成反比，在一定激光功率下，提高焊接速度，线能量（单位长度焊缝输入能量）下降，熔深减少，因此适当降低焊速可加大熔深。但速度过低又会导致材料过度熔化、工件焊穿的现象。所以，对一定激光功率和一定厚度的特定材料都有一个合适的焊接速度范围，并在比速度范围内获得最大的熔深。图 5-12 给出了1018 钢焊接速度与熔深的关系。

5.3.2.5 焦点位置

深熔焊时，为了保持足够的功率密度，焦点位置至关重要。焦点与工件表面相对位置的变化直接影响焊缝宽度与深度。只有焦点位于工件表面内合适的位置，所得焊缝才能成平行断面并获得最大熔深。

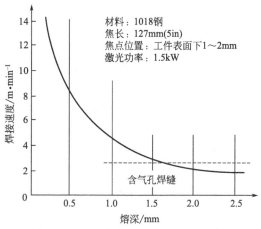

图 5-12　1018 钢焊接速度与熔深的关系

5.3.2.6 工件接头装配间隙

在深熔焊时，如果接头间隙超过光斑尺寸，则无法焊接。但接头间隙过小，有时在工艺上会产生对接板重叠，熔合困难等不良后果。接头装配间隙对薄板焊接尤为重要，间隙过大极易焊穿。慢速焊接可弥补一些因间隙过大而带来的焊缝缺陷，而高速焊接使焊缝变窄，对装配间隙的要求更为严格。

5.3.3　深熔焊的接头形式与质量

大多数激光焊不用填充焊丝，这意味着所有填充料均来自被焊材料，因此，焊接接头装配设计非常重要。最常见的激光焊接接头有对接、搭接两种形式（图 5-13）。为保持足够的焊接速度和良好的焊接质量，不论是对接还是搭接，其间隙不应太大，间隙过大使焊接速度降低，被焊材料损耗大，还可能导致焊接失败；焊接面的清洁程度也会影响焊接效果；为保证精确定位，还应配有合适的夹具紧固焊件。

5.3.3.1 对接

对接为熔透型焊接，材料不需加工坡口，可直接采用平直的剪切边。两工件的装配间隙应小于板厚的 15%，工件的直线度和平面度小于板厚的 25%，以保证激光束漂移。横向直线度保持在 1/2 聚焦光斑直径范围内。焊接时应夹紧工件。

当激光束瞄准、通过两工件接合处时，熔化区形状趋向于形成连接材料所必需的最小容积，这就导致工件最小变形和热输入，并获得最高的焊接速度（比搭接高 5%～10%）。

对接接头的精确性是影响焊接质量的因素之一。激光束必须瞄准接头，一般是焊缝宽的1/4，因为通常激光焊缝宽是 0.25～0.50mm。焊接接头应精确装配［图 5-13(a)］，要求使用精良、重复性好的工夹具。

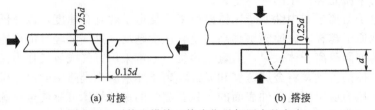

(a) 对接   (b) 搭接

图 5-13　对接和搭接（箭头指示加压力的方向）

5.3.3.2　搭接

搭接接头间隙允许比对接稍大一些，但空气间隙严重地限制熔深和焊接速度，应采用压紧的方法，使间隙小于板厚的 25%［图 5-13(b)］。深熔焊接的特征通常是表层吸收的热比底层多，所以当焊接不同厚度的工件时，应将薄件焊接在厚件上。

搭接接头要考虑两个要点：第一，连接时焊缝宽度是接头的主要结构要素，是搭接的主要技术条件；第二，熔化区主要由上层材料组成，这点很重要。例如，当低碳钢薄板焊接在高碳钢工件上时，搭接接头为低碳钢成分，这样可以减少裂纹倾向。

5.3.4　常用材料的激光焊接

激光焊接是利用热源熔化金属完成的焊接，可以用常规方法焊接的大多数工程合金都可进行激光焊接，包括碳钢、不锈钢、镍、铌、钛、锆和铝合金等。激光焊接的高功率密度和由此获得的高焊接速度及狭窄的焊道，对一些难焊材料，如高碳钢、高合金工具钢以及钛合金等的焊接也是适用的。另外，激光焊接与其他常规焊接方法不同，还可对两种不同的金属材料进行焊接。

激光焊接的焊缝窄、热影响区小，引起的工件尺寸变化很小，使焊区气孔少、收缩量小，高的焊接速度结合局部使用惰性气体，可限制大气中氧、氢及湿气在锆、铌和铝合金中的吸收。

5.3.4.1　钢铁材料的激光焊接

(1) 不锈钢

由于电力、化工和其他工业的需要，对激光深熔焊的研究和应用首先集中在不锈钢材料方面。一般来讲，不锈钢激光焊接比常规焊接更易于获得优质的焊接接头。由于焊接速度高和热影响区很小的优点，敏化不成为重要问题。与碳钢相比，不锈钢的热导率低，更易获得深熔窄焊缝。

① 奥氏体不锈钢的激光焊接　奥氏体不锈钢激光焊由于焊接速度高和热输入少，可获得热影响区和敏化区都小的优良接头性能。典型的 304 奥氏体铬镍不锈钢薄板用输出功率为 200W 的单模激光束焊接，获得最佳接头性能的焊接速度范围为 0.4～0.6m/min，其焊接接头强度与母材相同。304 不锈钢激光焊时，一般不会发生裂纹，但容易生成气孔，其原因往往是因保护不好而混入空气所致，因此除了加强保护外，适当控制功率密度和提高焊接速度可有效防止气孔产生。

② 马氏体不锈钢的激光焊接　马氏体不锈钢的物理、力学性能与合金钢相似，焊接的主要困难是应力裂纹，因此在某些应用场合需要进行预热与焊后处理。由于激光焊接的焊接速度和冷却速度都很高，激光焊采用的预热和焊后处理温度应略高于常规方法。

③ 铁素体和半铁素体不锈钢的激光焊接　这类不锈钢很容易实施激光焊接，焊接速度高与冷却速度大，使晶粒长大和 σ 相形成倾向最小。

(2) 碳钢及普通合金钢

在激光焊接高的加热和冷却速度下，随着含碳量的增加，焊接裂纹和缺口敏感性也会增加，所以，激光焊接对含碳量一般也有一定限制，为了获得满意的焊接质量，碳含量超过0.25%时需要预热。当不同含碳量的钢相互焊接时，焊接可稍偏向低碳材料一边，以确保接头质量。低碳沸腾钢由于硫、磷含量高，因此焊缝气孔多、脆性高，不适合激光焊接；而低碳镇静钢由于杂质含量低，激光焊接效果就很好。

对高强度低合金钢的激光焊接只要选择合适的工艺参数，焊接接头便可获得与母材相当的力学性能，这是由于激光焊的高速冷却所致；而电弧焊时，这类钢常由于大的热输入和随后的慢速冷却，导致接头强度和韧性降低。

中、高碳钢和普通合金钢都可进行良好的激光焊接，但需要预热和焊后处理，以消除应力、避免裂纹形成，其预热温度取决于钢的碳当量、厚度和熔深要求。表 5-5 列出了不同碳当量的钢所采用的预热温度。视焊件工作条件要求，这类钢有时需要进行焊后消除应力处理。

表 5-5　不同碳当量的钢所采用的预热温度

碳当量	预热温度（因厚度而异）/℃
≤0.30%	视情况而定
0.30%～0.60%	200～500
≥0.60%	400～800

（3）不同金属间的激光焊接

激光焊接高的冷却速度和很小的热影响区，为许多不同金属材料之间的焊接创造了有利条件。例如，对不锈钢-低碳钢、416 不锈钢-310 不锈钢、347 不锈钢-Hastalloy 镍合金、镍-冷锻钢、不同镍含量的双金属带等材料进行激光深熔焊可获得良好的接头性能。

研究表明，铜-镍、镍-钛、铜-钛、钛-钼、黄铜-铜、低碳钢-铜等不同金属在一定条件下都可进行激光焊接。实践证明，在普通碳钢刀具基体镶焊硬质合金刃口，也是一种理想的刀具镶合工艺。

5.3.4.2　有色金属的激光焊接

（1）铝及铝合金材料

如果不使用填充焊丝，大多数铝合金不可焊接，激光焊接也有不少困难。对铝的激光深熔焊的困难首先在于它的高热导率和高的起始表面反射率。深熔焊必须从小于 10% 的输入能量开始，直至获得很高的输入功率，以确保深熔焊起始所需的功率密度。一旦深熔小孔生成，由于小孔的黑体效应，它对光束的吸收率迅速提高到 90% 以上，使熔融区过热，从而使深熔焊顺利进行。通过大量试验研究，使用 10kW 左右的高功率激光束和气体保护系统，已对抗海洋腐蚀性能较优良的铝-镁合金（5000 系列）进行成功的焊接。

材料状态对激光焊接也有影响，如热处理态铝合金激光焊接的难度要比非热处理态铝合金高一些。有时为了改变焊缝化学成分以防止焊接缺陷，需要添加填充金属，犹如常规焊接一样。

铝及铝合金在激光焊接时，随温度升高，铝中氢的溶解度会急剧升高，焊缝中易存在气孔，深熔焊时根部可能出现空隙，影响焊接质量。而在高功率密度、高焊速下，可获得没有气孔的焊缝。

铝基复合材料应用范围越来越广泛，但焊接难度大，这已成为近年来国内外研究的焦点。

（2）铜及铜合金

铜比铝的热导率和反射率还高，一般很难进行激光焊接，只有使用极高的激光功率，并且对焊接表面进行处理以加强对激光能量吸收，才可以对少数铜合金（如磷青铜和硅青铜）实施激光焊接。由于锌组元的挥发，黄铜焊接性能不好。

（3）钛及钛合金

高强度的钛合金成为航空工业广泛采用的重要材料，激光焊接很适合焊接此类合金，可获得高质量、塑性好的焊接接头。但此类材料有较高的氧化敏感性，必须在惰性气体中进行焊接。

对典型的钛合金（成分为 Ti-6Al-4V）的深熔焊研究表明，用 3kW 以上的激光功率焊接 1mm 厚的钛合金片时可获得很高的焊接速度。检测表明：接头致密，无气孔，无裂纹和夹杂，也没有明显咬边，接头的屈服强度、抗拉强度与母体相当，塑性也未降低。焊接样品的成分分析表明，当使用保护气体时，激光焊接过程无明显的氧化作用发生。

表 5-6 列出了钛及钛合金的激光深熔焊焊接接头力学性能的试验数据。

表 5-6　钛及钛合金的激光深熔焊焊接接头力学性能的试验数据

材料	焊缝金属			母　材		
	抗拉强度/MPa	屈服强度/MPa	伸长率/%	抗拉强度/MPa	屈服强度/MPa	伸长率/%
工业纯钛	530～573	460～500	27.0	＞494	＞416	27.0～28.0
Ti-6Al-4V	860～923	800～860	11.0～14.0	895～1000	834～895	10.0～15.0

（4）镍及镍合金

激光能与镍合金耦合较好，能较容易地实施激光焊接并获得高质量接头。但在焊接时，要注意 Hastalloy X 和可伐合金的热裂纹敏感性问题。

5.3.5　人造金刚石工具的激光焊接

人造金刚石由于其硬度高、耐磨性强，被广泛应用于制作各种工具，如刀具、钻头、锯片等，但如何将人造金刚石牢固地焊接在工具的基体上是一个至关重要的问题。通常采用高频钎焊的方法通过焊片使金刚石与基体结合。该方法的特点是成本低，缺点是升温时间长，温控精度差，对基体和刀头的热影响区域大，刀头与基体的结合强度低。人造金刚石是由石墨经高温、高压烧结而成，在无真空或气体保护的状态下，当温度超过 720℃时极易产生石墨化现象，硬度会骤然下降，影响工具的力学性能。因此要求焊接在极短的时间内完成，热传导的区域越窄越好。人造金刚石的另一特性为导热性能好，同一温度下的热变形远小于钢和硬质合金，但如果焊接温度和时间不合适，基体会产生热变形，影响产品质量。激光焊接由于焊接速度快、精度高、加热区域窄和与基体结合力强等优点，是理想的人造金刚石工具的焊接方法。

5.3.5.1　人造金刚石锯片的焊接

人造金刚石锯片主要用于石材等硬质物体的加工。锯片用的人造金刚石刀头是用人造金刚石粉与金属混合烧结而成，刀头的下部不含人造金刚石，为刀头厚度的 1/3～1/2。主要用于基体焊接。使用时，刀头的人造金刚石颗粒不断参与切削，磨钝的人造金刚石颗粒脱落，新的人造金刚石颗粒不断参与切削。采用激光焊接，不需加填充物，不会出现刀头脱落现象。激光焊接牢固性强，锯片在工作中有极高的安全系数。图 5-14 是人造金刚石锯片加工流程。

激光焊接人造金刚石锯片时，锯片基体和刀头固定在工作台的夹具上，开启激光机并调整好激光焊接的能量及位置，激光光束照射在基体与刀头结合部使其熔化形成焊接，冷却后焊缝宽度约为 1.5～2mm（直径 ϕ330mm 的锯片），焊接强度很高，焊接过程快速完成。

人造金刚石锯片为一薄形圆盘，人造金刚石刀头焊于基体周边上，所有刀头必须保持在

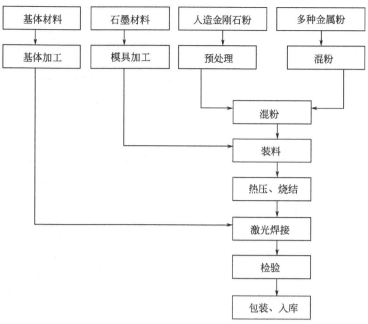

图 5-14　人造金刚石锯片加工流程

同一水平面，锯片两面平行度要求高。在焊接的过程中，基体或刀头的变形和错位都将直接影响切割的精度、效率和对被加工材料的损耗量。如果变形太大，锯片成为次品、废品，造成直接的经济损失。采用高频钎焊时，加热区域很宽，部分基体和整个刀头都在加热区内，如果温度和时间掌握不好，就会产生金刚石石墨化现象和基体变形；而采用激光焊接时，焊接速度极快，热影响区仅为 1.5～2mm，不会影响到金刚石层。例如，对于一个直径为 ϕ330mm、周长 1036mm、厚 3mm 的锯片、单面焊接只需 0.8min。高频钎焊是通过焊片将刀头与基体连接，为减小对金刚石的损坏，一般选用 700℃ 以内的低熔点银焊片，为便于焊片的传输，锯片采用竖直旋转方式焊接，定位难度大，刀头与基体结合强度低。而激光焊接不需焊片，直接将基体与刀头下部熔化焊接而成。另外，激光焊接时锯片平放在一个圆盘旋转工作台上，锯片基体与刀头为同一夹具，操作简单、定位精度高。在许多特殊加工要求的状况下，只能使用激光焊接的锯片。比如石材"干切"加工时，温度非常高，在接近和达到焊片熔化温度时，刀头就承受不了机械冲击而脱落，但激光焊接锯片是基体与刀头自身材料的熔化结合，其熔化温度远高于切割温度，不会出现刀头脱落现象。

5.3.5.2　金刚石薄壁钻的焊接

金刚石薄壁钻广泛应用于加强混凝土、水泥、玻璃、石材等非金属硬脆性材料的钻孔及取样，是工程建设不可缺少的消耗工具之一，尤其适用于房屋建筑中的管道安装打孔，如排油烟气管道、水管、电路管道等，是工程施工中大量使用的消耗品。

金刚石薄壁钻由筒体和胎体组成，筒体一般采用45 钢，胎体为硬质合金粉末和人造金刚石热压而成，主要依靠胎体中的略为凸出的金刚石颗粒完成切削，图 5-15 所示为金刚石薄壁钻工作原理。传统的制造方法是将胎体与筒体经热压高频硬钎焊而成，但在实际工作中由于高速下钻头发热，经常引起钎焊料的熔化

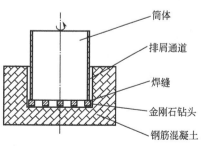

图 5-15　金刚石薄壁钻工作原理

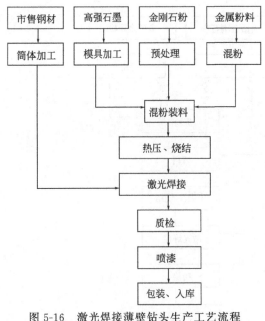

而致使胎体脱落，使用寿命较低。国外在 20 世纪 90 年代末就采用激光焊接代替钎焊，胎体以 Co 基材料为主，筒体用低碳合金钢，无过渡层，激光焊接在焊接强度、耐高温方面具有显著的优势，但生产成本较高。

激光焊接薄壁钻头生产工艺流程如图 5-16 所示。

激光焊接金刚石薄壁钻头比焊接金刚石锯片的难度要大。锯片是一个平面，比较容易实现锯片的刀头同基体的自动化对接，而钻头的钢基体是一个圆筒形，与金刚石刀头定位、对接安装在激光工作台的夹具上，通过卡盘的转动，实现半自动激光焊接。焊接钻头时，要得到比较满意的焊接效果，对于不同直径的钻头和不同节距、弧度的刀头必须使用高精度的特殊夹具。图 5-17 给出了金刚石钻头激光焊接对接示意图。

图 5-16　激光焊接薄壁钻头生产工艺流程

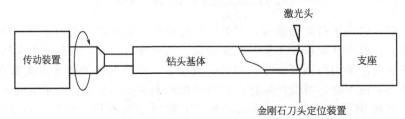

图 5-17　金刚石钻头激光焊接对接示意图

激光焊接主要过程如下。

(1) 激光器的选择

一般采用低阶模（TEM_{01}）CO_2激光器进行深熔焊，激光输出功率一般在 1.0～2.0kW 之间。

(2) 过渡层合金筒体的设计

使用 45 钢或低碳钢，在胎体中设计适合激光焊接的不含金刚石的过渡层，实现含碳层及熔点的过渡，使筒体与胎体之间牢固结合。

(3) 工艺参数

激光的入射角为 10°～11°，焊接速度为 0.5～1.5m/min，激光的焦点一般位于负离焦 0.1～0.2mm。保护气体采用氩气或在氩气中加入氮气或氦气来达到减少等离子体对激光能量的吸收的目的。

焊接工艺决定着金刚石钻头焊缝质量，可以通过对过渡层的科学设计，激光输出功率、模式、熔深、焦点位置、焊接速度等参量的优化组合，获得高质量的焊缝，进而提高激光焊接的薄壁钻的使用寿命，在其他条件相同的情况下（胎体制作、金刚石品质等），焊接质量主要与焊接工艺相关。激光焊接与普通钎焊相比，金刚石薄壁钻头的结合强度提高 2～3 倍，寿命延长 1 倍左右。

5.3.5.3　人造金刚石工具激光焊接的特点

① 激光焊接强度高，不易产生裂纹，焊接层质量稳定、可靠，使金刚石工具寿命延长。

② 产品质量高。由于激光焊接时，加热和冷却速度极快，热影响区很小，最大限度地减少了焊接层的应力和基体材料的变形，使金刚石受到的热影响很小。另一方面，激光焊接过程不需要电极和焊料，焊接区几乎不受污染，并且深熔焊具有纯化作用，可使金刚石工具不因焊接掺杂物而降低强度。总之，激光焊接可以使金刚石工具获得最佳性能。

③ 生产效率高。激光聚焦后光斑直径为 $0.5\sim0.7\,\mathrm{mm}$，功率密度大于 $5\times10^5\,\mathrm{W/cm^2}$，在如此高功率密度的激光照射下可以实施很高的焊接速度。

④ 操作灵活，适用范围广。由于激光的无惯性，可实现操作过程的急停或重新启动，而对焊接不产生任何副作用；激光束容易控制，可实现金刚石工具的自动焊接，可实现不同材料间的焊接，如低碳合金钢可很好地与各种粉末冶金材料进行焊接。

⑤ 由于受到激光能量的限制，一般熔深较小，对锯片来讲焊接深度不超过 2mm，对4mm 以上厚度的锯片焊接难度较大，3mm 锯片也要双面焊接。

⑥ 设备成本高，限制了激光焊接的应用范围，因此多用于精加工工具和特殊要求工具的焊接。

5.3.6 塑料的激光焊接

目前，塑料在汽车、医疗设备及电子等行业广泛使用，原先许多使用金属的零部件（汽车进气管、油箱、过滤器、医学上使用的流体输送系统等）也开始逐渐被塑料所代替，因此，产生了塑料激光焊接技术。目前国内市场上普遍使用的塑料焊接技术主要有振动摩擦焊接、热板式塑料焊接及超声波焊接等。随着材料和设备方面的进步，激光焊接作为一种快速、有效、干净的焊接方式，逐渐在塑料制品的加工过程中受到重视。激光塑料焊接主要用于连接敏感性塑料制品（含有线路板）、具有复杂几何形状的塑料件以及有严格洁净要求的塑料制品（医疗设备）等。

5.3.6.1 塑料激光焊接技术的基本原理及特点

塑料激光焊接技术适用于两种对激光的反应差异很大的塑料的焊接，它是将两种塑料在低压力下夹紧在一起（其中一种塑料对加工激光具有一定的透过率，另一种塑料对激光吸收），激光穿过一个制品，然后被另一个制品吸收，并将激光能量转化为热能，使两种塑料的接触面开始熔化，并形成一个焊接区域（图 5-18），完成对两种不同材料的焊接。

与传统的塑料焊接技术相比，激光焊接塑料技术有以下几方面的优点。

① 能生成精密、牢固和密封（不透气和不漏水）的焊缝，而且树脂降解少、产生的碎屑少，制品的表面能够在焊缝周围紧密地连接在一起。激光焊接没有残渣的优点使它十分适合对医疗设备及电子传感器等的焊接。

② 易于控制，具有良好的适应性，可焊接尺寸小或外形结构复杂的工件。这是因为激光便于计算机软件控制，而且激光器输出可灵活

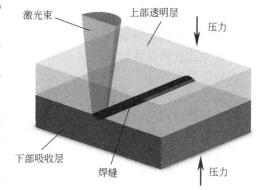

图 5-18　激光焊接塑料的原理

地到达零件各个微小部分，能够焊接其他焊接方法不易达到的区域。

③ 极大地减小了制品的振动应力和热应力。激光焊接比其他连接方式产生的振动应力和热应力小得多，这意味着制品内部组件的老化速度更慢，可应用于极易损坏的制品。

④ 能够将许多种类不同的材料焊接在一起。例如，能将透过近红外激光的聚碳酸酯（PC）和 30％玻纤增强的黑色聚对苯二甲酸丁二酯（PBT）连接在一起，而其他的焊接方法

根本不可能将两种在结构、软化点和增强材料等方面不同的聚合物连接起来。

5.3.6.2　塑料激光焊接几种常用的焊接方法

常用的激光焊接方法有以下几种。

① 轮廓焊接　激光束沿着焊缝快速扫描，或者激光束静止而被焊接物体移动，以达到焊接的目的，如图 5-19(a) 所示。

② 掩模焊接　借助掩模进行焊接，激光束仅加热制品上没有被掩模遮住的部分，可以快速焊接复杂的焊缝，如图 5-19(b) 所示。

③ 同步焊接　通过光学元件将激光束整形，同时照射焊接区域，进行焊接，可明显减少焊接处理时间，如图 5-19(c) 所示。

图 5-19　常用的激光焊接方法

5.3.6.3　塑料激光焊接的工艺要求

(1) 塑料材料

能够用激光焊接的塑料均属于热塑性塑料，理论上所有热塑性塑料都能够被激光焊接。塑料激光焊接技术要求被焊接塑料在热作用区内的材料对激光光波的吸收性好；不属于热作用区的材料，则要求对光波的透过性好，尤其在对两件薄塑料件进行叠焊时更是如此。一般向热作用区塑料中添加吸收剂可以达到目的。目前能够使用激光焊接的单种成分塑料有 PMMA——聚甲基丙烯酸甲酯（有机玻璃）、PC 塑料、ABS 塑料、LDPE——低密度聚乙烯塑料、HDPE——高密度聚乙烯塑料、PVC——聚氯乙烯塑料、Nylon 6（尼龙 6）、Nylon 66（尼龙 66）、PS 树脂等。

这些塑料制成的塑料件，如模制的塑料品、塑料板、薄膜、人造橡胶、纤维甚至纺织物都可以作为被焊接的对象。由于激光焊接具有传统焊接不具备的热作用区小、控制精确的特点，因此上述各种单体材料之间也可以进行焊接。

(2) 吸收剂

吸收剂的应用是塑料激光焊接工艺中非常重要的工艺。塑料激光焊接的本质是将热作用区的待焊接塑料熔化，随后自然冷却实现塑料件的接合。欲使塑料熔化需要使塑料件吸收足够的激光能量。一般在不添加吸收剂的情况下，塑料对光波的吸收性不是很好，吸收效率很低，熔化效率不理想。

通常理想的吸收剂是炭黑，炭黑能够将红外波长的激光能量基本全部吸收，从而大大提高塑料的热吸收效果，使热作用区的材料熔化更快、效果更好。炭黑在吸收红外波段的激光光波的同时，也吸收可见光波，这也是炭黑看起来为黑色的原因。用炭黑作吸收剂会使激光焊接焊缝颜色变深，与母材颜色不同。一些其他颜色的染料也能够起到吸收光波的效果。英国焊接学会（The Welding Institute，TWI）研制出了一种对可见光透明的染料。用这种染料作吸收剂，可以得到透明的塑料焊缝。其原理是这种染料只吸收红外波段的电磁波，不吸收可见光，因此看起来焊缝仍然是透明的。

很多情况下，塑料焊接要求成品美观、精致，因此相比炭黑，对可见光透明的染料吸收剂非常受青睐。

添加吸收剂的方法有三种：一是直接向待焊接材料中渗入吸收剂，将渗过吸收剂的塑料件放在下面，而把没有渗吸收剂的塑料件放在上面，让激光束通过；二是向塑料件待焊接的表面渗吸收剂，只有被渗入了吸收剂的那部分塑料才形成热作用区而被熔化；三是在两块待焊接塑料件的接触处喷涂上或者印刷上吸收剂。

（3）其他参数

与金属焊接不同，塑料激光焊接需要的激光功率并不是越大越好。焊接激光功率越大，塑料件上的热作用区就越大、越深，将导致材料过热、变形、甚至损坏。应该根据需要熔化的深度来选择激光功率。

塑料激光焊接的速度比较快，一般得到 1mm 厚焊缝的焊接速度可达 20m/min；而采用高功率的 CO_2 激光器焊接塑料薄膜，最高速度可以达到 750m/min。

激光焊接系统中，计算机软件的作用也是十分重要的。软件除了可以实现对激光头的运动轨迹和速度、激光功率等一般性的工艺参数进行数字化控制，以达到提高加工速度和精度、改善加工质量的目的，同时焊接加工仿真软件可以根据不同材料的厚度、颜色、吸收率等，结合激光器的功率、光波透过率等参数，在焊接前就可以得到所需的吸收剂的用量和添加方法及焊接过程中激光光波在上层材料中的能量损失等，软件计算结果与实测结果非常接近。由于塑料激光焊接的规律性强，有较好的可预测性，因此，采用软件计算筛选方法、预测结果是非常有效和可行的。

近年来，从事连接精密的高价值塑料制品的许多欧洲公司对激光焊接这种非接触式焊接技术的需求有明显增长的趋势，而美国和加拿大的塑料加工商们也在不断拓展激光焊接技术的应用领域。2001 年 10 月在德国举行的展览会上展出了一些全新的激光设备，Bielomatik、Leister 和 Branson 等几家欧洲公司展示了更节约成本、更加高效的专门用于塑料的焊接系统。

Leister 公司的新型 Novolas C 型焊机使用高功率的半导体激光器，既是一台特型焊机，也是一台点焊机。它产生圆形的激光点，激光束固定不动，而塑料制品置于 X、Y 方向受程序控制的工作台上，激光点沿着整个焊接路线进行移动，焊接的最大区域面积为 250mm×250mm。Novolas M 系统采用掩模覆盖技术，能生成更细、更精确的焊缝，特别适用于医药设备的微连接，可达到 $2\mu m$ 的精度。

Bielomatik 公司的 Laser-Tec 系统（图 5-20）采用 70～250W 的 Nd:YAG 激光器，使用高速扫描镜，可以使激光束快速扫描全部焊缝。由两台激光器组成的系统能够焊接最大为 560mm×280mm 的区域。

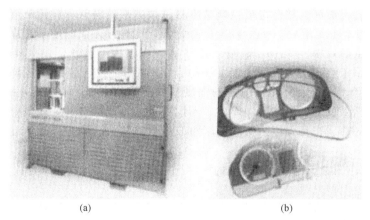

(a)　　　　　　　　　　　(b)

图 5-20　Bielomatik 公司的 Laser-Tec200 激光焊接系统及其焊接的汽车仪表盘

5.4 激光焊接的应用及设备

5.4.1 激光焊接的应用

由于激光焊接比常规焊接方法具有更高的功率密度，容易实现深窄焊缝，使焊接精度和强度更高，提高了焊接质量，激光可通过光纤传输实现远程焊接，配上机器人可实现柔性自动化焊接生产。因此，激光焊接近十几年发展迅速，被广泛应用于汽车、电子、钢铁、航天航空、船舶制造等行业。表 5-7 列出了部分应用实例。

表 5-7　激光焊接的部分应用实例

应用行业	实例
航空	发动机壳体、燃烧室、流体管道、机翼隔架、电磁阀、隔盒等
航天	火箭壳体、导弹外壳与骨架、陀螺仪等
造船	舰船钢板拼焊
石化	滤油装置多层网板
电子仪表	集成电路内引线、显像管电子枪、仪表游丝、光导纤维等
机械	精密弹簧、针式打印机零件、热电偶、电液伺服阀等
钢铁	焊接厚度为 0.2～0.8mm、宽度为 0.5～1.8mm 的硅钢与不锈钢，焊接速度为 1～10m/min
汽车	汽车底架、传动装置、齿轮、蓄电池阳极板、点火器中轴和拨板组合件等
医疗器械	心脏起搏器以及心脏起搏器所用的锂碘电池等
食品	食品罐（用激光焊代替传统的锡焊或电阻高频焊，具有无毒、焊接速度快、节省材料以及接头美观、性能优良等特点）

在航天航空领域大量的精密零部件需要焊接，对焊接的要求非常高，从安全方面考虑，焊接精度、坚实度至关重要，采用激光焊接可以解决许多难题。

造船业是采用焊接最多的行业之一，造船水平的高低直接受焊接质量的影响，焊接技术的发展推动了造船技术的进步，对船体质量的提高和自动化生产提供了基础保障。

在电子工业中，精密、微型化的激光焊接大大提高了产品等级。

此外，激光焊接技术在石化、医疗、机械、钢铁和食品行业的应用范围也越来越广。

近年来，我国汽车行业发展很快。目前，激光焊接生产线已大规模出现在汽车制造业，成为汽车制造业突出的成就之一。从车顶、车身及覆盖件、侧框、齿轮及传动部件、发动机上传感器等大多数钢板组合件，到铝合金车身骨架、塑料件方面应用激光焊接技术，大大提高了焊接质量和生产效率。

激光焊接应用于汽车车身成为一种发展趋势。采用激光焊接不仅可以降低车身重量、提高车身的装配精度，还能大大加强车身的强度。如激光拼焊技术广泛应用于汽车车身焊接中，根据车身不同部位的要求将不同厚度、不同材质、不同涂层的金属板材拼焊在一起，整体冲压成形，既提高了车身强度，又减轻了整车重量。再者，激光焊接速度快，变形小，省去了二次加工。

一辆汽车的车身和底盘由 300 种以上的零件组成，采用激光焊接几乎可以把所有不同厚度、牌号、种类、等级的材料焊接在一起，制成各种形状的零件，大大提高了汽车设计的灵活性。

应用于车身的激光焊接主要分为两种方式：一种为熔焊，不需要填充物质，激光直接作用在工件表面上进行焊接；另一种为填充焊，即通常所说的钎焊，主要应用于汽车顶盖的焊接。由于汽车车身钢板比较厚，一般采用激光熔深焊接。汽车顶盖钢板比较薄，一般采用激光填充焊接，它是利用激光将焊丝（一般为铜硅合金）熔化并填充到顶盖与侧围车身的缝隙中，不但起连接的作用，还可以进行密封。

激光焊接可满足安全气囊对接缝的密封性的特殊要求。高度自动化的焊接方法减少了安全气囊的加工工时和工序，可以大大降低生产气囊的成本。

汽车齿轮采用激光焊接取代电阻焊、感应焊、电子束焊等工艺方法是一个发展趋势。它可提高质量，降低成本，且无需在真空中进行，避免了焊接变形。焊缝深宽比高达 10：1，焊缝质量相当或优于母材，保证齿轮可以传递较大的转矩。

激光焊接由于采用计算机控制，所以具有较强的灵活和机动性，可以对形状特殊的门板、挡板、齿轮、仪表板等零部件进行焊接。

5.4.2 激光焊接设备

5.4.2.1 激光焊接设备分类

激光焊接设备按工作物质可分为气体激光焊接设备和固体激光焊接设备；按工作方式可分为连续激光焊接设备和脉冲激光焊接设备。

(1) 气体激光焊接设备

主要采用 CO_2 激光器，其特点如下。

① 功率高：最大连续输出功率可达几十千瓦。

② 效率高：比其他加工用激光器的效率高得多。

③ 光束质量好：输出模式较好且较稳定。

(2) 固体激光焊接设备

主要采用 Nd:YAG 激光器，它具有许多不同于 CO_2 激光器的良好性能，主要优点如下。

① 输出的波长为 $1.06\mu m$，比 CO_2 激光器小一个数量级，因而使其与金属的耦合效率高、加工性能良好（1 台 800W 的 Nd:YAG 激光器的有效功率相当于 3kW 的 CO_2 激光器）。

② Nd:YAG 激光器能与光纤耦合，借助时间分割和功率分割多路系统能方便地将一束激光传输给多个工位或远距离工位，便于实现激光加工柔性化。

③ Nd:YAG 激光器能以脉冲和连续两种方式工作，其脉冲输出可通过调 Q 和锁模技术获得短脉冲及超短脉冲，从而使其加工范围比 CO_2 激光器更大。

④ Nd:YAG 激光器结构紧凑、重量轻、使用简便可靠、维修要求较低。

Nd:YAG 激光器的主要缺点如下。

① 转换效率较低，比 CO_2 激光器的效率约低一个数量级。

② Nd:YAG 激光器在工作过程中存在内部温度梯度，因而会引起热透镜效应，限制了 Nd:YAG 激光器平均功率和光束质量的进一步提高。

③ Nd:YAG 激光器每瓦输出的功率成本费比 CO_2 激光器高。

(3) 连续激光焊接设备

连续激光焊机，特别是高功率连续激光焊机可用于形成连续焊缝及厚板的深熔焊，焊缝成形主要取决于激光功率和焊接速度。

(4) 脉冲激光焊接设备

小功率脉冲激光焊接设备适合于微型、精密件的焊接，丝与丝、丝与板（或薄膜）之间的点焊，特别是微米级细丝的点焊。

5.4.2.2 激光焊接设备的基本结构

激光焊接设备主要由激光器、光学传输系统、气源、电气系统、工作台、控制系统等组成。激光器是激光焊机的核心部件，用于发出激光束；光学传输系统用于聚焦和把激光束传输到工件上；气源作为工作介质起到保护焊缝、吹散等离子云、增加熔深的作用；电气系统保证激光器的稳定运行；工作台可供安放工件实现焊接；控制系统对焊接参数进行实时显示、控制、调整、报警。

5.4.2.3　焊接用激光器的特点

焊接用激光器的特点如表 5-8～表 5-10 所示。

表 5-8　焊接用激光器的特点

激光器	波长/μm	工作方式	重复频率/Hz	输出功率 能量范围	主要用途
红宝石激光器	0.6943	脉冲	0～1	1～100J	点焊、打孔
钕玻璃激光器	1.06	脉冲	0～1/10	1～100J	点焊、打孔
Nd:YAG 激光器	1.06	脉冲 连续	0～400	1～100J 0～2kW	点焊、打孔 焊接、切割、表面处理
封闭式 CO_2 激光器	10.6	连续	—	0～1kW	焊焊、切割、表面处理
横流式 CO_2 激光器	10.6	连续	—	0～25kW	焊接、表面处理
快速轴流式 CO_2 激光器	10.6	连续、脉冲	0～5000	0～6kW	焊接、切割

表 5-9　不同 CO_2 激光器的性能特征

性能	低速轴流型	高速轴流型	横流型	封闭型
优点	可获得稳定单模	小型高输出,易维修,可获得单模及多模	易获得高输出功率	—
缺点	尺寸庞大,维修难	压气机稳定性要求高,气耗量大	只能获得多模,效率低	输出功率低
气流速度/$m \cdot s^{-1}$	1	500	10～100	0
气体压力/kPa	0.66～2.67	6.66	100 13.33	5～10 0.66～1.33
单位长度输出 功率/$W \cdot m^{-1}$	50～100	1000	5000	50
商品输出功率/W	1000	5000	15000	100

表 5-10　Nd:YAG 激光器和 CO_2 激光器特性的比较

激光种类	波长/μm	焊料表面反射率	焊剂吸收能力	电路板吸收能力	传输系统	聚光系统材料
Nd:YAG	1.06	小	大	小	石英光纤	石英、玻璃、光学玻璃
CO_2	10.6	大	小	大	反射镜	ZnSe、Ge、CaAs

激光焊接设备正朝着智能化柔性加工、提高焊接精度、提高生产效率、提高产品质量、降低生产成本的方向发展。多工位、多功能的激光复合焊接和光纤远程焊接设备正广泛应用于工业生产。

5.5　激光焊接的优点和局限性

与其他焊接相比，激光焊接既有优点也存在不足之处。

5.5.1　激光焊接的优点

① 激光聚焦后，功率密度高，高功率低阶模激光经聚焦后，其焦斑直径很小，功率

密度达 $10^6 \sim 10^8\,\text{W/cm}^2$，比电弧高出几个数量级。几种主要焊接方法的功率密度对比如表 5-11 所示。

表 5-11　几种主要焊接方法的功率密度对比

焊接方法	电弧焊	等离子体焊	激光或电子束焊
功率密度/W·cm^{-2}	$5 \times (10^2 \sim 10^4)$	$5 \times (10^2 \sim 10^6)$	$10^6 \sim 10^8$

② 激光焊接速度快、深度大、变形小。由于功率密度大，激光焊接过程中，在金属材料上生成小孔，激光能量通过小孔往工件的深部传输，而较少横向扩散，因而在激光束一次扫描过程中，材料熔合的深度大，焊接速度快，单位时间焊合的面积大。

③ 焊接深宽比大，比能小，热影响区小，焊接变形小，特别适于精密、热敏感部件的焊接，可免去焊后矫形及二次加工。

④ 能在室温或特殊的条件下进行焊接，焊接设备简单。例如，激光通过电磁场，光束不会偏移；激光在真空、空气及某种气体环境中均能进行焊接，并能通过玻璃等对光束透明的材料进行焊接。

⑤ 可焊接难熔材料，如钛、石英等，并能对不同性质的材料进行焊接，如将铜和钽两种性质截然不同的金属焊接在一起，效果良好。

⑥ 可进行微型焊接。激光束经聚焦后可获得很小的光斑，且能精密定位，可应用于大批量自动化生产的微、小型元件的组焊中。不仅生产效率大大提高，且热影响区小、焊点无污染，大大提高了焊接的质量。

⑦ 可焊接难以接近的部位，施行非接触远距离焊接，具有很大的灵活性。尤其是近几年来，在 Nd:YAG 激光加工技术中采用了光纤传输技术，使激光焊接技术获得了更为广泛的推广与应用。

⑧ 一般不加填充金属。如用惰性气体充分保护，则焊缝不受大气污染。

⑨ 焊接系统有高度的柔性，易于实现自动化。

⑩ 激光焊接在很多方面与电子束焊接类似，其焊接质量略逊于电子束焊，但电子束只能在真空中传输，所以焊接只能在真空中进行。而激光焊接技术可以在更为广泛的工作环境中应用。

5.5.2　激光焊接的局限性

① 要求被焊接件具有高的装配精度，原始装配精度不能因焊接过程热变形而改变，且光斑应严格沿待焊缝隙扫描，而不能有明显的偏移。这是由于激光光斑小、焊缝窄、不加填充金属，如果装配精度差，光斑偏离待焊缝隙，将造成严重的焊接缺陷。激光焊接时，焊件装配精度和光斑移动精度均应达到 0.1mm 精度级，一般焊接难以满足这个要求，但对于圆柱体工件的环缝焊接，上述要求则容易保证，因而应用较多。

② 激光器及焊接系统的成本较高，一次投资较大。

③ 受熔深限制激光焊接不适宜焊接较厚材料。

第6章

激光表面改性技术

近十几年来，随着大功率激光器件的研究，特别是大功率 CO_2 激光技术的迅速发展，材料的激光表面改性技术也得到长足的进步。激光表面改性技术是采用大功率密度的激光束，以非接触的方式对金属表面进行表面处理，在材料的表面形成一定厚度的处理层，从而改变材料表面的结构，获得理想的性能。激光材料表面处理可以显著地提高材料的硬度、强度、耐磨性、耐蚀性等一系列性能，从而大大地延长产品的使用寿命和降低成本。激光表面改性在实际的应用中所显示的独特的优越性，使其在工业生产上得到了广泛的应用。

6.1 激光表面改性的特点与分类

6.1.1 激光表面改性的特点

激光表面改性技术与常规的材料表面处理技术相比，有着自己独特的优势，其主要特点如下。

(1) 加热快，具有很强的自淬火作用

用于材料表面改性的激光束一般能量密度都很高，聚焦性好，其功率密度可以集中到 $10^6 \, W/cm^2$ 以上，能在 $0.001 \sim 0.01s$ 内将材料的表面加热到 $1000 \, ℃$ 以上。当激光束离开加热区后，因热传导作用，周围冷的基体金属对加热区起到冷却剂的作用而获得自淬火效果，冷却速度可达 $10^4 \, ℃/s$ 以上。激光自淬火可以获得比感应、火焰、炉中加热冷却淬火要细得多的组织结构，因而具有更高的表面性能，硬度比常规淬火提高 $15\% \sim 20\%$，铸铁经淬火后耐磨性可提高 $3 \sim 4$ 倍。

(2) 材料变形小，表面光洁，不用后续加工

激光加热时聚焦于材料表面，加热快而自淬火，无大量余热排放，因此应力应变小，材料表面氧化及脱碳作用较少，工件变形小，处理后表面光洁，省去处理后校形及精加工工序直接投入使用，具有很高的经济价值。

(3) 可以实现形状复杂的零件的局部表面处理

许多零件需要耐热、耐蚀、耐腐的工作表面仅局限于某一局部区域，如轴类零件的耐磨损限于颈部。而一般的热处理方法难于做到局部处理，只好整体处理，所以合金用量大，限制了许多性能优良的贵重金属（如钴、铬、钨等）的应用。激光合金化可做到局部表面涂敷合金化，可在廉价的基材（如铸铁、低碳钢等）上产生高性能的合金化表面。

(4) 激光表面改性通用性强

对于感应、火焰加热难于实现的深窄沟槽、拐角、盲孔、深孔、齿轮牙等表面的处理，可以用激光表面处理的手段达到。而且，激光有一定的聚焦深度，离焦量在适当范围的功率密度相差不大，可以处理不规则或不平整表面。

(5) 无污染，安全可靠，热源干净

不需加热或冷却介质，无环境污染，安全保护也较容易。

(6) 操作简单，效率高

激光有良好的距离能量传输性能，激光器不一定要靠近工件，更适合自动化控制的高效流水线生产。

6.1.2 激光表面改性的分类

根据激光加热和处理工艺方法的特征，激光表面强化方法的种类很多，图6-1列出了典型的几种。

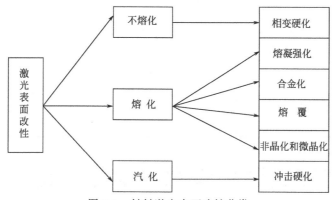

图 6-1 材料激光表面改性分类

(1) 相变硬化

激光束照射材料表面，使材料表面被快速加热至金属相变点以上，利用金属热导率高、传热快的特点迅速急冷，奥氏体转变成细小的马氏体组织，同时在硬化层内残留有相当大的压应力，使材料表面硬化，从而提高材料表面的耐磨性及使用寿命。激光相变硬化较适用于固态具有多形性转变的钢铁类材料。

(2) 熔凝强化

利用激光束快速扫描工件表面，使材料表面局部区域熔化，成为过热液相，随后借助于冷态的金属基体的热传导作用，使熔化区域快速凝固，在成核区内的组织还没来得及进一步长大之前，全部液相已经固化，在熔凝层中形成非常致密的组织，使材料的疲劳强度、耐磨性和耐蚀性得到提高。

(3) 合金化

在金属表面涂覆所需合金化涂层，用激光束将材料表层加热到熔点以上，合金元素进入材料的表层，形成（某些）要得到合金成分，以改进材料表面的化学成分和性能，使之具有与基体不同的化学成分（新的合金结构），达到强化材料表面目的，同时节省贵重的特殊材料。

(4) 熔覆

将粉末状涂覆材料预先涂覆在金属表面，用高功率密度的激光进行加热，使之与基体表面一起熔化后迅速凝固，得到成分与涂层基本一致的熔覆层。

(5) 非晶化和微晶化

在大功率密度（$10^7 \sim 10^8 \, W/cm^2$）的激光束快速照射下，基体表面产生一层薄薄的熔化层。由于基体温度低，在熔化层和基体之间产生很高的温度梯度，熔化层的冷却速度高达 10^6℃$/$s 以上，在厚度约 10μm 的表面层内形成类似玻璃状的非晶态组织或微晶组织，即形成一层釉面，使金属表面具有高度的耐磨性和耐蚀性。

(6) 冲击硬化

利用高能密度（$\geqslant 10^8$ W$/$cm^2）的激光束在极短时间（$10^{-7}\sim 10^{-6}$ s）照射金属表面，被照射的金属升华汽化而急剧膨胀，产生的应力冲击波可使金属显微组织晶格破碎，形成位错网络，从而提高材料的强度、耐疲劳等性能。

以上几种激光强化技术的共同理论基础都是激光与材料作用的规律，它们各自的特点主要表现在作用于材料的激光能量密度的不同，如表 6-1 所示。

表 6-1　各种激光强化工艺的特点

工艺方法	功率密度/W·cm^{-2}	冷却速度/℃·s^{-1}	作用时间/s	作用区深度/mm
相变硬化	$10^4\sim 10^5$	$10^4\sim 10^6$	0.01~1	0.2~1.0
熔凝强化	$10^5\sim 10^7$	$10^4\sim 10^6$	0.01~1	0.2~2.0
合金化	$10^4\sim 10^6$	$10^4\sim 10^6$	0.01~1	0.2~2.0
熔覆	$10^4\sim 10^6$	$10^4\sim 10^6$	0.01~1	0.2~1.0
非晶化和微晶化	$10^6\sim 10^{10}$	$10^6\sim 10^{10}$	$10^{-7}\sim 10^{-6}$	0.01~0.10
冲击硬化	$10^9\sim 10^{12}$	$10^4\sim 10^6$	$10^{-7}\sim 10^{-6}$	0.02~0.2

6.2　激光相变强化和激光熔凝强化

激光相变强化及熔凝强化是以高能量的激光束作用于工件，工件表面快速吸收能量，以 $10^5\sim 10^6$℃$/$s 的速度使表面温度急剧上升，而基体的冷却速度又很快（10^5℃$/$s），使激光处理具有超快速加热相变和快速熔凝的特征。并且，如果在工件承受压力的情况下，对工件进行激光表面淬火，淬火后撤去外力，则可以进一步增大残留的压应力，并大幅度提高工件的抗压和抗疲劳强度。

在激光照射下，金属材料表面的组织结构将发生明显的变化，材料的表面将出现两个典型的区域（激光相变强化）或三个典型的区域（激光熔凝强化），如图 6-2 所示。熔化区是激光熔凝强化区别于相变强化的主要特征之一，造成的原因在于辐照区激光能量的大小，照射的激光能量的增大使激光熔凝强化出现熔化区，并且照射的材料的表层深度更深。图 6-3 所示是 1018 钢在一定条件下，激光照射功率与相变强化向熔凝强化转变的关系曲线，它很好地显示了两种工艺的区别。

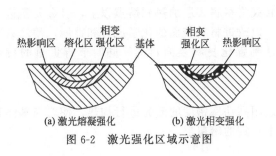

图 6-2　激光强化区域示意图

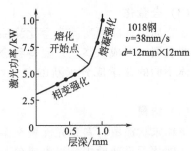

图 6-3　激光照射功率与相变强化
向熔凝强化转变的关系曲线

6.2.1 激光相变强化

6.2.1.1 激光相变强化

激光相变强化在金属的表面造成了极高的温度梯度和极快的冷却速度，在金属表面形成两个区域：相变强化区和热影响区（或回火区），各区域的层深及组织形态与金属材料的成分及温度分布曲线的斜率有关。激光相变强化的基体组织与普通淬火组织相同，为马氏体、碳化物、残余奥氏体，但是由于激光相变是在很短时间内完成的，加热区的温度梯度很大，造成它的组织非常不均匀。它包括奥氏体的不均匀性、珠光体的不均匀性（即共析钢的不均匀性）。激光相变的极大过热度使相变驱动力较大，使奥氏体中的形核数目增多，短时间内完成相变又使相变形核的临界半径很小，既可在原晶界的亚晶界形核，也可在相界面和其他晶体缺陷处形核。同时，瞬时加热后的快速冷却使超细晶奥氏体来不及长大，因而超细的晶粒度和相变组织是激光相变的必然产物，并且这些组织中保留着大量的缺陷。激光相变强化后的马氏体组织形态一般为极细的板条型马氏体和孪晶型马氏体。其中，板条型马氏体比常规热处理的多，这种马氏体组织中的位错密度相当高，且随着功率密度的增加，平均位错密度的增加，晶格边界的位错密度可达 $10^{11} \sim 10^{12}/cm^2$，在熔融区和基体之间的过渡区位错密度约 $10^9/cm^2$，这种马氏体片为位错胞状亚结构。因此，细小的组织、高度弥散分布的碳化物和大量存在的位错是激光快速加热相变的组织特征。

由于加热速度快，激光相变强化易使金属表面过热，随后冷却速度也快，故残留奥氏体量增多，碳来不及扩散使残留奥氏体中碳增加。随着奥氏体向马氏体的转变，得到高碳马氏体，从而提高了淬火硬度。激光淬火的硬度比常规热处理淬火要提高 $15\% \sim 20\%$，即使是低碳钢也能提高一定的硬度，如图 6-4 所示。

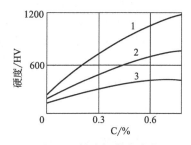

图 6-4 低碳钢激光淬火
与常规淬火硬度的比较

1—激光淬火；2—常规淬火；3—未淬火

目前，国内外学者对激光相变强化的机理尚未取得统一认识。有人认为激光相变强化是晶体缺陷密度的增大和亚晶细化的结果；也有人认为除马氏体细化外，激光淬火获得高碳的奥氏体-马氏体复合组织是激光相变强化的重要因素。激光相变强化的各种强化因素对硬度的作用如表 6-2 所示。

表 6-2 各种强化因素对硬度的定量估算

材料	硬度/HV	强化因素对硬度增值的影响/HV					
高速钢 W6Mo5Cr4V2	原：863 淬火后：1178	点阵畸变	特殊碳化物	细化晶粒	位错密度	成分不均匀	未溶碳化物
		257	87	41	−70	0	0

从表 6-2 可以看出，激光硬化的机理主要是马氏体点阵畸变，特殊碳化物的析出强化和晶粒超细化，其他强化因素对材料的硬度增加作用很小，位错密度对硬度增加起负效应（对于不同材质则其作用也不同）。

材料表面激光相变强化区的温度场及冷却速度具有梯度分布的特征，使各层峰值温度在沿层深方向上逐渐降低，而各层的冷却速度在沿层深方向上逐渐增高。图 6-5 反映了三个区域与温度分布的关系。在激光表面热处理时，正是由于温度场及冷却速度的梯度分布特征，造成了材料由表层的高硬度、硬化层到基体的明显过渡特征，在各层表现出不同的组织形貌。图 6-6 所示是 45 钢经激光热处理后的典型截面形貌，从图中明显可以看出激光处理后的组织过渡特征。

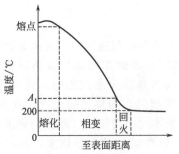

图 6-5 温度与加工区域的关系

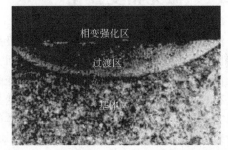

图 6-6 45 钢经激光热处理后的金相组织形貌

在相变强化区和过渡区，由于温度梯度的原因，材料由表面到基体，随着淬火层深度的增加，马氏体的形状和大小具有一定的变化规律。如图 6-7 所示，45 钢的原始组织（基体）为回火索氏体，过渡区主要由隐晶马氏体、残余奥氏体、屈氏体等组成。靠近表面为较粗大的板条状和片状马氏体，次表面的马氏体逐渐变得较细小和均匀，靠近过渡区是隐晶马氏体。具有细小的隐晶马氏体组织靠近过渡区具有最高的显微硬度，依次为次表面、表面。究其原因是由于激光热处理温度及冷却速度梯度分布造成的。在材料热处理时，加热温度越高，晶粒长大速度越快，最终形成的奥氏体晶粒尺寸越大。表面由于在激光处理时的加热温度最高，所以形成的奥氏体晶粒最粗大。在随后的快速自冷却过程中，由于冷却介质就是基体自身，所以离开基体较远的表面冷却速度相对较慢。在以上两个因素的综合作用下，表面组织在冷却以后转变为较为粗大的马氏体组织，其相应的显微硬度也较次表面略低。随着淬火层深度的增加，加热温度逐渐降低，奥氏体晶粒逐渐变细，而且次表面的冷速较大，所以在随后的冷却过程中所得到的马氏体组织将逐渐变得细小，其相应的显微硬度也较高。

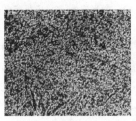
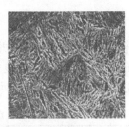
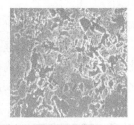

(a) 基体   (b) 表面   (c) 过渡区(×2000)

图 6-7 45 钢激光处理后由表向里的组织形貌

6.2.1.2 激光相变强化的温度场及相变强化区尺寸的计算

为了实现对激光相变强化工艺的计算机控制，早日实现应用，利用计算机对激光相变强化的温度场和硬化区进行快速计算是目前研究的重点。昆明理工大学对稳态温度场的计算公式进行快速傅里叶变换，可以迅速对温度场求解，计算速度比同精度的有限元或有限差分等纯数值计算要快两个数量级以上，计算与试验结果之间的相对误差在 10% 左右，取得良好的效果，如果能有效监测实际光束的功率密度分布，并能迅速计算激光与物质的相互热作用，对于保证激光热处理的质量有重要意义。上海海运学院采用非稳态瞬时热源解法，推导出了描述激光淬火对零件内部热循环过程及快速估算硬化层深度的近似公式，简便实用，误差较小。

在激光作用下，材料吸收激光能量的过程和随后往内部传递热能的过程应该遵守热力学的基本定律，但它明显存在自身的特殊性，例如，热过程速度极快、温度梯度大、激光束斑的功率密度分布不均匀而且随时间还会发生变化；激光作用又有连续和脉冲两种方式，在激光作用过程中材料对激光的吸收率以及一些热力学参数随温度变化而变化等。在激光作用下，不同材料本身的组织、结构、成分及其在热作用过程中的变化规律存在很大的差异。因此，激光与材料相互作用过程是一个非常复杂的问题，许多计算方法及其推导出的公式都是在一定限定条件下适用的。目前，激光相变强化的计算机控制主要解决两个问题：快速计算；减少计算与实际应用中的误差。完全实现激光相变强化的计算机控制还有一段距离。

6.2.1.3 影响激光相变强化效果的因素

激光淬火的效果一般常用硬化带的宏观特征来判断，宏观特征主要包括硬化层深度、均匀性、硬度值等。激光淬火的效果不仅受到激光淬火工艺的影响，也取决于金属材料本身的特征，即材料的相变温度及材料内部质量，热量传递特性和材料内部的温度分布与材料热学特性有关，而材料的组织特征是尤为重要的因素。张光钧等人在对45钢的原始组织与激光相变强化效果的关系研究中，分别比较了45钢不同原始组织（包括淬火＋低温回火、淬火＋中温回火、淬火＋高温回火等）对材料激光相变强化梯度组织及显微硬度的影响，研究发现，原始组织越细小弥散，成分越均匀，缺陷密度越高，材料的临界硬化温度越低，对激光相变强化越有利；在同一激光处理工艺参数条件下，五种原始状态中，淬火＋高温回火（调质）具有最佳的相变强化效果，在该组织的激光相变强化区中测得的峰值硬度最高达到976.6HV。

激光处理的工艺参数包括功率密度P、扫描速度v、离焦量L（或光斑直径D）等，一般情况硬化层深度与激光功率成比例关系。当功率一定时，硬化层深度随光束直径或扫描速度的减小而增加。在激光处理时，以上各工艺参数之间是相互联系、相互影响的，且关系十分复杂。但在材料一定的情况下，影响材料表面加热温度、冷却速度及热影响区大小等的主要因素是单位时间、单位面积内材料吸收的热量。

刘怀喜等人提出了一个综合工艺参数，单位时间、单位面积内吸收的热量q是综合考虑激光功率P（单位时间输出的能量）、光斑直径D、扫描速度v（单位时间光斑移动的距离）的因素，它们的相互关系近似为$q=P/(Dv)$（J/mm^2），将光斑所移动区域简化为矩形。同时还研究了单位时间、单位面积内吸收的热量q与显微硬度（HV）值及淬硬层厚度（t）的关系。在对铸铁和45钢的激光表面淬火时，综合工艺参数q的提出取得了比较满意的结果，它们的相互关系需要验证和完善。

激光相变强化的效果还要受金属对激光能量吸收率的影响。不同种类的金属及合金对激光能量的吸收率不同，而且激光的波长不同也影响着金属对激光能量的吸收。为了提高金属对激光的吸收率，需要采取对金属表面进行预处理，使金属表面粗糙或黑化。

6.2.2　激光熔凝强化

激光熔凝过程是一个熔化、结晶的过程，其结晶过程完全符合快速熔凝的基本理论，可以获得很多非平衡组织，包括过饱和固溶体、新的非平衡相和非晶相。激光熔凝强化的组织特征在三个区域即熔化区、相变强化区及热影响区中存在。与相变强化相同，快速加热、高速冷却极易在冷却时的固、液界面出现非平衡现象，使熔化的金属（高温组织）来不及发生相变而被保留下来，或者得到极细的结晶组织。

在固态下不存在相的转变的材料（如铝合金等）是无法通过相变硬化手段来达到强化的效果，一般采用激光熔凝的方法进行强化，它主要是依靠固溶强化和冷作硬化来提高强度。如铝-硅系合金（铸造铝合金）一般采用激光重熔硬化处理进行强化，强化效果十分显著。这主要与铸造铝合金中硅的含量关系很大，亚共晶铝硅合金的硬度在经激光重熔后可以提高

20％～30％，其耐磨性提高一倍；而共晶铝硅合金的硬度可以提高 50％～100％；过共晶铝硅合金的硬度可以增加一倍以上。从组织角度来讲，一方面，激光重熔处理可以使铝枝晶和共晶组织得到显著细化；另一方面，激光照射后的快速冷却，使 α-Al 固溶体中 Si 的溶解度大幅度提高，这两方面的因素共同作用使铝硅合金提高了硬度和耐磨性。ZL108 合金组织属典型的金属-非金属共晶组织，通过激光重熔处理后，显微组织从初始的在 Al 基体上紊乱分布着 Si 的枝晶变成了细小的 Al-Si 共晶包围着 α-Al 基固溶体枝晶的亚共晶组织，图 6-8 所示为 ZL108 合金激光重熔前后的组织比较。

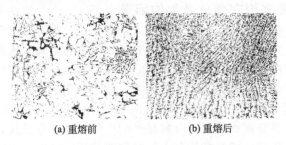

(a) 重熔前　　　　　　　(b) 重熔后

图 6-8　ZL108 合金激光重熔前后的组织比较

6.2.3　激光表面强化中碳及合金元素的影响

6.2.3.1　含碳量的影响

激光强化过程中，金属材料（以钢为例）的含碳量及合金元素对处理后的效果有着十分重要的影响。钢的淬硬性是指在正常淬火条件下，以超过临界冷却速度所形成的马氏体组织能够达到的最高硬度。淬硬性主要与钢中的含碳量（特别是淬火加热时固溶在钢的奥氏体中的含碳量）有关，奥氏体中碳的含量越高，淬火后的马氏体的含量就越多，相应的硬度就越高。图 6-9 所示为激光热处理时钢中含碳量对硬度的影响，由图可知，在相同激光处理工艺参数下，提高钢中的含碳量可以明显提高其硬度。但在热处理时，钢的含碳量对淬火的淬硬层深度影响不大，这主要是由于钢在激光热处理过程中，经过高速加热和快速冷却后，在材料的内部产生了热应力和组织应力所造成的。热应力对强度的作用对各种钢来说大致是相同的；而组织应力却不同，它所引起的强化是随着钢的含碳量的增加而增加的，亦即马氏体组织的含量的增多。因此，在激光辐照作用下，钢的强度提高主要归结于处理过程中高组织应力的产生。

6.2.3.2　合金元素的影响

合金元素在激光强化过程中对淬硬性的影响很小，它主要影响钢的淬透深度，并对表层组织硬度的均匀性起到一定的作用。大部分合金元素（除钴和铝外）在加热溶于奥氏体时，均会增加过冷奥氏体的稳定性，使等温转变曲线（C 曲线）向右移动，这样就减小了临界冷却速度，特别是当含碳量不高时这种效果更加明显。临界冷却速度的减小，使奥氏体在随后的冷却过程中转变为珠光体的速度减缓，降低形核与长大的速度，从而提高了钢的淬硬性，合金元素对临界冷却速度的影响如图 6-10 所示。在常用合金元素中，从提高钢淬透性角度，锰的效果最佳，其次为钼、铬、铝、硅、镍；与其他合金元素不同，钴是增加钢的临界冷却速度，降低淬火效果。当同时加入多种合金元素时，由于相互激发的效应可以大大降低临界冷却速度，而使钢的淬透性得到显著提高，至于封闭奥氏体区的一些强碳化物形成元素如钛、锆、钒等，在一定的成分含量范围内，只有当它们在淬火加热时完全溶入奥氏体中才能降低钢的临界冷却速度，从而增加钢的淬透性。如果这些合金元素加入量超出某一数量，反而增加临界冷却速度，使钢的淬透性下降。

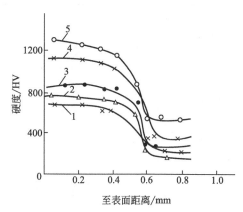

图 6-9 激光热处理时钢中含碳量对硬度的影响
1—20 钢；2—45 钢；3—T8 钢；4—T10 钢；5—T12 钢

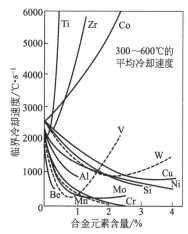

图 6-10 合金元素对临界冷却速度的影响

6.2.4 激光表面强化工艺

6.2.4.1 材料表面的"黑化"处理

激光表面固态相变硬化处理的零件，一般其表面粗糙度很小，精度较高，淬火后即可直接装配使用。所使用的设备是波长最长的 CO_2 激光器，硬化工艺是在低于材料熔点的条件下进行的。这些都导致辐照时材料对激光的反射率很高，一般可以达到 80%～90% 以上，即绝大部分的光能被反射而损失，只有百分之几的输出功率被金属吸收。为了提高材料对激光吸收的效率，在激光热处理之前，必须对材料的表面进行处理以改善其对激光的吸收能力，通常将提高材料表面吸收率的表面处理方法统称为"黑化"处理。"黑化"处理就是运用物理或化学的方法在金属表面上涂、镀或沉积一薄层对激光吸收率高的涂层。经过"黑化"处理后的金属，其表面对光的吸收率可提高到 80%～90% 以上。"黑化"处理时对吸收涂层的性能要求如下。

① 对进行热处理波长激光的吸收率要高。

② 具有很高的化学稳定性，不易在升温时过早地分解或挥发。

③ 容易和工件表面黏附，并容易施涂和清除，厚度可控制。

④ 不与工件表面发生化学反应。

⑤ 导热性好，易于向工件传热。

⑥ 价廉，无毒，无害。

在进行"黑化"处理前，零件一定要清洗干净，去除污垢、油渍和锈渍。常用的"黑化"处理方法有以下几种。

① 涂激光热处理涂料　国内广泛使用的涂料主要是以炭黑、SiO_2、滑石粉等为骨料，掺加一定比例的黏结剂和稀释剂。

② 磷化法　磷化处理的工艺过程见表 6-3，它通常是在浓度为 20% 的酸式磷酸锰溶液中加少量的 MnO_2，加热到 80～100℃，然后将被处理的零件放入溶液中煮 5～10min，冲净和吹干后，即可在零件表面覆上一层很薄的稀松而均匀的灰黑色磷酸锰沉积层。

③ NaOH 氧化法　将氢氧化钠、亚硝酸钠、含结晶水的磷酸三钠及水按一定比例配制成溶液，加热至 140～148℃ 沸腾，加入少量的铁粉后继续加热到溶液中含有铁离子，将零件放入溶液中，加热 35min 左右后，冲净、吹干便可使零件表面得到黑色的氧化薄膜。

表 6-3　磷化处理的工艺过程

序号	工序	溶液	工艺条件		备注
			温度/℃	时间/s	
1	化学脱脂	Na_3PO_4，Na_2CO_3，NaOH，$NaSiO_3$，水	80～90	3～5	脱脂槽蛇形管蒸汽加热
2	清洗	清水	室温	2	冷水槽
3	酸性除锈	硫酸或盐酸加水稀释	室温	2～3	酸洗槽
4	清洗	清水	室温或 30～40	2～3	清水槽
5	中和处理	碳酸钠＋肥皂＋水	50～60	2～3	中和槽
6	清洗	清水	室温	2	清水槽
7	磷化处理	磷酸＋碳酸锰＋硝酸锌＋水	60～70	5	磷酸槽蛇形管蒸汽加热

磷化后的表面可吸收约 88％的 CO_2 激光，但工序繁多，不易清除，并且易造成硬化层的晶间裂纹；而 SiO_2 胶体涂料的光热转换效率优于磷化膜，淬硬层质量也优于磷化膜，SiO_2 胶体涂料工艺过程简单，无环境污染，灵活性强。

吸收涂层在材料的激光热处理中起着十分重要的作用，这方面的研究也是目前的热点，已取得了不少成果。近年来，上海工程技术大学以光热转换材料（简称吸收涂层）的光谱发射率及激光相变硬化区面积为依据，研制出以金属氧化物为主的混合氧化物的新型光热转换材料。该材料对 CO_2 激光的吸收率达 90％以上，具有工艺性能良好、干燥快、无刺激性气味和激光处理过程中无反喷等优点，具有较好的推广应用价值。激光相变硬化的工业应用离不开光热转换材料，如何保证大批量工业应用过程中涂覆光热转换材料的稳定性、均匀性及可检测性，并进一步降低生产成本，是目前研究工作的重点。

6.2.4.2　激光表面强化的工艺参数制定

工艺参数主要包括激光器输出功率 P、激光束在工件表面的光斑大小 D、激光束在工件表面的扫描速度 v 以及工件表面处理状况等。激光淬火后的硬化深度 H 与工艺参数的关系可用式（6-1）表示：

$$H \propto P/(Dv) \tag{6-1}$$

而激光功率密度 W 与输出功率 P 和光斑面积 S 的关系可用式（6-2）表示：

$$W = P/S \tag{6-2}$$

作用于金属表面的激光功率密度和照射时间是影响表面淬火质量的决定性因素。激光功率密度 W 决定于激光束输出的功率 P 和由离焦点距离所决定的光斑面积 S。因此，在确定工艺参数时，应考虑被加工零件的材料特性、使用条件、服役工况以及要求淬硬层深度、宽度、硬度等因素，并由此考虑选用宽带、窄带、多模、单模以及扫描形式等因素。在上述诸因素确定后，只需调整激光功率、扫描速度和焦点位置即可实现表面改性的目的。

6.2.4.3　连续 CO_2 激光改性工艺

目前，国内外激光热处理主要采用连续大功率 CO_2 激光器，处理较大面积的工件。连续激光强化处理过程的工艺参数是尺寸参数（扫描宽度、强化区面积、强化层深度）和加工表面粗糙度。这些参数是由激光功率密度、扫描速度、材料的种类、表面涂层特性等决定的。并且这些特性决定着激光作用区的热学特性，也包括被处理工件的尺寸和几何形状的影响。各种参数的关系如图 6-11 及表 6-4 所示。

目前，采用 CO_2 激光进行熔凝和相变硬化的工件厚度都大于 5mm，对于 5mm 以下的薄板依然存在比较严重的变形问题，CO_2 激光熔凝和相变硬化处理过程中涉及温度场、浓度场和应力场变化等基础问题依然很不清楚，这些都是需要研究和解决的问题。

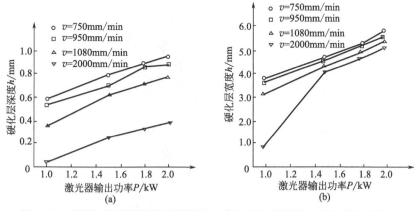

图 6-11　不同扫描速度下激光器输出功率与硬化层深度、宽度的关系曲线

表 6-4　常用典型材料的激光淬火工艺参数

材料	功率密度 /kW·cm^{-2}	功率 /W	涂层	扫描速度 /mm·s^{-1}	硬化深度 /mm	硬度/HV	组织
45	2	1000	磷化	14.7	0.45	770.8	细针 M
T10A	3.4	1200	碳素墨汁	10.9	0.38	926	隐针 M
GCr15	3.4	1200	碳素墨汁	19	0.45	941	隐针 M
40CrNiMoA	2	1000	石墨	14.7	0.29	617.5	隐针 M+合金碳化物
T20	4.4	700	碳素墨汁	19	0.3	476.8	板条 M+少量针状 M
灰铸铁	2	1000	碳素墨汁	14.7	0.29	678	片状石墨+隐针 M+针状 M

6.2.4.4　脉冲激光改性工艺

脉冲激光具有功率密度高、加热速度更快、工件基体受热量很小、自冷却速度快、组织细化、使工件具有更高的硬度及变形小等特点。与连续 CO_2、Nd：YAG 激光器相比，脉冲激光在用于局部小面积热处理方面，具有硬度高、过渡层薄等更好的热处理性能。并且由于脉冲激光加热和冷却时间极短，在加工表面不会出现氧化和脱碳现象。

脉冲激光淬火与连续激光淬火的工艺过程基本上是相同的，其主要的区别是脉冲激光作用在工件表面的硬化带是由不连续的光斑组成的。不同工作要求相邻硬化斑有不同的重叠方式。图 6-12 说明了各种硬化斑重叠方式的特征，这些特性可使用有关几何参数和重叠系数来描述。

影响脉冲激光淬火的工艺参数主要包括尺寸参数（单个硬化斑尺寸、硬化带宽度、硬化层深度）和激光能量参数（激光能量、光斑直径、能量密度、脉冲宽度和脉冲频率）。

使用脉冲激光淬火的工件表面，由于出现相邻硬化斑的重叠，硬化区的显微组织具有"鳞片状"特征。主要是由于后面的脉冲激光作用区对前面已完成脉冲淬火的硬化斑的重叠区域进行了重新加热，其加热温度超过 A_{C1}（相变温度）的部位将重新硬化，而低于 A_{C1} 温度的部位被回火软化，其组织耐蚀性差。

目前，用于激光熔凝和相变硬化的脉冲激光器主要包括钕玻璃激光器、脉冲红宝石激光器、脉冲 Nd：YAG 激光器、脉冲准分子激光器（XeCl、KrF 等）、脉冲氩离子激光器和脉冲 TEA CO_2 激光器等几类。脉冲激光熔凝和相变硬化处理涉及材料的种类很多，包括各种钢（高速工具钢、碳素工具钢、冷作模具钢、结构钢、不锈钢、高温合金、硬质合金等）、

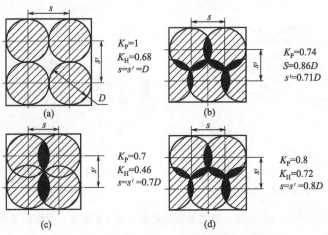

图 6-12　脉冲激光淬火硬化斑重叠图形（圆形斑）

有色金属及其合金（镁、铝、钛及合金）和铸铁（合金铸铁、球墨铸铁）等。

随着激光技术的快速发展，脉冲激光的单脉冲持续时间由毫秒、纳秒逐步向皮秒、飞秒发展，利用超快脉冲激光对材料进行热处理成为发展的方向，加热理论及对材料组织结构和性能的影响的研究仍在进行中。

6.2.5　激光表面强化实例

激光热处理解决了传统热处理无法解决的技术难题，大功率 CO_2 激光器的出现，使激光可以实现各种形式的表面处理，其涉及的领域包括汽车、冶金、石油、机械、航空及航天等行业，取得了巨大的经济效益。

① 美国通用汽车公司 1974 年首次将 CO_2 激光器用于激光热处理，采用 5 台 500W 和 12 台 1000W 的 CO_2 激光设备，先后建立了 17 条激光热处理生产线，对换向器壳内壁进行激光热处理，每天处理 3.3 万件，每件处理时间 18s，耐磨性提高 9 倍，提高工效 4 倍。

② 武汉华工激光工程有限责任公司研究开发了 HGL-JKR5130 多功能激光加工成套设备（图 6-13），该设备采用 5kW 连续横流 CO_2 激光器，数控系统采用五轴四联动系统，主机采用拥有悬臂式结构和特殊设计的高精度飞行光路系统及光头摆动机构，可实现柔性加工。该设备能进行激光相变淬火、熔凝淬火、熔覆与合金化及退火加工。该设备能处理轴类、盘类、平面类、齿槽类等大型零件，可以提高钢铁表面的硬度、耐磨性、耐蚀性、强度及高温性能，同时保持较好的韧性。加工轴类工件最大尺寸为 ϕ2000mm，最大长度为 5500mm。该设备广泛适用于加工轧辊、导卫、剪刀板、曲轴、轴承座、大型模具和齿轮等易损零件的表面强化和修复，也适用于机械制造和修理行业的工件表面强化和修复加工及模具修复加工。该系列设备已用于涟钢、川威钢厂、鞍钢和文冲船厂、河南中原华工激光等单位。

③ 由外径 ϕ366mm、长 645mm、壁厚 9mm 的筒式孔模与筒式针模组成的邮票打孔器，分布有 25000 个直径为 0.89mm 的孔和针，材料为中碳钢，要求径向误差不超过 0.05mm，采用常规热处理无法满足要求。采用激光对打孔器孔模周围孔刃进行表面淬火，硬度由 18HRC 提高到 70HRC，淬火层的深度达到 0.10～0.50mm，淬火后几乎没有变形，并且使用寿命超过 1000 万张，远远超过原来国产打孔器 50 万张的使用寿命。

④ 东华大学和中科院上海光学精密机械研究所利用紫外准分子激光对聚酯织物进行照射处理。处理后发现，准分子激光处理使 PET 纤维表面形成垂直于纤维轴向的周期性起伏

图 6-13　大型激光表面强化设备在涟钢、攀钢工作现场

结构，使 PET 织物在处理后的抗静电能力明显增强，获得阳离子染料可染性，分散染料染色色泽增浓；在激光照射引发接枝方面，建立了准分子激光照射 PET 材料表面引发接枝改性的方法，接枝以后 PET 织物和薄膜表面亲水性明显提高，织物的水滴渗透时间由 20min 以上缩短到 19s 左右；薄膜的水接触角由 78°左右降低至 45°。总而言之，准分子激光处理后的 PET 织物分散染料染色色泽明显增浓，并且应用常规的分散染料染色工艺就可以得到常规染色过程无法染得的浓色，因而可减少分散染料的用量，降低染色残液中染料的含量，减轻废水处理的压力，具有相当好的环境保护性。

激光表面热处理在生产中的应用见表 6-5。

表 6-5　激光表面热处理在生产中的应用

零件名称	应用单位	激光设备	应用
大型增压柴油机汽缸套(灰铸铁)	通用汽车	5 台 5kW 的 CO_2 激光器	15min 处理一件，提高了耐磨性
汽车阀座、曲轴活塞环、齿轮等	通用汽车	10kW 的 CO_2 激光处理设备	铸铁阀座 1 只/6s；活塞环 1 只/60s；曲轴 70 根/h；40 钢轴硬化 25.4mm/min
汽车缸套	意大利 FIAT	3.5kW 激光处理设备	1 件/21s
汽车与拖拉机缸套	西安内燃机配件厂	国产 1～2kW 的 CO_2 激光处理设备	提高使用寿命 40%，汽车缸套大修达 30 万公里，拖拉机缸套使用寿命 8000h 以上
汽车转向机导管内壁	福特公司	3 台 2kW 的 CO_2 激光器/生产线	每天淬火 600 个，耐磨性提高 3 倍
2-351 组合机镶钢导轨	一汽	2kW 的 CO_2 激光处理设备	耐磨性、硬度远高于高频淬火效果
柴油机汽缸孔	青岛激光加工中心	3kW 横流 CO_2 激光处理器	可取代硼缸套，耐磨性优良
硅钢片模具	天津渤海无线电厂	1.5kW 横流 CO_2 激光器	耐磨性提高，使用寿命提高 10 倍

6.3 激光表面熔覆及合金化

激光硬化可以显著提高组织的显微硬度、耐磨性和耐蚀性等,但是由于激光表面硬化只能改变材料表层的组织状态,当对基材表面有特殊性能要求时,激光硬化处理就无法满足了。激光熔覆及合金化是在激光硬化的基础上发展起来的新工艺,它不仅可以改变基材表面的组织,同时还能改变基材的表面成分。激光表面熔覆与激光表面合金化的不同在于,激光表面合金化是使添加的合金元素完全和基体表面混合,而激光熔覆是预覆层全部熔化而基体表面微熔,预覆层的成分基本不变,只是使基材结合处变得稀释,这两种工艺为在各类材料生成与母材结合良好的高性能(或特殊性能)的表层提供了有效途径。

6.3.1 激光表面熔覆

激光熔覆也称激光涂覆或激光包覆,它是材料表面改性技术的一种重要方法,通过在基材表面添加熔覆材料,利用高能量密度激光束将不同成分、性能的合金与基材表层快速熔化,在基材的表面形成与基材具有完全不同成分和性能的合金层的快速凝固过程。激光熔覆层因含有不同体积分数的硬质陶瓷颗粒而具有良好的结合强度和高硬度,在提高材料的耐磨损能力方面显示了优越性。

6.3.1.1 激光表面熔覆的特点

激光表面熔覆技术是在激光束作用下,将合金粉末或陶瓷粉末与基体表面迅速加热并熔化,光束移开后自激冷却的一种表面强化方法。同其他表面强化技术相比,它具有如下特点。

① 冷却速度快。

② 热输入和畸变较小,涂层稀释率低(一般小于5%),与基体呈冶金结合。

③ 粉末选择几乎没有任何限制,特别是在低熔点金属表面熔覆高熔点合金。

④ 能进行选区熔覆,材料消耗少,具有卓越的性能价格比。

⑤ 光束瞄准可以使难以接近的区域熔覆。

6.3.1.2 激光表面熔覆的工艺流程及工艺参数

(1) 工艺流程

依据合金供应方式的不同可将激光熔覆分为两大类:预置式涂层法和同步式送粉法(图6-14)。

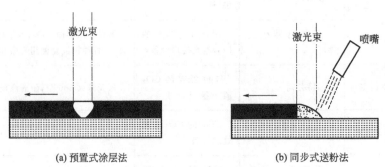

(a) 预置式涂层法   (b) 同步式送粉法

图6-14 激光表面熔覆

预置式涂层法是先将粉末与黏结剂混合后以某种方法预先均匀涂覆在基体表面,然后采用激光束对合金涂覆层表面进行照射,涂覆层表面吸收激光能量使温度升高并熔化,同时通过热量传递使基材表面熔化,熔化的金属快速凝固在基材表面形成冶金结合的合金熔覆层。

粉末、丝材及板材都可以成为激光熔覆的涂层材料，不同状态的材料，预置的方法不同。对于粉末类合金材料，主要采用热喷涂或黏结等方法进行预置。热喷涂的效率高，可以获得大面积涂层，涂层材料基本不受污染，涂层厚度均匀且与基材结合牢固，在激光熔覆中不剥落。不足之处在于粉末利用率较低，需要专门的设备和技术。黏结法是将粉末与黏结剂调和成膏状，涂在熔覆基材的表面，该方法效率低，易对熔覆层合金造成污染和气孔等缺陷，并且难于获得大面积的厚度均匀的涂层，在实际中应用很少。对于丝类合金材料，既可以采用专门的热喷涂设备进行喷涂沉积，也可以采用黏结法预置。对于板类合金材料主要采用黏结法或将合金板与基材预压在一起。

预置涂层法的主要工艺流程为：基材熔覆表面预处理→预置熔覆材料→预热→激光熔化→后热处理。其中，预处理是为了去除基材熔覆部位处的油污和锈蚀；预热是为了防止基材热影响区发生比体积增大的马氏体相变而诱发覆层裂纹，减少基材与覆层之间的温差以降低覆层冷缩时所产生的应力，增加熔池寿命，有利于覆层中气泡和杂质的排出；而后热处理的目的在于消除或减少涂覆层的残余应力，消除或减少熔覆对基材产生的有害的热影响，防止可控冷淬火的基材热影响区发生马氏体转变或恢复覆层的性能等。预处理、预热和后热处理并不是必需的，可根据基材和熔覆材料的特性等情况进行调整，这对于同步送粉法同样适用。

同步送粉法是采用专门的送料系统在激光熔覆过程中将合金材料直接送入激光作用区，在激光的作用下合金材料和基体材料同时熔化，然后冷却结晶形成合金熔覆层。激光熔覆要求送粉连续、均匀和可控地把粉末送入熔区。同步送粉法工艺过程简单，合金材料利用率高，可控性好。同步送粉法的主要工艺流程为：基材熔覆表面预处理→送料激光熔化→后热处理。

在同步送粉激光熔覆系统中，送粉器是关键。送粉器根据粉末送出方式一般分为自重式、气送式或两种兼用。一种常用的刮板式送粉器如图6-15所示。电机带动平面转盘转动，使蓄料斗中的粉末流到平面转盘上，粉末在平面转盘的挡板处堆积，当堆积到一定程度时，粉末开始连续、稳定地落入送料斗。在辅助气体（氩气、氮气等）和重力的作用下，粉末经送粉管送入激光照射区，调节辅助气体的流量可以控制粉末的流速和落下的位置。

送粉的方式与粉末的利用率也有很大的关系，一般有正向和逆向送粉法两种，如图6-16所示。正向送粉法粉末流的运动方向与工件的运动方向的夹角小于90°；而逆向法的粉末运动方向与工件的运动方向的夹角大于90°。由于逆向送粉会使熔池边缘变形，导致液态金属沿表面铺开，使熔池的表面积增大，因此在相同的激光熔覆条件下，逆向法较正向法具有更高的粉末利用率。

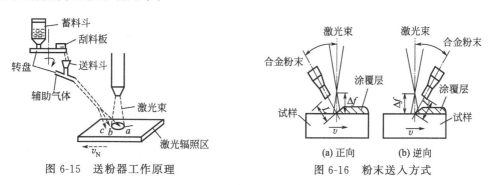

图6-15　送粉器工作原理　　　　　图6-16　粉末送入方式

同步送粉熔覆法中粉末离开喷嘴的角度、粉末材料种类及其粒度对其工艺也起着重要的作用。粉末离开喷嘴的角度直接影响着粉末流流动的平稳性，镍、铬硬质合金粉末一般采用 $40°$；较重的钴基粉末应选择更大的角度，一般为 $60°$。粉末的粒度一般选择在 $40\sim160\mu m$ 之间，在该粒度范围内的粉末具有最好的流动性，粉末粒度过细易结团，而过粗又容易堵塞喷嘴。

激光熔覆的主要目的是在廉价的金属表面形成高性能的合金层，以达到提高工件表面的耐磨性、耐蚀性及耐高温等综合性能。因此在激光熔覆中的涂覆层应最大程度地保持自身性能，即在保证与基材结合良好的情况下，最小地被基体稀释。在激光熔覆中一般使用稀释率来描述涂层成分被基材混入而引起合金成分的变化程度。稀释率 η 的计算公式用式(6-3)表示：

$$\eta = \frac{\rho_p(X_p+S-X_p)}{\rho_s(X_s-X_p+S)+\rho_p(X_p+S-X_p)} \tag{6-3}$$

式中　ρ_p——合金粉末熔化时的密度；

ρ_s——基材的密度；

X_p——合金粉末中元素 X 的质量分数；

X_p+S——涂层搭接处元素 X 的质量分数；

X_s——基材中元素 X 的质量分数。

良好的熔覆层应有良好的冶金结合，即最小的稀释率（控制在 5% 左右）和变形程度，因而要求：熔覆层与基体材料的熔点相近，以保证两者间的稀释最小；避免脆性相的形成，确保界面结合强度；材料具有一定塑性来补偿热应变，防止形成裂纹。

(2) 工艺参数

激光熔覆工艺参数不是独立地影响熔覆层宏观和微观质量，而是相互影响的，它是一个复杂的综合影响因素，工艺参数主要包括激光功率 P、扫描速度 v_s、光斑直径 D，这三个因素是决定合金熔覆层吸收能量大小的主要参数，其对激光熔覆层质量的影响也是目前开展研究最多的课题，如何评价每个工艺参数在熔覆层形成过程中的作用是熔覆层设计的关键。国内外研究者尤其是国内的研究者做了大量工作，并提出了比能量的概念。比能量 $E_s = P/(Dv_s)$，即单位面积的辐照能量，可将功率密度和扫描速度等因素综合在一起，另外还提出了质能量 P/v_g、线能量 P/v_s 等综合工艺参数。

6.3.1.3　激光熔覆过程中的物理化学现象

在激光熔覆技术中，界面起着十分重要的作用，贯穿着整个熔覆过程。首先涂层的快速熔化，与基体金属之间产生一个液-固界面，随后涂层快速冷却凝固，原来的液-固界面转化为固-固界面。两种界面的结构、行为特征对最终形成的熔覆层质量将产生很大影响。粉末涂层均匀、良好地在基体表面铺展，可以减少因熔覆层中产生孔隙而引起应力集中和裂纹的概率，并且能提高粉末的利用率。要使涂层能在基体上很好地铺展，涂层的表面张力必须小于基体的临界表面张力，通过润湿而结合的界面为原子组成物构成的犬牙交错的溶解扩散界面，其作用力在几个原子间距内。同时，在熔覆过程中发生的一系列冶金物理化学反应使涂层与基体又具有反应界面的特征，其结果是生成亚微米级的反应物层，反应物层不宜太厚，否则产生的脆性相对结合强度不利。图 6-17 是单道激光熔覆层的横截面形貌示意图，图中 θ_1、θ_2 为润湿角，H 为熔覆高度，W 为熔覆宽度。θ_1 越大，说明涂层对基体润湿性越好；θ_2 大小直接反映了基体熔化程度，θ_2 越大，基体熔化越少，当 $\theta_2 = 180°$ 时，基体熔化极少，是理想的熔覆状态；高宽比 H/W 越小，熔覆材料的铺展能力越强，熔覆材料的利用

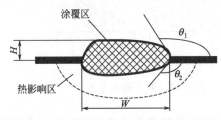

图 6-17　单道激光熔覆层横截面形貌示意图

率越高，反之粉末材料的利用率较低。

因此，在一定程度上润湿角、高宽比代表了激光熔覆涂层的熔覆行为。在激光熔覆过程中，涂层的熔覆行为既与涂层和基体材料的性质有关，也受工艺因素的影响。它们之间相互制约，对激光熔覆行为的作用复杂，只有结合实际要求合理加以选择，才能获得高性能的熔覆层。

6.3.1.4 常用熔覆材料

由于激光熔覆层自行构成特殊合金，一般均以合金粉末为原料。目前还没有专用于激光熔覆的合金粉末，热喷焊或热喷涂类材料是经常采用的材料，主要包括自熔性合金材料、碳化物弥散或复合材料、陶瓷材料等。

(1) 对合金粉末的基本要求

① 首先应具有所需要的使用性能，如耐磨、耐蚀性能等。

② 应具有良好的固态流动性。固态流动性与粉末的形状、粒度分布、表面状态及粉末的浸润性等因素有关。粒度粗呈球状的粉末流动性最好，激光熔覆一般采用 0.045～0.154mm 的粉末；粉末使用前应烘干，以免影响流动性和避免气泡的产生；粉末的热膨胀系数、导热性能应尽可能与工件材料相近，以减少熔覆层中的残余应力。

③ 应具有良好的浸润性。合金粉末表面张力越小，浸润角越小，液态流动性越好，越易获得平整光滑的熔覆层。

④ 熔覆材料应与基体材料热膨胀系数相匹配。这样可以减少激光熔覆层对裂纹的敏感性。

⑤ 合金粉末的熔点应尽量与基材的熔点相匹配。熔覆合金与基材的熔点之间差异过大，形成不了良好的冶金结合。如果熔覆材料的熔点过高，加热时熔覆材料熔化少，会使涂层表面粗糙，且基体表层过烧，严重污染熔覆层；反之，易使熔覆层过烧，且与基体间产生孔洞和夹杂。

⑥ 此外还应有良好的造渣、除气、隔气性能。

(2) 用于激光熔覆的材料

激光熔覆材料体系主要有铁基合金、钴基合金、镍基合金和金属陶瓷等，其性能取决于熔覆层的组织和相组成，而其化学成分和加工工艺又决定了熔覆层的组织结构。

激光熔覆铁基合金适用于使用温度要求不高（＜400℃）的耐磨零件，所用粉末主要有不锈钢类和高铬铸铁类，分别适用于低碳钢和铸铁基体。其熔覆层组织为非平衡的奥氏体和 M_7C_3 碳化物，由于固溶强化、位错与碳化物交互作用使熔覆层具有 920HV 的硬度。由于铁基合金成本低廉，经常用作镍基合金的代用品，与镍基合金相比，铁基合金激光熔覆层韧性稍差。

钴基、镍基合金具有高硬度、耐磨、耐热、耐蚀和抗氧化等性能，从工艺上讲，激光熔覆层又因为激光快速凝固过程产生的晶粒细化、非稳态相和过饱和固溶体而具有高硬度、耐磨性和耐蚀性。因此，钴基、镍基激光熔覆层被广泛应用于高参数阀门密封面等恶劣工况条件。

激光熔覆用钴基合金目前主要有 Stellite 合金、钴基高温合金和钴基自熔合金；镍基合金有 Colmonoy 合金和镍基自熔合金等。Colmonoy 合金具有很好的耐磨损、耐腐蚀的性能，并且由于具有良好的稳定性而被用于耐磨环境。Stellite 合金被广泛应用于非润滑的高温磨损件，其中含 30%（质量分数）左右的 Cr 可以提高耐蚀性，另外加入 4%～17%（质量分数）的 W 产生固溶强化的效果，合金中碳的质量分数为 0.1%～3.0% 时可形成硬质的碳化物。Stellite6 合金（一般组成成分为：60Co、27Cr、2.5Fe、5W、2.5Ni、1.0C、1.0Si、1.0Mn）被用于激光熔覆，该合金激光熔覆层一般是由亚共晶的面心立方（f.c.c）的 γ-Co

枝晶基体和枝晶间网状共晶 M_7C_3 组成的，当 C 含量超过 2% 而接近 2.5% 时，基体就由亚共晶转变为过共晶。在激光熔覆 Stellite6 合金中，激光熔覆的快速冷却使 Co 以高温相存在。通常激光用钴基自熔合金粉末是在 Stellite 合金的基础上研制开发的，合金元素主要有 Cr、W、Fe、Ni 和 C。此外添加 B 和 Si 增加合金粉末的润湿性以形成自熔合金，但 B 含量过多会增加合金的开裂倾向。钴基自熔合金粉末与钢铁件在熔点、热膨胀系数、密度等方面都比较接近，从而减少了熔覆层在冷凝过程中的热收缩应力；钴基合金具有良好的热稳定性，在熔覆时很少发生蒸发升华和明显的变质；另外，钴基合金粉末在熔化时具有很好的润湿性，熔化后在基体材料的表面均匀铺散，有利于获得致密性好、光滑平整的熔覆层，提高了熔覆层与基体材料的结合强度。由于钴基合金粉末的主要成分是 Co、Cr、W，因此它具有良好的高温性能和综合力学性能。Co 与 Cr 生成稳定的固溶体，由于含碳量较低，基体上弥散分布着亚稳态的 $Cr_{23}C_6$、M_7C_3 和 WC 等各种碳化物以及 CrB 等硼化物，使合金具有更高的红硬性、高温耐磨性、耐蚀性和抗氧化性。

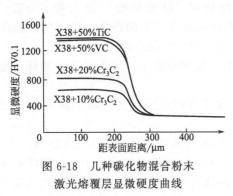

图 6-18　几种碳化物混合粉末激光熔覆层显微硬度曲线

陶瓷材料具有一般金属材料难以比拟的耐磨、耐蚀、耐高温和抗氧化性能，但其熔点高，脆性大，热膨胀系数与基体差别大，不易获得无缺陷涂层，大都是与其他金属混合物一起进行激光熔覆。激光熔覆金属陶瓷可以通过大功率激光束的作用，形成均匀、致密且与基体结合牢固并具有一定韧性的金属/陶瓷复合层。图 6-18 所示为碳化物（TiC，VC，Cr_3C_2）+X38 热作模具钢在 St37 钢上熔覆得到的激光熔覆层的显微硬度曲线，熔覆层的厚度为 $100\sim300\mu m$，X38+50%（质量分数）TiC 的显微硬度接近 1400HV，是基体硬度的 7 倍。近年来，纯陶瓷激光熔覆涂层也在研究和开发之中。

目前，激光熔覆采用的材料主要沿用传统的喷涂系列合金，没有自己专用的熔覆材料，这已经不能满足实际生产的需要。按照熔覆层性能定性甚至定量地设计合金的成分，研究和开发新型的激光熔覆专用合金粉末材料是未来发展的方向。

6.3.1.5　激光熔覆常用激光器

激光熔覆主要使用大功率连续 CO_2 激光器；目前随着大功率 Nd:YAG 激光器的不断发展，在激光熔覆中采用 Nd:YAG 激光器的不断增多。由于 Nd:YAG 激光器的光束可用光纤传输，明显提高了零件处理的柔性，方便遥控操作。并且它波长较 CO_2 短，能量在工件上的反射损失减少，提高了能量的耦合效率。脉冲工作的 Nd:YAG 激光熔覆优点尤其突出，平均输出功率 500W 的脉冲 Nd:YAG 激光器（脉冲能量 6~15J/脉冲，脉冲宽度 3~19ms，频率 20~50Hz），使用长 3m、直径 $600\mu m$ 的光纤传输，熔覆处理的结果相当于至少要 1kW 的输出功率的连续波 CO_2 激光器和 Nd:YAG 激光器。同时，由于脉冲激光注入零件的热量减少，零件变形小，工艺稳定性好。

工业半导体激光器（ISL）已用于 Inconel622、Stellite156 和 410 不锈钢粉末在 1018 钢和 400 系列不锈钢基体上的激光熔覆。在低碳钢上熔覆 Stellite121 中，1.4kW 的二极管激光器（HPDL）的熔覆效果与采用 39kW 的 CO_2 激光器相同，光束能量吸收率提高了 25 倍以上。该激光器的电光转换效率高达 50%，包括水冷系统在内输出连续波 4kW 的二极管激光系统只消耗 16kW 电功率，其转换效率是 CO_2 的 2~4 倍，是闪光灯泵浦的 Nd:YAG 激光器的 20~30 倍。输出 4kW 的二极管激光器体积仅有 $11.328cm^3$，质量仅为 6.3kg，很容易实现熔覆设备的微型化。几种工业激光器系统技术性能和运转性能比较列于表 6-6。

表6-6　几种工业激光器系统技术性能和运转性能比较

性　　能	二极管激光器	CO_2激光器	Nd:YAG 激光器 闪光灯泵浦	Nd:YAG 激光器 二极管泵浦
总效率(100%输出,含水冷)/%	25	6	1	6
激光器,电源柜,水冷机总占地/cm^2	74	465	930	558
波长/μm	0.8	10.6	1.06	1.06
工业可用最大输出功率/kW	4	50	4	4
激光器/光束灵活性	高/高	低/中	低/高	低/高
小时运行费(100%输出)/USD·h^{-1}	1.50	10.00	30.00	6.00

6.3.1.6　影响激光熔覆中裂纹产生的因素

激光熔覆是一种对裂纹极其敏感的表面改性工艺,由于激光熔覆时加热和冷却速度极快,凝固过程中的液体金属补充不及时,在随后的固态冷却收缩过程中产生大量的空位、位错等缺陷,它们受到周围较冷的基体束缚而产生拉应力,在冷却过程中发生的相变引起组织应力。另一方面,由于熔池寿命很短,使熔层中可能存在的氧化物、硫化物和其他杂质来不及释放出来,存在于覆层中,很容易成为裂纹源。这些因素交织在一起,就会在涂覆层中造成裂纹,尤其是常规的镍基、钴基自熔合金极易出现裂纹。因此激光熔覆过程中,裂纹问题是一个值得研究和关注的问题,也是目前阻碍该技术在国内实现产业化的主要原因之一。

（1）**工艺因素**

激光熔覆工艺参数与熔覆层内的裂纹数目存在着复杂的关系,几种工艺参数（包括比能量、质能量、线能量等）的变化都会对裂纹数目产生影响,它们与裂纹数目之间不是呈单调变化的。激光熔覆输入比能量越大,熔池寿命就越长,使熔覆层中的杂质充分上浮,熔层与基体牢固融合,出现裂纹等缺陷的概率越小。但是,输入的比能量过大会增加覆层的稀释率,降低硬度,晶粒变粗大,元素的烧蚀率增加。裂纹数目还与基体的状况（包括基体材料成分、组织、热物理性质、表面状态、基体的形状与结构等）和覆层材料（成分、组织等）有关。另外,熔覆厚度、预热温度和搭接宽度等参数也会对熔覆层的裂纹敏感性产生影响,预热温度升高,裂纹率显著下降。激光熔覆工艺参数对开裂敏感性的影响研究在某些方面已有较成熟的结果,但缺乏系统性和规律性,因此在应用中作用是有限的。

（2）**组织因素**

在激光熔覆过程中,组织因素对裂纹形成的影响的研究尚未形成统一的认识,对于不同的材料、工艺得到的结果各有差异,比较认同的主要是凝固裂纹理论,即在熔覆层快速凝固时,初生的发达枝晶会相互连接成网,造成枝晶间的液体封闭,残存的液体不易流动从而造成枝晶间液态金属凝固收缩时没有足够的液体补充,加上枝晶间组织结晶温度低,低熔点的杂质多集中在此处,从而导致枝晶间开裂敏感性大,在残余应力作用下就产生裂纹。另外,激光熔覆时晶体生长方向对开裂也会造成影响。由于基材晶粒的各向异性,会造成不同生长方向的共晶组织,它们在快速凝固过程中发生强烈的碰撞,结果在不同生长方向的共晶团界面间产生较大的应力而生成显微裂纹。

目前,激光熔覆层组织对开裂性的影响的研究主要集中在凝固组织方面,对不同合金粉末的熔覆层中显微组织结构对开裂性影响研究较少,尤其是耐磨性、耐腐蚀的镍基、钴基自熔合金。在镍基、钴基合金中有较多的不同形式碳化物作为强化相,而较大的脆性使它们的分布和在使用过程中的转变都会对熔覆层性能产生影响。

（3）残余应力

国内外已有许多研究者利用不同的方法测定出激光熔覆层的残余应力分布。A. Frenk 测定了不同基材、同种熔覆材料的残余应力状态图，如图 6-19 所示。朱允明利用 X 射线衍射研究了 45 钢基体上镍基热喷涂层经激光熔凝处理后的残余应力。结果表明，激光熔覆层的残余应力状态受基材的材料成分影响，也受激光熔覆工艺参数影响。

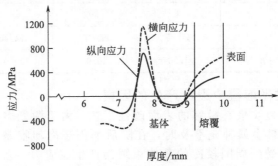

图 6-19　残余应力分布曲线

由于测量系统会给激光熔覆层残余应力的试验测定结果带来误差，并且所测得的残余应力分布是宏观的，而微观组织中残余应力的分布状态会对熔覆层中微裂纹产生、扩展产生重要影响，因此测定微观残余应力分布对解决熔覆层开裂问题具有重要意义，但由于微观残余应力的测量困难，目前相关的研究较少。

（4）显微偏析

激光熔覆过程是快速加热和快速凝固过程，其成分分布有两个主要特征。

① 宏观成分的均匀性，激光熔覆层偏析小。激光熔覆过程中，由于熔池的寿命十分短暂，而在极短时间内所完成的溶质元素在整个熔池范围内的迁移过程，用普通的扩散理论是难以解释的，在激光熔覆过程中，扩散的作用甚微，溶质的传递主要是靠熔池的对流搅拌作用。由于对流传质作用，成分分布在宏观上是均匀的。另一方面，在非平衡条件下，由于激光加热和冷却过程的速度快，可得到含多种亚稳相、过饱和固溶体、组织细小均匀的新相，使偏析最小。

② 微区成分的不均匀性。激光熔覆层组织可观察到胞状晶和树枝晶，在微观组织中存在成分的不均匀性，而这种不均匀性会促进开裂使熔覆层失效。可以通过调整合金元素 Cr、Ni 元素含量的比值，在 $Fe_{66}Cr_{20}Ni_{10}B_2Si_2$ 自熔合金熔覆层中得到分散的 δ 相和较大面积的晶界，使有害夹杂物 P、S 在晶界的偏析减小，从而减小热裂倾向。在激光熔覆过程中，偏析是影响其开裂性的重要因素，微区成分偏析（如晶界的微观偏析）的测定及激光熔覆过程的偏析倾向的分析及其对开裂性的影响是目前研究的重点。

6.3.2　激光合金化

激光合金化类似激光涂覆，是利用高能密度的激光束快速熔化的特性，使基体材料表层与根据需要添加的合金元素同时快速熔化、混合，从而形成厚度为 $10\sim1000\mu m$ 的表面合金层。熔化层在凝固时获得的冷却速度（$10^5\sim10^8℃/s$）相当于急冷淬火技术所能达到的冷却速度，又因熔化层液体中存在着扩散作用和表面张力效应等物理现象，使材料表面仅在很短的时间（$50\sim20ms$）内就形成了具有要求深度和化学成分的表面合金层，其某些性能高于基体，从而达到表面改性的目的。

利用激光表面合金化工艺可以在一些表面性能差、价格便宜的基体金属表面得到耐磨、耐蚀、耐高温的表面合金，用于取代昂贵的整体合金，从而大幅度降低成本。另外，还可用来制造出在性能上与传统冶金方法根本不同的表面合金。在汽车工业方面，激光表面合金化工艺有着广泛的应用前景，它可以改善工件表面的耐磨、耐蚀、耐高温等性能，延长在各种恶劣工作条件下工作的汽车零部件，如轴承、轴承保持架、汽缸、衬套、活塞环、凸轮、心轴、阀门和传动构件等的使用寿命，从而提高汽车整体的使用性能。

6.3.2.1　激光合金化分类

通常按合金元素的加入方式将其分成三大类，即预置式激光合金化、送粉式激光合金化和气体激光合金化。

(1) 预置式激光合金化

先将需要添加的合金元素置于基材合金化部位，然后再进行激光辐照熔化。激光合金化时预置合金元素的方法主要有如下几种。

① 热喷涂法。包括火焰喷涂和等离子喷涂等。

② 化学黏结法。采用黏结剂将粉末制成黏稠状喷涂于基材表面或将薄合金片黏结在基材的表面。

③ 电镀法。

④ 溅射法。

⑤ 离子注入法。

一般来说，前两种方法适于较厚层合金化，而最后两种方法则适合薄层或超薄层合金化。

(2) 送粉式激光合金化

用送粉装置将添加的合金粉末直接送入基材表面的激光熔池内，使添加合金元素和激光熔化同步完成。

同步送粉法比较适合于在金属表面注入 TiC、WC 类硬质粒子，特别是对 CO_2 激光反射率很高的铝和铝合金等材料进行表面硬质粒子注入。由于碳化物粒子对 CO_2 激光具有较高的吸收率，在送粉过程中，较低的激光功率的照射就可以保证合金粉末被加热到相当高的温度，这些炽热的碳化物粒子有助于促进并维持基材表面熔化，完成基材的合金化过程。

(3) 气体激光合金化

将基材置于适当的气体中，使激光辐照的部位从气体中吸收碳、氮等并与之化合，实现表面合金化。气体激光合金化通常是在基材表面熔融条件下进行的，有时也可在基材表面仅被加热到一定温度而不使其熔化的条件下进行。激光气体合金化的典型例子就是钛及钛合金的氮化，这种激光氮化法可在极短的时间内（毫秒级）完成，生成 $5\sim20\mu m$ 厚的 TiN 薄膜，硬度超过 1000HV。气体激光合金化中，反应气体可通过喷嘴直接吹入激光辐照表面，也可将基材置入反应室内，再通入反应性气体。

6.3.2.2　激光合金化工艺制定的一般原则

激光表面合金化，可以在一些表面性能差、价格便宜的基体材料表面得到耐磨、耐蚀、耐高温的表面合金层，改变材料表面性能。为了达到预期的目的和实际生产的需要，激光合金化工艺的制定普遍应遵循以下原则。

① 必须考虑到合金化元素或化合物与基体金属熔体间相互作用的特性，如可溶解性、形成化合物的可能性、浸润性、热膨胀系数及比体积等。

② 必须考虑激光合金化后的合金层的硬度、耐磨性、耐蚀性及高温抗氧化能力等性能，以达到预期的合金化强化效果。

③ 必须考虑到合金化后合金层与基体的结合强度，以及合金层的脆性、抗压、耐弯曲等方面的性能。

6.3.2.3 合金层质量的控制

激光表面合金化层质量的控制包括合金化层中合金元素的含量（合金化程度）的控制以及合金化层裂纹和表层不平整度的控制等。

(1) 合金化成分均匀性的控制

激光合金化是一个快速加热和凝固的过程，熔池的寿命很短（$<1s$），熔池深度可以达到几个毫米。金属原子在液态金属中的扩散系数一般在 $10^4 \sim 10^5 \, cm^2/s$，按理论计算，金属原子的静态扩散距离仅可达到几十纳米，所以在熔池的寿命时间内，表面合金元素的扩散范围是十分有限的。在激光合金化中，原子浓度梯度的扩散对激光合金化成分均匀性的作用是很小的，激光合金化成分的均匀化主要是依赖于激光熔池内强烈的对流运动，而激光熔池内的对流是由于表面张力梯度造成的。在激光合金化过程中，质量的传递主要依靠对流作用，扩散只能使溶质局部区域成分均匀，由于对流传质的作用，激光合金化的成分分布在宏观上是均匀的，但在微观区域（几十微米）存在成分的起伏。

除激光功率密度和光束作用时间等工艺参数外，粉末预涂层厚度也是影响合金化程度的一个重要因素。在激光辐照过程中，如果涂敷层的厚度过薄，由于合金粉末的喷溅烧损将无法达到合金化的效果；当涂敷层厚度超过一定值后，激光辐照的能量将大部分被涂敷层吸收，基体表层难以熔化，同样达不到合金化的目的。因此，对于激光合金化选择合适的涂敷层厚度也是很重要的。

(2) 合金化层裂纹的控制

激光与金属表层发生相互作用，金属表层的温度经历急热急冷的过程，表面合金化层与基体材料在热膨胀系数、热导率等方面存在很大差异，因此表面合金化层与基体存在很大的温度梯度和较大的内应力，这些将导致裂纹的形核和长大，造成表层开裂或微观裂纹。

在激光合金化时，涂层与基体对激光能量的吸收率 α 和热导率 λ 的差异是产生热应力的主要原因之一。一方面吸收 α 率的差异导致涂层与基体对入射光能量吸收的不同，两者相差越大，温度差异越大，越容易产生裂纹；另一方面，热导率 λ 影响在冷却过程中温度梯度的大小，λ 增大，温度梯度减小，当合金化表层的 λ 与基体材料的 λ 差别较大时，在合金化层中的过渡区将出现温度梯度的突变，这就为裂纹的形成提供了条件。为了减少激光合金化表层裂纹产生的概率，可以通过调整合金成分，选择吸收率 α 及热导率 λ 等物理量差异较小的基体金属与合金化金属进行合金化处理，但是有时这些方法并非都行之有效，原因在于产生裂纹形核与扩展的根源还在于激光快速加热的特征。

从预防开裂和裂纹形核的角度出发，激光合金化技术的应用实际上受到了合金材料的物理性能的限制，并非任何材料都可用于激光合金化技术的工业应用。

(3) 合金化表层不平整度的控制

合金化过程是在基材熔化的状态下进行的，由于激光束能量分布的不均匀，激光熔池中产生了温度梯度和重力梯度，尤其是由于温度梯度而形成的表面张力梯度引起了熔池的搅拌，激光束移动时熔池前沿熔融金属沿着中心凹陷区向后流动，进行对流传质，造成液态金属的外溢现象，从而当熔池迅速凝固后留下了不平整表面。

为了减少和消除激光合金化后表面不平整度，采取的方法主要有：通过改进入射光束的模式，如采用矩形光斑控制光束截面的能量分布，以降低熔化区中的温度梯度；采用振荡光束，由于熔池表面温度最高点来回迅速变化，使液体的表面温度趋于一致；采用大功率激光进行合金化，一方面在获得较深的合金化层的情况下，通过后续研磨消除粗糙的波纹表面，另一方面由于在形成不同的熔化区深度下存在一个产生波纹表面的临界激光扫描速度 v_c，采用大功率光束照射及超过 v_c 的扫描速度，就可避免波纹状表面的产生。

合金化表面不平整与基体材质也有很大关系。如与球墨铸铁相比，灰口铸铁因其内部的片状石墨分布不均匀，合金化后片状石墨中含的气体夹杂剧烈集中析出且易聚合成大孔洞，易造成表面层不平整。

预涂层中黏结剂的选择也直接影响合金化表层的质量。激光辐照时，有的黏结剂剧烈燃烧形成固形物，以烟雾形式从激光作用区逸出，这种燃烧不仅带走一些合金粉末，还造成了熔池深度的波动和熔池的搅拌，当熔池迅速凝固后也留下了不平整表面。

激光表面合金化层与基体之间为冶金结合，具有很强的结合力，其工艺的最大特点是仅在熔化区和很小的热影响区发生成分、组织和性能的变化，对基体的热效应可减小到最低限度，引起的变形也极小。它既可以满足表面的使用要求，又不降低材料的整体特性。由于合金元素是完全溶解于表层内，因而获得的薄层成分是很均匀的，对开裂和剥落等倾向不敏感。此外，所用的激光功率密度很高（大于 $10^5 \, W/cm^2$），熔化层深度由激光功率和照射时间来控制。由于冷却速度高，使偏析最小，并显著细化晶粒。

6.3.3　激光表面熔覆与合金化的应用

6.3.3.1　有色金属的激光熔覆与合金化

由于激光熔化处理只能对铸造铝合金进行有限强化，而对变形铝合金及其他有色金属无法进行强化，因此激光熔覆和合金化就成为提高有色金属表面多种性能的主要手段，在有色金属的表面改性中占有十分重要的地位。

铝合金零件激光熔覆技术已开始在工业中得到应用。在汽车工业中，大量采用的铝质发动机由于铝合金的耐磨性差，就可以采用激光熔覆技术在铝合金零件的表面熔覆一层耐磨合金层。图 6-20 所示是激光熔覆的汽车发动机 Al-Si 合金发动机阀座。直接在 Al-Si 合金阀座圆柱头内表面进行熔覆处理，与传统的用烧结合金热压到圆柱头生产阀座的方法相比，可以降低废品率，提高发动机性能，减少阀座的温度变形。

图 6-20　激光熔覆的 Al-Si
合金发动机阀座

6.3.3.2　激光复合熔覆

美国 E. Douglas 等在 Inconel625 和高氮不锈钢［HNSS，含 N0.9%～2.6%（质量分数）］粉末中加入 WC、Cr_3C_2 和固体自润滑剂 MoS_2、WS_2 粉末，激光熔覆于 304 不锈钢上。所使用的工艺条件为：3kW Nd:YAG 激光器，光斑直径 ϕ3mm，摆动扫描频率 4.5Hz，扫描带宽 19mm，送粉器在氩气流中载送，激光束扫描速度为 2mm/s。

结果表明，合金化层无孔洞、裂纹和偏聚，Cr_3C_2 和 WS_2 颗粒均匀分布，总厚度接近 2mm，Cr_3C_2 主要分布在距表面 0.45mm 以内，含量约为 25%～35%，在深 1.1mm 附近也发现有少量 Cr_3C_2。该复合熔覆层同时具有摩擦因数低、耐磨、抗氧化、耐腐蚀、高温（1000℃）热稳定性好等优良性能。激光熔覆的其他应用实例见表 6-7。

表 6-7　激光熔覆的其他应用实例

工件	处理方法	特点
电接触开关	在铜基体上激光熔覆银	节省大量银，避免了化学镀银工艺的污染
发动机涡轮叶片	在镍基合金基体上熔覆钴基合金	耐热、耐磨性好，质量稳定，生产周期短

6.3.3.3 激光微细熔覆直写布线

随着电子电器产品向大规模集成化、小批量、多样化及短时效的方向发展，传统的印制电路板制作工艺方法（光化学法、模板漏印法等）已越来越不能满足生产要求。激光直写（laser direct writing）制版技术（主要包括激光化学气相沉积、激光诱导液相化学镀和激光诱导固相沉积）无需掩模，加工精度高、速度快、成本低，是一种易于实现柔性化的绿色加工技术，被认为是最具有工业化应用前景的柔性布线技术。各种激光直写布线技术的特点如表 6-8 所示。

表 6-8　各类激光直写布线技术的特点比较

种类	加工速度	沉积厚度	特点
激光化学气相沉积	每秒几微米到几十微米	$\leq 1\mu m$	导线纯度高，工艺复杂，设备昂贵，成本较高
激光诱导液相化学镀	每秒几百微米（一步法）	几微米	导线纯度高，工艺较复杂，设备昂贵
激光诱导固相沉积	每秒几毫米到几十毫米	由固体胶厚度决定	导线纯度一般，工艺简单，设备便宜，成本低

激光微细熔覆直写布线技术作为激光诱导固相沉积技术的一种，是借助于激光熔覆快速原形技术和激光熔覆金属陶瓷技术发展的一种综合技术。它的基本原理如图 6-21 所示。

图 6-21　激光微细熔覆直写布线基本原理

首先将所需金属有机浆料均匀地预置在有机层压板上，如图 6-21(a) 所示；干燥后使用一定的激光工艺参数沿所需要的轨迹扫描预置涂层，使照射区域的树脂固化，如图 6-21(b) 所示；最后使用有机溶剂（酒精等）进行清洗，未经激光照射区域的有机浆料被溶解，照射区域不溶解而被留下，最终成为所需要的导电图形，如图 6-21(c) 所示。

激光熔覆导电浆料直接布线法在布线强度、导线电阻率等方面完全达到了实际使用所要求的技术指标，导线与基板的附着力可以达到 6.5MPa 左右，导线的电阻率在 $10^{-6}\Omega \cdot cm$ 数量级。华中科技大学激光技术组采用自备的导电浆料为熔覆物质，以有机环氧板为绝缘基板，使用 CO_2 激光光源进行直接制备线路板，布线宽度为 $350\mu m$，布线速度达到 $2\sim 50mm/s$，远远超过其他激光直接布线方法。图 6-22 所示是采用该技术制备的电路板样品实例。

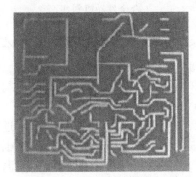

图 6-22　激光熔覆直写布线制备的电路板样品实例

6.4　激光表面非晶化

激光非晶化（laser glazing）是指通过激光照射，使材料表层快速熔化，将液体以大于临界冷却速度急冷到低于某一特征温度，以抑制晶体形核和生长，将材料液态时各向同性保持到固态，最终得到非晶态固体。

6.4.1　非晶态金属的结构与性质

非晶态金属常称为金属玻璃（metallic glasses），非晶态物质是一种新的、特殊的物质状态。它基本的特征是：不具有长程有序的晶体结构，具有高达 10^{13} P（1P＝0.1Pa·s）以上的黏滞系数，在某一窄的温度区域内能够发生明显的结构相变。由于非晶态金属在原子排布上完全不同于结晶态金属，微观结构决定了它具有一系列新的特点，其优异的电磁性、化学和力学性能日益受到普遍关注，获得了广泛的应用，因而被认为是金属材料科学中的一次革命。

6.4.1.1　结构特点

材料的性能归根结底是由它的微观结构决定的。而结构又依赖于组成材料的各元素原子的电子状态和分布，原子结构（分布）的变化即结构弛豫，对非晶态金属的性能影响很大。非晶态结构的主要特点有以下几个。

① 结构长程无序。晶体结构的根本特点是它的点阵周期性。在非晶态金属中，这种点阵周期性消失了，像"格点"、"格常数"、"晶粒"等概念失去了固有的意义。

② 短程有序。同晶态合金相比，非晶态合金的最近邻原子间距与晶态的差别甚小，配位数也相近。但是，在次近邻原子的关系上就可能相差很大。这种短程有序通常可分为两种，即化学短程有序和拓扑短程有序。当某一合金元素原子周围的化学组分与其平均值不相同即为化学短程有序；而拓扑短程有序指的是非晶态金属元素的局域结构的短程有序。

③ 非晶态与液态金属的结构有差异。非晶态金属和接近熔点的液态金属虽然都表现出短程有序，但是它们的结构存在本质上的差别。非晶态金属的径向分布函数 RDF（radial distribution function）和双体相关函数 $g(r)$（pair correlation function）曲线的第二峰明显地分裂成两个亚峰，而在液态金属（接近熔点）不发生分裂。

④ 非晶态金属的组织结构在宏观上是均匀和各向同性的。

⑤ 非晶态金属结构是一种亚稳态结构。在一定的条件下（如高温、强冲击作用）非晶态金属会向更稳定的状态——晶态转变而变成普通晶态金属，这一转变过程称为"晶化"。

6.4.1.2　性能特点

非晶态金属的微观结构特点决定着宏观性能不同于晶态金属。它具有优异的软磁性能、力学性能、化学性能和电学性能等。迄今为止，研究最多、产量最大、应用最广的是非晶态软磁合金，作为结构材料，非晶态金属已经形成规模和应用（包括用快淬工艺制作的微晶和纳米晶材料）；催化剂材料目前也得到实用化发展。非晶态合金主要特征如表 6-9 所示。

表 6-9　非晶态合金主要特征

特征		非晶态特点
力学性能	强度	比一般金属高,接近晶须 2000～5000MPa
	硬度	600～1200HV
	弹性	比晶态合金低 30%～40%,滞弹性很大
	加工硬化	几乎没有
	加工性	冷压延性达 30%
	耐疲劳性	较晶体金属差
	韧性	大
磁学性能	导磁性	与 Super-Malloy 相当
	磁致伸缩	与晶体金属相同

特征		非晶态特点
电学性能	电阻	为晶态的 2～5 倍
	温度变化	电阻温度系数约为 1%
其他	密度	比晶体金属约小 1%
	耐腐蚀性	比不锈钢高

6.4.2 激光非晶化的特点

目前制备非晶合金最主要的方法是采用液态急冷法，其中最常用的有单辊冷却法和双辊压延法。单辊法是利用被熔化的金属通过一个喷嘴喷射到一个高速旋转的金属辊上，直接形成厚度 $15～40\mu m$、宽度 $5～100mm$ 的非晶态薄带，制带速度为 $15～35m/s$。液体金属急冷时的导热必须通过接触面，表面上不可避免地存在不利于导热的氧化膜及吸附气体，冷却速度能达到 $10^6～10^7 K/s$。由于纯金属元素形核、生长速度较快，对非晶化冷却速度要求非常高，用急冷法很难得到纯金属非晶。

激光非晶化使用高能量密度的激光脉冲将金属表面瞬时加热至液态，激光脉冲停止后液态表面向仍处于冷态的基体深处迅速导热，因其间没有氧化膜存在，可以达到很高的冷却速度（$10^{12}～10^{13} K/s$）。用纳秒级的激光脉冲可以得到 $10^{13} K/s$ 的冷却速度，比超急冷法还要高几个数量级，可以得到纯金属的非晶态。利用激光非晶化，虽不能制成薄膜式非晶金属，却能将零件表面几十埃的薄层处理成非晶态，对提高零件的耐腐蚀性能及耐磨性能有很大的意义。激光非晶化已成为研究非晶金属的有效手段和材料表面改性的重要方法。表 6-10 为两种非晶金属制备方法的优缺点比较。

表 6-10 两种非晶金属制备方法的优缺点比较

方法	优点	缺点
急冷法	①生产效率高 ②一次可生产较宽的薄带非晶合金	①冷却速度低（$10^6～10^7 K/s$）； ②只能生产薄带非晶合金，限制了其使用范围
激光法	①冷却速度高（$10^{12}～10^{13} K/s$） ②金属工件表面的非晶层可控制 ③能使纯金属元素获得非晶	①激光一次扫描制造的非晶合金金属的宽度不能过宽 ②不能直接生产非晶合金的薄带

6.4.3 激光非晶化的原理

制备非晶态金属的一般原理可归结为：使液态金属以大于临界冷却速度急速冷却，使结晶过程受阻而形成非晶态；将这种热力学上的亚稳态保存下来，冷却到玻璃转变温度以下而不向晶态转变。

在激光快速熔凝时，短程有序区的尺寸与激光作用参数的关系用式（6-4）确定：

$$Z = 0.94\lambda / (\beta_0 \cos\theta) \tag{6-4}$$

式中　Z——短程有序区尺寸，mm；

λ——激光波长，μm；

β_0——X 射线像和电子衍射像第一个最大值的宽度，nm；

θ——光的反射角，（°）。

由于 ND:YAG 激光波长比 CO_2 激光波长小一个数量级，所以在相同条件下，ND:YAG 激光比 CO_2 激光容易形成非晶态（即短程有序）。

在激光加热材料表面形成的熔体经快速冷却凝固后，材料的组织结构取决于凝固过程的热力学和动力学条件。从热力学角度，只有当过冷熔体的温度低于晶化温度 T_g 时，非晶态的自由能最低，此时原子根本来不及进行长距离的扩散，液相→固相的转变只能是无扩散或无分离的转变，这种情况最可能形成非晶，故将 T_g 也称为熔体的非晶化温度。实际上，熔体的凝固温度与冷却速度有关，当冷却速度较低时，熔体的过冷度小，原子有足够的扩散能力，因而实际结晶温度 T_n 远高于 T_g，此时将获得稳定相的晶体。当冷却速度很高时，凝固在 T_g 附近发生，此时与非晶态共存的是单相微晶，微晶可以在液→固界面前沿的过冷熔体中自发形核生长，也可在基体晶体上外延形核生长。当合金是过共晶成分，在 T_g 附近凝固时，与形成非晶的竞争相不是平衡相，而是共晶组织。形成共晶的必要条件是必须在成分均匀的熔体中，通过扩散再分布来完成生成共晶组成相的重构，这就是结晶动力学障碍，使深共晶成分的合金容易形成非晶态。因此，激光非晶化时，其热力学判断的依据应该是 T_g/T_n。

实际上，熔体合金急冷时形成非晶更为合理的判据应从形核动力学考虑，要求在冷凝过程的较低的固→液界面移动速度 v_j 和足够快的热量扩散速度 v_r，以抑制液体的形核和生长。当 $v_j > v_r$ 时，凝固过程主要是受热流控制，过冷度较小，很难得到非晶；当 $v_j \ll v_r$ 时，凝固过程受固→液界面的移动控制，过冷度很大，易形成非晶。晶体形成的温度与时间的转变曲线（TTT 曲线）如图 6-23 所示，只有在曲线左侧范围内冷却才能形成非晶态，这个冷却速度称为临界冷却速度。不同成分的非晶态金属的临界冷却速度 R_c 可在 $10^2 \sim 10^7$ K/s 数量级之内变化，多数非晶态合金可在 $10^5 \sim 10^6$ K/s 的冷却速度下获得。几种金属及合金的临界冷却速度列于表 6-11 中。

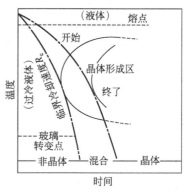

图 6-23　激冷过冷液体中晶体形成领域与临界冷却速度 R_c 曲线

表 6-11　几种金属及合金的临界冷却速度

材料	纯铝	钢	Fe83B27	Fe40Ni40P14B6	Cu50Zr50	Ni60Nb40
临界冷却速度/K·s^{-1}	$>10^{10}$	10^8	10^6	$10^5 \sim 10^6$	10^4	10^2

脉冲激光与连续激光形成非晶的原理是相同的。当短或超短激光脉冲（$10^{-6} \sim 10^{-15}$ s）作用在金属表面时，迅速使金属表面熔化，在金属薄层内（$<10^{-6}$ m）形成过热度很高的熔体。同时在热量尚未传给冷基体的条件下，熔体与相邻基体之间保持了很大的温度梯度，从而实现了熔体的超快速冷却，使熔体过冷至其晶化温度 T_g 以下，在金属表面形成非晶。用大功率激光作用在金属表面极短的时间（$<10^{-6}$ s），同样会使熔体过冷至 T_g 以下，形成非晶。

6.4.4　激光非晶化工艺及影响因素

6.4.4.1　工艺参数的选择

脉冲激光非晶化常采用 ND:YAG 激光器，连续激光非晶化则常用 CO_2 激光器。为了在钢铁和镍基合金等材料上形成非晶临界冷却速度很高的表面非晶层，可以在激光非晶化处理前对基体金属材料表面进行预处理。预处理方法包括激光合金化、电镀或气相沉积、黏结或等离子喷涂容易形成非晶的材料。

激光非晶化工艺参数主要取决于被处理材料的特性。对容易形成非晶的金属材料而言，形成非晶的工艺参数如下。

① 脉冲激光一般采用能量密度 $1\sim10\text{J}/\text{cm}^2$，脉冲宽度 $10^{-6}\sim10^{-10}\text{s}$（激光作用时间）。1979 年，R. Tsu 等采用四倍频的 Nd:YAG 激光器，波长 λ 为 $0.265\mu\text{m}$，脉冲宽度为 $10\mu\text{s}$，第一次在单晶硅上得到几十纳米厚的非晶体；1980 年 P. Mazzoldi 使用红宝石激光器，波长 $\lambda=0.69\mu\text{m}$，脉冲宽度为 15ns，在纯铝上得到非晶体。

② 连续激光非晶化的功率密度大于 $10^6\text{ W}/\text{cm}^2$，扫描速度 $1\sim10\text{m}/\text{s}$。1981 年 H. W. Bergmann 使用 3kW 连续 CO_2 激光器，光斑直径 0.5mm，扫描速度 20cm/s，进行了莱氏体工具钢（$2.1\%\text{C}$，$12\%\text{Cr}$）上 $40\mu\text{m}$ 厚的 FeB 合金喷涂层的激光非晶化，得到了非晶区，非晶区的硬度为 1700HV，远远大于晶区的 420HV。

高能量密度或功率密度的主要作用是使金属表面形成过热度很高的熔体（但应避免金属表面汽化并形成等离子体），使熔体与相邻基体间保持极大的温度梯度。而激光脉冲宽度或扫描速度则可控制热量转移的速度，当 $v_j\ll v_r$ 时，凝固过程受界面移动控制，过冷度大，易形成非晶。

6.4.4.2 影响激光非晶化的因素

(1) 合金成分不均匀的影响

激光非晶化时，熔池内合金在激光照射时均匀化程度将影响非晶化的效果。在激光照射功率不变的情况下，扫描速度的提高或照射时间的缩短，使熔池寿命缩短，即减少了熔池内合金的均匀化时间。当熔池的寿命短到其合金成分不能均匀化时，造成熔池内各微小体积元之间的成分出现不同，甚至可能还会保留未熔的原始晶体。熔池成分的不均匀，导致热力学参数也不同，处于共晶点的成分形成非晶的能力最大。因此，成分不均匀的熔体过冷到晶化温度以下时，偏离共晶成分的微小区域，由于非晶形成能力差，可能形成晶相。这些晶相又可成为相邻体积元的"杂质"而满足相邻微区非均匀形核的条件，成为其形核核心，从而降低了相邻区域形成非晶的能力。

在高的冷却速度情况下，液→固界面动力学主要受成分扩散控制，熔池内合金成分的不均匀将有利于扩散和形核所需的成分起伏，帮助晶体的形核和长大，降低了非晶的形成能力。

因此，激光非晶化应该在保证熔池内原始晶体的熔化且成分均匀化的前提条件下，实现高速冷却，才能达到良好的非晶化效果。

(2) 晶态基体和熔池中未熔晶体的影响

在激光非晶化过程中，晶态基体和熔池中未熔晶体为相邻过冷熔体提供了非均匀形核甚至晶体外延生长的条件，同时它也提高了熔体形成非晶所需的临界冷却速度，对激光非晶化十分不利。

大量研究结果显示：在激光非晶化时，表层非晶层的厚度一般远远小于熔层厚度，这也说明了晶态的基体对过冷熔体形成非晶不利。

6.4.5 激光非晶化的应用

已成功获得金属非晶表面的激光工艺参数列于表 6-12 中。

表 6-12 激光非晶化工艺参数举例

合金	工艺
Au-Si	YAG 脉冲激光，脉冲宽度 30ns，冷却速度 $10^{10}\text{K}/\text{s}$
Fe-B	脉冲宽度 30ns 的 YAG 激光＋500W 的连续 CO_2 激光，扫描速度 $80\sim560\text{mm}/\text{s}$，搭接移动距离 $50\sim150\mu\text{m}$

合金	工艺
Fe40Ni40P14B6	2kW 连续 CO_2 激光,光斑直径 0.8mm,扫描速度 200～2800mm/s
Ni-Nb	脉冲宽度 30ps 的 YAG 激光,能量密度 $1J/cm^2$
Pd-Cu-Si	连续 CO_2 激光,功率 300～500W,扫描速度 100～800mm/s
Fe40Ni36Si8B14V2	功率 4～7kW 的 CO_2 激光,光斑直径 1.5mm,扫描速度 130～280mm/s

6.5 激光冲击硬化

当作用在金属材料上短脉冲(几纳秒到几十纳秒)、激光功率密度大于 10^9 W/cm² 时,材料表面吸收层吸收激光能量而产生等离子体,在激光辐照的持续时间内,等离子体层厚度增加,密度增大,温度上升,产生高温(＞10000K)、高压(＞1GPa)等离子体。该等离子体受到约束层的约束时产生高强度压力冲击波(冲击波的峰值压力可以达到 10GPa),作用于材料表面并向材料内部传播。当冲击强度超过材料的动态屈服强度时,就在靶表层形成一个塑性变形层,在冲击波造成的塑性层中存在着残余压应力,其位错密度显著增高,材料的表层就产生应变硬化。由于材料疲劳破坏主要是拉应力的存在,在材料表面存在的残余压应力可以平衡材料使用过程中的拉应力,从而延缓了疲劳裂纹的萌生及扩展速度。由于位错密度的增高,使材料屈服强度提高,并阻碍了位错的运动,从而增大了裂纹产生的阻力。正是由于残余压应力、高密度位错这些因素的综合作用,使材料的抗疲劳寿命得到了延长。这种新型的表面强化技术就是激光冲击处理(laser shock processing),由于其强化原理类似喷丸,因此也称作激光喷丸(laser shock peening)。在此冲击波的作用下,材料的力学性能得到明显的改善。

6.5.1 激光冲击硬化的特点

激光冲击处理具有独特的特点,主要表现在以下几方面。

① 激光源为高功率脉冲激光。

② 激光冲击处理的能量源是由激光诱导的冲击波,是基于冲击波效应。

③ 由于激光冲击处理基于光力学效应,不存在热影响区,故可实现重叠处理。

④ 可对相变强化效果不显著的材料(如铝等)进行有效强化处理。

⑤ 由于不存在热影响区,可对一些大型金属件在热处理后存在的局部硬度达不到要求的"软点"区域进行有效的修补硬化处理。

⑥ 对表面粗糙度影响小。

与传统的强化工艺,如喷丸强化、锻打相比,激光冲击强化是一种洁净、无公害的处理方法。由于激光冲击处理的柔性较强,因此可处理工件的圆角、拐角等应力集中部位。

6.5.2 激光冲击处理的模型

激光冲击强化可分为有约束层(confined plasma)和无约束层(direct ablation)两种类型。有约束层时的模型如图 6-24 所示。激光束透过水或玻璃被吸收层吸收,吸收层部分汽化形成等离子体,由于等离子体被约束在约束层和试样之间,根据理想气体的状态方程,在有约束层时可以比无约束层时获得更高的冲击波峰压,在约束方式下可获得的冲击压力是直接冲击的 3～10 倍,同时在有约束层时,冲击波持续时间为无约束层时的 2～3 倍。目前的激光冲击强化大都采用约束层方法。

在冲击处理时,在材料表面预制吸收层(涂层),其作用在于吸收激光的能量产生等离

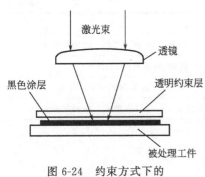

图 6-24　约束方式下的
激光冲击几何模型

（图中标注）激光束　透镜　黑色涂层　透明约束层　被处理工件

子体，并防止材料表面的熔化和汽化，因此吸收层必须采用低热导率和低汽化热的材料，增加自身吸热并减少对基体材料的热传导，目前较有效的表面涂层材料有铅、锌、铝及黑漆等。

约束层是覆盖在吸收层的表面对激光透明的材料，它的目的在于限制基体汽化、提高脉冲压力和延长作用时间。激光冲击处理过程中，约束层是决定约束方式的主要因素，目前约束层使用的主要有固态介质和液态介质（图 6-25）。固态介质主要分为硬介质和软介质两类，硬介质为光学玻璃等，其对激光有很好的透过率，激光能量的损失较少，它主要的缺点是只适合对平面的表面强化，且冲击时要产生爆破碎片，难于防护和清理；软介质对非平面表面的冲击处理，可以保证与基体材料的良好的贴合，但软介质材料（有机材料）对红外激光吸收率较高，能量损失较大。液态介质水是最经济的约束介质，使用水作为约束介质必须考虑与激光波长的匹配，接近红外波段的长波长激光很容易被水吸收，而紫外激光又容易致使水击穿，从而达不到约束层的作用。常用的钕玻璃激光、ND：YAG 激光输出的波长为 $1.06\mu m$、脉冲宽度为 $10\sim50ns$ 脉冲激光采用水作为约束层，而倍频 Nd：YAG 激光更适合。水约束有静水约束和流水约束两种方式，静水［图 6-25(c)］在吸收层汽化过程中容易受到污染，并且冲击波会使水表面波动，影响下一冲击工艺；流水［图 6-25(e)］在精确处理中要获得平整的界面需要时间，因而激光冲击频率就不可能很高，于是产生了静水和流水的中间形式，图 6-25(d) 是将工件置于水中，激光从侧面窗口进入，水箱可以使用流水冲掉处理部位污染的水，以免影响下一工序。水和光学玻璃的作用效果有所不同。有研究表明：获得同样表面残余应力极值（350MPa），以水作约束层时需 $4GW/cm^2$ 的功率密度，相当于以玻璃作约束层所需 $1.7GW/cm^2$ 的功率密度。最优冲击压力值为 2.5GPa，超过这一数值时，表面残余应力饱和及表面波的影响导致应力值降低。若不使用约束层和吸收层，由金属试件自身产生等离子体，则冲击后的热效应比较明显，容易导致产生一个拉应力区。

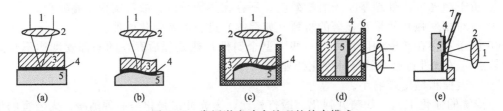

图 6-25　常用激光冲击处理的约束模式
1—强脉冲激光；2—聚焦透镜；3—约束层；4—吸收层；5—金属靶材；6—水箱；7—喷头

6.5.3　激光冲击硬化对材料力学性能的影响

激光冲击强化可显著地提高材料的硬度，硬度提高的机理主要有三方面：在处理后的材料表面中存在的高密度位错是硬度提高的主要原因；冲击后位相的转变（对各种铁基合金），如 $\gamma\rightarrow\alpha$ 相的转变，也是材料硬度提高的一个原因，M. Hallouin 对不锈钢激光冲击处理后发现，马氏体的转变使表面硬度提高 $150\%\sim200\%$；冲击处理后材料结构的改变，如缠结，也能极大地提高表面硬度。

位相和材料结构改变需要高的冲击波峰压和冲击波持续时间，冲击波峰压对位错有很大影响，同时位错的排列与冲击波持续时间有密切联系。

6.5.3.1　表面残余压应力

大量的研究结果表明，经激光冲击强化后的材料可以获得$-0.6\sigma_Y$的表面残余压应力，影响层范围为$1\sim2mm$，对表面粗糙度影响很小。激光与材料相互作用时，冲击波在冲击区产生平行于材料表面的拉应力，并使材料发生塑性变形。激光关闭后，由于冲击区周围材料的反作用，将在冲击区中产生压应力（图6-26）。

(a) 激光与材料相互作用时　　　(b) 激光关闭后

图 6-26　残余应力场的形成

6.5.3.2　硬化工艺对材料力学性能的影响

激光在材料表面产生的冲击波的波形和振幅大小决定着冲击硬化的效果，而波形及振幅是由被加热气体的热过程控制的，另外，冲击波还受流体动力学过程的影响。这两种影响都会减少冲击波的幅值，亦即热传导及吸收材料的汽化热会影响冲击波应力场，特别是降低激光功率密度。

（1）对硬度及强度的影响

冲击硬化处理多采用光开关钕玻璃激光器，功率密度为$10^9 W/cm^2$，脉冲宽度为$20\sim100ns$，光斑直径约为$1cm$。为了提高应力波的峰值，在激光冲击之前，往往在样品上涂黑色涂料后再覆盖约束层，如石英、水或塑料等。这样可以使峰值压力从无约束时的$1GPa$提高到$10GPa$。此外，考虑到应力波在材料内传播、反射和叠加作用，往往用两束激光同时冲击样品的两相对表面。

采用 ND：YAG 激光器（脉冲宽度 $30\sim45ns$，波长 $1.06\mu m$，功率密度 $6.8\times10^8 W/cm^2$）对 LY12-CZ 铝合金进行冲击硬化处理，冲击处直径为 $\phi7\sim8.5mm$，结果铝合金表面硬度值提高了 5 倍以上。图 6-27 所示为冲击处理前后位错组织的变化，经金相的定量测定，冲击后的位错密度是未冲击处理的 21 倍，位错密度的提高使流变应力增加了 4.6 倍。

(a) 冲击前(×48000)　　　　　　(b) 冲击后(×36000)

图 6-27　冲击处理前后位错组织的变化

铝合金激光冲击后强度变化因材料及其状态而异。欠时效状态和过时效状态铝合金经激光冲击处理后都提高了强度。前者最多提高 6%，后者提高 15%～30%；而峰值时效状态铝合金经激光冲击处理后的强度无变化。

激光与材料的相互作用引起材料表面发生塑性变形，在材料的表面形成大量的位错，且位错缠结，使材料表面的流变应力增加，从而提高了材料的表面硬度及强度。

(2) 对疲劳强度的影响

冲击硬化的材料表面残余压应力对提高疲劳寿命有很大的影响。2024-T62 铝合金在高功率、短脉冲激光冲击处理后，材料表面激光冲击处理区产生了残余压应力，其值约为 40MPa。对于一定的最大应力振幅 σ_{max}，残余压应力越大，裂纹萌芽所需要的周次 N_i 增加；疲劳裂纹扩展主要决定于扩展裂纹前沿形成的塑性区和塑性区所吸收的能量。裂纹扩展的速率 da/dN 如式(6-5) 所示：

$$da/dN = c\,(\sigma_p^2 - \sigma_{yp}^2)\,\sigma_{max}a \tag{6-5}$$

式中　c——常数；

　　σ_p——塑性区内应力；

　　σ_{yp}——屈服强度；

　　σ_{max}——材料在疲劳加载过程中的最大应力；

　　a——裂纹长度的一半。

式(6-5) 表明了疲劳裂纹扩展速率随着材料屈服强度的升高而得到降低，同时当裂纹前沿进入激光冲击区后，与残余压应力相互作用会改变裂纹前沿的形状，从而降低了裂纹扩展速率。

另一方面，由于激光冲击的作用将导致材料表面位错密度的急剧增加，并且出现位错缠结结构。在循环载荷作用下，这种位错结构会阻碍金属晶体的滑移和位错的运动，阻止裂尖的锐化和钝化过程，从而起到了降低疲劳裂纹扩展速率的作用。这是激光冲击处理能够降低铝合金疲劳裂纹扩展速率的原因之一。

图 6-28 所示为光学显微镜下激光冲击处理铝合金和未处理的疲劳裂纹扩展路径照片。可以看出，未处理试件的疲劳裂纹接近直线扩展，扩展阻力较小；而激光冲击处理试件的疲劳裂纹扩展路径曲折，扩展阻力大。这说明激光冲击处理可抑制疲劳裂纹的扩展。

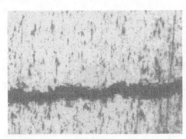 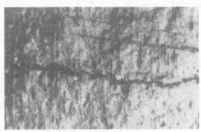

(a) 未冲击　　　　　　　　　　(b) 受激光冲击后

图 6-28　疲劳裂纹扩展路径

6.5.4　激光冲击处理的发展

自 1970 年美国贝尔实验室开始研究激光冲击强化以来，激光冲击强化研究主要有两个方向，根据激光参数可划分为小能量、小光斑、短脉冲和高能量、超短脉冲。

(1) 小能量、小光斑、短脉冲

G. Banas 用 20mJ 的 ND:YAG 激光器，脉冲宽度为 150ps，光斑直径为 0.1mm，在马氏体时效钢表面产生 $10^{12}\,W/cm^2$ 功率密度，并利用脉冲重叠技术覆盖整个处理区。

(2) 高能量、超短脉冲（皮秒或纳秒量级）

根据激光与材料的作用模式可分为有约束层和无约束层两种类型。如将功率密度为 $10^9\,W/cm^2$ 量级的激光直接辐照在金属材料上，所获得的冲击波峰压小于 1GPa，且冲击波对材料的作用时间与激光脉冲相同。有约束层时，可获得数吉帕的冲击波峰压。1992 年，法国学者 M. Gerland 等在没有约束层的情况下对 316L 不锈钢进行激光冲击处理，功率密度

为 $3\times10^{11}\,W/cm^2$，将冲击后的试样与未处理试样进行疲劳对比实验。结果表明：经冲击处理的试样疲劳寿命有所下降。目前，利用小功率激光器、约束层技术冲击处理材料是国内外的主要研究方向。

国内外学者在研究中主要使用水和玻璃作为约束层。Fabbro 的研究表明：由于玻璃比水的冲击波阻抗高，因此可获得比水更高的冲击波峰压。水由于操作方便等优点而备受国内外学者的广泛关注。目前进行激光冲击强化处理总的趋势是功率密度越来越高。在高功率密度下，激光冲击的各种现象国外研究得很多，如约束层的绝缘击穿。为提高约束层的绝缘击穿阈值，主要通过倍频技术和降低脉冲持续时间来实现。

现在激光冲击强化的研究仍存在以下难题：激光冲击效果的无损检测，目前，测表面残余压应力主要使用 X 射线衍射仪，这种方法设备昂贵，需由专业人员操作，只适合实验室使用；新型约束层的选择研究；冲击参数的优化研究；高能量、高频率激光器的研制。

6.6 复合表面改性技术

激光表面改性技术可以较方便地与其他改性技术相结合，而形成一种新的复合表面改性技术，它可以充分发挥激光表面改性与传统表面改性技术各自的优势，弥补甚至消除单一技术的局限性，给材料的表面改性赋予新的含义并展现了美好的市场前景。

6.6.1 两种复合表面改性技术

两种复合表面改性技术是目前应用较多的复合技术，它主要是解决采用一种表面改性技术无法达到目的的问题。例如，对于一些形状复杂的黑色金属零件，如果采用整体淬火来提高强度将导致工件的变形，而这时首先采用激光表面改性，提高工件次表面的强度，然后再进行普通渗碳处理，这样就可以达到即减少变形，又提高了工件强度的目的；对于一些有色金属，由于其不耐磨、易腐蚀，如果采用单一表面改性方法，很容易造成基体的塑性变形，它将极大削弱改性层（硬化层）的结合强度及对基体的粘着力，使改性表面层的塌陷，并会脱落形成磨粒，最终导致工件的失效。如果首先采用激光合金化增加基体负载能力，再复合一层所需要的硬化层，这样可以提高工件的耐磨性或耐腐蚀性，减少变形。

表 6-13 列出了 38CrMoAlA 钢在不同处理后的材料硬化层深度及表面硬度对比。其复合处理采用的是 2kW 横流 CO_2 激光器，光斑直径为 5mm，扫描速度为 12.5mm/s，为了增加表面对激光的吸收率，使用 SiO_2 涂料作为黑化剂；材料的氮化温度为 510℃，时间为 20h。

表 6-13 38CrMoAlA 钢在不同处理后的材料硬化层深度及表面硬度对比

工艺	氮化	激光处理			激光淬火＋氮化			氮化＋激光淬火		
输出功率/W	—	600	800	1000	600	800	1000	600	800	1000
表面硬度/HV	600	600	650	750	481	885	640	795	820	700
硬化层深度/mm	0.2	0.3	0.6	0.8	0.22	0.33	0.38	0.68	0.85	0.95

从表 6-13 中数据可以看出，先氮化后激光复合处理的材料的表面硬度和硬化层深度比纯激光处理和纯氮化处理都有明显的提高。在两种复合方式之间，先激光后氮化处理的材料表面硬化层深度明显低于先氮化后激光处理的硬化层深度。究其原因，是由于激光淬火和氮化具有两种不同强化机制，激光淬火强化是马氏体细晶强化，而氮化是氮化物第二相强化机制。激光＋氮化复合处理中，在激光处理后材料表层形成淬火马氏体组织，由于体积膨胀，在材料的表面将形成几百兆帕的压应力，这么大的压应力在随后的氮化处理时将阻止氮原子

的扩散，使材料表面氮浓度和氮化层深度达不到满意的结果，影响了复合处理的效果。

图 6-29 和图 6-30 分别为 38CrMoAlA 钢氮化处理后、氮化＋激光复合处理后的金相组织。38CrMoAlA 钢在原始处理状态下的组织为具有马氏体特征的回火索氏体，经氮化处理后，沿着硬化层深度由表及里依次形成：$\varepsilon \rightarrow \varepsilon + \gamma' \rightarrow \gamma' \rightarrow \alpha N \rightarrow \alpha$ 相。表面的 ε 相为 $Fe_{2\sim3}N$ 的固溶体，晶体结构为密排六方，脆性较大，但耐蚀性较好。随着表面氮浓度向里扩散，将逐渐形成 γ' 相以 Fe_4N 为基的固溶体，晶体结构为面心立方，脆性较小，强度较高，为主要氮化强化区。氮化处理后再经激光处理，表面的氮浓度降低，ε 相区向芯部扩展，并逐渐分解为 γ' 相，表层硬度降低，而硬化层深度增加，有助于氮化层性能的提高。

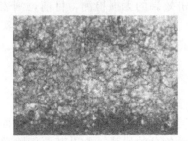

图 6-29　38CrMoAlA 钢氮化处理后的金相组织

图 6-30　38CrMoAlA 钢氮化＋激光复合处理后的金相组织

近年来复合表面改性技术发展迅速，取得不少研究成果，见表 6-14。

表 6-14　两种复合表面改性技术工艺

基体材料	复合表面改性工艺	实验结果
碳钢或合金钢	①精加工后进行激光相变硬化 ②进行气体渗氮处理	提高工件表层的峰值硬度，增大渗氮处理的有效层深
低碳钢	①等离子喷涂 WC/17Co ②CO_2 激光熔化处理	提高工件高温（800℃）承受热冲击及磨粒磨损的能力
45 钢	①激光淬火 ②激光冲击强化处理	提高表面硬度，细化表层组织，增加耐磨性，改变残余应力状态
40Cr	①激光淬火 ②激光冲击硬化	硬度提高，极大改善耐磨性
碳钢	①等离子喷涂 Al_2O_3、TiO_2 ②CO_2 激光重熔	组织致密，消除了气孔，预热后可减少开裂
1%钛合金	激光表面改性＋离子渗氮	从单纯渗氮处理的 645HV 提高到 790HV
Ti 合金	激光气相沉积 TiN 及 Ti(C、N)复合膜层	激光处理 TiN 层深 $1\sim3\mu m$ 离子渗氮后达 $10\mu m$，硬度达 2750HV

6.6.2　两种以上复合表面改性技术

有些工况比较复杂的工件，在进行了两种表面改性处理后，其性能依然难于满足实际需要，在这种情况下，还必须进行表面处理，从而出现了多种复合表面改性技术。钛合金在经过物理气相沉积（PVD）TiN＋离子渗氮或扩散铜表面改性后，表面耐磨性得到了很大的提高，但经复合改性后的耐磨层的厚度也仅仅为 $10\mu m$，当工件达到临界接触应力时，由于基体塑性变形，削弱了改性层的结合强度及其对基体的粘着力，使改性表面层塌陷，脱落形成磨粒，最后导致工件的失效。为了避免这种情况的发生，在 PVD 和离子渗氮处理前，先进行高能束氮的合金化（增加基体承载能力）。表 6-15 列出了多种复合表面改性的几个实验结果。

表 6-15　多种复合表面改性的实验结果

材料	复合表面改性工艺	实验结果
钛合金	①物理气相沉积 TiN ②高能束（激光束）氮的合金化 ③离子渗氮	$1\mu m$ 厚的 TiN,2100HV;$5\mu m$ 厚的 TiN,1400HV; $4\mu m$ 厚富氮的 α-Ti,1070HV;$1000\mu m$ 厚富氮的 α-Ti,800HV
Al-Si 合金	①电子束 Si、Ni 合金化 ②二次合金化 ③PVD 沉积 Cu、Ni、Cr	产生含 Si 颗粒为主或 Ni、Al 的金属间化合物（$NiAl_3$） $w(Si)=40\%$,硬度＞220HV; $w(Si)=20\%$,硬度＞300HV,基体硬度最高为 140HV

第7章

激光3D打印技术（激光快速成形技术）

7.1 概述

3D打印（three dimensional printing）技术也称快速成形（rapid prototype，RP或rapid prototype manufacturing，RPM）、增材制造等技术，与传统的"去除"加工法不同，提出全新的加工理念。它根据零件的三维模型数据，采用材料逐层或逐点堆积的方法，迅速而精确地制造出该零件，是一种"增加"加工法。3D打印技术被认为是近20年制造技术领域的一次重大突破，众多国内外媒体称其为"第三次工业革命"的代表性技术。作为与科学计算可视化和虚拟现实相匹配的新兴技术，3D打印技术提供了一种可测量、可触摸的手段，是设计者、制造者与用户之间的新媒体。它集计算机技术、数控技术、机械、电子、激光技术、材料工程科学等多学科和多种新技术为一体，可以自动、直接、快速、精确地将设计思想转化为具有一定功能的原型或直接制造零件/模具，从而有效地缩短了产品的研究开发周期。与传统制造技术相比，3D打印技术节省至少30％～50％工时和降低20％～35％成本，极大提高了零件的加工效率和经济效益。3D打印是目前世界上先进的产品开发与快速工具制造技术，其核心是基于数字化的新型成形技术，与虚拟制造技术一起被称为未来制造业的两大支柱。它对于制造企业的模型、原型及成形件的制造方式正产生深远的影响。

3D打印技术在国外尤其是欧美国家的发展非常迅速，主要用于军事、汽车、建筑、航空、教育科研、医疗、消费品与工业等行业，并取得巨大的经济效益。例如，美国PRATT5C WHITNCY公司采用3D打印技术快速制造了2000个铸件，若按传统制造技术，每个铸件约需700美元，而采用此技术只需300美元，降低近60％的成本，同时节约70％～90％的工时。除此之外，在生物工程、制药等领域，3D打印技术的引入也为创新开拓了广阔的空间。例如，利用3D打印技术，在计算机的管理与控制下，能够较容易地制造出复杂精细的非均质多孔结构的组织工程用支架，这是传统制造技术无法完成的。3D打印技术正逐渐改变美国制造业的格局，2012年美国《时代》周刊将3D打印产业列为"美国十大增长最快的工业"；英国《经济学人》杂志则认为三维打印将"与其他数字化生产模式一起推动实现第三次工业革命"。为重振美国制造业，2011年美国出台了扶持3D打印产业的诸多政策，数亿美元资金开始涌入这个新兴行业。从国际市场来看，3D打印市场本身已经进入商业化阶段，出现了多种成形工艺及相应的软件与设备，如美国3D Systems、

Stratasys、Z Corp 公司（已与 3D Systems 公司合并）、以色列的 Objet（已与 Stratasys 公司合并）、德国的 EOS 公司、比利时的 Materialise 公司、瑞典的 Arcam 公司等。3D 打印领域的权威报告 Wholers Report 2013 显示了全球销售情况，2012 年 3D 打印市场总共有 22 亿美元的销售收入（包括 3D 打印设备、3D 打印设计与制造服务方面的销售收入），较 2011 年增长了 29.4％，并预测在工业型 3D 打印市场未来几年将保持稳步增长。

我国 3D 打印技术始于 1991 年，近几年来也得到了飞速发展，目前从事 3D 打印技术研究的高校与科研机构有数十家，如清华大学、北京航空航天大学、华中科技大学、西安交通大学等；还有一些海外归国团队创办的企业，如湖南华曙高科、深圳维示泰克、南京紫金立德、北京隆源、北京殷华、江苏敦超等，他们各自在所涉及的基础理论和关键技术的研究方面掌握了一批 3D 打印领域的核心技术，积累了较为丰富的成果。目前已研制出接近或达到美国公司同类产品水平的 3D 打印设备，如武汉滨湖机电技术产业有限公司，以华中科技大学为技术依托单位，研制出全球最大的基于粉末床的 3D 打印设备，为航空航天、汽车等领域大型复杂零部件的制造提供了全新的制造手段。还有湖南华曙高科有限公司，是目前全球唯一既可以生产 SLS 设备、又可以生产 SLS 材料并拥有这些技术全部自主知识产权的企业。但国产 3D 打印设备在打印精度、打印速度、打印尺寸和软件支持等方面还难以满足商用的需求，技术水平有待进一步提高。

目前 3D 打印技术的加热光源还是以激光为主，激光 3D 打印技术在快速成形技术中仍占有主导地位，本章以激光 3D 打印技术为主导来介绍 3D 打印技术。

7.2 3D打印（快速成形）技术的基本原理及特征

7.2.1 3D 打印（快速成形）技术的原理

3D 打印（快速成形）技术是一种全新的概念，它可以在没有任何刀具、模具和工装夹具的情况下，快速直接实现零件的单件生产，是对传统制造技术的革命，也是多种技术和多学科交叉和融合的结晶。图 7-1 所示为 3D 打印（快速成形）技术涉及的关联学科。

3D 打印（快速成形）技术是一种基于离散/堆积原理，集成计算机、数控、精密伺服驱动、激光和材料等高新技术而发展起来的先进制造技术。它是在计算机控制与管理下，根据零件 CAD 模型，采用材料精确堆积（由点堆积成面，由面堆积成三维实体）的方法制造零件的技术，是一种基于离散/堆积成形原理的新型制造方法。首先采用 CAD 软件设计出所需零件的计算机三维曲面或实体模型（数字模型或称电子模型）；然后根据工艺要求，按照一定的规则将该模型离散为一系列有序的单元，一般在 Z 向将其按一定厚度进行离散（习惯称为分层），把原来的三维电子模型变成一系列的二维层片；再根据每个层片的轮廓信息，进行工艺规划，选择合适的加工参数，自动生成数控代码；最后由成形机床接受控制指令，制造一系列层片，并自动将它们连接起来，得到一个三维物理实体。这样就将一个物理实体复杂的

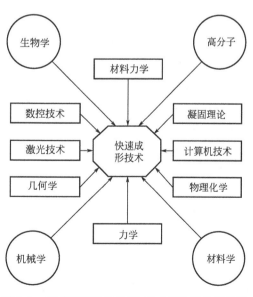

图 7-1 3D 打印（快速成形）技术涉及的关联学科

三维加工离散成一系列层片的加工，大大降低了加工难度，并且成形过程的难度与待成形的物理实体形状和结构的复杂程度无关。它将一个复杂的三维加工简化成一系列二维加工的组合，与传统的"去除"成形加工形成鲜明的对照。

7.2.2　3D 打印（快速成形）技术的工艺过程

3D 打印（快速成形）制造技术是采用分层累加法，即用 CAD 造型、生成 STL 文件、分层切片等步骤进行数据处理，借助计算机控制的成形机床完成材料的形体制造。

7.2.2.1　CAD 三维造型（包括实体造型和曲面造型）

利用各种三维 CAD 软件进行几何造型，得到零件的三维 CAD 数学模型。目前比较常用的 CAD 造型软件系统有 AutoCAD、Pro/Engineer、UG、I-DEAS 等。许多造型软件在系统中加入了专用模块，可以将三维造型结果离散化，生成所需的二维模型文件。

7.2.2.2　反求工程物理形态的零件

反求工程是 3D 打印（RP）技术中零件几何信息的另一个重要来源。几何实体中包含了零件的几何信息，但这些信息必须经过反求工程将三维物理实体的几何信息数字化，将获得的数据进行处理，实现三维重构而得到 CAD 三维模型。提取零件表面三维数据的主要技术手段有三坐标测量仪、三维激光数字化仪、工业 CT、磁共振成像以及自动断层扫描仪等。

7.2.2.3　数据处理

对三维 CAD 造型或反求工程得到的数据必须进行处理，才能用于控制 3D 打印（RPM）成形设备制造零件。数据处理的主要过程包括表面离散化、分层处理、数据转换。表面离散化是在 CAD 系统上对三维的立体模型或曲面模型内外表面进行网络化处理，即用离散化的小三角形平面片来代替原来的曲面或平面，经网络化处理后的模型即为 STL 文件。该文件记录每个三角形平面片的顶点坐标和法向矢量，然后用一系列平行于 XY 的平面（可以是等间距或不等间距）对基于 STL 文件表示的三维多面体模型用分层切片方法对其进行分层切片，然后对分层切片信息进行数控后处理，生成控制成形机床运动的数控代码。

7.2.2.4　原型制造

利用 3D 打印（快速成形）设备将原材料堆积为三维物理实体。

7.2.2.5　后处理

通过 3D 打印（快速成形）系统制造的零件的力学性能、物理性能往往不能直接满足实际生产的需要，仍然需要后续处理。后处理主要包括对成形零件进行去除支撑、清理、二次固化和表面处理等工序，该环节在 3D 打印（RP）技术实际应用中占有很重要的地位。如果硅橡胶铸造、陶瓷型精密铸造、金属喷涂制模等多项配套制造技术与 3D 打印（RP）技术相结合，即形成快速铸造、快速模具制造等新技术，将会使 3D 打印（RP）技术在工业应用方面的发展更为迅速。图 7-2 是 3D 打印（快速成形）的工艺流程。

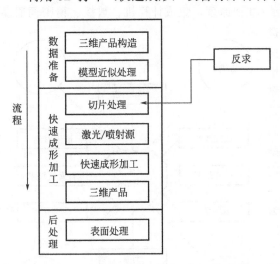

图 7-2　3D 打印（快速成形）的工艺流程

7.2.3　3D 打印（快速成形）技术的特征

3D 打印（快速成形）技术的主要特征包括以下几个方面。

7.2.3.1　高度柔性化

3D打印（快速成形）技术最突出的特点是具有高度柔性，它摒弃了传统加工中所需要的工装夹具、刀具和模具等，可以快速制造出任意复杂形状的零件，将可重编程、重组、连续改变的生产装备用信息方式集成到一个制造系统中。

7.2.3.2　高度集成化

3D打印（快速成形）技术是机械工程、计算机技术、数控技术、激光技术和材料科学等技术的集成。在成形理念上以离散/堆积原理为指导；在控制上以计算机和数控为基础，以最大的柔性为目标。3D打印（RP）技术进入工业实际应用离不开高速发展的计算机技术和数控技术等的支撑。

7.2.3.3　设计制造的一体化

CAD/CAM一体化是3D打印（快速成形）技术的另一个显著的特点。由于3D打印（快速成形）技术克服了传统成形思想的局限性，采用了离散/堆积分层制造工艺，有机地将CAD/CAM结合起来，实现了设计制造的一体化。

7.2.3.4　快速化

3D打印（快速成形）制造技术完全体现了快速的特点，其借助高速发展的计算机等技术，使从产品设计到原型的加工完成只需几个小时至几十个小时，具有快速制造的突出特点。

7.2.3.5　可以制造任意复杂的三维几何实体

3D打印（快速成形）技术采用分层制造原理，将任意复杂的三维几何实体，沿某一确定方向用平行的截面去依次截取厚度为δ的制造单元，再将这些厚度为δ的制造单元叠加起来，形成原来的三维实体，这样就将三维问题转化为二维问题，从而降低了加工的难度，同时又不受零件复杂程度的限制。越是复杂的零件越能显示出3D打印（快速成形）技术的优越性，3D打印（快速成形）技术特别适合于复杂型腔、型面等传统方法难以加工甚至无法加工的零件。

7.2.3.6　被加工材料的广泛性

金属、陶瓷、纸、塑料、光敏树脂、蜡和纤维等材料在快速成形领域已得到很好的应用，与传统加工技术相比，3D打印（快速成形）技术极大地简化了工艺规程、工装准备、装配等过程，使其更容易实现由产品模型驱动的直接制造。

7.3　3D打印（快速成形）主要的工艺方法

3D打印工艺有多种，有按材料分类的，有按成形方法分类的。图7-3为按材料分类的示意图。按成形方法对3D打印工艺进行分类，可分为两类：基于激光及其他光源的成形技术（Laser Technology），如液态光敏树脂选择性固化（SLA）、叠层实体制造（LOM）、粉末材料选择性激光烧结（SLS）、形状沉积成形（SDM）；基于喷射的成形技术（Jetting Technology），如熔融沉积成形（FDM）、三维打印成形（3DP）、多相喷射沉积（MJD）等。其他三维打印工艺还有直接壳型铸造成形工艺（DSPC）等。这些工艺方法都是在材料累加成形原理的基础上，结合材料的物理化学特性和先进的工艺方法而形成的，它与其他学科的发展密切相关。表7-1介绍了3D打印（快速成形）技术的成形方法。

7.3.1　液态光敏树脂选择性固化

液态光敏树脂选择性固化（stereo lithography apparatus，SLA）也称立体印刷，由美国3D Systems公司在20世纪80年代后期推出，它是目前技术最成熟和应用最为广泛的3D

打印（快速成形）技术，其原理如图 7-4 所示。在液槽中盛满液态光敏树脂，在紫外激光束的照射下，液态树脂快速凝固。在成形过程开始时，调节升降工作台，使其处于液面下一个截面层厚的高度，在计算机的控制下，聚焦后的激光束按照截面轮廓的要求，沿液面进行扫描，使被扫描区域的树脂固化，从而得到该截面轮廓的塑料薄片。然后，向上（或向下）移动工作台，已固化的塑料薄片就被一层新的液态树脂所覆盖，以便进行第二层激光扫描固化。新固化的一层牢固地黏结在前一层上，如此重复至整个原型制造完毕。最后升降台升出液体树脂表面，即可取出工件，进行清洗和表面光洁处理。图 7-5 是美国的 3D Systems 公司生产的 SLA-7000 系统，它采用的固体 $Nd:YVO_4$ 激光（波长为 354.7nm），输出功率 800mW，垂直分辨率可以达到 0.001mm，重复定位精度为 ±0.01mm，具有很高的加工精度。

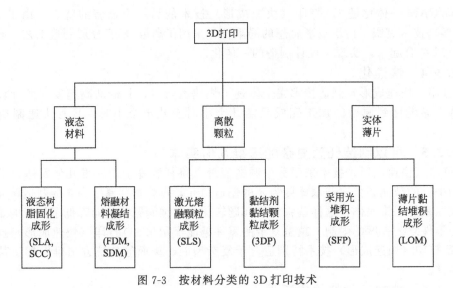

图 7-3　按材料分类的 3D 打印技术

表 7-1　3D 打印（快速成形）技术的典型成形方法

成形方法	材料	尺寸精度 /mm	成形机理	反应形式	粗糙度 $Ra/\mu m$	成本
SLA	树脂,树脂＋陶瓷(金属)	±0.13	一层层液体固化	光聚合反应	0.6	较高
SLS	聚合物,纯金属,金属＋黏结剂,陶瓷,砂	±0.13～±0.25	一层层烧结	烧结冷却	5.6	较高
FDM	塑料、蜡等聚合物,金属(陶瓷)＋黏结剂		一层层喷射固化	冷却固化	14.5	较高
LOM	纸、聚合物、陶瓷、金属、复合材料等＋黏结剂	±0.254	一层层黏结	黏结作用	1.5	低
SFP	树脂		一层层固化,一层层叠加	光固化		较高
3DP	聚合物(陶瓷、金属)＋黏结剂	0.5%～1%	一层层粉末＋黏结剂黏结	黏结作用	与铸造精度相当	
LVD	金属或陶瓷		气体分解	光分解		

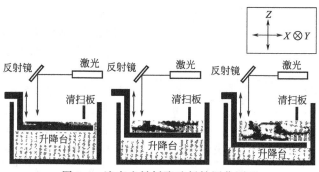

图 7-4　液态光敏树脂选择性固化原理

7.3.1.1　SLA3D 打印（快速成形）技术的主要优点

① 制造尺寸精度较高。由于紫外激光波长短，可以得到很小的聚焦光斑，从而得到较高的尺寸精度，加工工件的尺寸精度可控制在 0.1mm 以内。

② 工件表面粗糙度较好。工件的最上层表面很光滑，但侧面可能有台阶状不平及不同扫描固化层面间的曲面不平。

③ 系统工作稳定，易于实现全自动化。系统一旦开始工作，构建零件的全过程完全自动运行，无需专人看管，直至整个工艺过程结束。

④ 系统分辨率较高，因此可用于制造形状复杂、外观精细的零件。

7.3.1.2　SLA3D 打印（快速成形）技术的缺点

① 树脂制件的保存困难。树脂会吸收空气中的水分，导致较薄部分的弯曲和卷翘。

图 7-5　美国 3D Systems 公司
生产的 SLA-7000 系统

② 生产成本较高。氦-镉激光管的价格较昂贵，使用寿命一般为 3000h；同时需对整个截面进行扫描固化，成形时间较长。

③ 可选的材料种类有限，必须是光敏树脂。由这类树脂制成的工件在大多数情况下都不能进行耐久性和热性能试验，且光敏树脂对环境有污染，还会使人的皮肤过敏。

④ 需要设计工件的支撑结构。只有可靠的支撑结构才能确保在成形过程中制件的每一结构部位都能得到可靠的定位。

光固化立体成形技术适合制作中小型工件，能直接得到塑料产品，主要用于概念模型的原型制作，或用于装配和工艺规则的检验。它还能代替蜡模制作浇铸模具，以及作为金属喷涂模、环氧树脂模和其他软模的母模，是目前较为成熟的 3D 打印（快速成形）制造工艺。

7.3.2　粉末材料选择性激光烧结

粉末材料选择性激光烧结（selected laser sintering，SLS）也被称为激光加成、激光成形、激光加成制造、固态自由成形、选区激光熔覆等，它的原理如图 7-6 所示。使用 CO_2 激光器对粉末材料（如蜡粉、ABS 粉、尼龙粉、陶瓷与黏结剂的混合粉、金属与黏结剂的混合粉等）进行选择性烧结，是一种由离散点一层层地堆积成三维实体的工艺方法。典型设备如武汉滨湖机电技术产业有限公司，以华中科技大学为技术依托单位，研制出的全球最大的

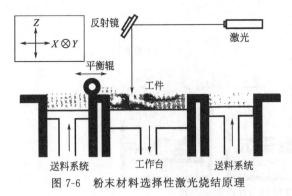

图 7-6　粉末材料选择性激光烧结原理

基于粉末床的 HRPS-Ⅵ型 SLS 快速制造装备 [图 7-7(a)]，为航空航天、汽车等领域大型复杂零部件的制造提供了全新的制造手段。该设备可加工零件长宽最大尺寸均达到 1.2m，理论而言，只要长宽尺寸小于 1.2m 的零件（高度无需限制），都可制造出来。图 7-7(b) 为采用该设备为欧盟成形的卫星钛合金零部件的大型薄壁熔模，成形尺寸 660mm×660mm×760mm，成形精度 0.1%，最小壁厚 5mm。

激光选区烧结在开始加工之前，先将充有氮气的工作室升温，并保持在粉末的熔点以下。成形时先在工作平台上铺一层粉末材料，激光束在计算机控制下按照截面轮廓对成形部分的粉末进行烧结，使粉末熔化形成一层固体轮廓。第一层烧结完成后，工作台下降一截面层的高度，再进行下一层的铺粉烧结。如此循环，直到形成三维产品为止。最后经过 5～10h 冷却，即可从粉末缸中取出零件。未经烧结的粉末能承托正在烧结的工件，当烧结工序完成后，取出工件后，未经烧结的粉末基本可自动脱落，并重复利用。因此，SLS 工艺不需要设置支撑。

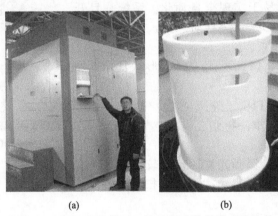

(a)　　　　　　　　　　　　(b)

图 7-7　HRPS-Ⅵ型 SLS 快速制造装备及成形构件

7.3.2.1　SLS3D 打印（快速成形）技术的优点

① 与其他工艺相比，能生产最硬的模具。由于采用高功率 CO_2 激光，可实现陶瓷及金属粉末材料的烧结。

② 适用范围广。可以采用多种原料，如绝大多数工程用塑料、蜡、金属、陶瓷等。

③ 零件成形时间短，每小时固化高度可达到 25.4mm。

④ 制作工艺简单。不需要设计和构造支撑，无需对零件进行后矫正。

7.3.2.2　SLS3D 打印（快速成形）技术的缺点

① 零件制造时间较长。在加工前，需对整个截面进行扫描和烧结，并且预热约 2h 的时间将粉末加热到熔点以下。当零件制造完成之后，还要进行 5～10h 的冷却。

② 零件成形后续处理较烦琐。零件的表面一般是多孔性的，对陶瓷、金属与黏结剂的混合粉材料，在得到原型零件后，为了使表面光滑，必须将它置于加热炉中，烧掉其中的黏结剂，并在孔隙中渗入填充物。

③ 加工成本较高。在成形过程中，需要对加工室不断充氮气以确保烧结过程的安全性

和稳定性。

④ 该工艺产生有毒气体，污染环境。

选择性激光烧结工艺适合成形中小件，可直接得到塑料、陶瓷或金属零件，零件的翘曲变形比液态光固化成形工艺要小。由于选择性激光烧结 3D 打印（快速成形）工艺可对不同成分的金属粉末进行烧结，进行渗铜后置处理，其制成的产品可具有与金属零件相近的力学性能，因此它非常适合产品设计的可视化表现和制作功能测试零件，如用于制作 EDM 电极、直接制造金属模以及进行小批量零件生产。选择性激光烧结的最大优点是可选用多种材料，适合不同的用途，所制作的原型产品具有较高的硬度，可进行功能试验。

7.3.3 熔融沉积成形

熔融沉积成形（fused deposition modeling，FDM）也称丝状材料选择性熔覆，它是一种不依靠激光作为成形能源，而将各种丝材加热熔化的成形方法，其原理如图 7-8 所示。热熔喷头在计算机的控制下，使半流动状态的材料按 CAD 分层数据控制的路径挤压并沉积，快速冷却后形成一层大约 0.127mm 厚的薄片轮廓，逐层沉积凝固后形成物理原型，去除支撑、底托等辅助件即可得到原型零件。两个喷头中一个用于挤出成形材料，另一个用于挤出支撑材料。支撑的作用是支撑原型悬空部分，使原型不至于因自重而变形。典型的设备是美国 Stratasys 公司的 FDM Maxum 熔融沉积快速原型系统（图 7-9），其最大成形范围达到 600mm×500mm×600mm，成形速度较快。

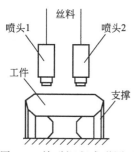

图 7-8 熔融沉积成形原理

图 7-9 美国 Stratasys 公司的 FDM Maxum 系统

熔融沉积成形方法适于产品的概念建模以及新产品的功能测试等方面，由于甲基丙烯酸 ABS 材料化学稳定性较好，可采用 γ 射线消毒，特别适用于医学领域。FDM 成形精度相对较低，难以制作结构较复杂的零件。

7.3.4 薄型材料选择性切割

薄型材料选择性切割（laminated object manufacturing，LOM）也称叠层制造，它是一种薄片材料叠加工艺，其原理如图 7-10 所示。叠层制造是根据三维 CAD 模型每个截面的轮廓线，在计算机的控制下，用 CO_2 激光束对底部涂有热熔胶的薄型材料（如涂覆纸、涂覆陶瓷箔、金属箔、塑料箔材）切割出轮廓线，并将纸的无轮廓区切割成小碎片。然后由热压机构将一层层纸压紧并黏合在一起。可调整工作台支撑正在成形的工件，并在每层成形之后，降低一个纸厚，以便送进、黏合和切割新的一层纸。最后形成由许多小废料块包围的三维产品。典型的设备是美国 Helisys 公司生产的 LOM-2030H 型箔材叠层快速原型机（图 7-11），其成形件的最大尺寸为 812mm×558mm×508mm，工件的表面温度可精确控制。

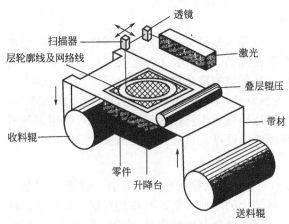

图 7-10　薄型材料选择性切割原理

图 7-11　美国 Helisys 公司生产的 LOM-
2030H 型箔材叠层快速原型机

图中标注：透镜、扫描器、层轮廓线及网络线、激光、叠层辊压、带材、收料辊、零件、升降台、送料辊

7.3.4.1　LOM3D 打印（快速成形）技术的优点

① 加工效率高。由于加工时，只是对零件的轮廓线进行切割，无需扫描整个断面，大大地缩短了加工时间，所以这是一个高速的 3D 打印（快速成形）工艺。

② 操作简单，对环境不会造成污染。

③ 无需设计和构建支撑结构。

④ 加工后零件可以直接使用，无需进行后矫正。

7.3.4.2　LOM3D 打印（快速成形）技术的缺点

① 适用范围窄。可供使用的原材料种类较少，目前常用的只是纸，其他薄层材料依然处于开发中。

② 由于纸制零件很容易吸水受潮，必须立即进行后处理、上漆。

③ 尺寸精度不高，难以制造精细形状的零件，并且里面的废料难以去除，所以只能加工结构简单的零件。

④ 当加工室的温度过高时常有火灾危险。

⑤ 材料浪费大。

这种工艺方法适合成形大中型件，翘曲变形较小，成形时间较短。制成件有良好的力学性能，适合产品设计的概念建模和功能测试零件。由于制成的零件具有木质属性，比较适用于直接制作砂型铸造模。

7.3.5　固基光敏液相法

固基光敏液相法（solid ground curing，SGC）也称漏板光固化成形法，它是采用紫外线光源通过漏板（与照相底片类似）对整个层面的光敏树脂进行固化。它的原理如图 7-12 所示。首先将 CAD 模型分为若干层截面轮廓，采用静电工艺"印"到一个玻璃板（光漏板）上，使截面轮廓部分保持透明。一层的成形过程一般由以下步骤完成：添料、掩模、紫外光曝光、未固化的多余液体料的清除、向空隙处填充蜡料并磨平，重复上述过程，直至整个原型制作的完成。掩模的制造采用了离子成像技术，同一底片可以重复使用。

7.3.5.1　SGC 技术的优点

① 生产效率高。整个工作区内可放入多个工件，一次可加工多个工件。

② 成形时，没有收缩效应，零件尺寸稳定，不需要后矫正。

③ 由于有蜡的支撑，成形时不需要设计支撑结构。

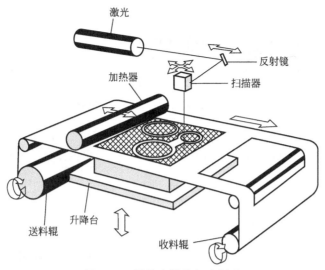

图 7-12　固基光敏液相法原理

④ 成形精度高，可以较容易制造复杂的零件。

⑤ 操作灵活，工艺过程可以中断。

7.3.5.2 SGC 技术的缺点

① 成本较高。首先设备成本高，其次树脂的耗费量与零件的截面轮廓大小无关，仅与层面的大小有关，对于截面轮廓小的零件成本较高。

② 工艺复杂。必须由熟练工人看管、操作，不能实现无人加工。

7.3.6　三维打印

三维打印（three dimensional printing，3DP）也称粉末材料选择性黏结，它是美国麻省理工学院 Emanual Sachs 等人开发的，一种基于喷射技术，从喷嘴喷射出液态微滴或连续的熔融材料束，按一定路径逐层堆积成形的快速成形技术。由于它的工作原理与打印机或绘图仪相似［图 7-13(a)］，所以通常称为三维印刷。工作过程中，电信号控制许多喷嘴头像打印头一样快速地前后移动，一层叠一层地喷出热敏聚合物，并很快固化，从而形成了实际零件。它用金属粉加黏结剂或陶瓷粉加黏结剂材料来成形原型，成形以后用高温烧掉黏结剂，再渗入铜以加大密度。根据其使用的材料类型的不同，三维打印成形技术可分为黏结材料三维打印成形（Z Corp 公司为代表）、光敏材料三维打印成形（Object 和 3D Systems 公司为代表）和熔融材料三维打印成形（Stratasys 公司和 Solidscape 公司为代表）三种工艺。

3DP 技术可以用于原型制作，如一般工业产品模型的制作，以提高设计速度，提高设计交流的能力，成为强有力的与用户交流的工具，进行产品结构设计及评估，以及样件功能测评。

2000 年美国的 Z Corp 与日本的 Riken Institute 研制出基于喷墨打印技术的、能制作出彩色原型件的 RP 设备。2005 年初该公司推出最新产品高清晰度的 Z510 彩色三维打印机，成形尺寸可以达到 254mm×356mm×203mm，该系统采用 4 个 HP 喷墨打印头喷射彩色黏结剂，打印速度达到 2 层/min，层厚为 0.089~0.203mm，分辨率为 600×540dpi，并且不需要构建支撑，可快速制作 24bit 彩色的高清晰度零件，非常适合于概念模型制作。模型件可表现出三维空间内的热应力分布情况，切割开模型，即可发现模型内的温度和应力变化情况，这对于模型的有限元分析尤其实用，适合化工管道、建筑模型等领域。利用 3DP 打印出的化工管道彩色模型如图 7-13(b) 所示。

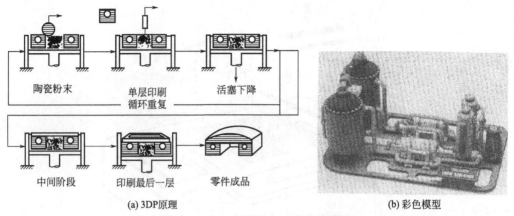

| (a) 3DP原理 | (b) 彩色模型 |

图 7-13　3DP 原理及加工的彩色模型

3DP 技术还可以用于工业企业新产品设计、试制及快速打印成形，个性化产品设计及快速打印制造；除此之外，在生物医学工程、制药工程、微型机电制造、航空航天等领域，3DP 技术的引入也为创新开拓了广阔的空间。

7.3.6.1　3DP 技术的优点

① 成本低，体积小。无需复杂的激光系统，采用相对较廉价的喷嘴头，整体造价大大降低；喷射结构高度集成化，没有庞杂的辅助设备，结构紧凑，适合办公室环境。

② 成形材料种类多。根据使用要求，可以是陶瓷、金属、石膏、淀粉、塑料等粉末材料，还可以是复杂的梯度材料。

③ 工作过程中无污染。成形过程中无大量热产生，无毒无污染，环境友好。

④ 成形速度快。喷嘴头一般具有多个喷嘴，成形速度比采用单个激光头逐点扫描要快得多。

⑤ 运行费用低且可靠性高。成形喷嘴头维护简单，消耗能源少，可靠性高，运行费用和维护费用低。

⑥ 无需考虑构建支撑。未被喷射黏结剂的地方为干粉，在成形过程中起支撑作用，且成形结束后，比较容易去除。

⑦ 高度柔性。这种制造方式不受零件的形状和结构的任何约束，使复杂模型的直接制造成为可能。

7.3.6.2　3DP 技术的缺点

① 喷射液滴黏结成形，成形原型件结构较松散，强度较低，需要进行后处理提高强度。一般只能做概念模型，而不能做功能性试验。

② 受粉末材料特性的约束，成形精度有待提高。

③ 对于采用石膏等粉末材料作为成形材料的工艺，其工件表面顺滑度受制于粉末颗粒的大小，所以工件表面粗糙，需用后处理加以改善。

④ 对于采用可喷射树脂等作为成形材料的工艺，由于其喷墨量很小，每层的固化层片一般为 $10\sim30\mu m$，成形速度慢，成本较高。

7.3.7　复合成形法

上述各种激光 3D 打印（RP）制造方法的组合或与其他类型激光加工形式的组合都能构成复合成形法。有实用价值的复合成形法有以下几种。

① 激光烧结法＋激光清除法。在要求零件精度较高时可以先用激光分层烧结法制造出

原型实体，再用激光去除法除掉零件形状和尺寸上超出精度允许误差以外的冗余部分，从而得到精度合格的零件实体。

② 光敏树脂法＋激光清除法。当光固化的原型实体在精度上不满足要求时也可再用立体光刻技术修理实体表面和尺寸使之符合产品的精度要求。

③ 叠层法中激光切割＋激光焊接。

④ 离散堆积法中激光熔覆＋选择性激光熔化。

⑤ 激光烧结＋激光熔覆＋激光清除。

7.4 3D 打印（快速成形）的软件与设备

3D 打印（快速成形）是一种基于离散/堆积原理的制造技术，它将零件的 CAD 模型按一定方式离散，成为可加工的离散表面、离散线和离散点，然后采用物理或化学手段，将这些离散的面、线段和点堆积而形成零件整体形状，这些都离不开三维模型软件的处理系统。

3D 打印（快速成形）中的前期数据准备包括表面或立体模型生成、STL 文件格式、构建支撑和模型分层切片。

7.4.1 激光 3D 打印（快速成形）前期数据处理

7.4.1.1 CAD 软件系统

3D 打印（快速成形）需要三维 CAD 数据的 STL 格式作为输入，然后才能进行切片处理，因此必须使用三维建模方法。用于构造模型的 CAD 软件系统应具有较强的实体造型和表面造型功能，其中表面造型功能对构造复杂的自由曲面有着重要作用。目前，3D 打印（快速成形）常用的 CAD 软件系统如表 7-2 所示。

表 7-2 3D 打印（快速成形）常用的 CAD 软件系统

软件	开发公司	软件	开发公司
Pro/Engineer	Parametric Technology Co.	CATIA	IBM Co.
Solid Works	Solid Works Co.	CADKEY	CADKEY
Auto CAD	Auto desk	Computer vision	Computer vision
Unigraphics	EDS-Unigraphics	EUCLID	Matra Datavision
I-DEAS	Strutural Dynamics Research Co.	Intergraph	Intergraph Co.

注：按市场占有率排序。

其中，Pro/Engineer 目前仍是最受 3D 打印（快速成形）用户欢迎的三维造型软件。它采用了全关联的数据结构，如果对局部数据进行了改动，那么软件系统可以对与改动数据关联的其他数据进行相应的改动，使文件的可修改性大大增强，减少了很多烦琐的工作，并且 Pro/Engineer 具有较强的实体造型和表面造型功能，可以构造非常复杂的模型，是目前应用最多的三维造型软件。但是，该系统庞大及使用界面复杂，价格也比较贵。

Auto CAD 是微机系统上使用的 CAD 软件产品，是机械制图行业应用最为普遍、功能非常齐全的绘图软件。新版本的 Auto CAD 也具有较强的三维造型功能，但 Auto CAD 建立的三维模型输出的 STL 文件一般存在较多的缺陷。目前 Auto CAD 在 3D 打印（快速成形）系统中的使用已日趋减少。

有一些三维造型 CAD 应用软件开始受到欢迎，如美国 Solid Works 软件价格比较便宜，使用界面比较友好，能基本满足三维造型的要求，只经简单培训或不经培训就可掌握，该软件也存在不少用户。但该软件构造复杂的模型比较麻烦。

7.4.1.2　3D打印（快速成形）技术中常用的文件格式和文件规则

(1) 常用的文件格式

3D打印（快速成形）技术中在CAD系统中完成三维造型后，需要把数学模型转化成3D打印（快速成形）系统能够识别的文件格式，常用的文件格式有面片模型文件（如STL、CFL文件等）、层片模型文件（如HP/GL、LEAF、CLI文件等）。

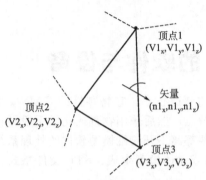

① STL (stereo lithography interface specification) 格式　STL格式是美国3D Systems公司最初生产的SLA3D打印（快速成形）系统使用的一种文件格式，它是目前3D打印（快速成形）系统中最常见的一种文件格式，已成为快速原型系统与CAD系统之间的准行业数据交换标准，如图7-14所示。STL文件格式中每一个三角面片由四个数据项表示（三个顶点坐标与面片的法矢），这种格式有ASCII码和二进制码两种输出形式，二进制码输出形式所占用的文件空间比ASCII码输出形式的小得多，但ASCII码输出形式直观明

图7-14　STL文件格式的四个数据项

了，检查比较方便，其格式如下。

Solid entity name	（实体名称，字符串类型）
Facet normal ni nj nk	（三角面片法向量在坐标轴的分量，双精度浮点型）
Outer loop	
Vertex $V1_x$ $V1_y$ $V1_z$	
Vertex $V2_x$ $V2_y$ $V2_z$	
Vertex $V3_x$ $V3_y$ $V3_z$	（三角面片顶点的 x、y、z 坐标值，双精度浮点型）
End loop	
End facet	（平面信息结束）
…	
End solid	（实体信息结束）

STL格式最大的优点是简单，数据容易处理，并且已经标准化。但STL格式将三维CAD模型近似成小三角平面的组合，本身是一个近似的模型，并在处理三角形网格的形状结构时容易出现很多问题。在每一个三角平面的信息中都给出组成三角面片的三个顶点坐标值，如果一个顶点为多个三角面片所共有，则同样的顶点坐标值将在每个三角面片中重复给出，造成大量的冗余信息。

② IGES (international graphics exchange standard) 格式　IGES是用于商用CAD系统的图形信息交换标准，许多3D打印（快速成形）系统接受该格式。它主要的特点在于：IGES是一个通用的标准，几乎能够实现所有商用CAD系统的转换；并且提供点、线、圆弧、曲线、体等实体信息来精确表示CAD模型。但由于不同的CAD供应商对IGES标准都有自己不同的解释，从而使各自产生的IGES文件有所差异，并且IGES文件中包含了大量的冗余信息，处理较复杂。

③ STEP (standard for the exchange of product)　STEP是一种正在逐步国际标准化的产品数据交换标准，它涵盖了所有的工业领域及产品生命周期的所有方面。目前，典型的CAD系统都能输出STEP格式文件，有些3D打印（快速成形）技术的研究工作者正试图借助STEP格式，不经STL格式的转化，直接对三维CAD模型进行切片处理，以便提高3D打印（快速成形）的精度。

同样在 STEP 中包含了大量 3D 打印（快速成形）系统不需要的冗余信息，基于 STEP 实现 3D 打印（快速成形）的数据转换，还需要开展大量的工作。

④ HP-GL（HP-graphics language）格式　HP-GL 是 HP 公司开发的一种用来控制自动绘图机的语言格式，数据类型均是二维的，包括线、圆、样条曲线、文本等信息。这种表达格式的基本构成是描述图形的矢量，用 x 和 y 坐标来表示矢量的起点和终点，以及绘图笔相应地抬起和放下。一些 3D 打印（快速成形）系统用 HP-GL 来驱动它们的成形头。HP-GL 文件可以直接传到 3D 打印（RP）系统，不需要切片。

⑤ SLC 格式　SLC 是 3D Systems 公司拥有的一种文件格式，是 CAD 模型的 2.5 维的轮廓描述，它由 Z 向的一系列逐步上升的横截面组成，在这些横截面中，实体用内、外边界多线表达。它能由 CAD 实体模型、表面模型或 CT 扫描数据转换而成。

⑥ SLI（Slice）格式　SLI 是一种针对 SLA 3D 打印（快速成形）系统，用于控制激光束运动的格式。它由一系列根据切片软件产生的矢量指令组成。

⑦ CLI（common laver interface）格式　CLI 是欧洲 3D 打印（快速成形）行动组织支持的一种格式。CLI 格式也是基于 2.5 维切片模式，每一层通过它的厚度、轮廓、填充线来定义。CLI 有多线结构和填充线结构两种实体。它试图克服 STL 格式的局限性，能为各种 3D 打印（快速成形）系统所采用。

还有 RPI（rensselaer polytechnic institute）格式、CFL（capital's facet list）格式等。

(2) STL 文件格式的规则

① 共顶点规则　每一个小三角形平面必须与每个相邻的小三角形平面共用两个顶点，即一个小三角形平面的顶点不能落在相邻的任何一个三角形平面的边上，否则无法进行切片处理，如图 7-15 所示。

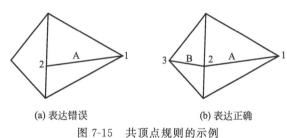

(a) 表达错误　　　　　(b) 表达正确

图 7-15　共顶点规则的示例

② 取向规则　对于每一个小三角形平面，其法向矢量必须向外，三个顶点连成的矢量方向按右手法则确定，而且，对于相邻的小三角形平面，不能出现取向矛盾。

③ 取值规则　每个小三角形平面的顶点坐标值必须是正数，零和负数是错误的。

④ 充满规则　在三维模型的所有表面上，必须布满小三角形平面，不得有任何遗漏。

(3) STL 文件格式的缺陷

目前大部分 CAD 软件系统都提供输出 STL 数据的功能模块，只需调用这个模块，就能生成 STL 格式文件，并在屏幕上显示出转换后的 STL 格式模型（即由一系列小三角形平面组成的三维模型）。但由于 CAD 软件和 STL 文件格式本身的问题，以及转换过程造成的问题，所产生的 STL 文件格式存在少量的缺陷，其中比较常见的有以下几种。

① 在两个表面相交时，出现违反共顶点规则的三角形，造成间隙。

② 出现错误的裂缝或孔洞。在三维模型的所有表面上，如果出现三角形的遗漏，将会在模型上出现错误的裂缝或孔洞，违反充满规则。此时，应在这些裂缝或孔洞中增补若干小三角形平面，从而消除错误。

③ 三角形过多或过少。进行 STL 格式转换时，转换精度的选择十分重要，如果转换精度选择不当，将会出现三角形过多或过少的现象。当转换精度选择过高时，产生的三角形过多，文件冗余信息量太大，超出 RP 系统所能接受的能力，将出现一些莫名其妙的错误，导致成形困难。当转换精度选择过低时，产生的三角形过少，造成成形零件的形状、尺寸精度无法满足要求。这时应适当调整 STL 格式的转换精度，一般把三角平面与所逼近曲线的最

大弦长误差控制在 0.01～0.05mm 范围。

④ 微小特征遗漏或出错。当三维 CAD 模型上有非常小的特征结构（如很窄的缝隙、肋条或很小的凸起等）时，可能很难在其上布置足够数目的三角形，致使这些特征结构遗漏或形状出错，或者在后续的切片处理时出现错误、混乱。对于这类问题，比较难以解决。因为如果要想用更高的转换精度（即更小尺寸和更多数目的三角形）以及更小的切片间隔来克服这类缺陷，必然会使文件信息量更大，造成 3D 打印（快速成形）系统无法接受。

多数 3D 打印（快速成形）系统的开发商提供对 STL 格式文件进行正确性检验和修正的软件，其中，有的是自动修补，有的是手工修补。但该软件也很难保证能处理所有的问题，所以选择合适的 CAD 软件，并进行正确的 CAD 设计可减少或杜绝 STL 发生错误。

7.4.1.3　STL 文件的切片处理

由于 3D 打印（快速成形）是按一层层截面轮廓来进行成形的，因此，加工前必须从三维模型上，沿成形的高度方向，每隔一定的间距进行切片处理，以获得截面的轮廓。STL 文件的切片处理是先将 CAD 的三维模型生成 STL 文件，经过转换后，形成一系列平行于 XY 平面的轮廓线，表示所设计的三维模型。

切片的目的是要将模型以片层方式来描述，片层的厚度是根据待成形零件的精度和生产率要求来选定的。厚度越小，精度越高，但成形时间就越长。片层厚度通常在 0.05～0.5mm 之间，常用的是 0.1mm 左右。无论零件多么复杂，对每一层来说却是很简单的平面矢量扫描组。

7.4.1.4　拓扑处理

STL 文件切片处理得到的数据只是平行扫描矢量，而激光扫描系统还需要进行各种其他方式的扫描，如边界轨迹扫描、分半扫描、交叉扫描和智能扫描，通常要求在切片平面中带有拓扑信息。所以要实现上述高级扫描方式必须对 STL 文件进行拓扑处理。

7.4.2　激光 3D 打印（快速成形）设备

3D 打印（快速成形）技术是目前发展最快的先进制造技术之一，在短短的十几年的时间，从无发展到数百家机构从事成形设备、工艺和相关材料的研究工作。表 7-3 列出国外各类 RP 设备和工艺的产业化情况。

表 7-3　国外 3D 打印（快速成形）系统

制造公司	型号	成形方法	采用原材料	激光器	最大加工零件尺寸/mm
3D Systems	SLA-250	液态光敏树脂选择性固化	液态光敏树脂	CO_2	250×250×250
	Viper Si^2			Nd:YVO4 (λ = 354.7nm)	250×250×250
	SLA-5000				508×508×584
	SLA-7000				508×508×600
	Actua2100	热塑性材料，选择性喷洒	热塑性材料		250×200×200
Helisys	LOM-1015	薄形材料，选择性切割	纸基卷材	CO_2	380×250×350
	LOM-2030H				815×550×500
Stratasys	FDM-1650	丝状材料，选择性熔覆	塑料/蜡丝		240×240×250
	Genisys				200×200×200
	FDM-8000				457×457×609

制造公司	型号	成形方法	采用原材料	激光器	最大加工零件尺寸/mm
DTM	Sinterstation2000	粉末材料，选择性烧结	塑料粉、金属基/陶瓷基粉	CO_2	$\phi 300 \times 380$
DTM	Sinterstation2500	粉末材料，选择性烧结	塑料粉、金属基/陶瓷基粉	CO_2	$380 \times 330 \times 430$
Sanders Prototype	Model Maker Ⅱ	热塑性材料，选择性喷洒	热塑性材料（WAX）		$304.8 \times 152.4 \times 228.6$
Cubital	Solider 4600	液态光敏树脂选择性固化	液态光敏树脂	CO_2	$350 \times 350 \times 350$
Cubital	Solider 5600	液态光敏树脂选择性固化	液态光敏树脂	CO_2	$500 \times 350 \times 500$
ESO	STEREOS DESKTOP	液态光敏树脂选择性固化	液态光敏树脂	CO_2	$250 \times 250 \times 250$
ESO	STEREOS MAX-400	液态光敏树脂选择性固化	液态光敏树脂	CO_2	$400 \times 400 \times 400$
ESO	STEREOS MAX-600	液态光敏树脂选择性固化	液态光敏树脂	CO_2	$600 \times 600 \times 600$
ESO	EOSINT M-250	粉末材料，选择性烧结	塑料粉、金属基/陶瓷基粉	CO_2	$250 \times 250 \times 150$
ESO	EOSINT P-700	粉末材料，选择性烧结	塑料粉、金属基/陶瓷基粉	双 CO_2	$700 \times 380 \times 580$
ESO	EOSINT S-700	粉末材料，选择性烧结	塑料粉、金属基/陶瓷基粉	双 CO_2	$720 \times 380 \times 380$
CMET	SOUP-600	液态光敏树脂选择性固化	液态光敏树脂	CO_2	$600 \times 600 \times 500$
CMET	SOUP-850PA	液态光敏树脂选择性固化	液态光敏树脂	CO_2	$600 \times 600 \times 500$
CMET	SOUP-1000	液态光敏树脂选择性固化	液态光敏树脂	CO_2	$1000 \times 800 \times 500$
SONY/D-MEC	SCS-9000D	液态光敏树脂选择性固化	液态光敏树脂	双 CO_2	$1000 \times 800 \times 500$
SONY/D-MEC	JSC-2000	液态光敏树脂选择性固化	液态光敏树脂	CO_2	$500 \times 500 \times 500$
SONY/D-MEC	JSC-3000	液态光敏树脂选择性固化	液态光敏树脂	CO_2	$1000 \times 800 \times 500$

7.5 3D打印（快速成形）用材料

材料的快速成形性不仅和材料的本质有关，还和具体的成形方法与零件的结构形式有关。成形材料的本质主要包括成形材料的化学成分、物理性质（熔点、热膨胀系数、热导率、黏度及流动性）及成形材料的使用状态（如粉末、线材、箔材）等。材料的快速成形性主要包括成形材料的致密度和孔隙率、成形材料的显微组织和性能是否满足要求，成形材料或零件的精度和表面粗糙度、成形材料的收缩性（内应力、变形及开裂）以及适应不同快速成形方法的特定要求等。成形材料的结构形式也在一定程度上影响材料的成形性，如 CAD 切片的对称性、Z 向的凸变性等。

材料作为 3D 打印（快速成形）技术发展的关键，它直接影响成形速度、精度和物理、化学性能，并且影响到原型件的应用范围和用户对成形工艺设备的选择。与成形设备的发展相适应，成形材料技术也日益成熟，正向高性能、系列化方向发展。

7.5.1 3D打印（快速成形）工艺对材料的要求

3D打印（快速成形）工艺对材料的要求主要如下。

① 有利于快速精确的零件成形。

② 用 3D 打印技术直接制造功能件时，材料的力学性能和物理化学性能（强度、刚度、热稳定性、导热和导电性、加工性等）必须满足使用要求。

③ 当原型件间接使用时，其性能要有利于后续处理和应用工艺。

7.5.2 3D打印（快速成形）材料的分类

3D打印（快速成形）材料按材料的物理状态可以分为液体材料、薄片材料、粉末材料、丝状材料等；按材料的化学性质可以分为树脂类材料、石蜡材料、金属材料、陶瓷材料及其复合材料等；按材料成形方法可以分为SLA材料、LOM材料、SLS材料、FDM材料和3DP材料等。快速成形材料还可分为原型制造材料、后续制造材料（制造模具、零件等）。

不同的3D打印（快速成形）方法要求使用与其成形工艺相适应的材料，同一性能的材料用于不同的快速成形方法时要求有不同的状态。例如，塑料粉可用于SLA，塑料薄膜可用于LOM，而塑料丝可在FDM中使用。快速成形技术常用的成形材料如表7-4所示。

表7-4 3D打印（快速成形）技术常用的成形材料

材料状态	液态	固态粉末		固态片材	固态丝材
		非金属	金属		
材料种类	丙烯酸酯 环氧基固化树脂	石蜡粉 尼龙粉 覆膜陶瓷粉 覆膜砂	钢粉 覆膜钢粉 铝合金粉	覆膜纸 覆膜塑料 覆膜陶瓷箔 覆膜金属箔	石蜡丝 ABS丝

利用3D打印（快速成形）制造的零件主要有四种类型：概念型、测试型、模具型、功能零件。与此相对应，对成形材料的要求也不同。概念型零件要求成形速度快，对材料成形精度和物理化学特性要求不高。如对光固化树脂，要求较低的临界曝光功率、较大的穿透深度和较低的黏度。测试型零件为了满足测试的需要，对于材料成形后的强度、刚度、耐温性、耐蚀性等有一定要求；如果用于装配测试，则对于材料成形的精度要有一定的要求。模具型零件要求材料适应具体模具制造要求，如对于消失模铸造用原型，要求材料易于去除。功能零件则要求材料具有较好的力学性能和化学性能。因此，研发工作的方向有两个：一个是研究专用材料以适应专门需要；另一个是根据用途，研究几类通用材料以适应多种需要。

7.5.2.1 SLA材料

SLA技术主要用到的材料有液态光敏树脂（丙烯酸酯系、环氧树脂系等），它要求在一定频率的单色光的照射下迅速固化并具有较小的临界曝光和较大的固化穿透深度。固化时树脂的收缩率要小，一次固化程度高，这样可以保证SLA制件的变形小，精度高；SLA原型要求具有足够的强度和良好的表面粗糙度，固化速度快，且成形时毒性较小。

应用于SLA技术的光敏树脂通常由两部分组成，即光引发剂和树脂，其中树脂由预聚物、稀释剂及少量助剂组成。目前，SLA原型常用作样品零件、功能零件和直接翻制硅橡胶模或代替熔模精密铸造中的消失模用来生产金属零件。前者要求原型具有较好的尺寸精度、表面粗糙度、强度性能等。而用作熔模精密铸造中的蜡模时，还应满足铸造工艺中对蜡模的性能要求，即具有较好的浆料涂挂性，加热"失蜡"时膨胀性较小，以及在壳型内残留物要少等。

目前用于SLA成形技术的材料主要有四大系列：Cibatool系列（Cibatool公司）、SOMOS系列（DuPont公司）、Stereocol系列（Zeneca公司）和RPCure系列（RPC公司）。Cibatool公司用于SLA-3500的Cibatool 5510树脂，具有较高的成形速度、较好的防潮性能和较好的成形精度；SOMOS系列的SOMOS 8120的性能类似于聚乙烯和聚丙烯，特别适合制造具有很好的防潮防水性能的功能零件。

7.5.2.2 LOM材料

LOM原型一般是由薄片材料和黏结剂两部分组成，薄片材料根据对原型性能要求的不同可分为纸片材、塑料薄膜、金属片（箔）、陶瓷片材和复合材料片材等。对于薄片材料要求厚薄均匀，力学性能良好并与黏结剂有较好的涂挂性和黏结能力。用于 LOM 的黏结剂，通常为添加了某些特殊组分的热熔胶，主要有乙烯-醋酸乙烯酯共聚物型热熔胶、聚酯类热熔胶、尼龙类热熔胶或其混合物，它的性能要求如下。

① 良好的热熔冷固性能（室温下固化）。

② 在反复"熔融-固化"条件下物理、化学性能稳定。

③ 足够的黏结强度。

④ 熔融状态下与薄片材料有较好的涂挂性和涂匀性。

⑤ 良好的废料分离性能。

LOM 原型根据其用途不同，要求采用不同的薄片材料及其黏结剂，它可用作功能零件、代替木模、制作精密熔模、精密铸造消失模或直接制作模具等。当 LOM 原型用作功能构件或代替木模时，满足上述要求即可；当 LOM 原型作为熔膜精密铸造的消失模，要求高温烧结时，LOM 原型的发气速度较小，发气量及残留灰分较少；而用 LOM 原型直接制作模具时，还要求片层材料和黏结剂具有一定的导热和导电性能。

目前用于 LOM 原型的薄片材料主要是纸材，它由纸质基底和涂覆的黏结剂、改性添加剂组成，其成本较低，基底在成形过程中始终为固态，没有状态变化，因此翘曲变形小，最适合大中型零件的成形。KINERGY 公司生产的 K 系列纸材采用熔化温度较高的黏结剂和特殊的改性添加剂，采用该材料制得的原型具有很高的硬度，成形时具有很小的翘曲变形，并且表面光滑，经表面涂覆处理后不吸水，具有良好的稳定性。

7.5.2.3　SLS 材料

SLS 材料均为粉末材料，它来源较为广泛，理论上讲所有受热能相互黏结的粉末材料或表面覆有热固（塑）性黏结剂的粉末都能用作 SLS 材料。但在实际中适合 SLS 的材料要求具有良好的热固（塑）性、一定的导热性、足够的黏结强度、粒度不宜过大，否则会降低原型的成形精度。同时，SLS 材料还应有较窄的软化-固化温度范围（该温度范围较大时，零件的精度将受到影响）。目前 SLS 材料主要有高分子材料粉（尼龙、聚碳酸酯、聚苯乙烯、ABS 等）、金属粉、表面覆有黏结剂的覆膜陶瓷粉、覆膜金属粉及覆膜砂等。

当用覆膜砂或覆膜陶瓷粉制作铸造型芯时，为了有利于浇注合格的铸件，还要求材料有较小的发气性和与涂料良好的涂挂性等，同时良好的废料清除性能也是必要的。

表 7-5 列出了美国 DTM 公司覆膜金属粉末材料的特性，它使用覆膜 1080 碳钢，主要用于制作金属型芯及金属压铸模。用该材料生产的制件非常密实，可以达到铝件的强度和硬度，导热性很好，能够进行机械加工、焊接、表面处理及热处理，抛光后表面粗糙度达到 $Ra0.1\mu m$，尺寸精度为 $0.25mm$。目前使用该材料制得的产品有塑料件的注射成形模具、挤压模和注塑模试用的模具和有色金属零件压铸模。

7.5.2.4　FDM 材料

FDM 材料均为丝状热塑性材料，常用的有石蜡、塑料、尼龙丝等低熔点非金属材料和低熔点金属、陶瓷等线状或丝状材料，熔丝线材主要有 ABS、人造橡胶、铸蜡和聚酯热塑性塑料。FDM 材料既要求具有良好的成丝性，又要求在相变过程中具有良好的化学稳定性，保证在 FDM 过程中丝材经受得住固态-液态-固态的转变，且 FDM 材料要具有较小的收缩性。

目前用于 FDM 的材料主要有美国 Stratasys 的丙烯腈-丁二烯-苯乙烯聚合物细丝（ABS P400）、甲基丙烯酸-丙烯腈-丁二烯-苯乙烯聚合物细丝（ABS P500）、消失模铸造蜡丝（ICW06Wax）、塑胶丝（Elastomer E20）。

FDM 原型可用作功能构件和代替熔模铸造中的蜡模，前者要求有足够的堆积黏结强度和表面粗糙度，后者还要满足熔模铸造中对蜡模的性能要求。

表 7-5　美国 DTM 公司覆膜金属粉末材料的特性

性能参数		快速原型制件	测试标准(美国材料实验标准)
密度/g・cm⁻³		8.23	D792
热导率/W・m⁻¹・℃⁻¹	100℃	184	E457
	200℃	91	
热膨胀系数/10⁻⁶℃⁻¹		14.4	ASTME831
屈服强度/MPa		255	
抗拉强度/MPa		475	
伸长率/%		15	ASTME8
弹性模量/GPa		210	
洛氏硬度		75.3	

7.5.2.5　3DP 材料

3DP 技术主要用到的材料为金属粉或陶瓷粉等加黏结剂,为改善粉材与黏结剂的性能,还可使用一些添加物。

(1) 使用的成形粉末

对于 3DP 技术应用的粉末材料有以下几点要求。

① 粒度应足够细,一般为 30～100μm,以便保证成形件的强度和表面品质。

② 低吸湿性,以免从空气中吸收过量的湿气而导致结块,影响成形品质。

③ 能很好地吸收喷射的黏结剂,形成工件截面。

④ 易于分散,性能稳定,可长期保存。

目前 3DP 技术使用的成形粉末有石膏粉、淀粉、陶瓷粉、铸造砂(硅砂、合成砂)、金属粉(不锈钢粉、青铜粉、工具钢粉、钛合金粉等)、玻璃粉、塑料粉等。石膏粉是一种廉价的粉末材料,加入一些改性添加剂后能用作喷墨黏粉式三维打印机的成形材料,这种材料在水基液体的作用下能快速固化,并有一定的强度,因此应用广泛。陶瓷粉黏结成形后,构成半成品,再将此半成品置于加热炉中,使其烧结成陶瓷壳型,可用于精密铸造。但用陶瓷粉作成形材料时,所用黏结剂的黏度比水基液体的黏度大,喷头较易堵塞。此外在陶瓷粉黏结、固化的过程中,还可能发生较大的翘曲变形,必须特别注意。

(2) 使用的黏结剂

喷墨黏粉式三维打印机使用的黏结剂("墨水")是水溶性混合物,有以下几点要求。

① 黏结能力强。

② 黏度低且颗粒尺寸小(10～20μm),能顺利从喷嘴中流出。

③ 能快速、均匀地渗透粉末层并使其黏结,即黏结剂应具有浸渗剂的性能。

常用的黏结剂有聚合物、碳水化合物、糖和糖醇等。采用的黏结剂应与粉末材料相匹配,如石膏粉和淀粉可用水基黏结剂,它们不易堵塞喷头,且价格低廉;陶瓷粉最好采用有机黏结剂(如聚合树脂)或胶体二氧化硅,在陶瓷粉中还可混入粒状柠檬酸,使喷射胶体状二氧化硅后,能迅速胶合。

(3) 使用的添加物

三维打印成形工艺中,为改善成形粉末和黏结剂性能,可在其中添加填充物、打印助剂、增强纤维、湿润剂、增流剂、活化液、染料等物质。

7.5.2.6　国外主要 3D 打印(快速成形)材料的产品及用途

3D 打印(快速成形)工艺极大地依赖材料的特性,新材料的开发对 3D 打印(RP)技术的突破至关重要。国外的许多 3D 打印（快速成形）系统开发公司和使用单位都在快速成形材料方面进行了大量的研究和开发工作，开发了适合各种成形工艺的材料。目前，已实现商品化的成形材料的种类较为丰富，表 7-6 展示了目前国外已商品化的主要的 3D 打印（快速成形）材料产品。

表 7-6　国外主要 3D 打印（快速成形）材料产品

工艺	制造商	材料型号	材料类型	使用范围
SLA	CibaTool	Cibatool SL 系列	环氧基光固化树脂	概念型、测试型、制造硅胶型、喷涂金属模，直接或间接消失模铸造
LOM	Helisys	LPH042	涂有热敏性黏结剂的白牛皮纸	直接或间接消失模铸造、砂型铸造、石膏型铸造、制造硅胶模、喷涂金属模
LOM	Helisys	LXP050	涂有热塑性黏结剂的聚酯	直接或间接消失模铸造、砂型铸造、石膏型铸造、制造硅胶模、喷涂金属模
LOM	Helisys	LGF045	混有陶瓷和热塑性黏结剂的无机纤维	直接或间接消失模铸造、砂型铸造、石膏型铸造、制造硅胶模、喷涂金属模
FDM	Stratasys	ABS P400	丙烯腈-丁二烯-苯乙烯聚合物细丝	概念型、测试型
FDM	Stratasys	ABS P500	甲基丙烯酸-丙烯腈-丁二烯-苯乙烯聚合物细丝	注射模制造
FDM	Stratasys	ICW06Wax	消失模铸造蜡丝	消失模制造
FDM	Stratasys	Elastomer E20	塑胶丝	医用模型制造
FDM	Stratasys	Polyster Polyamide	塑胶丝	直接制造塑料注射模具
SLS	DTM	DuraForm Polyamide	聚酰胺粉末	概念型、测试型
SLS	DTM	DuraForm GF	添加玻璃的聚酰胺粉末	有微小特征，适合概念型和测试型制造
SLS	DTM	DTM Polycarbanate	聚碳酸酯粉末	消失模制造
SLS	DTM	TrueForm Polymer	聚苯乙烯粉末	消失模制造
SLS	DTM	SandForm Si	覆膜硅砂	砂型（芯）制造
SLS	DTM	SandForm ZR Ⅱ	覆膜锆砂	砂型（芯）制造
SLS	DTM	Copper Polyamide	铜/聚酰胺复合粉	金属模具制造
SLS	DTM	RapidSteel 2.0	覆膜钢粉	功能零件或金属模具制造

国外对 3D 打印（快速成形）材料的研究开发进展较快。近年来，除了改进原有材料性能外，还加强了对制造特殊功能零件及快速制模的新型材料的研究开发，在研究快速模具制造材料及工艺、将 3D 打印（快速成形）技术与铸造技术相结合等方面做了大量工作，并取得一定的成果。瑞典 Ciba 公司和日本 CMET 公司采用在光敏树脂中添加陶瓷等其他粉料的方法，可直接制造特殊功能零件及模具；DTM 公司开发了树脂包覆的钢粉（rapid-steel）材料用于直接生产金属注射模；德国 EOS 公司和美国 DTM 公司还成功研制了覆膜砂，用于直接制作铸造用砂型（芯）。

7.5.2.7　国内主要 3D 打印（快速成形）材料的产品及用途

与 3D 打印（快速成形）设备研究开发相比，我国 3D 打印（快速成形）材料及工艺的研究相对滞后，目前还处在起步阶段，与国外相比存在较大差距，大量高档的 3D 打印（快速成形）材料需要从国外进口。各 3D 打印（快速成形）设备的研究开发单位，如华中理工大学、清华大学、西安交大、上海交大、北京隆源自动成形系统有限公司、华北工学院等，都对成形材料和工艺进行了研究开发工作，但国内还没有专门的成形材料生产和销售单位。国内几家主要 3D 打印（快速成形）技术研究单位开发的材料如表 7-7 所示。

表 7-7　国内主要 3D 打印（快速成形）技术研究单位开发的材料

研究单位	适用工艺	成形材料
清华大学	SLA	光敏树脂等
	FDM	蜡丝、ABS 丝
北京隆源公司	SLS	覆膜陶瓷、塑料(PS、ABS)粉
华中理工大学	SLS	覆膜砂、PS 粉
	LOM	热熔胶涂覆纸
西安交大	SLA	光敏树脂等
华北工学院	SLS	覆膜陶瓷、塑料陶瓷精铸蜡粉、原型烧结粉

3D 打印（快速成形）技术的飞速发展，各种新的成形工艺不断出现，目前快速模具（RT）制造及金属零件的快速制造的研究和开发已成为 3D 打印（快速成形）的热点，其关键是新材料、新工艺的研究开发、制件精度的进一步提高以及由 3D 打印（快速成形）向金属模具及零件的转化问题。所以必须改进和完善现有各种 3D 打印（快速成形）材料的性能、开发与新的成形工艺及后处理工艺适应的材料，才能满足目前 3D 打印（快速成形）技术的发展。随着各种 3D 打印（快速成形）新技术、新工艺的出现，新材料的研究必须同步进行。不同的 3D 打印（快速成形）工艺要求使用不同的成形材料；3D 打印（快速成形）的用途和要求不同，也要求开发不同类型的成形材料，如功能梯度材料、生物活性材料、金属树脂复合材料等，因此新材料的开发与新工艺的出现是相辅相成的。

7.6　激光烧结 3D 打印（快速成形）

7.6.1　激光烧结 3D 打印（快速成形）机理

由于粉末烧结过程比较复杂，烧结条件不同，烧结机理也不同，归纳起来主要有六种基本的烧结机理：黏性流动、塑性流动、蒸发和凝固、体积扩散、表面扩散及晶界扩散，这些烧结机理各有其适用的条件。例如：黏性流动机理适用于低黏流激活能的物质（主要为有机物）的烧结；表面扩散机理主要应用在较低温度或极细粉末的烧结中；蒸发和凝固机理是在蒸气压高的烧结及通过气氛活化的烧结中起主导作用。在实际烧结过程中，几种机理可能同时出现，通常是两种或多种机理共同作用。

7.6.2　金属粉末的激光烧结 3D 打印（快速成形）

SLS 技术是一种由 CAD 数据模型驱动的直接的快速制造技术。目前对 SLS 技术机理方面的研究主要集中在有机粉末材料的激光烧结成形机理方面，对金属、陶瓷等材料的成形机理研究较少。但由于金属粉末经激光烧结和后续处理后，所制得的零件具有较好的力学性能和热学性能，金属粉末的选择性激光烧结是目前选择性激光烧结技术的研究热点和发展方向。

SLS 烧结金属粉末主要有两种工艺方法，一种是间接烧结法（indirect metal laser sintering），另一种是直接烧结法（direct metal laser sintering）。其中直接烧结法又分为单组元法的和双组元法的。

7.6.2.1　间接烧结法

金属粉末实际上是金属粉末与有机黏结剂按一定的配比混合均匀的混合体，有机黏结剂的含量约为1％。由于有机材料熔点低，并且对红外光具有良好的吸收率，在激光烧结时，有机黏结剂首先被熔化，熔化后将金属颗粒黏结。烧结后的零件主要是靠黏结剂的作用，所以强度不高，并且孔隙率较大（45％），需要进行后续处理。一般的后续处理工艺为：烧结后的零件在300℃左右进行脱脂，再在高温下进行焙烧（＞700℃），最后在金属中熔浸。该方法烧结速度快，对激光功率要求不高，但后续处理造成工艺周期长，零件尺寸收缩大，精度较差。

间接烧结法的动力是液相表面张力和固液界面张力，其烧结过程大致上可划分为三个界限不十分明显的阶段，如图7-16所示。

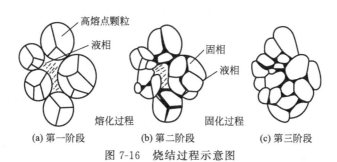

图 7-16　烧结过程示意图

第一阶段是低熔点相熔化形成液相，体积收缩，高熔点颗粒重新分布达到较紧密的分布；第二阶段是固相颗粒表面的原子逐渐溶解于液相，致密化的速度开始减慢；第三阶段是颗粒之间彼此靠拢，固相颗粒接触表面产生固相烧结，颗粒彼此黏结，形成坚固的固相烧结骨架。经过三个阶段的变化，可获得密度较高、性能较好的烧结产品。

7.6.2.2　直接烧结法

(1) 单组元烧结法

金属粉末为单一组元的金属粉末。在进行激光烧结时，先将金属粉末加热到略低于熔化温度，粉末之间的接触区域发生黏结，之后再用激光束进行选择性扫描烧结。经激光烧结得到的零件已具有相当高的机械强度，如果再经热等静压（HIP）处理，可使零件的最终相对密度达99.9％，机械强度得到显著提高。该方法通常采用大功率激光器（1000W以上），设备比较庞大，加工工艺难度大，并且成形过程中加工参数难于控制，可操作性差。

(2) 双组元烧结法

这种烧结法综合了间接烧结法与单组元烧结法的优点。采用双组元烧结法时，金属粉末是由高熔点（熔点为T_2）金属粉末（结构金属）和低熔点（熔点为T_1）金属粉末（黏结金属）混合而成。激光烧结时，将粉末加热到两金属熔点之间的某一温度（$T_1 < T < T_2$），使黏结金属熔化，并在表面张力的作用下填充于结构金属的孔隙中，将结构金属粉末黏结在一起。烧结后的零件机械强度较低，需要进行后续处理，如进行液相烧结。经液相烧结的零件相对密度可达82％，机械强度也相当高。表7-8列出了常用的金属组合。该方法使用的成形设备结构简单，成形工艺易于控制，具有较好的工程应用前景。

表 7-8　双组元烧结中常用的金属组合

金属组合	Ni/Sn	Fe/Sn	Cu/Sn	Fe/Cu	Ni/Cu
熔点/℃	1455/232	1540/232	1083/232	1540/1083	1455/1083

作为加热的热源，激光输出功率的大小直接决定了金属粉末的加热、熔化、凝固、冷却状况，从而决定了其微观组织结构及宏观力学性能。但激光热源转化成粉末吸收的有效能量是由激光烧结加工参数和粉末材料参数决定的，因此通过选择合理的材料及加工参数，可以

控制金属粉末吸收的能量，从而达到在微观上控制烧结件的组织结构，在宏观上控制烧结件的力学性能的目的。

在直接金属激光烧结过程中，激光束停留在每个颗粒上的时间非常短，一般仅有 0.5～25ms，粉末颗粒在极短的时间内被加热、熔化、凝固、冷却。在此瞬时烧结过程中，熔化的液态金属在孔隙中流动，减小了颗粒间的摩擦力，并促使固体颗粒发生滑移、旋转。同时，润湿的毛细管力作为驱动力，保证固体颗粒间有较强的相互吸引力达到重新密排。此外，大颗粒的棱角、微凸及微细的颗粒溶解于液相，当固相在液相中的浓度超饱和之后，在大颗粒表面重新析出，颗粒形状发生变化，而且颗粒间的合并也导致颗粒大小的变化。这种微观组织的演化在很大程度上决定了制件的宏观力学性能。

7.6.3 激光烧结 3D 打印（快速成形）工艺因素

工艺参数与成形质量之间的关系是 SLS 技术的研究热点，国内外对此进行了大量的研究。激光烧结工艺的影响因素主要包括激光功率、扫描间隔、粉层厚度、扫描速度、粉末粒径、粉末材料与基体材料的浸润性等，对于有后处理的过程，工艺参数还包括后处理的温度和时间，而成形质量主要由零件的强度、密度及精度来衡量。

许多研究工作者对 SLS 工艺参数进行了研究。由于实验条件千差万别，结论也不尽一致，但总体的影响趋势是一致的。激光烧结成形的质量主要包括成形强度与成形精度。而成形强度由烧结密度来决定，烧结密度也直接影响着激光烧结成形件后处理质量的好坏。

7.6.3.1 激光烧结工艺参数对烧结密度的影响

激光烧结深度是直接影响烧结成形质量的重要因素之一，合适的烧结深度是获得良好烧结成形质量的前提。烧结深度必须大于铺粉厚度，以保证激光能量能够熔透当前层使相邻两层产生烧结，否则就会产生分层，导致成形强度、精度变差，甚至无法成形。所以对影响烧结深度的因素进行研究，通过合理选择工艺参数来控制烧结深度，具有十分重要的意义。

烧结深度主要由激光能量参数及粉末材料的特征参数决定。其中，激光能量参数又包括激光功率、激光束扫描速度、激光束宽度；粉末材料的特征参数则包括粉末材料对激光的吸收率、粉末熔点、比热容、颗粒尺寸及分布、颗粒形态及铺粉密度。

(1) 激光功率的影响

随着激光功率的增加，烧结件的密度将增大。由于激光功率的提高，激光对粉末传输的能量也将增大，作为黏结相的低熔点相也就越容易熔化，把周边的粉末黏结在一起。低熔点相熔化后会在表面形成一个微小的凹坑，在下次铺粉时，这些微坑将被新的金属粉末所填充，从而提高了烧结件的密度。图 7-17 所示为激光功率与烧结体的质量和密度的关系，其工艺参数是：试样规格 25mm×25mm×10mm，扫描间距 0.15mm，层厚 0.5mm，初始烧结温度 92℃，扫描速度 2.2m/s。由图 7-17 可知，激光功率的提高使烧结体（等体积）的质量和密度都增加。

(2) 扫描速度的影响

扫描速度的大小直接影响着扫描在粉末上的瞬时能量的大小，随着扫描速度的增加，烧结件的密度将降低，如图 7-18 所示（工艺参数同上）。当扫描速度增大时，单位距离内激光扫描的时间将减小，激光对粉末的加热时间减少，传输的能量也相应降低，反之则增大。激光功率与扫

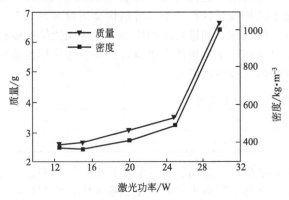

图 7-17 激光功率与烧结体的质量和密度的关系

描速度是一个有机的统一体，过高的激光功率和过慢的扫描速度，不仅影响加工效率和成本，同样会导致粉体的严重汽化，烧结密度不仅不会增加，还会使烧结表面凹凸不平，直接影响烧结体的质量。扫描速度的大小，影响着成形速度的快慢，从 3D 打印（快速成形）的角度出发，在保证烧结件的质量的前提条件下，统筹考虑激光功率与扫描速度的因素，尽量选择较高的扫描速度，以提高加工效率。

（3）扫描间隔的影响

扫描间隔是指激光扫描工件时相邻两条激光轨迹之间的距离 Δd，如图 7-19 所示。一般而言，激光的扫描间隔不应大于激光光斑半径的大小。扫描间隔对烧结体的密度也会产生一定的影响，增大扫描间隔将导致烧结密度的显著降低。扫描间隔的大小直接影响照射区材料吸收的能量，扫描间隔小，相邻的扫描线所形成的温度场相互叠加，使温度升高，树脂可以充分熔化，零件的密度增加；反之，扫描间隔大密度就降低。但当扫描间隔过小，单位

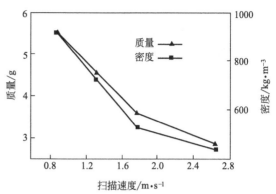

图 7-18　扫描速度与烧结体的质量和密度的关系

面积的扫描次数增加，可能导致激光能量过高，烧损有机树脂，容易产生收缩和翘曲变形，不利于零件成形，同时降低了生产效率。所以扫描间隔的选择也是一个综合的过程，需要综合考虑这些因素。

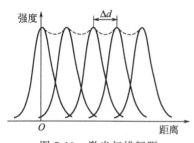

图 7-19　激光扫描间距

（4）单层层厚的影响

单层层厚 h 是指铺粉厚度，即工作缸下降一层的高度。在一定条件下，单层层厚的增加将导致烧结密度的显著降低。图 7-20 所示为铺粉辊受力示意图。在铺粉时铺粉辊对粉末存在一个作用力 P，它可以分解为一个向下的压力 P_n 和一个水平的力 P_t，压力 P_n 有利于提高粉末的密度。单层层厚越小，烧结件的密度就越大。而水平力 P_t 的作用会使层与层之间产生微小的偏移（图 7-21），使精度降低，这也是 Y 轴方向的尺寸误差比

X 轴方向的尺寸误差大的原因。单层层厚增加，单位体积的粉末吸收的激光强度减小，使已烧结层对新铺粉末的预热温度降低；另一方面，熔化有机树脂需要的热量增加，向外传递的热量就减少了。因此，单层厚度过大，就会使层与层黏结不好，容易分层；单层厚度过小，容易使烧结件翘曲变形、层向偏移。因此，烧结时需选取适当的单层层厚。为减小铺粉时铺粉辊对烧结件的影响，在烧结前几层时，单层层厚可稍大一些。

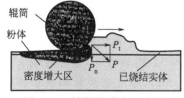

图 7-20　铺粉辊受力示意图

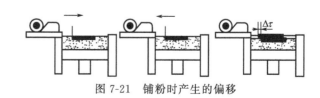

图 7-21　铺粉时产生的偏移

除了以上影响因素外，铺粉密度、扫描方式等因素同样会影响到烧结体的密度，所以综

合考虑这些影响因素，选择合理的工艺参数，才能保证得到质量较好的零件。

7.6.3.2　工艺参数对成形精度的影响

3D打印（快速成形）精度是指成形零件的精度，主要包括零件的形状精度、尺寸精度与表面精度几个方面，即烧结成形件在形状、尺寸和表面相互位置三个方面的指标与设计要求的符合程度。成形精度还与数据处理、成形材料性能及成形工艺有很大关系。成形精度是评价成形质量重要的指标之一。

(1) 成形精度的主要影响因素

影响变长线扫描3D打印（快速成形）系统精度的主要因素如图7-22所示。

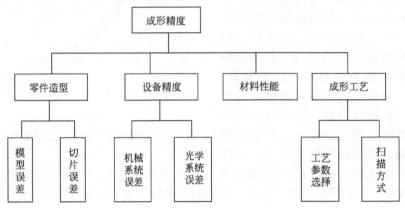

图 7-22　成形精度影响因素

① 零件造型对成形精度的影响　SLS在成形过程开始之前，首先必须对实体进行三维造型，再将该模型表面进行三角化处理，形成STL格式文件并按照一定的厚度进行切片分层处理，以获取加工所需的二维截面轮廓信息。在数据处理时，三维模型表面三角化过程中所形成的模型误差及切片过程中所形成的采样误差成为快速造型误差的主要来源。

a. 模型误差　在进行CAD模型的STL格式转化时，要用许多小三角面片逼近实际模型表面，在拟合时它会出现如下问题。

ⅰ. STL格式化的过程是一个三角面片拟合无限接近的过程，不可能完全表达实际表面信息，所以不可避免会导致截面轮廓线原理性误差。

ⅱ. 对于形状较复杂的CAD模型，在进行STL格式转化时，有时会出现相邻小三角形面片不连续的现象，特别是在表面曲率变化较大的分界处，很容易出现锯齿状或小凹坑，从而产生误差，造成零件的局部缺陷。

防止模型误差的最好办法是省略转换过程，开发对CAD实体模型进行直接分层的方式，以避免因STL格式化处理带来的误差。但该方法难度极大，目前还没有出现这类商业软件。

b. 切片误差　切片处理产生的误差属于原理性误差，无法避免。切片厚度（图7-23）的选择是根据生产效率与成形零件精度综合考虑的，当切片厚度取值过大会忽略局部细微特征，而取值过小，又将延长加工时间，降低生产效率。在实际应用中切片厚度一般在0.05～0.3mm之间。层厚的存在不可避免地会在成形工件表面形成"台阶效应"，还可能遗失切片层间的微小特征结构（如小筋片、凹坑等），从而形成误差。切片厚度直接影响成形件精度及成形的时间和成本，是3D打印（快速成形）工艺中主要的控制参数之一。

② 设备精度对成形精度的影响

快速烧结成形系统的设备精度主要包括机床的机械运动、定位和测量精度及光路系统的

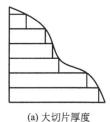

(a) 大切片厚度

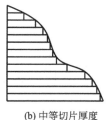

(b) 中等切片厚度

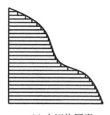

(c) 小切片厚度

图 7-23　切片厚度的选择

影响。

a. 机床机械传动、定位及测量精度　激光烧结 3D 打印（快速成形）机械系统中扫描头的 X、Y 向运动及工作台的 Z 向运动的位移控制精度（包括定位精度、重复精度等）将直接影响成形工件的形状和尺寸精度。目前的激光烧结成形系统的 X、Y 向运动一般由交流伺服电机带动直线运动单元实现，而 Z 向运动由交流伺服电机经精密滚珠丝杠驱动。它们的重复定位精度在 $\pm 0.01\text{mm}$ 以内，对成形精度影响相对较小，可以忽略不计。

b. 光学系统　其影响主要有以下两点。

ⅰ. 光学变焦技术产生的误差　变长线扫描激光烧结成形系统采用光学变焦技术实现线束长度的变化。光学变焦技术中通过控制两个光学柱镜的距离实现线束长度连续变化，这个柱镜的运动过程会产生误差，导致线束长度变化时产生误差，影响加工精度。

ⅱ. 激光束衍射引起的误差　激光线束在线束长度及宽度方向都会产生衍射，在线束长度方向产生的衍射量还随着变焦过程而变化，从而影响成形精度。实际上，在光学系统中设计了限制激光衍射量的光阑，使衍射量尽可能小，并保持恒定，同时在软件设计中加以补偿，以减小该因素对成形精度的影响。

③ 材料对成形精度的影响　激光烧结成形系统采用的材料主要是尼龙、精铸蜡粉等热塑性粉末材料或其与金属、陶瓷的混合粉末材料。激光烧结成形时，热塑性材料受激光加热作用发生熔化，使工件产生体积收缩，尺寸发生变化；并且收缩还会在工件内产生内应力，再加上相邻层间的不规则约束，导致工件产生翘曲变形，严重影响成形精度。变形的大小主要是由粉体材料的收缩率、粉末的粒度、密度以及流动性等特性决定的，所以改进材料配方，开发低收缩率、高强度的成形材料及合理选择混合粉末粒度和密度是提高成形精度的根本途径。在软件设计时考虑对体积收缩进行补偿也是提高精度的有效方法之一。

④ 成形工艺参数对成形精度的影响

a. 激光功率、扫描速度和扫描间隔　它们之间的匹配决定了激光输入能量的大小。如果能量太小，会导致层与层之间烧结不透，产生分层，影响工件形状和尺寸精度；能量太大，形成的温度场较高，直接导致有机树脂熔化时烧蚀，严重的会使金属粉末汽化，从而导致零件出现翘曲变形的现象，影响烧结精度。合理优化工艺参数，使激光功率、扫描速度和扫描间隔相互匹配，可以有效提高成形精度。

b. 预热温度　对粉末材料进行预热，可以减小因烧结成形时受热对工件内部产生的热应力，防止出现翘曲和变形，提高成形精度。合理的预热温度不能太高，也不能太低，一般控制在成形材料熔点以下 $10 \sim 50℃$。

c. 激光束扫描方式　扫描方式与成形工件的内应力密切相关，合适的扫描方式可以减少零件的收缩量及翘曲变形，可以提高零件的成形精度。由于点扫描方式不受工件形状的限制，可以灵活采用各种扫描方式，下面具体分析几种典型的点扫描方式（图 7-24）对成形件精度的影响。

图 7-24(a) 为单方向扫描方式，它是沿一个方向将整个一层扫描完毕，每条扫描线方向

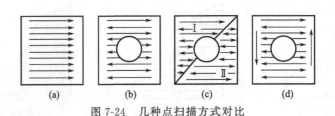

图 7-24　几种点扫描方式对比

相同，每条扫描线的收缩应力方向一致，所以这种扫描方式将增大线收缩量及翘曲变形的可能性，成形精度很差。图 7-24(b) 为 zig-zag 扫描方式，它是采取来回交替扫描的方式将一层扫描完毕，由于相邻扫描线的收缩应力方向相反，它的收缩应力和变形量较图 7-24(a) 的扫描方式要小一些，但在扫描线经过内腔时，激光器要进行开关切换，增大了激光能量损耗，使加工效率降低。图 7-24(c) 为分区扫描方式，在 Ⅰ、Ⅱ 两个区域内采用连贯的 zig-zag 扫描方式，它最大的优点是可以省去频繁的激光开关切换，明显提高了成形效率；同时采用分区后分散了收缩应力，减小了收缩变形，所以提高了零件的成形精度。这三种扫描方式的共同缺点是成形工件轮廓度较差。图 7-24(d) 中采用了一种复合扫描方式，在内部区域仍然采用连贯的 zig-zag 扫描方式，来保证零件的成形精度；而在内、外轮廓处采用环形扫描方式，保证了内、外轮廓的表面粗糙度。这种方式可以在保证零件的成形精度、表面粗糙度的情况下，提高成形效率。

变长线扫描激光烧结成形技术采用长度变化的激光线束进行扫描，它在扫描线束长度方向应力和收缩变形较大，所以合理地选择扫描方式对变长线扫描激光烧结成形技术也是十分重要的。

⑤ 成形后环境变化引起的误差对成形精度的影响　3D 打印（快速成形）系统制作的零件在加工和存放过程中，由于环境温度、湿度等变化，以及残存在工件内的应力、应变状况的变化，工件可能会发生变形，导致精度下降。因此，工件成形后必须进行必要的后续处理，才能保证其在存放环境中不会继续变形，影响精度。

(2) 成形精度的总体评价

成形精度对 3D 打印（快速成形）技术具有十分重要的作用，科学、准确地评价出一种成形系统或成形工艺所能达到精度，对该项技术的研究开发及推广应用具有十分重要的现实意义。下面对成形精度的主要表现形式及评价标准进行介绍。

成形精度的表现形式主要包括尺寸精度、形状精度及表面精度三种。

① 尺寸精度　是指成形工件与原设计的 CAD 模型相比，在 X、Y、Z 三个方向上存在的尺寸误差。尺寸误差的测量相对比较简单，可以直接测量工件所需最大尺寸处的绝对误差与相对误差。由于该项检测比较方便易行，目前尺寸精度成为大多数成形系统技术指标中列出的成形精度指标之一。

② 形状精度　激光 3D 打印（快速成形）系统可能出现的形状误差主要包括翘曲、扭曲变形、椭圆度误差及局部缺陷等，其中以翘曲变形最为严重。翘曲变形一般以工件底平面为基准，测量其顶部平面的绝对和相对翘曲变形量，作为这类误差的衡量值；扭曲误差应以工件的中心线为基准，测量其最大外径处的绝对和相对扭曲变形量；椭圆度误差应以其成形的高度方向，选取最大圆轮廓线来测量其椭圆度偏差；局部缺陷（如凹坑、窄槽等）误差应以其缺陷尺寸大小和数量来衡量。

③ 表面精度　成形零件的表面精度主要包括表面粗糙度及台阶误差。表面粗糙度 Ra 应对成形工件的上、下表面及侧面分别进行测量，并取最大值。台阶误差一般出现在自由表面处，它用台阶高度值 Δh 和宽度值 Δb 来衡量，如图 7-25 所示。工件表面精度的提高可以

通过打磨、抛光及喷涂等后处理方法得以改善。

（3）成形精度的标准

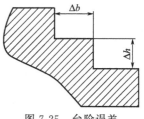

图 7-25　台阶误差

3D 打印（快速成形）系统的精度评价是通过对工件的典型精度测试件进行测试而完成的。由于影响成形精度的因素太多，成形工件的精度不仅与成形设备有关，还与成形工艺关系密切。因此，不能用单一笼统的标准进行衡量，而必须综合考虑上述因素，全面反映出成形工件的总体成形精度（尺寸精度、形状精度及表面精度）。

3D 打印（快速成形）工件的精度评价是通过对工件的典型测试件进行测试而完成的，所以测试件的设计、选择就成为成形精度评价的关键。尽管选择性激光烧结成形技术经过十几年的发展已比较成熟，出现了一系列的同类产品，但目前国际上还没有统一的成形精度标准测试件，各成形设备制造商根据商业竞争的需要，各自采用不同的精度测试件。所测精度值往往只反映成形工件在某一方向的尺寸精度，并没有综合考虑三个方向的尺寸精度、形状精度和位置精度，无法全面系统地反映出成形件的整体成形精度，所以制定合理的成形精度评价模型，形成 3D 打印（快速成形）精度检验的行业标准是十分必要的。

7.6.3.3　激光烧结成形件后处理工艺

由于金属和陶瓷粉末的激光烧结成形件中孔隙较多，相对密度较低，必须进行后续处理才能提高其力学性能和热学性能，以满足应用。国外对 SLS 的后处理工艺研究较多，目前主要采用的后处理方法有四种：热等静压、液相烧结、高温烧结及熔浸。

（1）热等静压

热等静压（hot isocratic pressing，HIP）的使用温度范围为 $0.5\sim0.7T_m$（T_m 为金属或陶瓷的熔点），压力在 147MPa 以下，要求温度均匀、准确、波动小。热等静压处理包括三个阶段：升温、保温和冷却。该后处理方法周期短、零件非常致密，相对密度可达 99.9%。

（2）液相烧结

液相烧结（liquid phase sintering，LPS）必须满足三个条件：润湿性、溶解度和液相数量。Agawala 等人对 Cu-Ni-P 的 SLS 烧结件进行了 LPS 后处理工艺研究，将该过程分为三个阶段，研究了烧结温度和时间对成形质量的影响。在青铜的液相温度进行 LPS 处理时，零件的强度和密度增加，后处理温度越高，时间越长，密度和强度提高越大，在恰好低于此温度下进行 LPS 处理时，由于 Kirkendall 现象导致零件在各个方向收缩量不一致，产生了翘曲和变形。

（3）高温烧结

美国的 Badrinarayan 和 Barlow 对青铜-PMMA 混合粉末的烧结件进行了这种后处理，先在 400℃下熔烧 1h，使零件中的 PMMA 逐渐分解消除，再对零件进行高温烧结（high temperature sintering）。高温烧结炉中温度最高在 900℃以上，烧结使用的气体为氢气。用这种方法可以提高零件的密度，但零件收缩也相当大。

上述三种后处理方法可显著提高零件的密度，但一个共同的缺点就是会引起零件的收缩和变形。

（4）熔浸

熔浸（infiltration）是将金属坯体与另一低熔点的液体金属接触或浸在液体金属内，让坯体内的孔隙被金属填充，冷却下来就得到致密的零件。美国 Lanxide 公司用这种方法对 PMMA 包覆的 SiC 烧结件进行了熔浸后处理，得到的零件含 45% SiC、47% 铝及 8% 孔隙

（体积分数），零件的相对密度大大提高。

7.7 反求工程与 3D 打印（快速成形）集成技术

敏捷制造技术对新产品的开发速度、对商家在竞争非常激烈的情况下把握商机起着越来越重要的作用。而 3D 打印（快速成形）技术和反求工程作为敏捷制造技术的重要分支，已经逐渐形成一种新的逆向集成系统，为人们实现产品概念设计与复杂设计承担重要角色。3D 打印（快速成形）技术对所加工零件的几何形状无特别要求，可以将给定的数据还原成实体模型；而反求工程从已有的先进产品出发，经过精密测量，三维重构，获得所有制造加工数据。二者的结合可实现零件的快速复制，还可通过 CAD 重新建模并加以修改，或调整 3D 打印（快速成形）工艺参数，实现零件模型的变异复制。这一逆向系统比正向思路的工程路径短，技术集成度大，新产品开发更快。3D 打印（快速成形）与反求工程结合，形成了一个包括设计、制造、检测的快速设计制造闭环系统（图 7-26）。

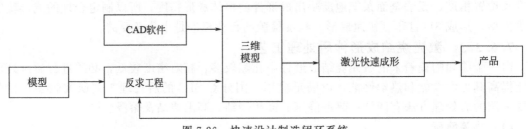

图 7-26 快速设计制造闭环系统

7.7.1 反求工程

反求工程（reverse engineering）也称反（逆）向工程或再生工程。反求工程是针对现有三维实物（样品或模型），在没有技术文档的情况下，通过数字化测量测得结构自由曲面上的必要数据信息，经数据聚类拟合得到 CAD 软件可接受的数据，再经三维 CAD 建模，并将 CAD 模型数据生成 STL 文件，最后通过 3D 打印（快速成形）机（如 LOM、FDM）生产快速模型产品。反求工程涉及的内容比较广泛，包括几何形状反求、材料反求、工艺反求等方面，其中几何形状反求在 RE 技术中具有十分重要的地位和作用。反求工程的实质是对几何信息数字化的一系列手段的总称。

反求工程的体系结构如图 7-27 所示。三维测量是利用各种测量方法得到产品的几何形状数据，要求具有较高的测量速度和精度；测量得到的几何形状数据必须经过噪声消除和缺损数据的修补，才能进入三维重构；三维重构是反求工程的重要环节，产品的三维形貌的数字化再生是三维重构的工作；数据后处理可根据需要对原始数据进行镜像、缩放、旋转、组合或生成分型面；数据输出可生成各种不同格式的 CAD 数据，包括 STL、Pro-E、UG、ACSII、DXF、IGES 等。

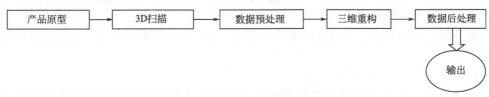

图 7-27 反求工程的体系结构

反求工程从测量产品形状开始，最后还原出样品的 CAD 模型，它可用于以下几个方面：

① 得不到产品的原始图纸时用来产生样品的备份。

② 分析和改进现有产品，开发新产品。

③ 制作与人体配合的物件，包括头盔、假肢。

④ 一些注重美学设计的地方，如汽车的覆盖件、雕塑、手机、玩具等。

⑤ 各种工模具，如压铸模、注射模、冲模等。

7.7.2 数据获取方法

数据获取的方法很多，如图 7-28 所示。

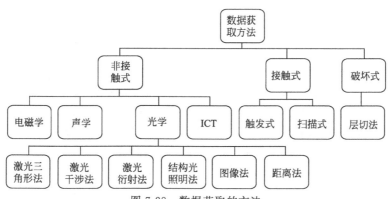

图 7-28 数据获取的方法

7.7.2.1 非接触式测量方法

随着计算机及光电技术的发展，采用计算机图像处理手段的无接触式测量技术得到飞速的发展，非接触测量方法主要采用光学、声学、电磁学等方面技术来实现对产品非接触的三维测量。它主要包括激光三角形法、投影光栅法、距离法及核磁共振、工业 CT 等方法。目前用于 3D 打印（快速成形）技术的主要有激光三角形法和投影光栅法。

(1) 激光三角形法

激光三角形法是利用具有规则几何形状的激光束（点或线光源）或模拟探针沿样品表面连续扫描被测表面，被测表面形成的漫反射光点（光带）在光路中的图像传感器（CCD）上成像，利用三角形原理，测出被测点的坐标，其原理如图 7-29 所示。假设目标平面相对于参考平面的高度为 s，由已知角度和距离可计算得到被测表面任意一点的坐标位置（相对于参考平面），图 7-29 中两者在探测器上成像的位移 e 可用式(7-1)求出：

$$e = bs \sin i / [s \sin(i = k) a \sin k] \tag{7-1}$$

式中　a、b——透镜前、后焦距；

　　　i——投影光轴与成像光轴之间的夹角；

　　　k——CCD 探测器受光面与成像物像光轴的夹角。

激光三角形法是目前最成熟的，也是应用最为广泛的一种方法，它的测量速度快，测量精度取决于摄像机的分辨率以及被测表面与扫描器之间的距离。如 KREON 公司的激光测头速度为 15000 点/s，精度可达到 $\pm 10 \mu m$。激光三角形法存在的主要问题是对被测表面的粗糙度、漫反射率和倾角过于敏感，存在"阴影效应"，限制了探头的使用范围；不能测量激光束照射不到的位置，对突变的台阶和深孔结构易于产生数据丢失；扫描得到的数据量较大，需经过专门的反求数据处理软件建立曲面模型，而且曲面的边缘和结合部分需人工修理。

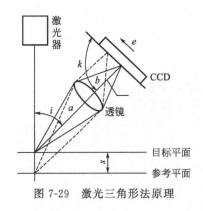

图 7-29　激光三角形法原理

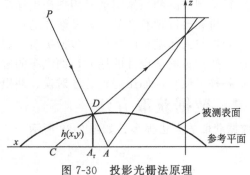

图 7-30　投影光栅法原理

(2) 投影光栅法

投影光栅法是把光栅投影到被测件的表面上，并受到被测零件表面高度的调制，光栅影线发生变形。通过解调变形光栅影线就可以得到被测表面高度信息。入射光线 P 照射到参考平面上的 A 点，放上被测物体后，P 照射到被测物体上的 D 点，此时从图 7-30 所示方向观察，A 点就移到新的位置 C 点，距离 AC 就具有了高度信息 $z=h(x,y)$，即高度受到了表面形状的调制。目前解调变形光栅影线的方法主要有傅里叶分析法和相移法。傅里叶分析法比相移法更易于实现自动化，但精度略低。光栅法的主要优点是测量范围大、速度快、成本低、易于实现，缺点是精度较低，并且只能测量表面起伏不大的较平坦的物体，对于表面变化剧烈的物体，在陡峭处往往会发生相位突变，使测量精度大大降低。

(3) 声呐核磁共振（MRI）法

声源从表面反射，已知声速，声源与反射表面之间的距离就可以确定。超声装置可对物体截面进行扫描，从而得到物体内部结构数据。核磁共振通过激活被测材料的原子，然后测量其响应，这样可测量内部材料的性质。

(4) 工业 CT 法

工业射线计算机层析技术简称 CT 技术，它是利用射线源提供 CT 扫描成像的射线束，以穿透构件，根据射线在构件内的衰减情况，实现以各点的衰减系数表征的 CT 图像重建。它可以无损地获取工件的内外结构形态，实现三维重构，建立 CAD 模型，这是接触法、各种光学扫描法所无法比拟的。但是，用 CT 和 MRI 获取数据的准确度太低，目前的最小层厚也只有 1mm，用这种装置是无法做出实用的机械零件的。此外，CT 和 MRI 的成本高，对运行的环境要求也高，再加上可测零件的尺寸和材料都有限制，因此还未广泛地用于 3D 打印（快速成形）技术中。

7.7.2.2　接触式测量系统

(1) 三坐标测量法

作为传统的接触式测量系统之一，它是目前应用最广泛的三维数字化方法，在 3D 打印（快速成形）的测量中依然占据十分重要的位置。三坐标测量法又称探针扫描，它是利用三坐标测量仪的接触探头（有各种不同直径和形状的探头），逐点捕捉工件表面数据。当探头上的探针沿工件的表面运动时，工件表面的反作用力使探针发生形变，这种形变通过连接到探针上的三个坐标的弹簧产生位移反映出来，其大小和方向由传感器测出。通过模拟转换，将测出的信号反馈给计算机进行处理，最终得到所测量的三维点的坐标，并将数据记录下来。目前一些三坐标测量系统以激光束为探头，把激光束的焦点作为探针进行测量。

三坐标测量仪可以达到很高的测量精度（$\pm 0.5\mu m$），对被测工件的材质和色泽一般无特殊要求，测量过程比较简便，但由于是接触测量，探头及被测工件表面都容易受到损伤。利用三坐标测量仪测量的数据点较少，不能直接用 3D 打印（快速成形）方法复原，需要在 CAD 软件中修改模型或重构模型。目前三坐标测量仪价格较高，对环境有较高的要求，而且测量速度较慢，主要用于测量没有复杂内部型腔、只有少量特征曲面的零件。

（2）自动断层扫描法

自动断层扫描法又称层切法，是一种破坏性测量方法。它采用材料逐层去除与逐层扫描相结合的方法，将三维测量转换为二维测量，实现了自动测量零件三维数据而不受内部复杂几何形状的限制，使测量结构大为简化；其设备安装方便，易于实现全自动化操作，可作为数控铣床的附件；测量的片层厚度最小可达 0.013mm，测量精度为 ±0.025mm；该方法作为逐层相加方式的 RP 技术的逆过程，扫描的数据本身是由一层层零件截面的轮廓线数据构成的，因此测量数据甚至不必转换为 STL 文件就可进行 3D 打印（快速成形）加工。这种方法速度较慢，一般零件的测量时间为 8~9h。

自动断层扫描法是一种破坏性测量方法，它不适于对保留样件或人体等生物的测量，对某些柔软物体以及不适于切削的材料也不能使用这种方法测量。

以上这些方法都有各自的特点和应用范围，具体选用何种测量方法应根据被测工件的形状和应用目的来决定，表 7-9 比较了几种测量方法的特点。

表 7-9　几种测量方法的比较

测量方法	精度	形状限制	速度	成本	备注
三坐标测量法	±0.5μm	无	慢	高	不能测量内轮廓
投影光栅法	±0.02mm	表面变化不能过陡	快	低	不能测量内轮廓
激光三角形法	±5μm	表面不能过于光滑	快	较高	不能测量内轮廓
核磁共振和 CT 法	>1mm	无	较慢	很高	轮廓测量无限制,材料有限制
自动断层扫描法	±0.025mm	无	较慢	较高	轮廓测量无限制

7.7.3　数据处理

在反求工程中，测量数据的处理十分重要。由于采用各种测量系统得到的是复杂曲面上密集的原始测量数据，数据量十分庞大（高达几兆、几十兆甚至上百兆），并且数据之间通常没有相应的显式拓扑关系，只是一大群空间散乱点（数据云），其中还包括大量无用的数据。因此，在对测量数据进行 CAD 模型化之前必须对数据进行滤波、拟合、重建和消隐等前处理过程，然后通过适当的算法，把这些经过处理的数据拟合成 CAD 模型。

① 数据点滤波　由于受测量设备的精度、操作者经验和被测实物表面等诸多因素的影响，会造成测量数据误差点的产生，这类误差点习惯上被称为噪声点，约占数据总量的 0.1%~5%，必须予以剔除，噪声点的剔除称为数据点滤波。数据滤波已有不少成熟的算法，目前常用的数字滤波技术有程序判断滤波、N 点平均值滤波等。

② 数据点优化　是采用某种方法在保证数据点精度的情况下，去除部分数据点，以达到精简数据点和提高处理速度的目的。常用的方法有取样法和弦差分法。在取样法中，若采集的数据点是以网格或扫描方式获取的，则可沿网格或扫描方式每隔若干点选取一保留点对数据进行优化；若为其他形式，则采用去除领域点方式对点集进行优化。弦差分法是利用最大偏离值及最大点间距两参数对点集进行优化处理，小于参数值的点被去掉。

③ 数据点的聚合　对于形状复杂的物体，需从几个不同方向采集物体表面上的点，这就需要考虑不同坐标系下数据点的聚合问题。常用的方法有参考点法，它以物体某几个方面上的点作为所有采集方向的参考点，并保证从多个方向都能采集到这些点，然后通过使这些

点重合，即可将不同坐标系下的点集合到一起。

7.7.4 三维重构

零件 CAD 建模包括数据拟合和实体建模。数据拟合是采用某种算法将数据点拟合成曲线、曲面。通常分为两种情况：一种是对不很密的双有序点列，通常采用非均匀有理 B 样条（NURBS）；另一种是离散数据点，对这种数据的拟合处理常采用弹性网格逼近法、曲线法、薄片样条法、多二项式插值法等曲面的逼近技术。

数据拟合得到的曲面是一种表面模型，缺少面边相邻的实体拓扑信息，有必要进行实体建模。实体建模是在指定的 CAD 软件中，将数据拟合得到的曲线、曲面转化为实体模型，这需要解决反求工程与 CAD 软件的接口问题。较好的解决方法是在数据拟合的过程中，将数据用标准格式表示，使数据模型适用于所有的 CAD 软件。目前许多 CAD 软件（如 Pro/E，I-DEAS，Solid Works，AutoCAD）都提供了适用于 3D 打印（快速成形）的 STL 数据文件格式，解决了从反求工程到加工制造的接口问题。

从目前反求工程的发展水平来看，还不能完全适应 3D 打印（快速成形）技术的要求。无论是测量方法，还是数据处理技术，都有待提高和发展。但反求工程在 3D 打印（快速成形）加工的重要性及展现的美好前景是有目共睹的。图 7-31 给出了利用三坐标测量方法的反求鞋形的流程，并采用 UG 三维造型软件进行数据处理。

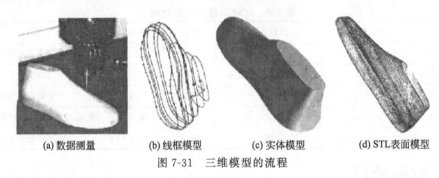

(a) 数据测量　　　　(b) 线框模型　　　　(c) 实体模型　　　　(d) STL表面模型

图 7-31　三维模型的流程

7.8　快速模具制造技术

市场经济的不断发展，促使现代制造业的产品向着更新快、生命周期短的方向发展，要求产品设计不断更新，而产品的生产则要求多品种、小批量，而且产品从接受任务到提供样品所允许的周期往往很短，要求企业能快速响应用户的需要。模具的生产正是向着制造周期短、成本低的快速经济的方向发展。传统模具制造过程复杂、耗时长、费用高，往往成为设计和制造的瓶颈，因此应用 3D 打印（快速成形）技术制造模具已成为发展的方向。直接利用 3D 打印（快速成形）技术制造金属零件或模具更是 3D 打印（快速成形）领域研究人员的目标，目前也已取得一定的成果。利用快速模具制造技术现已可以做到对复杂的型腔曲面无需数控切削加工便可制造，从模具的概念设计到制造完毕仅为传统加工方法所需时间的1/3 和成本的 1/4 左右。3D 打印（快速成形）技术的模具制造可分为金属模具制造和非金属模具制造，金属模具又可分为直接模具制造或间接模具制造。在快速模具制造技术中，激光作为热源依然占据主导地位，本节将对这些技术详细加以介绍。

7.8.1　快速模具制造技术及其分类

7.8.1.1　快速模具制造技术

在现代工业生产中，$60\%\sim90\%$ 的工业产品需要使用模具加工，模具工业已成为工业发展的基础。模具的设计与制造是一个多环节、多反复的复杂过程。由于在实际制造和检测前，很难保证产品在成形过程中每一个阶段的性能，所以长期以来模具设计大都是凭经验或使用传统的CAD进行的。要设计和制造出一副适用的模具往往需要经过由设计、制造到试模、修模的多次反复，使模具制造的周期长、成本高，难以适应快速增长的市场需要。图7-32所示为一种典型的金属模具生产工艺流程。

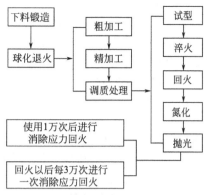

图7-32　传统金属模具制造工艺流程

传统的模具制造过程基本上是以机械加工为主，从模具下料、整修到装配，对操作技能的依赖性高，而且模具上常有一些复杂的特征与自由表面，精度与表面粗糙度要求比较高，导致模具的生产效率更低。传统模具制造方法柔性较差，一旦设计存在小瑕疵或有改变，原有模具难以修改，必须重新制作。所有这些使传统模具制造很难适应市场激烈竞争条件下，产品小批量、多品种生产的发展趋势。

快速模具制造技术是一项采用3D打印（快速成形）技术及相应的后续加工进行模具制造的技术，由于其技术集成程度高，从CAD数据到物理实体转换过程快，制作模具的周期仅为传统模具制造技术的1/3～1/10，生产成本也仅为1/3～1/5。快速模具制造（RT）与3D打印（RP）有着密切的关系。快速模具制造方法的出现与发展，在很大程度上取决于3D打印（RP）技术与新材料的发展，采用3D打印（RP）技术能直接或间接快速制作模具，而RT技术又能促进、扩大3D打印（RP）的推广应用。快速模具制造技术的体系结构如图7-33所示。

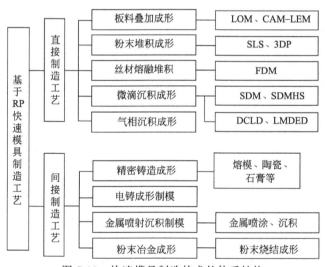

图7-33　快速模具制造技术的体系结构

7.8.1.2　快速模具制造技术的分类

快速模具制造技术是3D打印（快速成形）技术中重要的研究和应用方向。目前，快速模具制造技术主要有直接快速制模技术和间接快速制模技术两大发展方向。

（1）直接快速制模技术

直接快速制模技术（direct rapid tooling）是在3D打印（RP）设备上直接制造模具，即根据零件形状设计模具的三维实体模型或将零件模型转换为型腔模型，选用专用材料，利用

3D 打印（RP）技术制造模具。目前它主要是采用 SLS、LOM 等 3D 打印（快速成形）工艺方法直接制造出树脂模、陶瓷模及金属模。

直接制造的快速模具结构精巧，方便快捷。例如，流道系统、冷却或加热管路的布置可以更为合理，制造速度更快。直接制模材料大多是专门的金属粉末或高、低熔点金属粉末的混合物，也可使用专门的树脂。直接快速制模技术包括三种工艺方法。

① 软模技术　软模是相对于模具材料而言的。软模具一般采用塑料、环氧树脂等作为模具材料，采用各种 3D 打印（RP）技术（SLA、SLS、LOM 等），直接由 CAD 模型制造出具有一定力学性能的非金属构件，一般用于小批量塑料零件的生产。

② 激光烧结直接制模方法　这种方法可以直接从 3D 打印（快速成形）系统制造高密度的金属模具。主要的工艺方法有两种：单组元烧结法和双组元烧结法。这两种方法已在前面进行了介绍，这里不再赘述。

③ 准直接快速制模技术　该技术是指通过 3D 打印（RP）技术生产的模具还需要较多的后续处理才能使用，主要的方法是通过 3D 打印（RP）技术将包有黏结剂的金属粉（SLS）、金属悬浮液（SLA）、带有金属粒子的塑料丝（FDM）成形为半成品，得到的半成品再进行黏结剂的去除和金属浸渗等处理，制得的模具才能投入使用。它主要用于中等批量的塑料零件和蜡模的生产。

(2) 间接快速制模技术

间接快速制模技术（indirect rapid tooling）是利用 3D 打印（RP）原型间接翻制母模或过渡模具，再通过传统的模具制造方法来制造模具。

目前工程应用中以间接制模方法为主。快速模具根据其强度、表面硬度、使用温度以及加工制品的个数（即使用寿命）又可分为软模和硬模。软模的力学性能、耐热性能和使用寿命低于硬模，适合于小批量塑料的低压浇注和常温固化成形，模具材料有环氧树脂材料、低熔点合金、锌合金和铝合金。软模的成本较低，制造方便，精度高，表面粗糙度较低。硬模多由金属材料制造，模具强度、表面硬度、耐热性和使用寿命均比软模高，主要用于塑料注射加工模具，目前的发展方向是制造高精度、应用范围广阔的硬模。

在直接制模法还不成熟的情况下，目前具有竞争力的快速制模技术主要是粉末烧结、电铸、铸造和熔射等间接制模法。间接制模法是指利用 RPM 技术首先制造出模芯，然后利用该模芯复制出硬质模具，或制作加工硬模的工具，或制作母模复制软模具等。图 7-34 所示为间接快速制模法的一般流程。

① 喷涂法　该法制造金属模具是很普遍的制模方法。先用石膏或树脂制造原型，然后将低熔点雾状的熔化金属喷涂到原型上，形成金属型壳，再用填充铝的环氧树脂或硅橡胶作为背衬材料进行填充，采用相应的浇注与冷却系统，可以制得较为精确的注射模具。由于要在原型表面喷涂金属，这种制模方法对原型的力学、热性能有较高要求。在喷涂过程中，原型温度应尽可能低。金属喷涂模具可用于 PP、PE、ABS、尼龙等材料的注射、压制、吹塑等成形。

② 硅橡胶模法　硅胶模一般采用室温固化的硅橡胶作为原材料，以 3D 打印（RP）原型为样件（母模）浇注制作模具。它的制作流程为：在 3D 打印（RP）原型上设置浇口，放入容器中浇注液态硅橡胶，凝固后成模。为了使硅胶能够完全填充型面，将 3D 打印（RP）原型和模框放于真空中，在浇注的同时抽真空，硅胶完全凝固后，开模即可获得硅胶模。由于硅橡胶具有良好的柔性和弹性，对于结构复杂、花纹精细、无拔模斜度甚至有倒拔斜度的零件，制件浇注完成后都可直接取出。目前采用的 TEK 高温硅橡胶的抗压强度为 12.4～62.1MPa，工作温度为 150～500℃，模具寿命为 200～500 件，而一般室温固化的硅橡胶模具寿命为 10～25 件。在实际应用中，当加工件数较少时（20～50 件），一般可采用硅橡胶

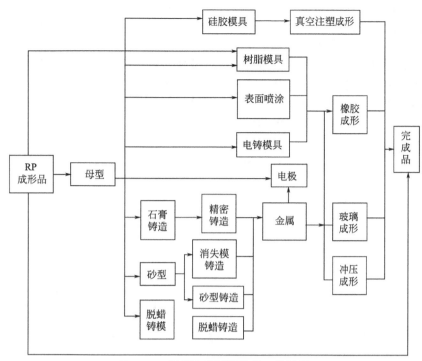

图 7-34　间接快速制模法的一般流程

模铸造法。

③ 熔模铸造制模方法　它是利用 3D 打印（RP）原型或根据原型翻制的软质模具生产蜡模，然后利用熔模精铸工艺制作钢质模具。几乎所有的 3D 打印（RP）原型都可以作为熔模精密铸造的母模，利用 FDM、SLA、SLS 等工艺制作的原型作为熔模的方法已经实用化，产生了巨大的经济效益。

④ 浇注陶瓷制模方法　以 3D 打印（快速成形）系统制作样模，用特制的陶瓷浆料浇注成陶瓷铸型，制作模具工艺样模或陶瓷材料模具。一般陶瓷材料制造模具时需高温烧结固化，其流程一般为：陶瓷粉、黏结剂和固化剂混合后注入模盒中，形成陶瓷型壳→填入背衬材料→加热去除黏结剂→脱模→将壳层烧结固化→进行后处理，制成模具。如果使用化学粘接陶瓷（CBC）制造软模时，陶瓷型壳可以在 205℃ 下固化，而不必高温烧结，不仅提高了模具形状和尺寸的精确性，工艺也大为简便。水泥基混合材料也可以制造软模，材料中的水分不能过多，以避免定型时收缩，为了在制模时提高充满程度，材料中可加入少量的增塑剂。

⑤ 树脂制模方法　该法是将液态的环氧树脂与有机或无机材料复合作为基体材料，以原型为母模浇注模具的一种制模方法。其工艺过程为：首先采用 3D 打印（RP）技术制作原型，将原型进行表面处理并涂上脱模剂，设计制作模框，选择和设计分型面，然后进行树脂浇注，开模得到原型。树脂浇注法制模工艺简单，成本较低。树脂型模具传热性能好、强度高且型面不需加工，十分适用注塑模、吸塑模及薄板拉伸模等。

⑥ 3D 打印（快速成形）电极制造金属模具　金属模具常采用电火花加工（EDM）法加工而成。但复杂的型腔使电火花加工用电极的制作十分困难，且生产效率低下。一般 3D 打印（RP）原型不导电，不能直接用作 EDM 电极。可以通过 3D 打印（RP）原型制作电极，采用 EDM 法快速制造金属模具。20 世纪 80 年代，3D 打印（RP）技术与石墨电极研磨技术的结合，出现了一种新的石墨电极的制备方法，它利用石墨材料硬度小的特点，由 3D 打印

（RP）原型（阳模）直接复制的三维研具（阴模），在该设备上研磨出三维整体电极（阳模），从而加快了石墨电极的制造。对于损耗后的石墨电极在很短的时间内重新研磨可快速修复。它十分适合于具有自由曲面不便于数控编程加工的石墨电极。西安交通大学研制了整体 EDM 石墨电极成形机（CET-500A），该设备通过 3D 打印（RP）原型翻制的研具，根据振动研磨的原理制作石墨电极。整体电极一次成形，成形精度高。该设备与 3D 打印（RP）系统结合构成了新的快速模具制造系统。该系统加工过程如图 7-35 所示。石墨电极研磨成形机主要用于电火花加工用石墨电极的成形及修复。

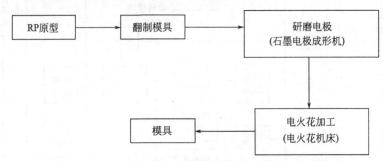

图 7-35　3D 打印（RP）原型与石墨电极成形 RT 系统

　　间接快速模具制造技术还有很多种，如脲烷铸造、Hausermann 研磨法、真空成形等方法，这里不再赘述。

7.8.2　快速金属模具制造技术

　　利用 3D 打印（RP）技术的金属模具直接制造工艺因其不需要工艺转换，在制造周期等方面具有很大的应用潜力，备受各国研究工作者的关注。目前研究的热点集中在如何利用已有的 3D 打印（RP）工艺直接得到金属模具及开发出新的金属直接成形的方法。下面介绍几种快速金属模具制造工艺。

7.8.2.1　直接快速制造金属模具

　　直接快速制造金属模具（DRMT）方法在缩短制造周期、节省能源和资源、发挥材料性能、提高精度、降低成本等方面具有很大优势。目前 DRMT 技术研究和应用的关键在于如何提高模具的表面精度和制造效率以及保证其综合性能质量，从而直接快速制造耐久、高精度和表面质量能满足工业化批量生产条件的金属模具。目前已出现的 DRMT 方法主要有：以激光为热源的选择性激光烧结法（SLS）、激光生成法（LG）、金属板材叠加、气相沉积成形和喷射成形的三维打印法（3DP）等方法。

（1）利用 SLS 工艺制造金属模具

　　利用 SLS 工艺制造金属模具的工艺流程一般为：先在基底上铺上一层粉末，用压辊压实后，按照由 CAD 数据得到的层面信息，用激光对薄层粉末有选择地烧结，反复进行逐层烧结和层间烧结，最终将未被烧结的支撑部分去除就得到与 CAD 形体相对应的三维实体。Lohner A 等采用 SLS 工艺，直接制造出金属模具（Ni-Cu 粉末），密度达到了理论值的 80%，强度为 $100 \sim 200\text{MPa}$，精度为 0.1mm，平均表面粗糙度 Ra 为 $10 \sim 15\mu\text{m}$，可用于数百件注塑成形。目前较为成熟的 SLS 工艺主要有两种，美国 DTM 公司采用的聚合物包覆金属粉末的 Rapid Tool 工艺和德国 EOS 公司的在基体金属中混入低熔点金属的 Direct Tool 工艺。

　　Rapid Tool 工艺是美国 DTM 公司的快速模具专利技术，它能在 5～10 天之内制造出生产用的金属注射模，它的主要流程如图 7-36 所示。

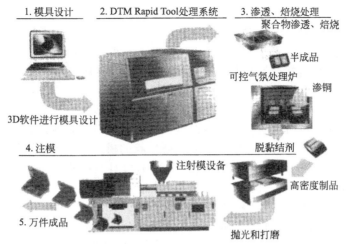

图 7-36　DTM 公司制造钢/铜注射模 3D 打印（快速成形）工艺流程

① 零件的三维建模　将 CAD 文件转换成 STL 格式，输入烧结站。

② 半成品　在烧结站内对包覆有黏结剂的钢粉进行激光烧结，加热熔化后黏结剂将金属粉末黏结在一起（非冶金结合），生成约有 45％孔隙率的半成品。

③ 成品　干燥脱湿后，放入高温炉膛内（氢气气氛条件下）进行烧结、渗铜，生成表面密实的零件，此时零件的材料成分为 65％的钢和 35％的铜。

④ 后处理　经过打磨等后处理工序，得到致密的模具。

使用该套系统制造的钢/铜注射模具如图 7-37 所示，模具内腔的硬度大于 75HRC，可注射零件超过 5000 件，属于能直接使用的批量生产的模具。

Rapid Tool 技术是通过烧结过程使低熔点金属向基体金属粉末中渗透来增大粉末间隙，产生尺寸膨胀来抵消烧结收缩，增加致密度，这样可以使烧结体最终的收缩率几乎为零。此外，碳化物/钴混合的模具也被尝试。由于 SLS 直接成形体的相对密度低，要得到较高密度必须通过烧结、浸渗等后处理，这就增加了制模时间和成本，因此不能称之为完全的 DRMT，同时由于未熔颗粒的粘连，表面质量难以提高。

图 7-37　3D 打印（快速成形）生产的钢/铜注射模具

德国 EOS 公司的 Direct Tool 技术可以从 CAD 文件直接制造注射模模芯、压铸模和金属零件，材料采用新型钢基粉末 Direct Steel20。由于粉末的颗粒度很细，最小叠层厚度仅为 $20\mu m$，因此制成的模具或零件的精度很高，一般仅需进行简单而短暂的微粒喷丸处理，无需抛光就可以作为注射模。这种快速制模方法可在 3 天之内提供形状复杂的注射模。

Direct Tool 方法制造的模具如果采用抛光处理，可以达到近似镜面的表面质量，成为高质量的模具。此外，这种方法还可根据特殊要求，制造中间有冷却孔道的注射模，改善导热性能，缩短加工循环时间。采用 Direct Tool 制成的模具具有良好的力学性能，抗拉强度可达 600MPa。用于注射模模芯时，可制作 1 万～10 万件塑料件；用于压铸模具时，可制作 500 件以上铸铝合金零件。

目前 EOS 公司使用该技术的代表产品是 EOSINT M270，它将以前使用的 CO_2 激光器换成了金属更易吸收的 Yb 光纤激光器，功率为 200W，最小光斑直径仅为 $100\mu m$，极大地提高了激光的功率密度。在激光作用下金属颗粒可充分熔化，使零件的密度几乎达到理论密度的 100％，金属粉末直接烧结的零件已达到较高的精度和分辨率，零件上 0.2mm 的细槽和凸起的字体都清晰可见。

(2) 激光工程净化成形

激光工程净化成形技术 LENS（laser engineered net shaping）是美国的 Optomec Design 公司开发的一项直接金属模具制造工艺。它将 3D 打印（RP）技术与激光熔覆技术相结合，快速制造出较高致密度和强度的金属零件。

采用 LENS 工艺能直接由 CAD 实体模型制造出金属模具，使用 Nd：YAG 激光束聚焦于由金属粉末注射形成层的表面，处于照射区的金属粉末熔化，通过激光束的扫描运动，使金属粉末材料逐点逐层熔化堆积，最终形成复杂形状的模具，整个装置处于惰性气体保护之下，原理及系统如图 7-38 所示。经过该技术制造的模具具有很好的力学性能和耐蚀性能，并且该工艺具有效率高、成本低、收益大和制成品使用寿命长等特点。目前，采用该方法已成功使用 316、309 与 304 不锈钢、镍基超合金（如 Inconel 625、Inconel 690 与 Inconel 718）、M300 马氏体时效钢、H13 工具钢、钨、Ti-6Al-4V 合金、Ni 渗 Al 等粉末材料直接制造各种零件，零件致密度近乎 100%，组织具有快速凝固的外延生长特征，与常规方法所得试件的性能相比，在塑性没有损失的情况下强度得到了提高。图 7-39 是采用 LENS 技术加工的带有投影冷却管道的水冷模具。

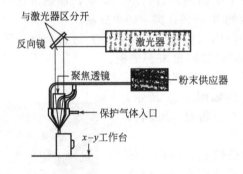

(a) LENS 工艺原理示意图　　　　　　(b) 美国的 Optomec 的 LENS 系统

图 7-38　LENS 工艺原理及系统

图 7-39　LENS 工艺制造的
水冷模具

此外，在 LENS 工艺中可以通过逐渐改变粉末材料的成分，在一个零件中实现了材料成分的连续变化，使零件的不同部位具有不同的成分和性能。采用该方法可以制备出合金功能梯度材料零件，显示出其在异质材料（复合材料、功能梯度材料）制备方面的独特优势。

(3) 激光生成法

LG 的激光金属成形（laser metal forming）工艺是在激光熔覆基础上开发的直接制模工艺，它采用高功率激光器在基底或前一层金属上生成一个移动的金属熔池，然后用喷枪将金属粉末喷入其中，使其熔化，并与前一层金属实现紧密的冶金结合。在制造过程中，激光器不动，计算机控制基底的运动，直到生成最终的零件形状。制件密度为理论密度的 90%，强度接近于铸件，力学性能较好，而且还可调整送粉组分实现组织结构优化。

美国 POM 公司的三维直接金属熔覆成形系统 DMD（direct metal deposition）也是采用激光束直接熔融金属粉末，它的特点是粉末不是存放在粉箱中，而是通过 12 根管道送到漏斗式的供粉器中，粉末随着激光束一起，在熔融状态堆砌成零件，可以用于制造各种模具，如图 7-40 所示。

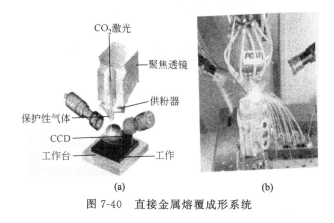

图 7-40　直接金属熔覆成形系统

图 7-41　DMD 制造的中空轻结构零件

三维直接金属熔覆成形系统的主要特点如下。

① 模具的零件尺寸不受粉箱大小的限制。

② 可用于现有模具的改制和修理。

③ 可用于模具的表面硬化处理。

④ 可制造复合材料的梯度模具，提高模具的力学性能和热性能。

三维直接金属熔覆成形系统可制造出几何形状极其复杂的轻结构零件，如图 7-41 所示。激光生成法由于残余热应力的影响和缺乏支撑材料，精度难以保证，只适用于简单几何形状的模具，由于在制造过程中有未熔颗粒的黏结，表面粗糙度 Ra 只能达到 $12\mu m$。

（4）金属板材叠加制造

金属板材叠加制造是一种基于 LOM 工艺的方法，它把纸基薄材改为铝板、钢板或塑料板，然后通过激光切割、焊接或黏结剂黏结，将金属片材成形为三维金属件。日本有人在 0.2mm 厚的钢板的两面涂敷低熔点合金，再通过激光焊接成形金属零件。

图 7-42　板材叠加制造的金属零件

CAM-LEM 工艺采用黏结剂黏结金属薄膜，使用激光切割轮廓和分割块，切割后的半成品经高温烧结后即可得到金属零件，零件可达到理论密度的 99%，但同时会引起 18% 的收缩，图 7-42 为板材叠加制造的金属零件。

目前最新的发展是德国 Zimmermann 公司推出的叠层铣削中心 LMC（layer milling center），它创造性地将 LOM 3D 打印（快速成形）技术与数控铣削加工的优点相结合，推出一种新的快速制模方法。LMC 叠层铣削中心内部结构的布局极其紧凑，主要由板材库、板材的提升和输送装置、涂胶及化学处理装置和铣削加工区域四个部分组成。LMC 叠层铣削中心的外观和内部结构如图 7-43 所示。

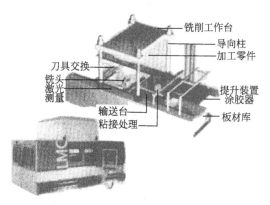

图 7-43　LMC 叠层铣削中心的外观和内部结构

为了叠层铣削成形的需要以及排屑方便，待加工板材不是安放在工作台上面，而是安放在工作台下面，铣头及刀具朝上，好像整台机床倒过来一样。叠层铣削成形过程的原理与纸基薄材叠层制造（LOM）基本一样，不同之处首先是材料的种类和厚度，从纸变为不同材料的板材；其次是不用激光切割加工，而用传统铣削加工。成形过程如图7-44所示。

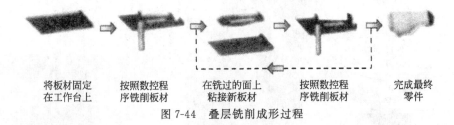

| 将板材固定在工作台上 | 按照数控程序铣削板材 | 在铣过的面上粘接新板材 | 按照数控程序铣削板材 | 完成最终零件 |

图7-44　叠层铣削成形过程

(5) 气相沉积成形

气相沉积成形技术是美国Connecticut大学提出的一种基于活性气体分解沉淀的成形技术，它的原理类似于LCVD技术，通过高能量激光的热能或光能将活性气体分解后，在衬底上沉积一层材料，并逐层制造。通过改变活性气体的成分和温度以及激光束的能量，可以沉积出不同材料的零件，包括成形陶瓷和金属零件。

(6) 金属丝材熔融堆积

金属丝材熔融堆积是美国Stratasys公司开发的能用FDM工艺成形金属材料的一种工艺方法，它首先将金属粉与黏结剂掺匀，然后挤压成具有足够弯曲强度的丝材，再由FDM设备成形，制造出不锈钢、钨及碳化钨材料的零件。

目前开发的直接金属模具制造工艺还有很多，如3DP、形状沉积制造工艺（SDM）、金属微滴沉积成形、等离子熔积法（PDM）等。这些方法都是建立在堆积成形原理的基础上，容易在制件的侧表面产生阶梯效应，直接影响制件的精度和表面质量，并且综合力学性能不高，目前多用于金属零件的制造，而应用于直接快速金属模具制造还需一些时间。

7.8.2.2　间接制造金属模具

3D打印（RP）方法制造的原型主要以非金属型为主（如纸、ABS、蜡、尼龙、树脂等），在大多数情况下非金属原型无法直接作为模具使用，需要借助于3D打印（RP）原型再制造出金属模具。间接制造的特点是3D打印（RP）技术与传统成形技术相结合，充分利用各自的技术优势，这已成为目前应用研究的热点。间接制造工艺主要包括精密铸造成形、金属喷涂成形、电铸成形和粉末成形烧结。通过这些方法，可以实现金属零件和模具的快速制造。

(1) 粉末冶金快速制模法

它是利用3D打印（RP）技术与粉末冶金技术相结合实现金属件的快速制造。美国3D systems公司利用SLA原型的粉末烧结＋浸渗快速复制（keltool）工艺是这种方法的典型应用，其工艺路线为：首先用SLA方法生成快速原型，由硅胶模翻模得到模具的负型，然后将混有黏结剂的金属粉末填充到硅胶模中，待材料凝固后取出，得到模具生坯件。通过高温烧结去除黏结剂，将内部疏松结构（约30％孔隙率）的模具熟坯件进行渗铜处理，以提高材料的致密度和机械强度。通过简单机械加工进一步保证模具的精度，得到最终的模具（Keltool模具）。此时模具的成分为70％钢和30％铜，型腔经热处理后的表面硬度可达到48～50HRC，其特性与P20工具钢模具类似，可承受20～25kPa的压力和650℃的高温。但此方法制模过程时间较长，且工艺复杂。

美国Drexel University推出的Rapid Pattern Based Powder Sintering工艺也是首先用3D打印（RP）方法制出原型，再将混有黏结剂的金属粉灌注到3D打印（RP）原型上，焙烧后去除原型得到半成品，然后进行9h（20～1100℃）烧结和铝合金浸渗处理，制成金属制品。金属模具的硬度可超过 35HRC，收缩率为 0.4%，但目前只能制造薄壁零件。

金属粉末烧结成形制模由于高温烧结造成模具零件的收缩和变形，如何提高和保证模具的精度是目前研究的主要问题，这些问题困扰着该种工艺的发展与商品化。

（2）精密铸造成形

精密铸造成形是一项 3D 打印（RP）技术与铸造技术相结合的工艺，是最直接、成本最低、性能最好的工艺方法。用快速精密铸造的方式制作模具有许多方法，表 7-10 是几种典型的 3D 打印（RP）工艺制造金属零件和模具的方法对比。

表 7-10　几种基于 3D 打印（RP）的铸造法制造金属零件和模具的方法对比

RP 方法	工艺路线	适用性
SLA	SLA＋熔模/消失模铸造	中小型复杂件
LOM	LOM＋石膏型/砂型/陶瓷型铸造	各尺寸规格的中等复杂件
SLS	蜡型＋熔模铸造，SLS 砂型直接浇注成形	中小型复杂件
FDM	FDM＋熔模/消失模铸造/陶瓷型	中小型中等复杂件
3DP	砂型直接浇注成形	中小型复杂件

Quick Casting TM 是美国 3D systems 公司推出的一种工艺，它利用 SLA 工艺制得零件和模具的半中空 3D 打印（RP）原型，通过在原型表面挂浆，形成一定厚度和粒度的陶瓷层，紧紧地包裹在原型的外面，放入高温炉中将半中空 SLA 原型熔化，得到中空的陶瓷型壳，即可用于铸造。浇注后得到的金属模具需进行必要的机械加工，以满足模具的表面质量和尺寸精度的要求。该方法一般只适合于单件制造。

无焙烧陶瓷型制造工艺是由清华大学提出的，该技术以 3D 打印（RP）原型为母模，将 3D 打印（RP）原型翻制为硅胶模，再由硅胶模翻制陶瓷型，喷烧后即可用于浇注金属成形。该工艺适合于各类合金的零件和模具的制造，如图 7-45 所示。

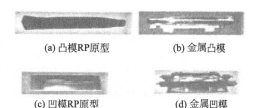

(a) 凸模RP原型　　(b) 金属凸模

(c) 凹模RP原型　　(d) 金属凹模

图 7-45　汽车上梁覆盖件快速精密铸造模具

无加热快速固化非占位涂层制造工艺是涂料直接喷涂到原型上，然后背衬造型。起模后涂料转移到背衬上，不占据零件的有效空间，然后浇注金属，即可获得模具。

直接壳型铸造是以铸造用的型砂为原料，CAD 直接驱动工具烧结或黏结型砂，制造出铸型，省去传统精密铸造过程中的蜡模、泡沫塑料模、木模的制作等多种工艺过程，是传统铸造过程的重大变革，但一个壳层只能使用一次，尺寸精度与表面质量是一个很大的问题。图 7-46 为 SLS 工艺制造的砂型，图 7-47 为 SL 工艺制造的原型。通过精密铸造方法制造导弹叶轮，使导弹的发射精度提高 1 倍。

图 7-46　SLS 工艺制造的砂型

图 7-47　精密铸造导弹叶轮

（3）金属熔射制模法

金属熔射制模法是指熔融金属粉末喷涂沉积到 3D 打印（RP）原型或经 3D 打印（RP）

原型转换的基体上。其工艺过程是金属喷射沉积出金属壳型，再采用混有金属粉的树脂或金属背衬金属壳层，然后去除基体，即可制造出模具。

Badger Pattern 公司、东京大学和日产汽车公司的熔射制模法的基本工艺都是在原型表面形成熔射层，然后对熔射层进行补强并去除熔射原型，得到所需的金属模具。Badger Pattern 公司只能熔射低熔点锌合金，金属背衬采用树脂材料，致使模具的耐磨性和热传导性差，只能用于数百件注塑成形。东京大学开发的 RHST 技术采用不锈钢或碳化钨合金等高熔点材料作熔射材料，并以金属材料对熔射层背衬补强，从而极大地提高了模具的耐磨性和热传导性，使其能够满足大批量注塑成形和金属薄板成形的需要。日产汽车公司的熔射制模法同样采用不锈钢为熔射材料，以树脂/金属复合材料进行补强，制得的轿车覆盖件模具可成形 20 多万件。华中科技大学近年来开发出直接熔射不锈钢粉末沉积制造皮革模具的方法。清华大学以 3D 打印（RP）原型为母模，利用涂层转移法翻制表面合金化的基模，然后利用等离子喷涂不锈钢粉末沉积到基模上，再进行多层梯度金属材料背衬，制造的模具具有较好的力学性能。

（4）电铸成形

电铸成形是一种 3D 打印（RP）技术与传统电铸相结合的快速模具技术。首先制造出 SL 原型，对 3D 打印（RP）原型表面进行打磨、抛光、涂覆导电层等处理；然后放入电铸槽中，通过常温电铸获得金属壳层，该壳层的内表面精确地复制出了 3D 打印（RP）原型的外表面，通过中高温烧结去除金属壳内的原型；最后在模具框和金属壳外侧之间浇注低熔点合金或铝粉/树脂混合材料背衬，得到电铸模。采用镍合金电铸工艺，由于镍合金硬度高（>50HRC），可直接从 3D 打印（RP）原型制成金属模具用于注塑机生产塑料产品。如果采用铜金属电铸工艺，可制作表面形状复杂，尤其是具有细腻花纹图案的工艺品（常规方法无法加工）的电火花加工用电极，一个母模可用于制作多个电极。电铸成形具有与 SLA 工艺同等的精度，工艺复制性好，但环境污染是最大的问题。

间接快速金属模具技术还有很多种，如前面介绍的喷涂法、硅胶模、电火花加工电极法以及沉积技术制造模具、硅胶-陶瓷型橡胶模等，在这里不再一一介绍。

各种间接金属模具法都具有快速经济的特点，其中：铸造法和粉末烧结法尺寸变化大，制模精度不高；电铸复制精度较高，但制模时间长、受电铸材料种类限制且需处理废液的污染；熔射法具有模具材料种类多、制模尺寸范围广、复制精度高等优点。与直接法相比，间接法目前虽在实用化方面占有优势，但由于中间工序较多且受材料性质和制造环境温度的影响，导致精度控制难度大。因此，开发稳定性好的制模材料及利用工序少的间接制模法、实现工作环境的稳定化是提高精度的关键，同时必须加快开发短流程直接制造金属模具的方法。

表 7-11 列出了几种快速制模方法的有关性能参数。间接制模法生产的模具表面质量和尺寸精度都较直接法高，制作大型模具时，间接法较直接法具有更大的优势。

表 7-11　几种快速制模方法的有关性能参数

方法	开发单位	使用材料	尺寸规格	尺寸精度	表面精度	表面硬度
LMF	Sandia National Lab	304、306 不锈钢，铁镍合金，H13 工具钢，碳化钛金属陶瓷等	小	0.5mm	略高于铸造精度	59.3HRC
Rapid Tool	DTM 公司	低碳钢、铜	中、小	<0.25mm	—	75HRB
3DP	MIT	聚合物、金属或陶瓷粉末	中、小	0.5%～1%	与铸造精度相当	30HRC

方法	开发单位	使用材料	尺寸规格	尺寸精度	表面精度	表面硬度
NCC	CEMCOM 公司	镍	中、小	±0.13mm	0.1μm	65HRB
Keltool	3D systems 公司	A6 工具钢、不锈钢、碳化钨等	中、小	±0.1%	—	热处理后达到 48～50HRC
RSP	Idaho National Engineering and Environmental Lab	P20、H13、D2 工具钢	大、中	±(0.1%～0.2%)	与 EDM 精度相当	时效处理 61～64HRC
RHST	东京大学、华中理工大学	不锈钢、碳化物合金等不限	大、中、小	<±0.1%	0.12μm	700HV

现有 RPMT 技术尚不能直接快速制造满足工业化批量生产要求的高精度、高性能、高表面质量的复杂形状金属模具。因此，要解决直接快速制造复杂形状金属模具的精度、表面质量和综合力学性能的问题，有必要探索新的直接快速精细制模方法。

7.8.3 快速模具制造技术的发展方向

3D 打印（快速成形）零件制造（RP&M）技术被人们认为是近 20 年来制造技术的一项重大突破。RP&M 技术如果仅仅停留在原型制作上，尚不能形成对制造业的冲击，要发挥 RP&M 技术的更大优势，就必须形成快速制造的能力。模具的开发是制约新产品开发的瓶颈。3D 打印（快速成形）+快速模具制造技术提供了一条从模具的 CAD 模型直接制造模具的新的概念和方法。RT 技术能够解决大量传统加工方法（如切削加工等）难以解决甚至无法解决的问题，可以获得传统加工不能加工的复杂形状。它与传统的数控加工模具方法相比，制模周期和费用都降低 1/3～1/10（表 7-12），使模具制造在提高质量、缩短研制周期、提高制造柔性等方面取得了明显的效果。近年来，随着 RT 技术的快速发展，RT 在工业产业化方面取得了可喜的成绩。

表 7-12 快速模具制造技术

项目	硅胶模	Al 填充环氧树脂模	直接 AIM 模	喷涂金属模	Rapid Tool	3D Keltool	锌合金模	铣削铝模
研制周期/周	0.5～2	2～4	1.5～3	2～4	2～5	3～6	2～3	2～6
成本/万美元	0.1～0.5	0.25～1	0.2～0.5	0.2～1.5	0.4～1	0.35～1	0.4～1.5	0.4～2.5
寿命/件	10～50	50～1000	10～50	50～1000	50～10^5	50～10^6	50～1000	50～10^5
材料	脲烷环氧树脂石蜡				热塑性塑料			
模具精度/mm	0.05/25		0.08/25		0.05/25	0.08/25		0.025/25

直接金属成形模具已开始用于塑料注射模、铸造模、吸塑模等的生产，且有了专业制造企业。比利时 Quick Tools 4P 公司是一家采用 DMLS 技术制作塑料注射模的企业，全公司有 16 名员工，其中模具设计 8 人，模具技工 3 人，一年内用 EOS M250 设备制作了 160 套模具。采用 DMLS 的最大优点是制作工艺简单，制造周期短，整个模具制造过程不需要 NC 编程，也不需要考虑加工工艺和刀具、装夹等问题，一个很复杂的型腔结构，在无人看守的情况下便可加工完成。一般在模具设计完成后，2～4 天完成形腔的制作，2～4 天完成修整、抛光和组装，整个模具从设计到试模完成只需要 2～4 周，模具的寿命为 5 万～10 万件。从其塑料制品外观看，与传统制模方法成形的零件几乎没有区别。直接金属成形技术已开始走向成熟并应用于模具制造。

金属直接 3D 打印（快速成形）技术的发展时间还很短，其应用还处于起步阶段。目前，限制该项技术大规模推广的主要因素是：设备昂贵，一般高于 40 万美元；成形材料价格高，1kg 材料要几十美元；成形零件的表面粗糙度 Ra 一般大于 $10\mu m$（经喷丸处理后可 $\leqslant 5\mu m$）；可用于成形的材料种类较少，难以满足各种使用条件的要求；激光烧结或电子束固化的成形面积较小，一般不大于 $250nm \times 250nm$，其他方法的精度和表面粗糙度又太低。尽管还存在这些不足，但金属直接 3D 打印（快速成形）方法不受几何形状的限制，工艺过程简单，制造周期短，人力成本低，并且随着大功率激光烧结、激光同步送粉、三维焊接以及其他激光净化成形技术的不断完善，使这项技术具有良好的市场发展空间，金属直接 3D 打印（快速成形）将成为将来模具制造的一种重要手段。

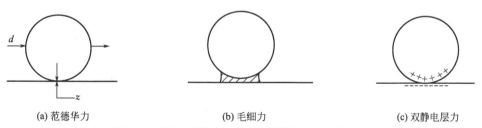

Chapter 08

第8章

其他激光加工技术

8.1 激光清洗技术

清洗技术是工业生产等许多领域中的重要环节。传统的清洗方法包括机械清洗法、化学清洗法和超声波清洗法，尽管它们得到广泛的应用，但因环境保护和高精度要求方面的原因，使它们的应用受到很大的限制。机械清洗法无法满足高清洁清洗要求；化学清洗法容易导致环境污染，获得的清洁度也有限；超声波清洗法尽管清洗效果不错，但对亚微米级污染颗粒的清洗无能为力，清洗槽的尺寸限制了加工零件的尺寸和复杂程度，并且清洗后对工件的干燥也是一个难题。激光清洗技术是近年来飞速发展的新型清洗技术，它以自身的许多优点在许多领域中逐步取代传统清洗工艺，展示了广阔的应用前景。

8.1.1 激光清洗基础

激光清洗过程实际上是激光与物质相互作用的过程，它在很大程度上取决于污物在基体表面上的附着方式，即结合力的大小。因此，了解污物与基体表面基本的相互作用对研究激光清洗是十分重要的。

8.1.1.1 几种基本的附着力

一般而言，污物与基体表面的附着表现为三种力的方式，即范德华力、毛细力和双静电层力，如图 8-1 所示。

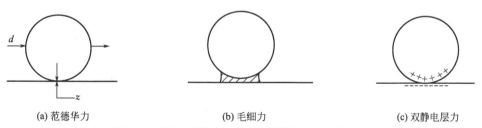

(a) 范德华力　　　　　　　　(b) 毛细力　　　　　　　　(c) 双静电层力

图 8-1　微粒在固体表面上附着所受的三种基本力

范德华力是微米级污染物的主要附着力，它是由一个物体中的瞬时偶极矩和另一个物体中感生的偶极矩间的相互作用造成的。假定附着的粒子是直径为 d 的球体，那么可用式(8-1)求得此小球与一个平面基体间的范德华吸引力 F_V 为：

$$F_V \approx hd/(16\pi z^2) \tag{8-1}$$

式中　h——与材料有关的列弗西兹-范德华常数；

z——小球与基体的微观最近距离，见图 8-1(a)。

考虑到平面及小球会有畸变，实际上的范德华力比式(8-1)给出的值大很多。

毛细力 F_o 来自于很薄的液体层（如大气湿度）在粒子和基体表面之间微小空隙处产生的凝聚 [图 8-1(b)]，其大小可用式(8-2)表示：

$$F_o = 2\pi\gamma d \tag{8-2}$$

式中　γ——液体的单位面积表面能。

粒子和基体间也可出现电荷的运输而使两者带异性电荷，此时存在相互吸引的双静电层力 F_e [图 8-1(c)]，其大小可用式(8-3)表示：

$$F_e = \pi\varepsilon_0 U^2 d/(2z) \tag{8-3}$$

式中　U——接触势差；

　　　ε_0——真空介电常数。

重要的是，这些附着力比重力大几个数量级且都与粒子直径 d 有关。随着粒子半径减小，这些力呈很慢的线性衰减。由牛顿定律 $F=ma$，而粒子质量 $m \propto d^3$，于是 $a \propto d^{-2}$。可见，当一个粒子附着于基体表面之后，它的尺度越小，清除它所需的加速度就越大，对于常规的清洗技术而言也就越困难。

8.1.1.2　激光清洗系统的工作原理

激光清洗系统的工作原理如图 8-2 所示。激光经聚焦透镜聚焦后从喷嘴内孔照射在清洗工件表面进行清洗。在清洗时一般使用吹气喷嘴，借助于与激光同轴的小孔喷嘴将具有一定压力的气体吹到清洗区，吹气的作用一方面是吹去汽化物，防止镜头被飞溅物和烟尘污染；另一方面还可带走氧化所放出的热量或防止表面氧化，起到净化表面、强化激光与材料的热作用。

激光清洗的主要目的有以下方面。

① 汽化污垢清洁表面　根据不同污垢，选择不同的激光辐射功率密度。一般可按打孔、切割、焊接和表面改性的顺序递减，激光清洗与表面改性的功率密度应相当。由于激光清洗属于热加工范畴，因此，在停止激光照射后，材料的表面部位需要经过冷却过程。

② 改性　在激光清洗过程中，激光的热作用可使金属表面发生相变硬化或进行退火与淬火，可以改善材料的表面性质，提高金属的硬度和耐蚀能力。利用这种工艺方法对材料改性

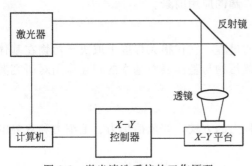

图 8-2　激光清洗系统的工作原理

时，可使表面硬度及耐磨、耐蚀和耐温等性能得到改造，但不影响材料内部原有的韧性。激光清洗时，可根据材料表面性能改造的要求，确定激光表面改性的加工内容。

激光清洗过程中的基本动力学过程是，物质吸收入射光能量后，产生瞬态超热，温度骤然升高，虽然这个温升尚不足以使基体表面蒸发（否则就会造成表面损伤），但基体表面热膨胀会产生一个很大的加速度，使吸附的微粒被喷射出去。这一过程可以认为是在脉冲激光持续时间内完成的，假设基体表面为自由固体表面，表面的温升 ΔT 近似用式(8-4)表示为：

$$\Delta T = (1-R)F/(\rho c\mu) \tag{8-4}$$

式中　R——表面的激光反射率；

　　　ρ——基体密度；

　　　c——比热容；

μ——激光持续时间 τ（τ 为脉冲宽度）内基体中的热扩散长度；

F——单位面积入射的激光能量。

由上述温升 ΔT 导致的基体线膨胀（沿垂直基体表面方向）H 为：

$$H \approx \alpha\mu\Delta T = (1-R)F\alpha/(\rho c) \tag{8-5}$$

式中 α——热膨胀系数。

假设是强吸收，且取 $F = 1\text{J/cm}^2$，$\alpha = 1 \times 10^{-5}\,\text{K}^{-1}$，$\rho = 3\text{g/cm}^3$，$c = 0.4\text{J/(g}\cdot\text{K)}$，那么，$H$ 约为 $10^{-6}\,\text{cm}$ 量级。取 $\tau = 10\text{ns}$，就有：

$$a \propto H/\tau^2 \propto 10^{10}\,\text{cm/s}^2 \tag{8-6}$$

由此可见，激光清洗产生的加速度约为重力加速度的 10^6 倍，如此巨大的加速度能够使吸附微粒受到急剧喷射，达到去除污垢的目的，图 8-3 所示为干法激光清洗的动力学过程示意图。

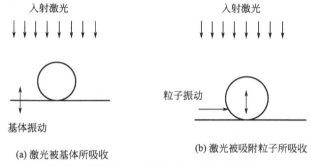

图 8-3　干法激光清洗的动力学过程示意图

当有液膜存在时，基体/液膜界面处的瞬间温升远超过液体的汽化（蒸发）温度，形成液体的爆炸性蒸发，产生很强的瞬态压力。据报道，在激光清洗中水膜的超热可能会达到 370℃，产生的瞬态最大压力约为 200MPa，如此巨大的压力完全可以克服粒子和基体之间的各种附着力。

当光能完全被液体膜所吸收时，上述的爆炸性蒸发和瞬态冲击力产生于液膜的上部，由于吸附微粒在液膜的下部，吸附粒子所受到的作用力大大降低，明显降低了清洗效果和清洗效率，如图 8-4 所示。

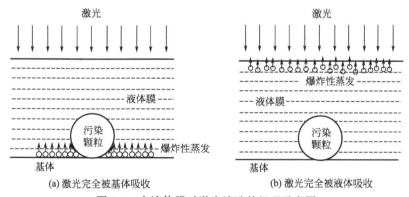

图 8-4　有液体膜时激光清洗的机理示意图

8.1.2　激光清洗特点和分类

8.1.2.1　激光清洗的特点

激光清洗技术是采用高能激光束照射工件表面，使表面的污物、锈斑或涂层等瞬间蒸发或剥离，从而达到洁净化的工艺过程。与传统的清洗方法相比，激光清洗具有以下特点。

① 激光是一种高能束，其作用于材料表面的时间仅有 $10^{-11}\sim10^{-13}$ s，可以在瞬间产生极大的爆炸冲击力，加速度达 10^9 m/s^2，能够提供克服微粒与工件表面间的黏附力所需的加速度，所以激光能有效去除微米级或更小尺寸的污染微粒。

② 激光不存在刀具磨损问题，无后坐力，对辅助机构的刚度和强度要求低，对曲面加工易于实现自动化控制。

③ 激光清洗是一种"干式"清洗，不需要清洁液或其他化学溶液，并且清洁度远远高于化学清洗工艺。

④ 大功率激光器与可弯曲光纤等关键性激光加工装置已商品化，开发应用激光清洗新工艺的理论与物质条件已完全具备。

⑤ 激光能在狭窄空间进行清洗作业，并能清除放射性污染物。

⑥ 激光清洗时消除的废料是固体粉末，体积小，易于存放，对环境污染小，是一种"绿色"清洗技术。

俄罗斯研究开发了一种激光除锈新技术，用直径 12mm 的激光束在金属表面扫描，所到之处锈斑和氧化物很快蒸发掉，甚至连角落里的锈都能清除干净。激光可以在不熔化金属表层的情况下，让氧化物和锈蒸发。激光清洗还能改变金属微米厚表层的结构，如同覆盖了保护层，有利于防止锈斑生成。对腐蚀性不强的环境，用激光清洗后，金属构件甚至可以不再涂防锈漆，即便是露天放置的金属物体也可以减少刷漆次数。激光清洗特别适于大型钢体桥梁、电视塔以及电线铁架等的清洗除锈。激光清洗可以处理古迹和青铜雕塑上的氧化物，也能清除掉物体上遭受的放射性污染物。将激光装置安放在卡车上用于清洗大型的不易挪动的物件更为方便。

8.1.2.2 激光清洗的分类

激光清洗的方法一般有以下四种。

① 激光干洗法 利用脉冲激光直接辐射去污。

② 激光＋液膜的清洗方法 首先沉积一层液膜于基体表面，液膜一般为水膜，或为少量的甲醇或乙醇与水的混合液体，覆盖于工件表面的厚度约为 $10\mu m$，然后用激光照射去污。当激光照射在液膜上，液膜急剧受热，产生爆炸汽化，爆炸性冲击波使基体表面的污物松散，并飞离加工物体表面，达到去污的目的。

③ 激光＋惰性气体的清洗方法 在激光照射的同时，使用惰性气体向工件表面吹气，当污物从表面剥离后，被气体吹离表面，这样可以避免清洁表面的再次污染和氧化。

④ 激光＋化学试剂（非腐蚀性）的清洗方法 使用激光使污物松散后，再用非腐蚀性化学方法去污。

目前，在工业生产中主要采用前面三种清洗方法，其中用得最多的还是激光干洗法和激光＋液膜的清洗方法。第四种方法多用于石质文物和艺术品的清洗保护。

8.1.3 激光清洗用激光器

目前用于激光清洗的激光器的种类比较多，如 CO$_2$ 激光器、Nd:YAG 激光器和准分子激光器等。一般来说，在高精度清洗时，准分子激光器是较为合适的工具；而在大体积和低成本清洗时，CO$_2$ 和固体激光器是较佳的选择。对于微电子工业来说，一般选用准分子激光器，如 KrF 准分子；对于模具的清洗则采用 CO$_2$ 或 Nd:YAG 激光器比较好；而对于激光覆层的清除，CO$_2$ 激光器的效果最好，特别是 TEA CO$_2$ 激光器在这一领域极具发展前途。由于 CO$_2$ 激光器不能用光纤传送，远程清洗受到很大限制，这为 Nd:YAG 激光器的应用提供了广阔的空间。另外，如果事先知道表面污染物的成分，则可以根据污染物最佳吸收波长来选择激光器的种类。

8.1.4 激光清洗的应用

8.1.4.1 激光除锈和清洗文物

由于环境污染和保护不善等原因，大量文物古迹正逐渐锈蚀或表面风化，有的已面目全非。激光作为一种特殊的可控热源，辐射到文物表面时，在适当功率密度下，利用表面污物与基体热参数的差别，可使污垢迅速汽化，或在冲击波的反冲作用下迅速飞散。英国 Radiance 公司生产的激光器已在除锈和艺术品保护方面实用化，他们采用 KrF 准分子激光器，波长为 248nm，输出能量最大为 600mJ/脉冲，脉冲宽度为 34ns，重复频率为 30Hz，通过调整激光加工工艺参数可实现不同目标的清洗。

使用该激光器能够清洗石灰石、大理石等塑像及羊皮纸上的污垢。英国国家艺术博物馆采用该技术清洗了大理石雕像，如图 8-5 所示。结果表明：通过调节激光器的工艺参数，成功地清除了雕像的黑色外皮，而且不损伤基体，使雕像恢复原貌。同时，该博物馆还用该技术清洗了砂岩、象牙等文物，都满足文物保护的要求。利用 Radiance 公司的激光器还能清除铜、铝、钢等金属表面的锈层和氧化层，清洗效果非常好。

清洗前　　　　　　清洗后

图 8-5　利用激光清洗前后的文物对比

8.1.4.2 激光清洗微电子器件

随着磁盘记录密度的增加，读写磁头与磁盘之间的距离不断缩小，磁头在盘面上的滑行高度已达 $0.1\mu m$ 以下，即使是次微米级的污粒都会使磁头滑块和磁盘损伤，而且这种损伤占相当大的比例。传统的方法是采用超声波清洗，不仅要使用破坏环境的氟、氯溶剂，而且对微米级的污粒无能为力。清洗完毕后的工件干燥也是一个问题。如果采用激光清洗技术，不仅可以避免上述问题，而且清除率高，还可对不同部位进行选择性清洗。新加坡国立大学采用 KrF 准分子激光器，波长为 248nm，脉冲宽度为 23ns，重复频率为 30Hz，能量为 300mJ/脉冲。激光束通过一个光阑，经 SiO_2 棱镜聚焦，会聚于加工工件上。激光器和工作台由计算机控制，以保证加工精度。用光学显微镜和扫描电镜观察清洗前后的变化，结果表明：在不损伤工件的前提下，能清洗掉 90% 的 Al 粒子和全部 Sn 粒子，清除率极高；同时，不影响磁头顶尖的形状、粗糙度和磁头的逆行等性能，保证了磁头的精度。这说明激光清洗能代替超声波清洗，而且清洁度与清洗效率更高。

① 清洗聚酰亚胺薄膜　聚酰亚胺是高速度、高密度电子元件多层封装薄膜内部连接结构的介电材料，使用准分子激光器可以清除 Ti、Cr、W、Ni 和 Pb 等离子对聚酰亚胺的污染。使用波长 193nm 和 248nm 激光束清洗 Cr 污染聚酰亚胺的能量密度阈值分别是 $40J/cm^2$ 和 $80J/cm^2$。这种清洗技术已用于电子元件封装的全过程。

② 清洗电路板　用 KrF 准分子激光器，脉冲宽度 20ns，脉冲能量 300mJ，能量密度 $\leqslant$ $2J/cm^2$，脉冲重复频率 1Hz，清洗微电子系统电路表面的 Cu_2O 钝化薄膜。

③ 集成电路组件消闪和退标　随着 IC 集成度的提高，针脚越来越多，孔也越来越小。传统方法难以清除小孔中的模闪（moldflash）。准分子激光消闪（de-flash）具有明显的优势，将成为最合适的消闪技术。

激光退标（demarking）的同时也把表面的灰尘、油脂和氧化物等清除干净了，再标记的耐久性好。

④ 清洗 NiP 硬盘表面　使用脉冲 Nd:YAG 激光器，波长为 355nm，入射角 40°，采用

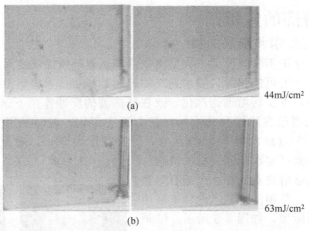

44mJ/cm²

63mJ/cm²

图 8-6　采用不同激光能量清洗 Al 微粒效果

辅助蒸汽的方法清洗 NiP 硬盘表面直径 300nm 左右的铝微粒效果颇佳。图 8-6 是采用不同激光能量清洗 Al 微粒的结果比较。

8.1.4.3　清洗核辐射污染

净化核设施造成的放射性尘埃和废水以及储存退役的核能设备，已成为人类面临的环境污染挑战之一。采用激光照射可以解离核污染的废水、受核污染的水泥混凝土建筑物表层，使其变为无放射性危害的可储存的设施。

8.1.5　激光清洗技术的发展

8.1.5.1　国外发展状况

激光清洗技术研究起步于 20 世纪 80 年代中期，但直到 90 年代初期才真正步入工业生产中，在许多场合逐步取代传统清洗方法。近年来国外在激光清洗技术方面的研究情况如表 8-1 所示。

表 8-1　国外激光清洗技术状况

清洗对象	激光器	波长	能量	脉冲宽度	清洗效果
图像	Nd:YAG	1064nm	1200mJ/cm²	<10ns	清洗效率为 1～1.5m²/天，投入使用
考古金属制品	Nd:YAG（自由式和开关式）	1064nm	<10J/cm²	<20μs	能有效清除污垢，可控性和选择性好
脊椎动物化石	Nd:YAG	1064nm	20J/cm²	20μs	精确除去表面的石头层
光掩模	LEXtra-200 激光器		2.4～20.6J/cm²		代替化学清洗法，达到完全清洗，实际应用
古堡	Nd:YAG				完善的清洗系统，能清除 300～350mm 厚的黑皮，实际应用效果良好
古纪念碑	Nd:YAG	1064nm	100mJ/cm²～1J/cm²	20μs	采用光纤远程清洗，实际应用
木板古屋	Nd:YAG				0.2m²/天，实际应用

清洗对象	激光器	波长	能量	脉冲宽度	清洗效果
19 世纪银版	Nd:YAG	1064nm 532nm 355nm	$1\sim50mJ/cm^2$	$5\sim10ns$	实际应用
教堂墙面	Nd:YAG	1064nm		9ns	实际应用
类金刚石膜 金属基体	Nd:YAG	1064nm	$1\sim10mJ/cm^2$		提高了镀膜与基体的黏附力
硫化物表皮	Nd:YAG	1064nm			成熟技术,粒子溅射机理
棉花纤维	Nd:YAG	1064nm 532nm 266nm			取代传统有机溶剂清洗
轮胎模具	Nd:YAG	1064nm			取代了机械和化学方法,投入实际应用
电子线路	KrF 激光器	248nm	$0.11\sim0.2J/cm^2$	纳秒级	有效清除次微米级污粒和有机薄膜,实际应用

从国外的研究现状可知,激光清洗的去污范围非常广泛,从厚锈层到抛光表面微细颗粒都可以去除,涉及机械工业、微电子工业与艺术品的保护。激光清洗实验所使用的设备种类多,所用激光器的波长范围广,配套设备更加完善。激光清洗技术参数和机理方面的研究正逐渐减少,应用方面的研究开始占主导地位。目前激光清洗技术在文物和艺术品保护方面的应用明显多于在其他方面的应用,而且多采用 Nd:YAG 激光器。

8.1.5.2　国内发展状况

国内激光清洗技术的发展如表 8-2 所示。从国内的现状可知,国内的激光清洗技术基本上是跟踪国外的发展,还处于完全的实验室阶段;在激光清洗技术的重要应用领域——除锈和清除颗粒方面的研究与开发几乎是空白。激光清洗技术的广泛应用前景值得我们投入人力、物力,深入研究,以尽快在此领域赶上和超过国外先进水平。

表 8-2　国内激光清洗技术状况

清洗对象	激光器	波长	能量	脉冲宽度	清洗效果
光学基片	Nd:YAG	1064nm	$50J/cm^2$	$0.1\sim10\mu s$	实验阶段,去除大部分胶体粒子
高射炮部件	准分子激光	308nm	$175mJ/cm^2\pm5\%$	纳秒级	实验阶段,能有效剥漆
Q235 钢表面锈层	Nd:YAG	1064nm	$0\sim65J/cm^2$	200ns	完全除去了基体表面附着层,探讨了加工参数、清洗后表面性能和清洗机理
铝板表面漆层					
模具表面橡胶层					

激光清洗技术的出现,开辟了激光技术在工业应用的新领域。它在微电子、建筑、核电站、汽车制造、医疗、文物保护等领域的应用前景十分广阔。我国在大型件激光加工技术领域的应用已初具规模,在钢铁除锈和模具去污方面的应用还是空白。而激光清洗技术在汽车制造、建筑等领域的应用仍在开发之中。这些领域不少属于国民经济的支柱产业,激光清洗技术产生的经济效益和社会效益将是十分可观的,对推动高新技术产业的发展具有重要意义。

8.2 激光光存技术

8.2.1 激光光存技术的发展

早在 1958 年，光盘基本技术就被发明出来。1968 年美国 Energy Conversion Devices（ECD）公司的奥弗辛斯基首先发现硫系开关材料中具有记忆功能的相变现象，就开始研究晶态和非晶态之间的转换。1971 年 ECD 公司和 IBM 公司合作制造出世界上第一片只读光盘（CD-ROM）。1983 年日本松下公司展出第一台可重写相变型视频光盘，真正拉开了可擦写光盘的序幕。1987 年磁光盘 MO（Magneto Optical）问世。1988 年可擦写磁光盘系统正式问世。

提高光盘的存储容量，通常以提高位密度和道密度来实现，主途径是缩短所用激光的波长，通过先进的技术能够使磁光盘单面容量达 2GB。相变型 DVD 光盘双面双层最大容量可达到 17G。采用波长 405nm 的蓝色激光束进行读写，使光盘能存储更加庞大的容量，一个单层的蓝光光盘的容量为 25GB 或 27GB，而双层的蓝光光盘容量可达 46GB 或 54GB，4 层及 8 层的蓝光光盘容量分别可达到 100GB 和 200GB。

8.2.2 激光光盘使用的激光器

激光光盘采用的激光器主要有两种类型，包括气体激光器和半导体激光器。要使光盘存储信息量大，写/读的激光的光斑点必须尽量小，使用的激光波长越短，存储量越大。但是，人们不能使用所有波长短的激光器，还要求选用适合于光存用的激光器。

过去，因为光盘存储介质的灵敏度比较低，需要采用输出功率大的气体激光器。例如，氩离子气体激光器，它的输出功率比较大、噪声小、波长比较短，采用它作写/读光源，可以实现高性能光盘机的大容量指标。但是，它的缺点是可靠性比较低，体积大，要有较复杂的系统进行光束控制和写入调制，要设置声光（或电光）调制器和冷却设备。因此，这种激光器适用于要求高性能的场合。又如氦氖激光器，它的可靠性高，瞄准稳定性好，工作寿命长，常被用为读出光源。

随着高密度、高灵敏度存储介质的出现和半导体激光器工艺技术的发展，激光光盘目前大部分采用半导体激光器作写/读光源，半导体激光器主要优点如下。

① 体积小、重量轻，可以使写/读光头的结构非常小巧，可以实现高速随机存取。

② 激光输出可用注入电流调制，不需要声光（或光电）调制器及其光学系统，因此，光路可从 1m 缩短到几厘米，光路效率可以提高，调制激光的频率高，每秒可以达到几百兆比特。

③ 作为一种固体器件，使用寿命长，可达到 1 万小时，运行的可靠性高。

④ 价格比较低廉，易于实现批量生产。

美国贝尔实验室和 RCA 公司采用半导体激光器成功地应用于写/读光源阵列。研究人员在一块半导体芯片上排列了 16 个半导体激光器阵列（中心距为 $50\mu m$）。每个激光器可以单独调制，连续波输出功率可达 10mW。采用这个阵列，一个激光头可以将 16 个独立的写/读光点同时对光存介质进行读/写，使数据传输速度大幅提高。

由于半导体激光器具有以上诸多优点，其将成为各种类型的激光光盘的首选写/读光源，这也是未来的发展趋势。但是，半导体激光器的性能还需要进一步提高才能适应未来激光光盘发展的需要，目前需要解决的主要问题如下。

① 短波长问题。激光的波长短，可以拓宽光盘存储介质选用的范围；同时，光斑点小，可以使光盘的记录密度更高，光盘的存储信息量更大，相邻数据道之间的干扰变小，目前研

究的目标是波长小于 700nm 的半导体激光器。

② 输出大功率问题。激光器的输出功率大，可以使激光光盘在转速很高的情况下，保证数据传输速度快捷、可靠，半导体激光器的输出功率应在 100mW 以上，且性能可靠，噪声特性符合要求。为了提高工作可靠性，还要求它的工作寿命长，不容易受到冲击电流和静电的损伤等。

8.2.3 激光光盘的读/写工作原理

激光光盘按读/写工作方式的不同，可分为不可擦除式和可擦除式两种。

(1) 不可擦除式光盘

不可擦除式光盘的种类虽然比较多，各公司生产的光盘的激光功率、波长、光盘结构、格式、记录、读出方式、信息跟踪方式和记录材料等也不相同，但是，它们的基本光路和工作原理是大体相同的。现以气体激光器和半导体激光器作为写/读光源的激光光盘为例予以介绍。

图 8-7 所示为用氩离子激光器或氦氖激光器作光源的 DRAW 系统的光路图。激光器发射出来的激光，首先通过偏振分束棱镜，分成强度不等的两束光，其中 90% 用于记录，10% 用于读出。两束光之间的相对强度，由半波片的角度位置来调整。这两束光是正交偏振的，记录光束为垂直偏振，读出光束为水平偏振。

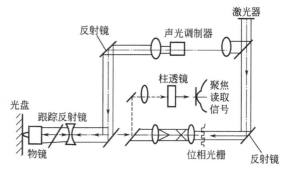

图 8-7 DRAW 系统的光路图

记录光束通过一个透镜，通过声光调制器，经具有一定信息的电信号调制后，成为载有信息的激光。同时聚焦成一个直径细窄的束腰，以便于把声波的过渡时间减少到最低程度，以增加带宽。经调制后的记录光束，被准直透镜准直成为所需的平行光，并由反射镜和偏振分束棱镜反射，投射到跟踪反射镜四分之一波片和大数值孔径（0.4~0.65mm）的聚焦物镜上。光束经过聚焦后在伺服机构的控制下，使激光的光斑（直径小于 1μm）落在光盘的记录材料表面的预刻槽内。当物镜沿径向平移，光盘在转台上旋转时，光束就随之在由内向外的螺旋形沟槽内，把记录材料的合金烧蚀成孔，以记录信息。

读出光束一般滞后记录光束几微米，经反射镜反射后通过位相光栅，产生三光束阵列。其中，一束零级（无衍射）光束用于读取和调焦，两束一级衍射光束用于径向跟踪。此三光束阵列经过扩束和准直后，投射到物镜上，物镜一方面把读出光会聚，使之能在光盘上成直径为 1μm 的光束，同时把记录和读出两束光分开几微米。光束经过物镜后投射到光盘的沟槽内，跟随记录光斑扫描，读出光束通过记录光路中反射镜的调节，在沿沟槽边缘的正切方向处，跟记录光束成一个角度分离开，使记录以后延迟 10~20 位能够读出。被反射的读出光束，通过分束偏振棱镜射向光检测器，以还原信息、调焦和跟踪。

图 8-8 是以半导体激光器作为写/读光源的激光光盘系统的光路图，它与采用气体激光器作光源的不同之处主要有以下两点。

① 以半导体激光器作光源可以减少声光调制器及其光路，需要记录的信息通过误差检验、校正电路和编码电路等改变注入电流密度来调制激光输出使其成为调制光。

② 以半导体激光器作光源在光路上要增加两只平、凸柱透镜，因为半导体激光器从 P-N 结发出的光束不是圆形而是椭圆形，有两个焦点。要使光束为圆形，就要在光路上增设平、凸柱透镜。通过调整两只柱透镜的位置使在平行和垂直结平面两个方向上有共同的焦

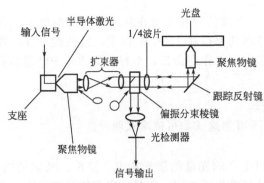

图 8-8 以半导体激光器为写/读光源的
激光光盘系统的光路图

（图中标注：输入信号、半导体激光、光盘、1/4波片、扩束器、聚焦物镜、跟踪反射镜、支座、偏振分束棱镜、聚焦物镜、光检测器、信号输出）

点，近似圆形的光束经过聚焦物镜投射到光盘上。

如近似圆形光束充满聚焦物镜（数值孔径＝0.85），系统总的光学效率（记录点上接受的功率/激光器总输出功率）可以达到30％。若光学元件镀层透膜，光学效率就会更高些。

（2）可擦除式光盘

可擦除重写式光盘主要有光磁盘和相变光盘两种。

光磁盘是使用较多的可擦除式光盘。光磁盘材料采用的是磁性材料，使用激光进行记录、读出和擦除信息，光磁盘记录是利用热磁效应改变微小区域的磁化矢量取向，例如 GMR 高密度硬盘的记录和读写都是采用该方法。图 8-9 是光磁盘的记录、读出和擦除的原理示意图，一磁化矢量 M 垂直于膜面磁光薄膜，其初始化状态排列规则是全部向下，当其中一点受到激光束照射时，受照的地方温度上升，原先规则的磁畴排列变得不稳定，当温度达到磁光薄膜的居里温度（例如钇铁钴薄膜为 190℃）时，该处的磁化方向在外部磁场 H_b 的作用下产生反转；激光停止照射时，磁化方向仍保持反转状态。如果向下排列的磁化矢量作为二进制的"0"，而向上表示为"1"，在光磁盘上数字信息随着极性一连串的变化被记录下来了。记录的信息可利用偏振探测式光学头读出。当激光在记录有信息的磁光薄膜上反射时，由于磁光材料的克尔效应，反射光的偏振面旋转 θ_k 角，经过半反半透镜反射，通过检偏器 θ_k 角按记录的信号（即磁化方向）作正负变化，用光电探测器将光电转换成电流变化，而检测出记录信息。擦除信息时由半导体激光器发出光束，通过物镜会聚到介质表面上，在附近磁场的作用下，对介质膜面进行一次取向一致的垂直磁化，即完成擦除过程。

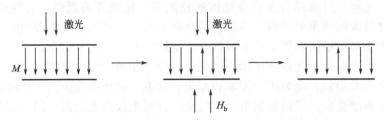

图 8-9　光磁盘的记录、读出和擦除的原理示意图

相变光盘存储技术具有存储密度高、记录成本低、介质寿命长、驱动器结构简单、读出信号信噪比高和不受外界磁场环境影响等突出优点，已成为光存储技术中的主流技术，具有广阔的应用前景。由于相变光盘是用光学技术来读/写的，所以读/写的光学头可以做得相对比较简单，存取时间也可以提高；同时相变光盘的读出方法与 CD-ROM、CD-R 光盘相同，因此兼容 CD-ROM 和 CD-R 的多功能相变光盘驱动器就变得容易实现，PD、CD-RW、可擦写 DVD-RAM、蓝光 DVD 等新一代可擦写光盘存储器均采用了相变技术。

相变材料多由硫系半导体合成，在不同功率密度和脉冲宽度的激光作用下，会发生晶态与非晶态的可逆相变，使材料的某些物理或化学性质发生相应的可逆变化。当用功率密度大、脉冲宽度窄的激光照射晶态半导体薄膜时，该薄膜吸收了足够的光子能量后使光照区域温度迅速升高至熔点，由于激光脉冲很窄，原光照区急剧冷却，处于过冷状态，形成非晶态。若将此非晶态区域视为"1"，晶态区域视为"0"，光引发的热致非晶化即可视为是在记录膜上写入数字信号。如果这种反射率的差别能长期保持，则写入的信号就得以存储。相变光盘的写入和擦除，是用激光引发记录薄膜相变来实现的。若用较低功率密度、较宽脉冲激光照射磁非晶态区域，该区域又会发生晶化，光照区域又回到"0"的状态。这时，原来写入的信号被擦除。信号的读出是用不会引起材料相变的低功率密度激光照射上述光照或非光照区域，用光电探测器检测其反射光并将其转化为电信号的方法进行。由于硫系半导体薄膜在晶态、非晶态两相中的光学参数如反射率、折射率不同，可逆相变就会引起这些光学参数的可逆变化。

8.3　激光抛光技术

在生产实际应用中，随着精细、精密加工技术的日益发展，人们对材料表面粗糙度的要求越来越高，已经从微米级、亚微米级到纳米级、亚纳米级。产品的表面质量已经直接决定着产品的性能，一些传统的抛光方法越来越无法满足科学技术发展的需求，需要一些新的抛光技术来满足应用的需要。

激光抛光技术是随着激光技术的发展而出现的一种新型材料表面处理技术，它是用一定能量密度和波长的激光束辐照特定工件，使其表面一薄层物质熔化或蒸发而获得光滑表面。该方法不需要任何机械研磨剂和抛光工具，可以抛光用传统抛光方法很难（超硬材料）加工的表面和具有非常复杂形貌的表面，并且很容易实现自动加工。

8.3.1　激光抛光的特点

激光抛光技术作为一种很有前途的新型材料加工技术，采用高能脉冲激光对材料表面进行加工。同其他几种方法相比较，激光抛光具有自己独特的优点。

① 应用范围十分广泛。激光抛光不仅可以抛光金属材料，还可以抛光非金属材料；不管是抛光精度要求不高的一般器件，还是抛光精度要求很高的精密元件，激光抛光都可以胜任。

② 精度高。激光抛光可以实现精密抛光，材料表面经激光抛光后可以达到纳米级，甚至亚纳米级，特别适合超硬材料和脆性材料粗抛光后的精抛光。

③ 激光抛光有很高的灵活性，它不仅能对平面进行抛光，还能运用计算机三维控制对各种曲面进行抛光，且不会对样品施加任何压力；利用多脉冲扫描可以实现大面积抛光。

④ 激光抛光是三维表面的自持抛光，可抛光非球形和非旋转表面，不需要平面层，工艺简单，具有极高的抛光效率（几秒到几十秒）。

⑤ 可实现微细抛光，对选定的微小区域进行局部抛光。

⑥ 工作环境简单，对环境的污染很小，是一种环保性加工方法。

表 8-3 列出了各种金刚石抛光技术的比较。

表 8-3　各种金刚石抛光技术的比较

名称	温度/℃	机理	形状限制	尺寸限制	特殊要求	设备费用	大面积抛光费用	抛光时间/cm²	表面粗糙度 Ra/nm	表面污染
机械抛光	室温	腐蚀	平面	无	无	低	低	几天	210	有
化学抛光	800~900	石墨化扩散	平面	抛光片大小	有	低	低	几十分钟	5.5	有
CAMP	≥350	氧化	平面	抛光片大小	有	低	低	几小时	4.9	有

名称	温度/℃	机理	形状限制	尺寸限制	特殊要求	设备费用	大面积抛光费用	抛光时间/cm²	表面粗糙度 Ra/nm	表面污染
激光抛光	室温	刻蚀蒸发	非平面	无	有	高	中等	几秒	500	有
离子抛光	室温	喷射刻蚀	非平面	离子束尺寸	有	高	高	几十小时	5	有
RIE	700	喷射	非平面	等离子体大小	有	高	中等	几十分钟	71	有

8.3.2 激光抛光的原理

激光抛光本质上同样离不开激光与材料表面相互作用，它遵从激光与材料作用的普遍规律。激光与材料的相互作用主要有两种效果：热作用和光化学作用。根据激光与材料的作用机理，可把激光抛光简单分为两类：热抛光和冷抛光。

热抛光一般采用连续长波长激光（主要激光源为 $\lambda=1.06\mu m$ 的 Nd：YAG 激光器和 $\lambda=10.6\mu m$ 的 CO_2 激光器），当激光束照射在材料表面时，会在很短的时间内在近表面区域积累大量的热，使材料表面温度迅速升高，通过熔化、蒸发等过程来去除表面材料，以达到抛光的目的，在这个过程中，基体的温度基本保持在室温。

当抛光过程主要为熔化时，材料表面熔化部分各处的曲率半径不同，使熔融的材料向曲率低（即曲率半径大）的地方流动，以使各处的曲率趋于一致。同时，固液界面处以极快的速度凝固，最终获得光滑平整的表面。在这个过程中，如果材料处于熔融状态的时间过长，熔化层就会向深处扩展，将导致材料的表面形貌和力学性能的降低。因此，激光束和材料的相互作用必须产生一个高的温度梯度，促进材料快速加热和冷却。当抛光过程主要为蒸发时，激光抛光的实质就是去除材料表面一薄层物质。去除材料的速度取决于材料的性质和所用激光的功率。它们之间的关系可用式（8-7）来表示：

$$V=[I(1-R)]/[(c_p\Delta T+L_f+L_v)\rho] \tag{8-7}$$

式中　I——激光束的强度；

　　　R——材料的反射率；

　　　c_p——材料的比热容；

　　　ΔT——材料的沸点与初始温度之差；

　　　L_f——材料的熔化热；

　　　L_v——材料的蒸发热；

　　　ρ——材料的密度。

采用功率 300W、频率 300Hz、能量为 1000mJ 的激光器去除 100mm 硅片上 $1.0\mu m$ 的 Al 只需 1.16s；而去除 $1.0\mu m$ 的 Cu 需要 18.4s。

由于热效应，激光抛光的温度梯度大，产生的热应力大，容易产生裂纹，所以抛光时间的控制十分重要。采用激光热抛光的效果不是很好，抛光达到的光洁度不是很高。

冷抛光一般用短脉冲短波长激光，抛光时主要用紫外准分子激光器或飞秒脉冲激光器。飞秒激光器有很窄的脉冲宽度，它和材料作用时几乎不产生热效应。准分子激光波长短，属于紫外和深紫外光谱段，有强的脉冲能量和光子能量、很高的脉冲重复率、窄的脉冲宽度。大多数的金属和非金属材料对紫外光有强烈的吸收作用。冷抛光主要是通过"消融"作用，即光化学分解作用。作用的机理是"单光子吸收"或"多光子吸收"，材料吸收光子后，材料中的化学键被打断或者晶格结构被破坏，材料中成分被剥离。在冷抛光过程中，热效应可以忽略，热应力很小，不产生裂纹，不影响周围材料，材料去除量比较容易控制，这些特点使激光冷抛光在微细抛光、超硬材料、脆性材料和高分子材料抛光等方面具有无法比拟的优越性。

应用短脉冲短波长激光抛光金刚石膜表面，激光束与金刚石膜表面发生两级作用：首先，激光束使聚焦处的金刚石膜表面石墨化；其次，石墨化的膜表面在激光束的作用下发生石墨升华。

8.3.3 激光抛光系统的主要构成

激光抛光系统一般包括激光器、光束均匀器、面形检测反馈系统、三维工作台、计算机控制系统等几个部分。激光抛光通常采用两种方法：一种是激光光束固定不动，工作台带动工件运动；另一种是工作台和工件不动，光束根据要求运动。用连续激光抛光时，激光作用在材料表面，检测设备跟踪检测，实时反馈控制决定激光在每个微小部分的作用时间（或扫描速度）或控制变焦聚焦系统来改变激光功率密度。用脉冲激光抛光时，激光作用在材料表面，检测设备跟踪检测，实时反馈控制决定每个微小部分作用的脉冲个数或者控制变焦聚焦系统来改变激光的能量密度。在激光抛光过程中，检测技术和实时反馈控制技术是关键，在很大程度上决定了抛光的表面质量。

8.3.4 影响激光抛光的工艺因素

金刚石膜优异的性能使其在机械、电子、光学等领域得到广泛的应用。但由于大多数金刚石膜都是采用 CVD 沉积得到的，柱状晶组织使其表面十分粗糙，并且随着厚度的增加情况变得更加严重，很难在实际中得到应用。另一方面，又由于金刚石硬度高，化学性质不活泼，传统的抛光手段难于获得满意的效果。因此金刚石膜的激光抛光成为研究的重点。下面以 CVD 金刚石膜的激光抛光为例来讨论影响激光抛光的工艺因素。

影响抛光金刚石膜的工艺参数主要有激光光束质量、波长、脉冲宽度、激光功率密度（或能量密度）阈值、光束的入射角及激光的扫描方式，同时金刚石膜的原始厚度、激光照射后石墨的去除都会对激光抛光金刚石膜的质量产生影响。下面就上述主要影响因素进行介绍。

8.3.4.1 激光光束质量

激光光束质量对抛光的质量影响很大，在抛光时，一般采用基模激光抛光，很少用高阶模。即使是基模光束还要进行整形，使作用在材料表面的激光能量均匀分布，抛光的效果就更好。对于基模高斯光束或者矩形分布光束的整形，用一种特制的波导管就可以得到比较好的均匀分布的光束。

8.3.4.2 激光波长及脉冲持续时间

金刚石的禁带宽度为 5.4eV，而常见激光光子能量为：CO_2 激光 0.117eV，Nd:YAG 激光 1.117eV，XeCl 激光 4.03eV，KrF 激光 5.00eV，ArF 激光 6.42eV。在这些激光中，ArF 激光是最适合于抛光金刚石膜的光源，金刚石对于此波长范围的激光具有很高的吸收能力。在实际应用时考虑到激光器的散热，并且为了得到较高的抛光质量，一般采用短波长脉冲激光，激光的脉冲宽度越窄越好。在抛光金刚石膜时，目前一般使用两类脉冲激光进行抛光。

(1) 波长在 193~351nm 的准分子激光

这类激光的主要特点是其光子具有较高的能量，并且金刚石对此波长激光具有较高的吸收率，使用的工作频率一般低于 200Hz。为了提高效率，经常采用两种波长的激光共同作用来完成对金刚石膜的抛光。

(2) 波长为 500~1000nm 的可见和红外区域脉冲激光

因光子能量低，此时光子同金刚石膜是以双光子或多光子的方式吸收能量，第一个光子与金刚石晶格作用后引起晶格振动，第二个光子在振动还未消失前又同金刚石晶格作用，以此引起能量积累刻蚀金刚石膜，由于金刚石膜具有相当高的热导率，为了达到良好的抛光效果，脉冲激光必须保证较高的频率，一般为 $1\sim10kHz$。

8.3.4.3　脉冲激光能量密度

在各种激光与金刚石膜的表面相互作用过程中，存在一个导致透明金刚石表面损坏的最小激光脉冲能量密度（损坏阈值），损坏阈值对于金刚石膜的加工相当重要。而由于影响该阈值的因素相当复杂，这方面的研究工作相当有限，Ralchenko 等人概括了部分激光对金刚石膜的损伤阈值（表 8-4）。在实际抛光时，金刚石膜表面仅是发生石墨化，抛光所要求的激光能量密度大约要比表 8-4 中的数值低一个数量级，一般情况下抛光金刚石膜的能量密度范围在 $1\sim320J/cm^2$，实际应用时可在此范围内试调。

表 8-4　金刚石膜在不同激光照射下的损伤阈值

激光	波长/nm	照射时间/ns	损伤阈值/$J\cdot cm^{-2}$
KrF	248	15	3
XeCl	308	20	1
Nd:YAG	532	10	$1\sim3$
Nd:YAG	1064	12	$21\sim31$
2nd harm Nd:YAG	532	10	$8\sim14$
2nd harm Nd:YAG	532	20	10
CO_2	10600	50	$29\sim66$
CO_2	10600	150	50

8.3.4.4　光束扫描方式

激光对金刚石抛光的扫描方式分为固定光束扫描和多光束多方位扫描。准分子激光抛光的第一个实验是用固定不动的激光束聚焦到面积不到 $0.5mm\times0.5mm$ 的金刚石膜表面，目的是在作用表面上获得高的激光通量及强度均匀的光通量分布。为了在较大表面上观测到抛光效应，可将金刚石膜试样放在数控的工作台上，用激光束对整个金刚石膜表面扫描，每一激光脉冲作用后工作台步进一定的距离，位移量取决于膜表面的晶粒大小。因为低压下CVD 金刚石膜生长面的典型形貌是金字塔形，通过在试样平面内回转金刚石膜，使激光束入射到金字塔形表面的不同晶面上可进一步降低金刚石膜的表面粗糙度，因此，激光抛光金刚石膜几乎都是通过激光束对金刚石表面进行至少三个不同方向的扫描来实现的。Gloor 等研究了在多方位抛光扫描中扫描数与转动膜片方向的关系，结果发现，每扫描一次就将膜片旋转一定角度的抛光效果没有在同一方向扫描两次再将膜片旋转扫描效果好，另外，他们还研究了在不同的旋转（旋转角度不同）扫描方式下抛光效果，其结果是抛光效果不存在明显差异。

8.3.4.5　激光束的入射角

提高激光束的入射角（相对于膜的法线方向）可以产生更为光滑的抛光表面，这同抛光时激光束与膜表面的实际入射角是变化的有关，提高激光束的入射角可以提高抛光质量。在激光抛光低粗糙度（Ra 为 $0.13\sim0.5\mu m$）金字塔形金刚石膜面时，入射激光束高于一临界值时会在金刚石膜表面生成间隔为 $10\mu m$ 的周期性条纹结构。形成规则的波纹可分两步：第一步，激光作用下在晶粒后面形成短脊，因为这部分区域处在表面凹凸不平的阴影中，在激光辐照过程中不会被刻蚀；第二步，随机分布的短脊，通过某种空间频率选择机制，或由于激光束作用在不同的晶面上，导致局部不同的入射角引起局部变化的刻蚀率，连接在一起形成连续的周期性波纹。但对于粗糙试样（$Ra\approx5.5\mu m$）和相当光滑试样的激光抛光不会出现条纹结构。周期性波纹的产生使激光抛光粗糙的金刚石表面能力有一个极限值。在单脉冲激光抛光时常存在的入射激光束的临界角，波长 $10\mu m$ 时为 $45°$，波长 1064nm 时为 $60°$，波长 193nm 时为 $85°$，影响临界值的原因还有待研究。

8.3.4.6　激光抛光时间

抛光时间的延长可通过在脉冲持续时间不变时增加脉冲数或通过延长脉冲持续时间实现。抛光时间延长实际上延长了激光同金刚石膜的能量耦合时间，延长了激光能量在金刚石膜中的传播时间。这样，在脉冲能量密度值高于金刚石膜石墨化阈值时，金刚石膜石墨化时间较长，石墨化的表面较金刚石膜表面对光子能量有高得多的吸收率，因而抛光时间延长就可使更多的金刚石层发生石墨化和刻蚀，从而提高了抛光效率，也在一定程度上提高了抛光质量。

8.3.4.7　金刚石膜的初始厚度

Pimenov 研究了激光抛光与金刚石膜的表面粗糙度的关系，在现有的化学气相沉积制备金刚石膜的工艺中，金刚石膜的表面粗糙度随其厚度的增加而增加，膜越厚表面也越粗糙。激光抛光后所得到的表面也越粗糙。

8.3.4.8　抛光后表面石墨层的去除

使用纳秒级脉冲激光抛光金刚石膜表面时，激光辐照后总会在膜的表面残留石墨层，通常采用氧气氧化方法去除该石墨层。近来，有人提出使用脉冲持续时间更短的皮秒或飞秒脉冲激光抛光金刚石膜，据说可以得到无石墨残留层的抛光表面。

当然，影响激光抛光表面粗糙度的因素有很多，如光斑的大小、焦斑位置、激光脉冲的能量分布模式等。总体来说，目前人们对于金刚石膜较薄时的抛光研究较多，而对于膜较厚情形的研究相对有限。

8.3.5　激光抛光技术的发展和应用前景

近年来，随着材料科学，特别是材料表面科学的发展以及工业应用中对材料表面光洁度的要求越来越高，迫使人们不断探索新的抛光技术，激光抛光技术的研究也迅速展开。人们开始利用 CO_2 激光器、Nd:YAG 激光器等连续激光器，对一些材料进行了表面抛光的研究，得到了比较好的光滑表面，但也出现了在材料表面产生少量的裂纹的问题。为了解决这个问题，研究人员在抛光时采用了短波长准分子激光器和短脉冲的飞秒脉冲激光器，使激光抛光不易产生裂纹，且抛光的效果更好。激光抛光在许多应用方面展现了诱人的前景。

强激光武器系统中晶体输出窗口（透过率要求达 99％以上）和全反镜（反射率要求达 99％以上）要求窗口具有很高的光洁度，才能满足要求。激光输出窗口一般都采用石英、金刚石或类金刚石材料、白宝石材料等；全反镜通常采用硅反射镜，SiC、CN、Al_2O_3 或 AlN 等材料也被认为是很好的全反镜材料。这些材料的共同特点是硬度较高，镜面加工比较困难，传统的机械抛光难于满足要求，因此该类材料的镜面抛光是决定着其应用的关键因素。

从 20 世纪 90 年代中期以来，在美国、俄罗斯、德国和日本等国家，广泛开展了金刚石膜的激光抛光研究。目前，用于金刚石抛光较多使用的是 ArF 准分子激光和飞秒激光，抛光的金刚石膜已经达到了纳米级的表面粗糙度。据报道，利用 193nm 的 ArF 准分子激光对红外窗口的金刚石薄膜进行抛光，表面粗糙度可以达到 $1\mu m$ 左右，完全能够满足使用要求；对金刚石厚膜的抛光处理可以使其表面粗糙度达到 $15\mu m$。随着飞秒激光在金刚石膜抛光中的应用，完全可以避免使用 CO_2 激光抛光金刚石厚膜容易产生的划纹和线周期结构（与波长接近），在抛光时不会出现划痕或表面熔融现象，并且不会产生非晶态碳和石墨，可以得到很干净和光滑的表面。

美国 Arkansas 大学的研究人员采用两步法对金刚石膜进行抛光：先使用 Nd:YAG 激光（$\lambda=532nm$、脉冲宽度为 15ns、能量密度为 $3.2\sim800J/cm^2$）进行粗抛，然后再用 ArF 准分子激光（$\lambda = 193nm$、脉冲宽度为 15ns、能量密度为 $16.5J/cm^2$）进行精抛，这样可以将抛光面积为 $50mm^2$ 的金刚石膜，在 5min 内从平均表面粗糙度为 $24\mu m$ 抛光到 74nm。Nd：YAG 激光非常适合于快速、均匀抛光，ArF 准分子激光在此基础上，去除受损的表面材料而对表面不会造成进一步的损坏，从而形成一个清洁、光滑的表面。图 8-10 是采用激光抛光金刚石膜前后的扫描电子显微镜形貌。

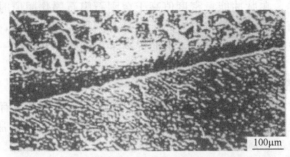

图 8-10 采用激光抛光金刚石膜前后的 SEM 形貌

在光纤通信中，光纤连接及半导体激光器准直用的微透镜的抛光都是微细抛光。当这些光学元件的尺寸小于 1cm 时，加工、校正作业将很困难，但激光抛光技术可以使其变得非常方便，利用功率密度为 $140W/cm^2$ 的纵流连续 CO_2 激光器，对光纤的连接端表面进行抛光，可以使表面粗糙度由 $3\mu m$ 减少到 100nm。激光抛光技术的进步，直接决定着微光学元件的使用性能，将会促进光纤通信的发展，从而产生巨大的经济效益。

激光抛光技术作为一项新技术，已经在金刚石薄膜、高分子聚合物、陶瓷、半导体、光学元件、金属、绝缘体等材料上得到广泛的研究。尽管激光抛光技术目前还处于发展阶段，设备成本高、抛光费用较贵，抛光过程中的检测技术和精密控制技术要求相当高，在一定程度上限制了它的广泛应用，但随着激光技术的不断发展，激光抛光将会在未来发挥日益重要的作用。

8.4 激光复合加工技术

激光加工技术作为一种先进的特种加工技术，存在很多优势（包括非接触、加工灵活、微区加工等），但不可避免地存在自身的缺点，如在焊接时激光能量转换和利用率低，容易使焊接区域产生气孔、疏松和裂纹；微细切割时激光易造成热影响区偏大，切缝质量不能令人满意，特别是对高反射、高热导率材料的加工。激光复合加工技术是激光技术与其他加工技术相结合，发挥各自的优势，扬长避短，共同完成某一单项技术无法完成的工作。复合加工技术已成为未来加工技术的发展趋势，具有美好的前景。下面就几种激光复合加工进行简单的介绍。

8.4.1 激光辅助车削技术

激光辅助车削（LAT）技术是美国南加州大学 Stephen M. Copley 和 Michael Bass 等人于 20 世纪 80 年代最早提出的，用于金属切削加工。它是应用激光将金属工件局部加热，以改善其车削加工性，因此是加热车削的一种新的形式。典型的 LAT 装置如图 8-11 所示。

在激光辅助切削中，激光束经可转动的反射镜 M1 的反射，沿着与车床主轴回转轴线平行的方向射向床鞍上的反射镜 M2，再经 X 向横滑鞍上的反射镜 M3 及邻近工件的反射镜 M4，最后聚射于工件上。共聚焦点始终位于车刀切削刃上方的 δ 处，局部加热位于切屑形成区的剪切面上的材料。

激光辅助切削加工主要有以下两种方式。

① 加热软化法　聚焦的、能量密度很高的激光束照射到切削刀具前方的被切削材料上，使之受热软化，然后用切削刀具将其切除。

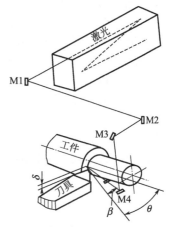

② 打孔法　其基本原理是脉冲激光在切削刀具前面的被加工材料上先打出一系列的小孔，然后用切削刀具沿着打出的孔将被加工材料切除。激光打出的小孔相当于把被加工材料先剥离了一部分，而切削刀具则完成剩余部分的切除工作，这时工件的切削表面是不连续的，因而可减小切削力。

激光加热的优点是可加热剪切面处的材料，而对刀刃或刀具前面上的切屑的热影响很小，因而不会使刀具加热而降低耐用度。

图 8-11　激光辅助车削装置示意图

激光局部加热的作用如下。

① 流线的连续切屑　减少形成积屑瘤的可能性，从而改善被加工表面的质量（如表面粗糙度、残余应力和微观缺陷等）。

② 切削力的降低　温度的升高使材料的屈服应力明显减小，导致切削力减小，使工件的弹性变形减少，易于保证加工精度，又能提高刀具的耐用度，并有利于提高难切削材料的金属切除率和降低加工成本。例如，用 $5kW$ 的 CO_2 激光器辅助加工高强度的 30NiCrMo166 钢和钨铬钴 6 合金，可使切削力降低 70%，刀具磨损减少 90%，切削速度的提高使金属切除率增加 2 倍。

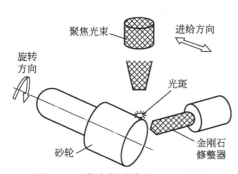

图 8-12　激光辅助修整 CBN 砂轮

目前，激光辅助切削技术主要应用于难加工材料的加工，如 Al_2O_3 颗粒增强铝基复合材料、陶瓷材料（SiC、Zr_2O_3、莫来石陶瓷）等。激光辅助修整砂轮是激光辅助加工的一个新的应用领域，C. Zhang 和 Y. C. Shin 采用 CO_2 激光辅助修整陶瓷结合剂 CBN 砂轮（图 8-12），在金刚石修整器接触砂轮前，用激光加热砂轮表面，使材料软化或熔化，这样可减小砂轮表面的温度梯度及热损伤，有利于金刚石修整器去除磨粒或结合剂材料。通过选择适当的激光功率密度和加热时间就可以实现整形和修锐，且修整力和修整工具磨损显著降低。

8.4.2　激光辅助电镀技术

激光辅助电镀（简称激光镀）技术是从 20 世纪 80 年代初由 IBM 公司首先开始研究的一门新兴的表面处理新技术。近几年来已取得了长足的进步，已从单一的提高镀速发展到研究在电子微组装中的应用。由于激光镀具有高空间分辨率（最小线宽小于 $0.2\mu m$），可在非电子材料（陶瓷、微晶玻璃、硅等材料）上涂覆各种功能性金属线，也可以借助 CAD 技术实现制作各种图形及连线，已引起国内外工业界的广泛重视。

激光镀技术又可称为激光辅助金属沉积技术（laser-assisted metal deposition technology），它主要包括激光辅助电沉积（laser enhanced electrode-position）、激光诱导化学沉积（laser-induced metal deposition in electrolyte）、激光辅助化学气相沉积（LCVD/LPVD）等几种。

在激光辅助电沉积时，激光对金属电沉积的影响非常明显，在正常的电镀情况下，激光可以显著提高金属的沉积速度。如果将激光照射在与激光束截面积相当的阴极表面上，可使金属的电沉积速度提高三个数量级以上。另外，即使不加槽电压，直接将激光照射到浸泡在电解液中的一些半导体材料或有机材料上，在激光照射的区域，也可以实现金属的沉积。激光诱导化学沉积可以用于微电子电路和元器件上，可以在 Si、GaAs 等半导体上选择性电镀 Pt、Au、Pb_2Ni 等金属与合金。激光辅助真空气相沉积，一般多应用于激光气相化学沉积薄膜，它具有低温过程、特殊选择沉积及不破坏样片等优点，因此，在微电子领域得到应用。当改变脉冲频率、脉冲能量、基片温度以及基片与靶之间的距离时，就可以在基体表面得到不同的晶粒结构、晶粒形态以及镀层厚度。

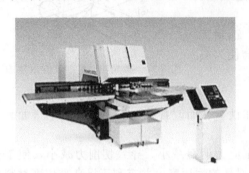

图 8-13　TRUMATIC 6000 激光和步冲复合机床

8.4.3　激光与步冲复合技术

激光与步冲技术的结合使工件的雕刻打标、切割及冲压工序在同一台机床同时完成，极大地提高了生产效率。采用激光切割＋冲压的组合机床，其中大的框架结构由冲压完成，小的精细结构由激光切割完成，这样，大幅度降低了模具制造的复杂程度，又充分利用了激光切割的精密与柔性的特点，特别是在一些模具的框架结构相近的条件下，只要开一副冲模，余下的由激光切割来完成，从而使模具的制造周期和制造成本大幅度下降。图 8-13 所示是型号为 TRUMATIC 6000 激光和步冲复合机床。该设备装配有新型的旋转冲头，能达到 900 次/min 的冲速和 2800 次/min 的雕刻打标速度。凭借高功率的激光器和进一步优化的激光切割工艺，TRU-MATIC 6000 激光和步冲复合机床在提高生产率方面取得了又一次飞跃。

8.4.4　激光与水射流复合切割技术

激光切割和水射流切割（water jet guided laser cutting）都是目前很先进的切割方法。瑞士联邦工艺研究所的专家将这两种方法结合，发明一种切割效果更佳的水＋激光复合切割法，它是将激光耦合在头发丝粗细的低压水流中进行切割，其原理如图 8-14（a）所示。激光器发射的脉冲激光束经聚焦透镜聚焦后，经水仓进入喷嘴，从金刚石喷嘴射出的低压水流借助于水/空气界面对激光的全内反射导引激光束进行切割加工，水柱成了激光的导向装置，使激光能量可以完全达到被切割材料。另外，水不仅能提高切割效率，还能够起到冷却作用，并且能够把切割碎屑带走，防止碎屑黏附在工件的表面，因此大大提高了切割的质量。

激光与水射流复合切割技术与干激光切割相比，具有不可比拟的优点。

① 为了保证激光切割质量，切割时的熔渣应及时排除，否则会造成熔渣成为夹杂，影响切割质量。干激光切割一般使用高压惰性气体除渣，不容易排除干净，而水流具有比气体更高的动力学能量（高冷却速度），很容易把熔渣排除干净，从而获得良好的切割质量。

② 在每一个激光脉冲结束时，低压水流可以很快地冷却材料，所以采用激光与水射流复合切割技术在切割时不存在热影响区。

③ 由于聚焦的干激光沿照射方向呈圆锥形，如图 8-14（b）所示，切割时激光束应聚焦在加工工件上，加工工件也只有放置在激光束焦距范围内，才能被有效加工。而激光束焦距范围较短，所以利用干激光切割时，焦距距离的控制是必需的，并且工件加工的深度也是有限的。由于低压水流对激光的导向作用，激光与水射流复合切割无需控制聚焦，喷嘴以下都是激光可加工工件的范围，增加了切割深度，十分适合于高深宽比工件的加工。

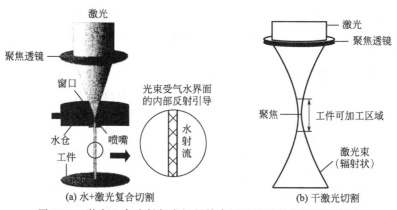

图 8-14　激光＋水喷射复合切割技术原理及干激光切割示意图

④ 由于切割时，因激光完全在导向水流进行全反射，对空气不造成任何光污染。

⑤ 由于加工的激光束的直径是由低压水流的直径决定的，而水流的直径一般很小（23～60μm），目前薄掩模切割的水流直径可达 12μm，这样可以保证很小的切缝宽度。同时切割时低压水流可以保持相当稳定，这样可以保证很高的切割精度（1μm）。该技术具有很高的重复性，所以激光与水射流复合切割技术目前大量应用在微细加工中。

⑥ 激光与水射流复合切割附加在工件上的机械力几乎可以不考虑（<0.1N），远远小于干激光辅助气体切割时的机械力。

⑦ 低用水量（在 30MPa 压力下 1L/h）。

⑧ 高的加工速度。使用连续激光＋水流切割镍箔，切割速度达到 4m/s。

⑨ 低成本。

激光与水射流复合切割技术如此优异的特性使其在机械、电子、医学、光学等领域具有广阔的应用前景。例如在机械方面，对 PCD、CBN、陶瓷等超硬材料的切割，切割 2mm 厚的超硬材料能达到 0.05mm 缝宽。对印刷模板（不锈钢材料）的切割，除了得到很规则的切口，水流直径最小可以达到 14μm。在医学领域，可以实现对血管支架（Fe-Ni 合金）、记忆骨架（Ti 合金）等医药器件的加工，这些工件的尺寸为 100～200μm。在电子方面，激光与水射流复合切割技术可以加工的半导体材料十分广泛，包括大多数脆性材料，如 Si、GaAs、

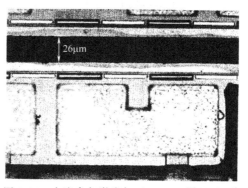

图 8-15　水流参与激光加工 100μm 厚 GaAs 片

InP、SiC 和低 K 值材料。图 8-15 展示的是使用 Q 开关的 Nd∶YAG 激光（波长 1064nm、平均功率 50W）耦合 25μm 直径的水流切割 100μm 厚的 GaAs 片，切割速度达到 60mm/s，切缝宽度 26μm，经观察切缝区域没有出现再结晶、氧化和微裂纹现象。除此之外，GaAs 片没有出现扭翘变形，尺寸公差也较小，质量非常好。

激光与水射流复合切割技术目前一般采用多模 Q 开关激光（包括红外、绿光、紫外），最大激光功率可以达到几百瓦，采用纯去离子水或过滤水，水流压力在 5～50MPa，激光与水射流复合切割技术对喷嘴的要求较高，所以喷嘴一般采用蓝宝石或金刚石制成。

8.4.5　激光复合焊接技术

激光焊接的优点和缺点都比较明显，为了保留激光焊接的优势，又能够消除或减少其缺

点，利用其他热源的加热特性来改善激光焊接工件的条件，从而出现了一些其他热源与激光进行复合焊接的工艺，主要有激光与电弧、激光与等离子弧、激光与感应热源复合焊接以及双激光束焊接技术等。

8.4.5.1 激光与电弧复合焊接技术

激光深熔焊接时，会在熔池的上方产生等离子体云，等离子体云的屏蔽效应（对激光的吸收和散射）将导致激光焊接能量的利用率明显降低，极大地影响激光焊接的效果，并且等离子体对激光的吸收与正负离子密度的乘积成正比。如果这时在激光束附近引入电弧，将使电子密度显著降低，等离子体云得到稀释，减少对激光的消耗，提高工件对激光的吸收率。另一方面，由于工件对激光的吸收率随温度的升高而增大，电弧对焊接母材接口进行预热，接口温度升高，也使激光的吸收率进一步提高。同时，激光束对电弧有聚焦、引导作用，使电弧的稳定性和效率提高。激光与电弧复合技术既减少了等离子体云的屏蔽，同时又稳定了电弧，提高了焊接效率。

激光焊接的热作用和影响区较小，焊接端面接口容易造成错位和焊接不连续现象，在随后的快速冷却、凝固时，很容易产生裂纹和气孔。而在激光与电弧复合焊接时，由于电弧的热作用范围、热影响区较大，可缓和对接口精度的要求，减少错位和焊接不连续现象。同时，电弧加热的温度梯度较小，冷却、凝固过程较缓慢，有利于气体的排除，降低内应力，减少或消除气孔和裂纹。由于电弧焊接容易使用添加剂，可以填充间隙，采用激光与电弧复合焊接的方法能减少或消除焊缝的凹陷。

激光与电弧复合焊接主要包括两种：激光与氩弧焊（TIG）或气体保护焊（MIG）的复合焊接。日本三菱重工研制了 Nd:YAG 激光与电弧同轴复合焊接系统，其示意图如图 8-16 所示，同轴焊接工作头如图 8-17 所示。

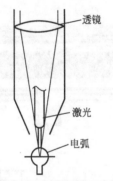

图 8-16　同轴 TIG、MIG-Nd:YAG 焊接示意图　　　图 8-17　同轴焊接工作头

激光与 TIG 复合焊接的特点如下。

① 由于电弧增强激光的作用，可使激光器的功率明显降低。

② 可实现薄件的高速焊接。

③ 可增加焊接熔深，改善焊缝成形，获得优质焊接接头。

④ 可降低母材焊接端面接口精度要求。

例如，当 TIG 电弧的电流为 90A，焊接速度 2m/min 条件下，0.8kW CO_2 激光焊机相当于 5kW CO_2 激光焊机的焊接能力；5kW CO_2 激光束与 300A 的 TIG 电弧复合，焊接速度 0.5～5m/min 时，获得的熔深是单独使用 5kW CO_2 激光束焊接时的 1.3～1.6 倍。

激光与 MIG 复合焊接具有激光与 TIG 复合焊接的所有特点，并且它能够通过添加合金元素调整焊缝金属成分的方法消除焊缝凹陷。日本东芝公司使用 6kW CO_2 激光与 7.5kW MIG 电弧复合焊接，可以焊透 16mm 厚的不锈钢板，焊接速度为 700mm/min，焊缝的质量达到 RT1 级（JISZ3106）。

8.4.5.2 激光与等离子弧复合焊接

激光与等离子弧复合焊接的原理和激光与电弧复合焊接相似。等离子弧的作用与电弧相类似：在复合焊接时，等离子弧扩大了热作用区；预热作用使工件的温度升高，提高了工件对激光的吸收率；焊接时提供大量的能量，使总的单位面积热输入增加；另一方面，激光也对等离子弧有稳定、导向和聚焦的作用，使等离子弧向激光的热作用区集聚。但在激光与电弧复合焊接时，电弧稀释光致等离子体云的效果随着电弧电流的增大而削弱，而激光与等离子弧复合焊接时的等离子体是热源，它吸收激光光子能量并向工件传递，反而使激光能量利用率提高。在激光与电弧复合焊接中，由于反复采用高频引弧，起弧过程中电弧的稳定性相对较差，电弧的方向性和刚性也不理想；同时，钨极端头处于高温金属蒸气中，容易受到污染，造成电弧的稳定性下降。而在激光与等离子弧复合焊接过程中，只有起弧时才需要高频高压电流，等离子弧稳定，电极不暴露在金属蒸气中，避免了激光与电弧复合焊接时出现的诸多问题。并且等离子弧较电弧具有更高的能量密度，可以使激光和等离子弧复合焊接法在焊接厚板时获得较高的焊接速度，激光和等离子弧复合焊接法比激光与电弧复合焊接法具有更加诱人的前景。

在激光与等离子弧复合焊接装置中，激光束与等离子弧可以同轴，也可以不同轴，但等离子弧一般指向工件表面激光光斑位置。同激光与电弧复合焊接一样，这种工艺除对一般材料焊接外，比较适合焊接高反射率、高热导率的材料。

英国考文垂大学采用 400W 功率的激光器＋60A 的等离子弧对碳钢、不锈钢、铝合金和钛合金等金属材料进行焊接，均获得了良好的焊接结果。对薄板焊接时，在相同的熔深条件下，激光与等离子弧复合焊接的速度是激光焊接的 2～3 倍，允许对接母材端面间隙可达材料厚度的 25%～30%。

8.4.5.3 激光与感应热源复合焊接

激光与感应热源复合焊接首先采用高频感应热源对工件进行预热，在工件预热到一定温度后，再用激光对工件进行焊接。如果工件不经预热直接采用激光焊接时，热影响区很高的温度梯度和过快的冷却速度，使气体不易排除而形成气孔，内应力大而使薄的工件容易变形，钢的微观组织中沿着原来的奥氏体晶界出现魏氏体等有害组织，近表面处产生穿过马氏体晶粒的深裂纹。与不预热的工件相比，工件在感应热源预热后，焊接部位周围较大区域初始温度较高，使焊接时热影响区的温度梯度下降，工件冷却速度也降低，这样可以明显改善焊接后的微观组织，提高焊缝强度，消除裂纹；同时，由于较慢的冷却、凝固过程有利于气体的排除和内应力的减小，故感应热源对工件预热可以有效地减少内应力和消除气孔，防止薄壁工件变形。这种工艺要求工件材料能被感应热源加热，而加热工件的感应圈对工件形状有所限制，比较适合管状或棒状工件的焊接。

图 8-18 所示为日本住友金属兴业（株）钢铁技术研究所的激光与高频感应复合焊接不锈钢管装置。该装置先用高频电源预热钢管，然后用激光进行焊接。在焊接直径为 34mm、厚度为 3mm 的 SUS304 不锈钢管时，高频感应圈将钢管预热到 554℃，焊接速度是无预热激光焊接的 3 倍，并且焊接接头的质量良好。

8.4.5.4 双激光束复合焊接

在激光焊接过程中，由于等离子体云的屏蔽作用，不仅减小工件对激光的吸收，而且使焊接过程不稳定。如果在较大深熔的小孔形成后，减小激光的功率密度，激光对金属蒸气的作用必然减少，等离子体云就能减小或消失，而此时已经形成的较大的深熔小孔对激光的吸收能力增加，能量足够保证焊缝金属的熔合。因此，应采用一束峰值功率较高的脉冲激光和一束连续激光，或者两束脉冲宽度、脉冲重复率和峰值功率有较大差异的脉冲激光对工件进

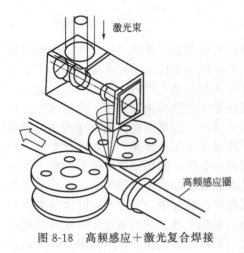

图 8-18　高频感应＋激光复合焊接

行复合焊接。在焊接过程中，两束激光共同作用于工件焊接处，在形成较大深熔小孔后，停止一束激光的照射，这样可以使等离子体云变小或消失，提高工件对激光能量的吸收率，以继续加大焊接熔深，提高焊接效率。

Narikiyo 等使用两束 Nd:YAG 激光对 304 不锈钢板（厚度 10mm）进行复合焊接，其中一束为峰值功率较高的脉冲激光，另一束为调制矩形波的连续激光，如图 8-19 所示。在平均功率为 2.9kW 和焊接速度为 5mm/s 的条件下，获得的最大熔深为 7.3mm。研究结果表明：较高峰值功率的脉冲激光和连续激光复合焊接时，在形成较大深熔小孔后，较高峰值功率的脉冲激光停止照射，激光照射的功率密度减小，可以使工件上方的等离子体云减少甚至消失。较高峰值功率的脉冲激光的辅助作用能够加大焊接熔深，提高焊接能力和激光能量利用率，同时改善焊接的稳定性。

8.4.6　激光与电火花复合加工技术

精密电子零件模具与高压喷嘴都开始大量采用超高硬度的硬质合金及聚晶金刚石烧结体（PCD），对这些超硬材料的大深径比深孔和窄槽的加工已成为目前加工的难点，单一的加工手段已经很难得到突破。日本的桥川制作所进行了对激光与电火花复合微细精密加工系统的开发，目前该系统仍处于研究阶段，但是它也展示了未来电加工与激光加工的方向。

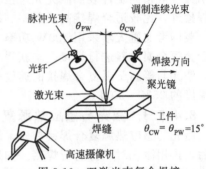

图 8-19　双激光束复合焊接

8.4.6.1　激光与电火花复合加工系统

激光与电火花复合精密微细加工系统如图 8-20 所示。该系统首先利用激光在工件上加工贯穿的预孔，为电火花加工创造良好的排屑条件，然后再进行电火花精加工。用这种两步加工方法，可实现高效率加工大深径比的深孔。

8.4.6.2　激光器的选择

通过对比灯泡激发式的脉冲 Nd:YAG 激光与 Q 开关 Nd:YAG 激光对超微粒硬质合金（1mm 厚）的穿孔效果，考虑 Q 开关 YAG 激光具有更短的脉冲宽度和更高的激光功率密度，在加工硬质合金时可以得到更高的质量，因此在激光与电火花复合加工系统中采用了 Q 开关 Nd:YAG 激光器。

8.4.6.3　电火花加工系统

为了最佳控制不断变化的放电状态，达到精密微细加工的目的，该系统采用了直线电机驱动的电火花加工机床。直线电机驱动方式的电火花机床具有如下特点。

① 无机械滞后、偏移、间隙方面的影响。

② 利用伺服进给的高响应可始终控制极间状态保持最佳，所以能进行稳定的加工，从而提高加工速度。尤其是对于极间状态很容易恶化的微细加工和在精加工条件下这种效果更显著。

③ 直线电机驱动可实现前所未有的高速抬刀动作（36m/min），增强了排屑的作用。

④ 由于大幅度提高了极间距离的优化控制和伺服反馈响应特性，因此显著提高了最佳

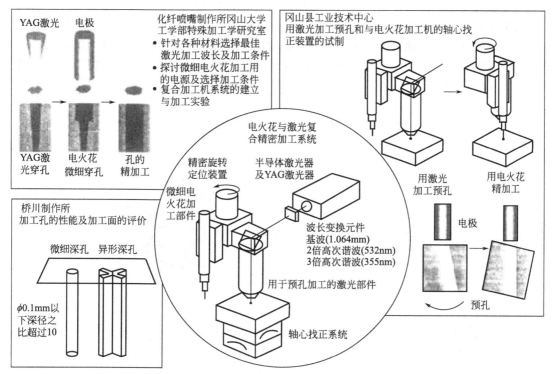

图 8-20　激光与电火花复合精密微细加工系统

加工条件下的加工特性。

　　直线电机驱动方式的这些特点使在用直线电机驱动的电火花成形机床上，能制成更长的成形电极。例如：ϕ0.1mm 的电极，圆柱部分的极限长度能达到 9.0mm（长径比 90 倍）。在更微细领域中，当电极的成形直径为 ϕ0.04mm 时，其长度为 3.0mm（长径比 75 倍，圆柱部分为 50 倍的 2.0mm）。图 8-21 所示为当电极成形直径为 ϕ0.033mm 时，长度可达 2.3mm（长径比 70 倍，圆柱部分为 45 倍的 1.5mm）的纯钨丝电极。

8.4.6.4　复合加工系统及实验结果

　　图 8-22 所示为电火花与激光复合加工装置的试制样机。它由激光振荡器、电火花加工机、工作台以及排除切屑与气泡用的抽吸泵构成。为防止雾气进入，激光照射头加装了防护玻璃罩，并使用角距仪测量激光束照射轴与电火花加工轴间的移动距离。

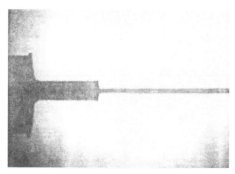

图 8-21　ϕ0.033mm 的纯钨丝电极

图 8-22　电火花与激光复合加工装置的试制样机

　　如图 8-23 所示，由于激光加工的预孔直径较大，从而减少了电火花加工的蚀除量，因而电火花精加工时间减少，仅用 11～17min。在电容容量 300pF 这单一条件下完成了加工。为缩短加工时间，最好采用中粗加工条件进行高速穿透之后，再用最终的精加工条件来减小加工表面粗糙度。目前该系统的工艺尚处于摸索中，展示的工艺还不是最佳的工艺路线，该系统的完善还需要做大量的工作。但激光与电火花复合精密微细加工系统在实现高效、精密微细、大深径比的深孔加工方面展示的前景是十分美好的。

激光加工结果
直径：表面为70μm
　　　背面为50μm

电火花加工结果
直径：表面为100μm
　　　背面为100μm

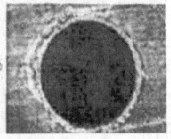

图 8-23　微孔加工结果

8.4.7　激光与机器人复合加工技术

激光与机器人技术都是近年来市场上的关键技术和经济增长的热点。激光和机器人技术相结合将大大地扩展它们的应用市场。激光与机器人复合加工技术最先在汽车行业得到大量应用。在汽车工业中，人们一直将机器人与激光技术结合在一起，进行三维的汽车零部件生产加工，例如大众汽车公司在其 V 级高尔夫轿车中，圆周体车架的焊缝采用激光器焊接。目前激光与机器人复合加工技术已经在焊接、切割、打标等工业领域得到应用，并且商业设备也比较成熟。图 8-24 和图 8-25 分别展示了两家公司生产的激光加工机器人。

图 8-24　Olympus 公司的 CO_2 激光机器人

激光加工机器人大都采用将激光器安装在机器人的手臂处，由于考虑机器人的大小及手臂操作的灵活性，安装在机器人手臂上的气体或固体激光器的大小和重量（几十千克）受到限制，激光器的功率（几百瓦）也相对较小，使激光加工机器人的应用受到限制，激光机器人切割最初只能完成对塑料的加工。在保证机器人的灵活性的基础上，开发更高功率、更多种类的激光机器人成为研究的重点，并且已取得了可喜的成果。

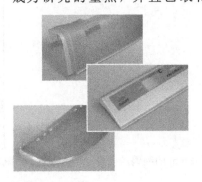

图 8-25　Eurolaser 公司激光切割机器人及切割件

Fanuc公司开发的RV6L-CO$_2$激光机器人将激光系统安装在2轴上，该机器人的手腕可以700°/s的速度旋转，可承担400kg的激光设备，激光功率达到2kW，激光射线能直接在机器人的手臂内生成，使用该机器人可以实现金属材料和玻璃材料的切割以及特厚的塑料材料的切割。

近年来，光纤激光技术与数字控制技术得到快速发展。光纤激光器具有散热面积大、光束质量好、体积小巧等优点，同体积庞大的气体激光器和固体激光器相比具有明显的优势。安装光纤激光器的大功率三维激光切割机器人已应用于不锈钢、碳钢、合金钢、硅钢、镀锌钢板、镍钛合金、铬镍铁合金、铝、铝合金、钛合金、铜等金属材料的精密切割。在航空航天、汽车轮船、机械制造、电梯制造、广告制作、家用电器制造、医疗器械、五金、装饰、金属对外加工服务等各种制造行业发挥了越来越重要的作用。

第9章

激光微细加工

由于激光束可以聚焦到很小的尺寸，激光材料加工的热作用区很小，可以精确控制加工范围和深度，因此特别适合于微细加工。按照加工材料的尺寸大小和加工精度的要求，可以将目前的激光加工技术分为以下三个层次。

① 大型工件的激光加工技术，以厚板（>1mm）为主要加工对象，其加工尺寸一般在毫米级或亚毫米级。

② 激光精密加工技术，以薄板（0.1~1.0mm）为主要加工对象，其加工尺寸一般在 $10\mu m$ 左右。

③ 激光微细加工技术，以各种薄膜（厚度在 $100\mu m$ 以下）为主要加工对象，其加工尺寸一般在 $10\mu m$ 以下甚至亚微米级。

在上述三类激光加工中，大型工件的激光加工技术已经日趋成熟，已经在工业中广泛应用；激光微细加工技术，如激光切割、微调、激光精密刻蚀、激光直写技术等也已在工业上得到了较为广泛的应用。与传统的加工方法相比（表 9-1），激光微细加工之所以有如此广泛的应用前景和生命力，是与其自身的特点分不开的，其主要特点如下。

① 对材料造成的热损伤低、高质量、高精度。

② 非接触加工，没有机械力，十分适合微小的零部件。

③ 操作简单、加工速度快、经济效益高。

④ 激光独有的特性使得激光微细加工具有极好的重复精度。

⑤ 加工的对象范围广，可用于加工多种材料。

表 9-1 常用微细加工特点比较

加工方法	加工原理	主要特点	影响精度的因素	设备投资
电火花 （EDM）	电、热能熔化、汽化材料	适合各种材料的加工，但精密加工时要求电极很细，对设备的要求很高	工具电极直接影响其精度，$\phi 0.1mm$ 以下的电极制备很难	中等
超声加工 （USM）	声、机械能切蚀材料	适用脆性材料的加工，机床结构简单，加工效率低	工具尺寸和磨料的粗细	低
电解加工 （ECM）	电化学能使离子转移	加工范围广，生产效率高，加工精度低，易造成环境污染	加工精度低于电火花加工	高
光化学加工 （PCM）	光、化学能腐蚀材料	适合复杂形状的刻蚀（印刷电路板）；加工复杂，周期长，加工精度受刻蚀因子限制	缝隙宽度必须大于1倍板厚	中等

加工方法	加工原理	主要特点	影响精密度的因素	设备投资
等离子弧加工 (PAM)	电、热能熔化、汽化材料	加工速度快,能量集中,加工精度较低		低
激光加工 (LBM)	光、热能熔化、汽化材料	适合于各种固体材料的加工,热影响区小,加工速度快	缝宽或孔径可以小于 $30\mu m$	高

激光微细加工技术的发展离不开激光器的发展,许多不同类型脉冲激光器现已广泛应用于微细加工,这些激光器的波长范围已从红外波段扩展到深紫外波段,脉冲持续时间从毫秒到飞秒,脉冲重复频率从单个脉冲到几十千赫。本章从目前研究和应用较多的几种激光微细加工技术(准分子激光技术、飞秒激光技术、LCVD 技术等)出发,讨论激光微细加工技术的原理、进程及发展应用。

9.1 准分子激光微细加工

准分子激光器是发射紫外光的脉冲激光光源,其波长为紫外和深紫外光谱波段。准分子激光具有较强的脉冲能量和光子能量,脉冲重复率高、脉冲宽度窄等特点,并且大多数材料(包括金属和非金属材料)都强烈地吸收紫外光,随着准分子激光技术的发展,使它们得到了广泛的应用。

9.1.1 准分子激光加工的原理及特点

9.1.1.1 准分子激光加工的原理

由于准分子激光具有理想的波长(大多数材料强烈吸收)和强激光脉冲功率(10～20MW),在对材料的加工过程中,由于其光子的能量大于加工材料的化学键的能量,光子可以直接与化学键相互作用,引起化学键的迅速解离来实现材料的去除,作用机制完全不同于红外激光的加工。

准分子激光照射到材料的表面,由于大多数有机材料对紫外光的强烈吸收,此时有机材料吸收光子,光子在很薄的表层(0.5～1μm)内促使化学键的断裂。当光子密度很高时,化学键断裂的速率超过其重新复合的速率,致使材料中大的有机分子迅速分解成小的分子。这些小分子在光照层内的比容积突然增大、压强急剧升高,体积迅速膨胀,最终以体爆炸的形式脱离母体并带走过剩的热量,使未加工区域不受热影响,避免了损伤。当光子密度较低时,不能对材料进行直接烧蚀,但可以实现对材料的各种表面加工(如激光打标、薄膜沉积等)。在这种情况下,紫外光子致使基片上方的某些气态分子迅速分解,从而对材料产生有效的刻蚀或使金属有机化合物产生自由电子,沉积到基片上形成薄膜。最初准分子激光加工被认为是纯粹的光化学过程,称为光解剥离(APD)。到了 20 世纪 80 年代,一些研究工作者提出在准分子激光加工中应包含少量的热效应。

9.1.1.2 准分子激光加工的特点

准分子激光加工是一种光化学加工,与 CO_2 激光、$Nd:YAG$ 激光加工相比具有比较明显的特性,主要体现在如下几点。

① 加工质量高。由于准分子激光对材料的加工主要是通过消融作用,具有典型的"冷加工"特征,加工时对被加工区域周围影响较小,材料不出现烧损、残渣和毛刺现象。

② 高精度、高分辨率及高效率的光学系统对激光聚焦时,焦平面上的光斑直径满足关系式:$d = 4\lambda f/(\pi D)$(λ 为激光波长,f 为透镜焦距,D 为光束直径),其他参数一定时,

激光波长越短，聚焦光斑越小，加工分辨率越高。由于准分子激光的波长短（193～351nm），经聚焦后可以获得更小的光斑直径，加工时较容易得到微米级，甚至亚微米级分辨率。

根据爱因斯坦理论，光子能量 $E = h\upsilon = hc/\lambda$（$h$ 为普朗克常数，υ 为光子频率，c 为光速，λ 为波长），波长越短，光子能量越大。准分子激光由于波长短而具有很高的光子能量，同时由于大多数材料对深紫外光的强烈吸收，使准分子激光对材料具有很强的分解能力。

③ 准分子激光具有较窄的脉冲宽度（一般为几纳秒到几十纳秒），在对材料加工过程中，没有足够的时间向周围区域大量扩散热量，因此热影响区很小或不存在热影响区，这样可以保证加工的精度和质量。

④ 由于准分子激光的发散度和不均匀性相当大，光束相干性较差，准分子激光通常采用掩模系统，采用宽光束进行面加工，加工形状可以自由设定。

准分子激光的以上特性使它在许多精密微细加工领域，如微机械、微光学、微电子学和医学生物微元件的加工方面得到了广泛的应用，它可以完成用机械、化学或其他激光加工方法无法完成的任务。

对于微细加工用的准分子激光，一般要求平均功率为瓦级，单脉冲能量小于 0.5J，表9-2 列出了用于微细加工的准分子激光典型参数。

表 9-2　用于微细加工的准分子激光典型参数

准分子	ArF	KrCl	KrF	XeCl	XeF
波长/nm	193	222	248	308	351
最大脉冲能量/mJ	110	60	225	90	90
平均脉冲能量/mJ	90	50	180	75	75
峰值功率/MW	>8	>3.5	>10	>5	>5
平均功率/MW	0.5	0.4	2	0.6	0.6
脉冲宽度/ns	14	5	18	15	15
光斑尺寸/mm×mm	6×22				
光束发散角/mrad	2～5				

9.1.2　准分子激光的微细加工

9.1.2.1　准分子激光光束能量的均匀化

由于准分子激光器在大体积、高气压、高电压状态下运转，容易导致放电及增益不均匀，致使输出的激光强度的分布存在较大的起伏，在卤素气体浓度较高时尤为明显。另外，目前广泛采用准分子激光器通过相位掩模版法刻光纤光栅，由于光束的能量不均匀导致光纤光栅的一致性不理想，因此准分子激光的应用必须采取某种形式的光束均匀化处理，以使中心强周边弱式的近高斯分布产生"平顶"能量分布光束。光束均匀化处理是很重要的，因为在材料加工的各点处的烧蚀深度与能量密度相关。光强分布的均匀性常用可容忍的光强度变化百分比来衡量，称为"加工窗"（process window），激光微细加工用的加工窗小于 +4%，即相对光强可用的范围是 92%～100%。准分子激光用于眼科屈光治疗时，要求光强度变化比应小于 +5%，然而未经腔外均匀化的准分子激光束落于此范围的能量分数很小。目前准分子激光能量均匀化的方法主要有棱镜法、发射镜法、万花筒法、蝇眼透镜阵列法等。下面简单介绍蝇眼透镜阵列法。

蝇眼透镜阵列聚光系统光路图如图 9-1 所示，由 $m \times m$ 个焦距和尺寸相同的小透镜单元组成的方形透镜阵列 L，透镜列阵 L 把入射准直光束波面分割成 m_2 束子光束，在靶面上形成的光强分布实际是球面聚光镜 L_s 将各子光束会聚在其焦平面上的光强积分。使用透镜阵列聚光系统，即使在入射光束近场分布均匀性很差的情况下，仍然可以在焦平面上得到均匀的光照效果。

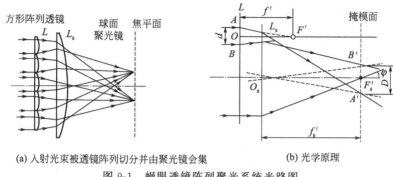

(a) 入射光束被透镜阵列切分并由聚光镜会集   (b) 光学原理

图 9-1　蝇眼透镜阵列聚光系统光路图

绕聚光镜主光轴作对称分布的子光束，在焦平面上的叠加是互补叠加，即使光强分布为严重的不对称分布（图 9-2），经二切分叠加后，大范围的光强差别就已填平。当 m 增大时，m_2 束子光束的叠加就更加明显，使光束截面上各单元的能量积分将几乎相等，积分前光束的光强分布的起伏被迅速抹平，这种透镜阵列高效积分光学器件使原始光束质量失去其重要性。

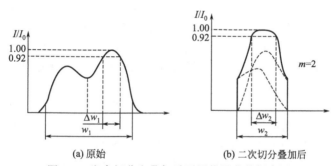

(a) 原始   (b) 二次切分叠加后

图 9-2　光束切分和叠加后可用能量分数提高图

目前使用的几种光束能量均匀化的方法都存在各自的特点和缺点，并且不断有新的方法出现，随着准分子激光在各领域应用的发展，更加有效地提高准分子激光光束能量均匀化的方法也将不断涌现。

9.1.2.2　掩模投影

由于准分子激光器发射的紫外脉冲光源的带宽相当宽，通常输出尺寸约为 25mm×10mm；光束的发散角一般为 1～5mrad，并且在矩形光束两个方向的发散度是不同的。准分子激光的发散度和不均匀性相当大，光束相干性相当差，光束直接聚焦的可用性较差，所以在大多数情况下，准分子激光束在应用中通常采用掩模投影技术。

掩模投影技术是把一个掩模放置在能使光束最佳均匀化的平面处，掩模含有透射区和反射（或吸收）区，透射区包含有要加工工件的形状和细节特征的图案，用于限定光束的形状或图样，这个图案经缩小后被透镜投射到加工表面。掩模一般是用涂覆 Cr 的石英或者金属板制作的。通常情况下，激光束在掩模投影系统中保持不动，而掩模和工件是移动的，并按照精确控制的运动方式穿过激光束。掩模投影的基本原理如图 9-3 所示。

为了满足不同的加工批量与结构形状需求，按在加工过程中掩模与工件（工作台）之间

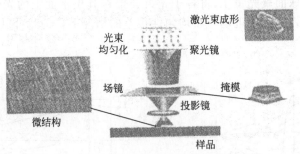

光束均匀化　激光束成形

聚光镜

场镜　掩模

投影镜

微结构

样品

图 9-3　典型准分子激光掩模投影系统

的相对关系可以将其分为三类。

① 掩模与工件都静止。该方法主要适合加工微细孔，加工的微结构小而简单或由规则的几何形状重复构成。该方法只能加工平面结构，无法加工真正意义上的三维微结构。为了得到三维微结构可以采取两种方法：一是当基本的图形单元加工完成后，工件在水平方向运动一定位置，重复加工掩模图形；二是当某一掩模图形加工完成后，更换另一掩模，直到所有掩模加工完毕。

② 掩模或工件一方运动，一方静止。通过精确控制激光在深度方向的能量梯度（脉冲数不同），从而可以制作斜面结构。该加工特性在微流体器件、MOEMS 制作方面具有广泛的用途。

③ 掩模与工件同步运动（又称为同步扫描）。该方法主要用于前述加工模式无法达到的较大图形的加工，由于掩模投影有一定的缩小倍数（M），因此必须精确控制掩模的运动位移是工件的 M 倍。主要应用领域为图形印刷、PCB 工业与平板显示器等。

掩模投影方法具有很大的灵活性，在微细加工领域具有许多优越性，这些性能主要包括以下几方面。

① 加工精度高。利用掩模技术加工时，由于投影物镜是把掩模图样缩小后投影到工件上进行加工的，一般投影物镜的缩小倍数为 4 倍、10 倍或 30 倍，这说明了投影加工的尺寸比掩模的要小数十倍。以物镜缩小倍数 10 倍为例，在掩模上的像场尺寸为几毫米的激光束经物镜后在材料上的加工尺寸精度成为几百微米，随着掩模图样的精度提高及物镜的缩小倍数的提高，使掩模技术的加工精度进一步提高。另一方面，由于物镜的缩微作用，掩模上的图案特征尺寸不必做得像待加工工件的微细结构那么细小。因此没有必要把掩模图案加工成具有超高分辨率的特征尺寸，这样就减少了掩模的复杂性和加工费用。

② 使用寿命长。由于使用缩微投影物镜，所以投到掩模上的激光能量密度远比投到工件上的能量密度低；由于掩模和工件不是非常靠近，所以掩模不会受到工件烧蚀时产生的碎片或散粒的损伤，这些都减少了对掩模的损伤，延长了掩模的使用寿命。

③ 操作灵活。掩模投影方法可以根据微细工程的要求，通过分别控制掩模和工件的运动，实现多种加工处理技术；还可以通过圆孔掩模来限制光束的大小，可以实现用掩模投影的直接写入。

掩模投影系统为微细加工提供了极大的灵活性，用同一系统能加工出不同用途的各种类型的微细结构。

9.1.2.3　掩模投影直接写入技术

直接写入技术是在加工时将激光束聚焦成很小的光斑，直接照射到工件上，通过激光束或工件的移动实现在工件上加工微细结构。直接写入技术在加工时的加工路径可直接进入加工系统的控制部分（激光系统直接与图案的计算机辅助设计生成部分接口），十分便于实现计算机自动控制，具有方便、快捷的优点。

由于准分子激光带宽、发散度和不均匀性较大，光束相干性差，使准分子激光器发出的激光束通常不能直接聚焦。同样借用掩模投影系统可以实现准分子激光的直接写入（光束的聚焦），它是利用圆孔掩模来限制光束，使其在工件上呈一个光点，起到激光束聚焦作用。该系统作为传统直接写入设备保持掩模静止不动，把设计好的数据送入工件平台用于控制平台的运动，按照设计要求让工件穿过激光束。这种方法超越传统的直接写入系统的一个最大优点是采用掩模投影，如果想要改变投影光斑的尺寸，只需改变掩模孔径就能实现，不必更换投影物镜。

200μm

图 9-4　准分子激光器直接写入

图 9-4 所示利用工件的移动穿过固定准分子激光束，在聚合物上写出的"Exitech"字样，用于证实利用掩模投影系统进行直接写入的可行性。用准分子激光掩模投影直接写入技术在聚合物中加工复杂结构的应用在不断增加，这种结构可用作传感器和生物医学器件。聚合物准分子激光加工的优点与直接写入等高路径的优点相结合，不用掩模限定图案。

9.1.3　准分子激光微细加工的应用

9.1.3.1　喷墨打印机喷嘴的加工

由于准分子掩模缩微和"冷加工"特点，可以采用静止掩模投影技术进行微孔的加工，并且加工的孔边缘清晰，精度高，对周围材料几乎没有什么影响。准分子激光打孔是目前喷墨打印机油墨喷嘴的主要加工方法。步进-重复加工技术是静止掩模技术的延伸，它是在加工过程中，通过工件沿 X 方向或 Y 方向的移动，实现在工件的不同位置处加工出同样的结构的一种技术。在 $25\mu m$ 厚的聚酰亚胺薄膜上打 $70\mu m \times 70\mu m$ 的方孔，间隔为 $36\mu m$，$1s$ 可打 1000 个，加工效率非常高，用激光热加工的方式根本不可能实现。步进-重复加工技术现已广泛应用于喷墨打印机喷嘴的微孔加工，利用这一技术，整个喷嘴的孔（几百个细孔）可同时打出，然后将工件移动到下一个位置进行重复加工，最终实现在整个工件上排满这种微细孔。在喷嘴板材的工业加工中，工件一般采用聚酰亚胺带材，激光加工系统自动地卷带并打孔，然后再卷带，实现流水线自动作业。微孔的定位精度是由工件工作台的精度决定的，而孔的质量重复精度依赖于激光的稳定性。在生产过程中，高速并精确控制带材的运动，以确保喷嘴孔径的公差要求（一般直径公差为 $\pm 1\mu m$）和带材上各孔径的正确位置。图 9-5 是应用这一技术加工的两种类型打印机喷嘴结构图。

此外，静止掩模和工件投影技术扩展的另一种技术为转换位置掩模投影加工技术，它通

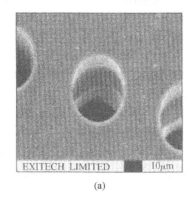

(a)

(b)

图 9-5　使用准分子激光微细加工的两种类型打印机喷嘴（聚酰亚胺材料）

过在两次微细结构加工之间转换新的掩模图样，实现在同一工件的相同位置处叠加上新的掩模加工图样。图 9-5(b) 为一个喷嘴器件，其中心部分含有一个通往下面孔的台阶式结构，就是采用转换位置掩模投影技术加工出来的。加工方法是用不同直径孔径的掩模限定工件上不同阶梯的直径尺寸，把特定直径掩模限定的部分加工到特定的深度，然后更换另一直径的掩模，在工件同一部位加工出另一直径和深度，于是就构成了阶梯井。以上加工方法中工件的材料都是聚酰亚胺，都使用 KrF（248nm）激光，激光能量密度一般为 $388mJ/cm^2$ 左右。

图 9-6(a) 显示的是 Oxford 大学的 MPX200 高功率微加工系统。该系统使用波长 511nm 和 578nm 的激光 [脉冲宽度为 20ns（峰值半高宽，FWHM）、功率为 60W/10kHz、光束的发散角为 0.075mrad]，采用精密的机械运行装置（X 轴、Y 轴分辨率 $0.1\mu m$/250mm；Z 轴分辨率 $0.5\mu m$/100mm），配备 CCD 监控，能够实现微孔加工（$\phi0.001\sim$0.500mm）、高精密切割（切缝宽度 $\geqslant0.005mm$）和微铣削加工等功能，适用 $0.01\sim$2.00mm 厚的多种材料的精密加工；图 9-6(b) 是在 $100\mu m$ 厚的不锈钢板上，利用激光微加工系统加工的 22000 个直径为 $5\mu m$ 的微孔阵列，图中显示了加工的微孔具有很高的质量，在孔的周围几乎没有热影响区。表 9-3 列出了 MPX200 微加工系统加工微孔的尺寸精度。

(a) MPX200准分子微加工系统(Oxford Laser)　　(b) 22000个直径为5μm微孔阵列

图 9-6　精密群孔的加工系统和加工零件

表 9-3　MPX200 微加工系统加工微孔的尺寸精度

激光出口直径/μm	锥度/μm	厚度/μm	直径出口偏差/μm
1.5～15	+(5～10)	10～100	±1
15～500	+(5～10)	10～200	±0.25～1.5
40～500	+10～0～-10	200～1000	±2～4

采用准分子激光切割同样具有精度高、热影响小、切边质量好等特性。日本一家公司在使用 ArF 准分子激光切割纤维增强塑料时发现，随着能量密度的增加，材料的去除速度也在增加。当能量密度较小时，一个脉冲可去除零点几微米；当能量密度增加时，一个脉冲可去除 $2\sim3\mu m$。在热影响方面，测得切割试样沿纤维方向从切边到基体热影响区的宽度不大于 $5\mu m$，相当于切缝宽度的 1/50，切缝质量明显优于 Nd:YAG 和 CO_2 激光切割的质量。美国 XMR 公司用 XeCl 激光烧蚀微电子线路，用一个脉冲割断了一个 $4\mu m$ 宽、$1\mu m$ 厚的多晶硅导体，下面的二氧化硅和单晶硅基体没有被破坏。

9.1.3.2　激光光刻技术

作为微电子技术的标志，集成电路（IC）已经发展到超大规模（VLSL）水平，现已制造出 1GB DRAM，每秒执行 1G 以上字节的通信芯片。电路的特征尺寸，即最小线宽已达到 $0.13\mu m$。韩国三星电子公司已成功开发出采用 $0.11\mu m$ 工艺技术的 32Mbit SDRM。

集成电路的高速发展，离不开微光刻技术的发展。20 世纪 70 年代以来，光刻技术的光源经历了普通光源 g、h、i 谱线及 KrF、ArF、F_2、Ar_2 准分子激光光源，还相继发展了 X

射线、电子束、离子束等非光学曝光技术。目前，IC 加工中线宽在 $0.25\mu m$ 以上的大规模生产的光刻设备，基本都采用 i 谱线光源；生产线宽 $0.25\sim0.18\mu m$，大都采用 KrF 准分子激光器；当线宽小于 $0.18\mu m$，光学光刻将采用 193nm 和 157nm VUV（真空紫外/深紫外）准分子激光作为光源。目前 193nm 技术已比较成熟，正逐步进入商品化阶段。157nm 的 F_2 准分子激光光刻技术，被认为是 193nm 的后续技术，可用于 $0.10\mu m$ 尺寸 IC 器件的加工，现已有工业级的 F_2 激光器，但其技术要达到使用程度，还有相当一段距离。

准分子激光光刻是准分子激光在微电子行业的典型应用之一，激光光刻的基本原理是激光束对光刻胶的消融，激光对材料的消融厚度在几个原子层时，由于准分子激光的波长短，专用的窄线、宽器件对光刻图案进入纳米尺寸十分有利，对超大规模集成电路的发展具有很大的意义。表 9-4 列出不同光源波长所对应的极限分辨率。

表 9-4　不同光源波长所对应的极限分辨率

曝光光源	g-line	h-line	i-line	KrF	ArF	F_2	Ar_2
波长 λ/nm	436	405	365	248	193	157	126
极限分辨率/nm ($k_1=0.4$ NA=0.7)	250	232	208	142	110	90	72

光学理论分辨率的计算依据：

$$R=k_1\lambda/NA \tag{9-1}$$

式中　R——理论分辨率；

　　　λ——激光波长；

　　NA——光学系统的数值孔径；

　　k_1——与工件材料和加工条件有关的常数。

可见波长越短，分辨率越高。

成像系统的景深 R' 应满足式(9-2)的关系：

$$R'=\lambda/NA^2 \tag{9-2}$$

景深与波长成正比，与有效数值孔径平方成反比。由于光刻系统的调制传递函数随波长的减少而增大，准分子的短波长使其可以获得更陡的像剖面；准分子激光的高强度（$10^8\sim10^{10}\,W/cm^2$）可以大大缩短曝光时间，从而可以保证光刻中器件的稳定性；同时，由于准分子激光束的多横模特性，减弱了激光光刻中易出现的斑纹现象，以上这些特点使准分子激光成为极为理想的光刻光源。

9.1.3.3　对脆性材料的加工

脆性材料主要指的是工程陶瓷（SiO_2、Al_2O_3、ZrO_2 等）和玻璃。当用红外激光加工时，由于红外激光强烈的热效应使材料加工区周围产生很强的温度梯度，形成很大的热应力，陶瓷、玻璃这类脆性材料抗拉强度较差，很容易在材料的表面产生微裂纹。这些微裂纹的尖端所形成的应力在脆性材料中难于释放，很容易使微裂纹扩展为大裂纹，使被加工的工件遭到破坏。

由于准分子激光属紫外光，是一种冷光源，并且波长短、脉冲宽度窄，在加工脆性材料时，使之在瞬间汽化。在这个过程中输入的激光的能量绝大多数被汽化的材料带走，只有很少的热量通过热传导方式传给周围材料，因而不会在加工区周围产生很高的温度梯度，不会形成很大的热应力，也就不会产生微裂纹。在很多方面，准分子激光消除裂纹的能力比红外激光要强。因此，可以认为对脆性材料的加工是准分子激光加工应用的一个重要方面。

分别采用红外激光器（$Nd:YAG$、CO_2 激光器）与准分子激光器对 Si_3N_4 陶瓷进行切割

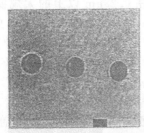

图 9-7　使用准分子激光器在陶瓷片（厚 50µm）上打孔

对比试验。使用红外激光切割的陶瓷的表面附着很多 30～100µm 的颗粒，颗粒中存在许多微裂纹，切割的表面很粗糙；而使用 KrF 准分子激光器切割的陶瓷的表面十分整齐，没有分解物质的沉积，并且在切割表面没有微裂纹出现。两种激光切割的结果不同，主要原因在于：红外激光的光子能量和功率密度不够高，在切割陶瓷时，只能将 Si_3N_4 分解为气体氟和液态的硅粒，这些液滴在沸腾时溅落在陶瓷的加工区周围，冷却后附着在切割表面而成为颗粒，而这些颗粒中布满了微裂纹；准分子激光由于能量高、功率密度大，可将陶瓷（Si_3N_4）分解为气体氮和气体硅，因而不会在切割表面附着液体硅粒。图 9-7 所示为使用准分子激光器在陶瓷片（厚 50µm）打出的直径为 100µm 的孔，图中的小孔锥度小，孔壁没有熔渣，质量很好。

准分子激光由于本身的优良特性，在微细结构方面的加工应用十分广泛，准分子激光还可用于缩微打标、无机材料的消融和蚀刻、聚合物的消融制作微型机械等，其加工尺寸都处于微米级、亚微米级。随着电子行业的发展，准分子激光的应用技术也日趋扩大和成熟。例如：激光剥线，用准分子激光剥离连接微型电路 50µm 漆包线的绝缘膜，而不对微型电路产生任何影响；激光去除薄膜（高分子）；激光 LIGA 等。在材料制备方面，作为一种较新的方法，虽然目前依然处于研究阶段，但其发展前景非常良好。例如，激光化学气相沉积和溅射沉积制备纳米材料，准分子激光消融制备纳米粉体材料等技术。

9.2　超短脉冲激光的微细加工

近年来，随着激光技术的不断发展，激光器的性能也得到不断的改善：激光器的输出功率已经达到数千瓦；波长实现了从远红外到 X 射线的全波段调谐；脉冲持续时间从纳秒（ns）、皮秒（ps）发展到目前的飞秒（fs），正在向阿秒（as）方向挺进。超快和超强特性使激光与物质的相互作用机制发生了根本性的改变，以掺钛蓝宝石（Ti：Al_2O_3）为代表的新一代飞秒激光器，输出光脉冲的持续时间已经缩短到 5fs；激光中心波长位于近红外波段，特别是借助于啁啾脉冲放大技术（CPA），单个脉冲能量可从几纳焦耳放大至几百毫焦耳，甚至焦耳量级，此时脉冲的峰值功率可达 GW（10^9 W）或 TW（10^{12} W），再经过聚焦后的功率密度为 $10^{15}\sim10^{18}$ W/cm^2。具有如此高的峰值强度和超短持续时间的光脉冲与物质相互作用时，能够以极快的速度将其全部能量注入很小的作用区域（亚微米级），瞬间内的高能量密度淀积电子的吸收和运动方式发生变化，避免了激光线性吸收、能量转移和扩散等的影响，使飞秒激光加工成为具有超高精度、超高空间分辨率和超高广泛性的非热熔"冷"处理过程。并且超短脉冲激光几乎对任何材料都表现出相同的性能，即激光与材料的相互作用独立于激光波长。因此，超短脉冲激光在材料的高质量成形与精密加工方面有着极好的应用前景。

9.2.1　超短脉冲激光的发展

自 20 世纪 60 年代第一台激光器诞生以来，激光技术飞速发展。激光输出的脉冲宽度向着越来越窄的方向发展，历经纳秒、皮秒，到目前的飞秒，图 9-8 说明了超短脉冲激光脉冲宽度的发展变化。在这一领域的发展大致可以分为四个发展阶段。

① 第一阶段：20 世纪 60 年代中期激光的脉冲宽度为 $10^{-9}\sim10^{-10}$ s，作为超短激光脉冲发展的初始阶段，研究了各种锁模理论的建立和各种锁模方法的试验探索。

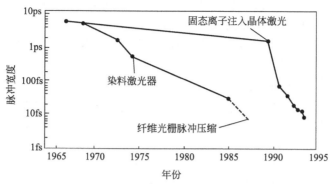

图 9-8　超短脉冲激光脉冲宽度的发展变化

② 第二阶段：20 世纪 70 年代中后期，激光脉冲宽度发展到 $10^{-11} \sim 10^{-12}$ s，在这一时期各种锁模方式和理论（如主动锁模、被动锁模、同步泵浦锁模等）开始逐步成熟，并在物理和化学领域展开了皮秒（10^{-12} s）级的初步应用。

③ 第三阶段：20 世纪 80 年代，超短脉冲激光的脉冲宽度已进入飞秒（10^{-15} s）阶段，它是以所谓碰撞锁模染料激光器为主要代表，该激光器就其基本的锁模原理来说依然为被动锁模，在锁模机理和方法上并没有根本性的突破，但是由于脉冲的碰撞效应，使该激光器不仅能够产生，而且能够稳定地运转在飞秒量级。在这一阶段超短脉冲激光的研究和应用进入十分活跃的阶段，并出现激光研究新的分支——飞秒激光技术与科学。

④ 第四阶段：20 世纪 90 年代，超短激光脉冲在现有的脉冲宽度基础上，激光介质方面的研究得到突破，飞秒激光器的全固化的研究和应用取得了突破性进展。自 20 世纪 70 年代初开始，超短脉冲激光器的激光介质都是采用有机染料，在 1991 年英国圣安德鲁大学的 Spence 等人首次实现了掺钛蓝宝石自锁模激光的运转（脉冲宽度 60fs），标志了飞秒激光进入固体阶段。同时半导体激光器的迅速发展及 Cr:LiSAF 晶体、掺 Nd 光纤等优良激光材料的出现，为飞秒激光实现全固化运转创造了条件。由于全固化飞秒激光器具有很高的增益带宽，容易获得很短的飞秒脉冲，可调谐范围宽、输出功率高、结构简单（与普通激光器几乎没有区别）、性能稳定、寿命长、无污染（染料激光器中的染料需要喷成薄膜状，有毒性），完全克服了染料激光器的缺点，成为新的飞秒激光器发展的方向。表 9-5 列出了常见固体飞秒激光增益介质的主要参数。随着半导体激光器输出功率的提高，全固化飞秒激光器在可输出功率、调谐范围和脉冲宽度等方面都将超过离子激光泵浦的飞秒激光器。

表 9-5　常见固体飞秒激光增益介质的主要参数

增益介质	E 峰/nm	A 峰/nm	Flores 寿命/μs	E 区域/10^{-2} cm^2	最短脉冲宽度/fs
Ti:Al$_2$O$_3$	790	490	3	39.0	5
Cr:LiSAF	846	645	67	4.8	14
Cr:LiSGaF	835	645	88	3.3	14
Nd:glass	1050	800	350	4.0	60
Yb:glass	1020	972	2200	0.8	58
Yb:YAG	1030	941	1170	1.8	340
Cr:Mg$_2$O$_4$	1235	740	15	20.0	40
Cr:YAG	1350	1050	4	40.0	43

目前在产生和操纵超短激光脉冲方面取得了巨大的进步，为脉冲宽度向阿秒（10^{-18} s）

数量级发展奠定了基础，Dresher 等人用氖管证实了脉冲周期最快可以达到 2.5fs。另一方面，飞秒激光的波长范围的扩展也是飞秒激光技术发展的主要趋势之一。通过使用新型激光介质、多种频率变换技术和汤姆逊散射等，将其波长向软 X 射线、中红外甚至远红外方向发展，以满足各种应用的要求。

9.2.2 飞秒激光器的分类

由于激光增益介质是飞秒激光器的基本元件，有着十分重要的作用，一般飞秒激光器按照激光增益介质的不同大致可分为四类。

第一类是以有机染料为介质的飞秒激光器。这种激光器是利用有机染料的快速吸收和增益饱和来产生数十飞秒的激光脉冲。它依据不同染料可以输出不同波长的飞秒脉冲，覆盖从紫外到红外波段，激光中心波长位于近红外波段附近。这种染料激光器采用被动锁模的技术手段，主要的技术途径是两个相反方向传播的光脉冲在可饱和吸收染料中的碰撞锁模技术（CMP），但是染料需要喷射成薄膜状，需要循环，还有毒性，因此很难普及。

第二类是以掺钛蓝宝石（Ti：Al_2O_3）、掺镁橄榄石等固体材料为介质的飞秒固体激光器。飞秒固体激光器实现了极其稳定的自锁模（SML）。自锁模是一种与光强有关的脉冲选择机制，这种机制可能与增益介质的高次非线性效应，即克尔（Kerr）效应有关。于是，自锁模便被称为克尔透镜锁模（KLM）。除了脉冲选择机制，克尔非线性还给予脉冲很强的自相位调制。这种调制来自与强度相关的增益介质的非线性折射率的变化，自相位调制与腔内负群延色散结合在一起，形成很强的脉冲窄化作用，即形成孤子脉冲。然而，分立的自相位调制与腔内负群延色散会使脉冲难以稳定，于是克尔透镜锁模提供的自振幅调制起到稳定脉冲的作用。波长范围是近红外 $0.7 \sim 1.10 \mu m$ 和 $1.2 \sim 1.3 \mu m$，其二次谐波可以覆盖紫外波段。

除了钛宝石锁模脉冲激光器，人们还开发了许多新的固体激光材料，如 Cr：LiSAF，Cr：LiSGaF，Cr：forsterite，Cr：YAG 等，波长从 $850 \sim 1570nm$。这些材料都有很宽的发射光谱，因此都有潜力制成飞秒脉冲激光器，目前最短的 Cr：LiSAF 脉冲是 142fs，Cr：forsterite 是 202fs，Cr：YAG 是 602fs。此外，掺铒（Er）和镱（Yb）光纤激光器以及半导体激光器也加入到飞秒脉冲家族中，各种商品化超短脉冲激光器令人目不暇接。

第三类是以多量子阱（MQW）材料为介质的飞秒半导体激光器。超短脉冲半导体激光的研究在 20 多年前就已开展了，但在相当长的一段时间里始终没有突破皮秒量级，直到多量子阱材料被引入超短脉冲半导体激光器，这一难题才得以突破。多量子阱材料具有高增益、低色散、宽谱带、强的非线性增益饱和以及非常快的恢复时间等优点。飞秒半导体激光器的主要特点是体积小，主要应用于高比特的多路通信、超快光学逻辑门等领域。

第四类是以掺杂稀土元素的 SiO_2 为增益介质的飞秒光纤激光器。该类激光器结构紧凑、小巧、高效率、低损耗、负色散和全光光学，其波长适宜于光通信，主要的工作原理是利用光纤具有的独特性质实现孤子脉冲。

9.2.3 飞秒激光加工的原理及特征

激光对任何材料加工的效果通常表现为材料结构得到一定的修复、调整或去除。这种过程起始于具有一定能量的激光照射到材料中，材料吸收光能的方式包括能量的空间、时间分布，其总量值将决定最终的加工结果。依据加工的激光脉冲宽度的长短，将脉冲激光分为长脉冲激光和短脉冲激光。在加工材料方面，它们最大的区别在于机制完全不同，长脉冲激光加工材料的过程表现为明显的热熔过程，热力学过程占据了主导地位；而短脉冲激光表现为非热熔过程，加工过程中材料的表面不会出现熔化区。

9.2.3.1 飞秒激光加工的原理

(1) 长脉冲激光的加工（脉冲持续时间 $\tau_p > 10ps$）

材料在长脉冲激光的照射下，通过入射光子-受激电子-声子转化的方式吸收能量，材料通过固态-液态-气态的三相热熔过程达到材料的加工效果。在这一过程中，由于热传导的影响，热能向周围环境进行扩散，最终造成作用区域边缘状态的严重热影响和热损伤，随着脉冲激光脉冲宽度的减少，热影响和热损伤的区域和程度将减少。另一方面，由于激光脉冲较长的持续时间降低了其相应的峰值功率，从而使电子的受激过程只能依赖于单个入射光子的共振线性吸收，因此无法加工相对透明的介质材料，加工范围受到材料的光吸收特性的严格限制。

长脉冲激光加工材料时表现为明显的热力学特征，热扩散成为影响材料加工效果的主要因素，热扩散会降低激光加工时的精度和质量，给激光加工过程，特别是激光微加工带来很多不利的影响。它的影响主要表现在以下几方面。

① 随着加工过程中的热扩散，激光照射区域的热量不断被扩散，使激光的加工效率降低。

② 热扩散的存在降低了激光微加工的精度。由于激光照射区域的热量不断通过扩散向周围延伸，使激光加工的热影响区域随着热量的扩散而不断扩大，导致了材料的熔融范围要远大于激光聚焦区域，因此很难实现非常精细的加工。

③ 随着激光照射区域的热量不断被扩散，激光聚焦点的温度也被降低，使材料加工时具备了明显的熔融-沸腾-汽化过程，并且经历较明显的沸腾状态，如图 9-9 所示。事实上，材料的剧烈沸腾很容易造成熔融区域内液滴的飞溅，其中有些液滴会相当大，这样很容易在材料的表面形成许多颗粒碎片，造成材料的污染。洒落的液滴由于具有相当多的剩余能量，经过冷却凝固后，与材料表面具有很强的结合力，清除这些熔渣污染物一般非常困难。

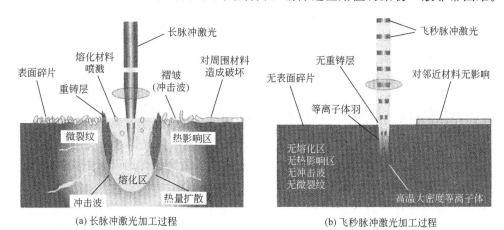

(a) 长脉冲激光加工过程　　　　　(b) 飞秒脉冲激光加工过程

图 9-9　长脉冲激光和飞秒脉冲激光加工过程示意图

④ 热扩散影响到激光照射区域附近的一大片区域，一般把此影响区域称为"热影响区"（HZA）。由于"热影响区"在随后的冷却过程中存在热量和组织的梯度变化，很容易造成材料的内应力和缺陷（空洞、位错等），从而在"热影响区"内及附近形成微观或宏观裂纹。在随后的使用中，这些裂纹会不断扩展和延伸，严重时裂纹将贯穿整个材料，导致器件的永久破坏。同时，受"热影响区"的影响，该区域的组织经过重新形核和生长，经熔化凝固后形成新的组织层，它与原有材料有着不同的物理化学结构，与基体材料表现出不同的力学性能，并且力学性能一般比较差，必须予以清除。在一些应用中，如动脉支架的生产，这些新组织层必须通过复杂、昂贵的清洁过程才能被放入人体内。

激光加工过程中热扩散给材料的加工带来的质量和精度的下降，阻碍了其在微细材料加工中的应用，因此有效减少和消除热扩散对材料激光加工的不利影响成为激光微细加工的一个关键性问题。

(2) 飞秒激光脉冲加工（脉冲持续时间 $\tau_p < 10ps$）

飞秒激光由于其脉冲宽度远小于热扩散时间及材料中的电子-声子耦合的时间，这表明了在激光整个持续照射时间内，仅需考虑电子吸收入射光子的激发和储能过程，而电子温度通过辐射声子的冷却以及热扩散过程完全可以忽略。激光与物质的作用实际上主要表现为电子受激吸收和储存能量的过程，在根本上避免了能量的转移、转化以及热能的存在和热扩散造成的影响。因此当激光脉冲入射时，吸收光子所产生的能量将在仅有几个纳米厚度吸收层迅速积聚，在瞬间生成的电子温度值将远远高于材料的熔化温度，甚至汽化温度，使材料直接从固态转变为气态，在材料的激光照射表面形成高密度、超热、高压的等离子体状态，实现了激光的非热熔性加工。

飞秒激光由于脉冲持续时间很短，远小于材料中受激电子通过转移、转化等形式的能量释放时间，加工过程的热扩散完全可以不考虑，从而避免了热扩散给激光加工带来精度、质量下降的不利影响。同时，由于飞秒激光的脉冲峰值功率非常高，能量只有几十毫焦耳的激光集中在几十飞秒的时间内，峰值功率可达到太瓦（$1TW = 10^{12}W$）。若把 1TW 的光会聚成 $10\mu m$ 直径的光斑，其聚光强度可以达到 $10^{18} W/cm^2$，换算成电场强度为 $2 \times 10^{12} V/m$，是氢原子中感应电场（$5 \times 10^{11} V/m$）的几倍。此时，传统线性共振吸收机制已经不适合其电子受激发的动力学过程，取而代之的非线性过程在飞秒激光加工中起着主导作用。总之，飞秒激光与材料的热扩散速度相比，能更快地在激光照射部位注入能量，即使是热扩散较快的金属材料也能提高加工精度。而且，通过多光子吸收，还能处理非线性吸收禁带宽的材料。

9.2.3.2 飞秒激光加工的特点

与传统激光加工相比，飞秒激光的加工具有以下特征。

(1) 飞秒激光加工的非热熔性

非热熔性特征是飞秒激光区别于传统激光加工的最重要特征。利用飞秒激光进行加工的最大特点在于不存在热扩散过程，材料在激光的照射下，作用区域的温度在极短的时间内急剧上升，并远远超过材料的熔化和汽化温度，使物质发生高度电离，形成一种高温、高压和高密度的等离子体状态。此时，材料内部原有的束缚力已不足以阻止高密度离子及电子气的迅速膨胀，致使在激光照射区域的材料以等离子体形式向外喷发，达到材料加工的目的。同时，材料以等离子体的形式迅速喷发，带走了大量的能量，使作用区域内的温度骤然下降，迅速恢复至激光加工前的初始温度状态。在激光加工的过程中，材料完全处于固态向气态的转化过程中，避免了液态的出现，属于典型的非热熔性加工，也就是飞秒激光加工属于相对意义上的"冷"加工，大大减弱和消除了传统加工中热效应引发的许多不利影响。

(2) 飞秒激光加工的低耗性、高效率和精确度

由于飞秒激光脉冲持续的时间非常短，这样可以在较低的脉冲能量下获得极高的峰值激光强度。在同等能量的情况下，飞秒激光的峰值强度大于纳秒脉冲激光的 10^5 倍，因此飞秒激光加工所需的脉冲能量阈值一般为毫焦耳或微焦耳量级，比传统激光加工消耗的能量要低；在极短的时间内和极小的空间与材料相互作用，由于没有热扩散等的影响，照射的激光能量没有在照射区域外损失，这样使激光能量的利用率得到很大提高。同时，在传统激光加工中热扩散造成的熔融区、热影响区等多种效应对周围材料带来的影响和损伤在飞秒激光的加工中都可以得到避免。这样，飞秒激光加工时所涉及的空间范围大大缩小，从而提高了激光加工的准确程度。另一方面，在高浓度离子和电子气迅速膨胀并向外喷发时，由于电子比离子的质量小且动能大，使电子首先与材料基体脱离，然后才是离子的脱离。由于这些离子都带正电荷，在喷发时彼此之间相互排斥，因此不可能形成因液滴的洒落和重新凝固而对周围表面造成各种污染。

飞秒激光加工过程中，激光与物质之间的能量转移是建立在多光子吸收的基础上，材料吸收的能量与光子强度的 n 次方成正比，即材料对能量的吸收强弱依赖于激光强度 I^n 的大小。一般激光呈高斯空间强度分布，位于光斑焦点位置的激光强度最高，位于光斑周围位置的激光强度逐渐减弱。调节入射激光束，使激光光斑焦点的强度正好满足材料的多光子电离的阈值，此时，激光加工起作用的区域就被严格限制在光斑焦点处的极小体积内。如图 9-10 所示，入射飞秒激光经过聚焦后的强度包络如图中实线（单光子强度包络线）所示，其光斑直径（以峰值半高宽 FWHM 来表示）d_0 为 $1\mu m$。而在加工过程中，飞秒激光表现为多光子吸收，以 4 光子吸收加工为例（图中虚线分布），如果控制激光脉冲能量，使 4 光子吸收阈值（相对强度）处于焦斑中心强度的 70% 处，这时，激光加工的范围直径 d_1 缩小为 $0.35\mu m$。事实上，对于不同的多光子吸收过程，通过调节入射激光的强度，相对提高光子吸收阈值，可以进一步缩小加工直径。如激光束聚焦后的衍射极限光斑直径约为 $1\mu m$，调节后的实际加工范围可以达到 $0.1\mu m$，仅为原始光斑的十分之一。因此，飞秒加工可以突破光束衍射极限的限制，实现尺寸小于波长的亚微米或纳米加工。

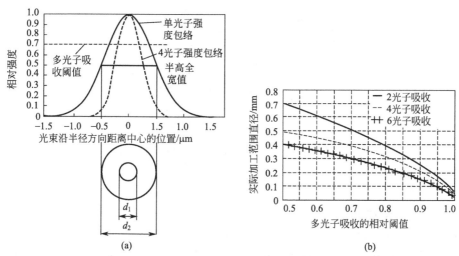

图 9-10　飞秒激光微加工突破光束衍射极限的限制

脉冲激光照射材料表面时，将从材料的表面喷出膨胀的高温、高密度等离子体，这些等离子体将吸收激光，后续激光的能量必须通过等离子体的热传导才能到达材料的表面，但当照射激光的脉冲宽度与等离子体的形成时间相比足够长时，激光等离子体频率与照射激光频率达到平衡，即在临界密度领域被遮蔽，无法再继续进入材料，造成等离子体屏蔽。飞秒激光由于脉冲持续时间远小于等离子体膨胀时间，在等离子体临界密度到达之前，激光照射就终止了，避免了常见的等离子体屏蔽现象。这也是使用飞秒激光在提高加工精度的同时又能提高效率的一个原因。

（3）飞秒激光加工材料的广泛性及加工方式的多样性

飞秒激光加工时，由于激光脉冲的超高峰值使材料对入射激光进行多光子吸收，而非共振吸收，这就造成了飞秒激光加工主要依赖激光强度的变化，具有确定的阈值特性。另外，由于多光子吸收程度和电离阈值仅取决于材料中的原子特性，而与其中的自由电子浓度无关，因此，当脉冲持续时间足够短、峰值足够高时，飞秒激光可以实现对任何材料的精细加工，而与材料的种类和特性无关。

飞秒激光加工的另一特征是可以利用非线性效应进行物质内部的局部加工。在飞秒激光加工时，由于多光子吸收的特性，在它的阈值附近，激光强度的极小差异也会造成加工效果很大的变化。如前所述激光呈高斯空间强度分布，用这样的激光脉冲聚焦照射透明材料时，材料的透明性使光束的共振性吸收可以不考虑，同时，较低的光束强度又无法满足材料的多光子非线性吸收的要求。因此，光束几乎可以毫无衰减地到达材料内部的聚焦点。事实上，入射激光只有在焦点位置才能获得较高的功率密度，发生多光子吸收和电离，从而实现在三维空间内的任意部位进行比光斑更小的加工。

9.2.4 飞秒脉冲激光的精细加工应用

飞秒激光以其独特的超短脉冲持续时间和超强峰值功率在各种材料的超精细、高质量加工方面展现了极其美好的应用前景，它完全打破了传统激光加工的极限，在机械、电子、医疗方面等多个领域已经得到了非常广泛的应用。图 9-11 所示为短脉冲激光的应用领域。

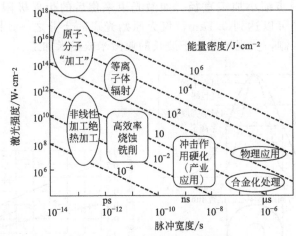

图 9-11 短脉冲激光的应用领域

9.2.4.1 金属材料

一般金属（如钢、铜、铝等）由于具有很高的热导率和较低的熔点温度，采用长脉冲激光加工方法难以在其表面实现高精度和高质量的加工（特别是打微孔）。但飞秒激光能够克服常规激光加工的不足（重铸层、微裂纹及加工位置边缘的附属物等），实现对金属的高精度、高质量的加工，如图 9-12 所示。

(a) 铝材料

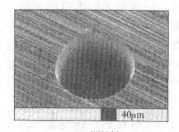
(b) 钢材料

图 9-12 飞秒激光对金属材料的加工

目前，大多数电子倍增管使用具有高二次发射材料的涂层（如铯化锑）的倍增管电极，倍增管电极的尺寸大都在毫米数量级，由于技术进步，最新一代的倍增管电极的尺寸已经减少到了 $50\mu m$，这使电子倍增管的尺寸较以前缩小了。为了进一步减少电子倍增管的体积，在倍增管电极加工中引入飞秒激光将成为发展方向。图 9-13 展示了利用飞秒加工的不同的加速金属筛。

(a) 在空气中,飞秒激光在7μm Ni箔上加工的六角筛

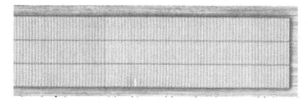

(b) 在空气中,飞秒激光在7μm Ni箔上加工的栅格筛

图 9-13　利用飞秒加工的不同的加速金属筛

　　加工金属筛最重要的一点是必须保证其具有高的透过率和透过均匀性,利用飞秒激光在空气中直接加工的金属筛的透过率已经达到了 50%～60%。为了提高光透过的均匀性,很多更加精细、复杂的结构也已经被飞秒激光加工。在 2001 年德国慕尼黑激光展览会上展示了一套用于精密加工的飞秒激光加工系统 (图 9-14)。

　　飞秒激光打孔技术对于汽车工业中汽车发动机喷嘴的制作非常重要。在汽车发动机中,为了提高燃烧效率,必须保证油料汽化得很好,燃料注射喷嘴必须制作的非常干净,任何污染都将造成引擎内油滴的不完全燃烧。目前燃料喷嘴的生产主要依赖于电火花加工技术,这样导致喷嘴的清洁程度受到一定的限制。如果采用飞秒激光加工技术生产喷嘴,打出的孔光滑而没有毛刺,使燃料喷嘴更加清洁,从而能够更好地提高汽车发动机的燃烧效率,减少环境污染。

图 9-14　飞秒激光加工系统

　　在喷墨打印机中,墨汁是通过一排非常细小的锥形孔喷到纸面上,要获得更高质量的打印效果,必须保证喷射的墨滴足够小并且密,从而要求尽量减小锥形孔径的尺寸,这说明了喷墨打印机的打印质量 (分辨率) 的提高完全依赖于用于喷墨的锥形孔的直径和数量。分辨率为 300dpi (每英寸 300 点) 的打印机中拥有 100 个直径为 $50\mu m$ 的喷射孔;而目前 HP1600C 型喷墨打印机拥有 300 个 $28\mu m$ 的喷射孔,其相应的分辨率为 600dpi。目前这些喷射孔的加工主要采用准分子紫外激光加工。由于飞秒激光可以获得直径小于 $10\mu m$ 的加工孔径,如果采用飞秒激光加工技术加工打印机的喷射孔,孔的直径可以减小到 $1～10\mu m$,则打印清晰度和质量会得到显著的提高。

　　难熔性金属 (如钼、钽、铼、钨等) 由于具有相对高的熔点 (2610～3400℃),传统的长脉冲激光很难完成对它们的精细加工。但由于飞秒激光基于多光子吸收和电离机制,避免了很多长脉冲激光加工的不利因素,可以实现对这些金属的高精度加工。最近美国 Clark 公司应用 150fs 激光对厚度为 $100\mu m$ 的金属铼材料 (熔点为 3180℃) 实现了直径为 $110\mu m$ 的精确打孔,与应用 8ns 的激光进行加工的情况相比,避免了孔径周围热应力导致的裂纹产生,如图 9-15 所示。

9.2.4.2 硅材料

硅由于其硬度高、易碎，属于典型的脆性材料，并且具有较高的热传导性以及光谱在 UV-IR 范围内高透过性等，通常被用来制作传感器件、探测器件以及太阳能电池等高技术产品，在电子工业、通信领域得到广泛应用。随着应用要求的不断提高，现代微电子电路集成度的增加使硅晶片的厚度日趋缩减，这对硅晶片的加工提出更加苛刻的要求。当硅晶片厚度减小为几十微米甚至更薄时，传统的金刚石刀锯切割方式已经完全不适用，而必须采用化学或等离子刻蚀技术才能满足其要求。但这种方法对晶片的加工形状和结构的选择有一定的限制，在众多小而复杂的应用部件中，无法得到理想的加工效果。同时由于硅的带隙间隔能量，高于红外激光和准分子激光的光子能量，从理论上讲，建立在光共振单光子线性吸收基础上的长脉冲激光几乎很难实现对硅材料的加工。仅仅依靠材料中存在的缺陷和杂质对光子能量的吸收来达到加工的目的，准分子激光也可实现对硅材料的加工，但加工质量较差。飞秒激光高峰值的光强度导致了硅材料较强的双光子吸收，飞秒激光以其独特的加工特性给硅晶片的加工展现了美好的前景。德国哥本哈根激光实验室的研究人员采用波长为 48nm、脉冲宽度为 500fs 的激光对硅材料进行加工，得到高清晰和光滑结构的加工效果。2003 年，加拿大科学家 M. Meunier 等人采用光谱物理公司生产的重复频率为 1kHz 的钛宝石再生放大系统，将输出波长为 760～820nm、能量约 1mJ、持续时间小于 120fs 的脉冲激光对厚度仅为 $50\mu m$ 的硅晶片实现了高精度切割，其结果如图 9-16 所示。

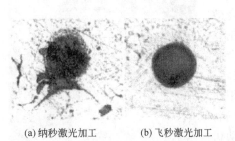

(a) 纳秒激光加工   (b) 飞秒激光加工

图 9-15 纳秒和飞秒激光对高熔点金属铼的加工

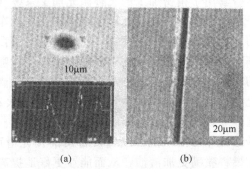

(a)   (b)

图 9-16 飞秒激光对硅表面的加工

9.2.4.3 生物体组织及特殊材料的加工

在飞秒激光加工中，由于热扩散造成的影响较小的特点，在生物体物质的加工中可以避免或减少加工区周围造成的压力和振荡，使飞秒激光在生物体物质的加工方面具有其独特的优势。在人体心脏血管的移植方面，由于聚合物材料（半晶体热塑性聚酯物）在人体内能够生物降解，并且与人体有着很好的相容性，使其作为临时性血管扩张的材料引起人们广泛的关注。随着聚合物材料的弯曲等力学性能的提高，使其已经达到实用化的阶段。但作为心脏血管的扩张管的聚合物是十分精细的，对切割加工的工艺要求是十分严格的，如采用 CO_2 激光进行切割，切割的热影响区将达到 $60\mu m$，造成聚合物的局部熔化，这显然是不允许的，必须将热影响区的范围降低到 $5\mu m$ 以下才能满足要求，飞秒激光的出现能够解决这个问题。图 9-17 (a) 展示了使用飞秒蓝宝石激光加工的生物降解的聚合物血管扩张管，图 9-17(b) 和 (c) 分别显示的是血管扩张管扩张（通过球状导管扩张）前后的比较。

图 9-18 是使用脉冲宽度 350fs 和 1.4ns 的激光脉冲在 10Hz 频率下照射牙釉质后的表面状态，激光波长为 $1\mu m$。纳秒激光使表面产生了绝缘破坏，振荡和热量造成的压力使表面开裂，而飞秒激光可以非常干净地清理照射区域，在照射区外不会造成热扩散影响。随着照射时间的推移，使用纳秒激光照射区域的温度将上升几十摄氏度，温度上升几摄氏度就可能

(a)扩张管

(b)扩张前

1mm

(c)扩张后

图 9-17　血管扩张管

对生物体组织造成致命伤，并且温度上升会在瞬间变成压力波传到神经细胞，产生痛感。而飞秒激光几乎不发生温度上升，因此，使用飞秒激光器可以实现无痛治疗。

对于一些高爆危险物品（如 TNT、PETN 和 PBX 等），通常由于对热应力和冲击波的敏感性使其在加工处理过程中的安全性倍受关注。传统的激光脉冲常被用于爆炸物品的点火。对于飞秒激光脉冲，由于作用过程中等离子体的形成和材料的去除均非常快速，以至没有过多的能量传递给剩余材料；另外，每一个飞秒脉冲仅使很少量材料得到去除，产生的冲击波在约 1μm 的范围内得到有效衰减，因此可以忽略冲击波对周围的影响。图 9-19 是用 1kHz、100fs 的激光与 0.5ns 的激光切割直径 6mm、厚度 2mm 的 PETN 炸药后的情况对比，用 0.5ns 的激光由于热负荷而起火。

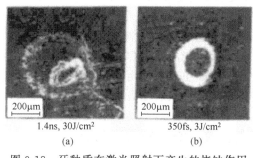

1.4ns, 30J/cm²	350fs, 3J/cm²
(a)	(b)

图 9-18　牙釉质在激光照射下产生的烧蚀作用

(a)飞秒激光　　(b)纳秒激光

图 9-19　激光切割爆炸性颗粒

9.2.4.4　三维微细体系中的应用

飞秒激光光聚合反应有两个明显特征：一是双光子非线性吸收使聚合反应集中在波长立方范围的微小体积内；二是通常采用可见-近红外波段的飞秒激光，使入射光在介质中损耗少，具有很好的穿透性，十分适合进行深层次的三维超精细结构制作。2001 年日本大阪大学应用物理系的研究小组在快速实现亚衍射极限的激光微米/纳米三维制作方面取得了重大突破。他们将钛宝石再生放大器输出脉冲重复率 76MHz、波长为 780nm、能量为 10μJ、脉冲宽度为 150fs 的激光，经过高度聚焦后，利用光扫描技术，在感光聚合树脂材料上成功光硬化出一幅类似于红细胞大小的，长度为 10μm、高度为 7μm 的公牛图像，如图 9-20 所示。这一结果对于制作微传感器、微齿轮等多种微机电器件具有非常重要的意义。

由于飞秒激光能以极低的能量获得极高的光强，且因超快，故其激光能量丝毫不扩散到焦点以外，这使聚焦飞秒激光光束成为常规长脉冲激光无法比拟的锐利而精密的手术刀。飞秒激光的低能量、小损伤特点，使之非常适合于超精细切割。

密西根大学 Kellogg 眼科中心和 Intralase 公司的研究人员建立了一台用于近视眼、青光眼及白内障手术的超快激光系统。该系统激光器工作参数为：波长 1060nm，脉冲宽度 800fs，脉冲重复率 2kHz，最高脉冲能量 40μJ。在进行折射率矫正手术时，医生通常用剖刀在角膜上切出一块粘连着的角膜瓣，如果不小心将角膜瓣全切下来，病人眨眼时膜瓣就会移动、掉落。如果切得太深则会发生剖刀进入眼球，眼球切穿而导致严重损伤。计算机控制的飞秒激光刀可以精确地定位于角膜的任意位置，眼科医生可按所需的任意形状来切角膜，并在需要的时候中断手术。图 9-21 所示为飞秒激光在眼睛角膜上切开的角膜瓣。

图 9-20　飞秒激光制作世界上
最小的"纳米公牛"

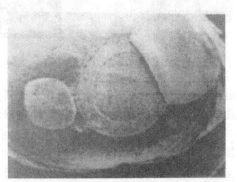

图 9-21　飞秒激光在眼睛角膜上切开的角膜瓣

　　患青光眼的眼球内眼压高，现在用于引流减压的技术很难避免感染、白内障、出血和渗漏。Kurtz 用 0.6NA 的镜头将飞秒激光聚焦到 5μm 光斑，穿过巩膜后从组织的后壁开始将焦点移向前表面，直至表面被刻蚀。由于飞秒激光的精确性，不损伤周围组织，极大地减少了手术的危险性。他们还利用飞秒激光诱导光学击穿，与超声技术相结合，选择性地破坏晶状体组织，来进行白内障摘除手术。他们先将超快近红外激光脉冲聚焦到晶状体组织里，诱导光学击穿产生微小汽泡，这些汽泡在超声场的作用下形核生长，直至晶状体组织碎裂。这种方法提高了晶状体周围膜囊保持完好的机会，完好的晶状体膜囊能更好地支持眼内晶状体移植，从而获得较好的视力。

9.2.4.5　飞秒激光直写技术实现对光掩模有效、快速的新型制造

　　光掩模（photomask）是指根据 IC 器件设计版图数据进行定制的、载有集成电路图形结构的高纯精密石英玻璃板，其作用相当于一个模具，它已经成为半导体微细加工和制造业的基础。目前它的制造通常采用平版印刷方法，该技术就是将光投射到表面涂覆感光材料的硅基片上，经过光照射到的感光层将变硬，经过显影、定影等处理后其余的地方被除去，从而在硅片上将出现迷宫一样的细微电路。这种技术的关键是对照射光波长的控制，由于聚焦衍射光斑受到照射波长衍射的限制，波长越短，"印出"的电路就越细，越清晰。目前人们通过采用更短的光照射波长发展了几种新型的光刻技术。例如：电子束曝光（EB）技术、远紫外线（EUV）技术、XRL 技术以及 157nm 准分子激光刻写技术等。这些平版印刷技术虽各有优势，但在进行亚微米线宽的光掩模制造时，由于需要特定的光传输系统、透镜材料以及抗蚀剂等，特别是整个制作过程需要经过多个繁杂步骤，因此采用这一技术导致了加工价格昂贵、加工时间长。

　　为了解决上述平版印刷方法给光掩模制造带来的问题，新加坡南洋理工大学的研究人员利用飞秒激光加工技术发展了一种全新的光掩模制造技术。由于石英材料热膨胀系数小和烧蚀阈值高，掩模衬底采用厚度 3mm 石英材料，在其表面溅射一层厚度为 50nm 的铬和厚度为 100nm 的金 [铬和金对紫外线（UV）都具有很好的吸收特性]，形成一个不透明层。之

后将脉冲重复频率为 1kHz、脉冲宽度为 150fs、中心波长为 800nm 的飞秒激光经过二倍频后直接聚焦在铬-金层上，精确控制脉冲的能量，使不透明的铬-金层被去除，而对透明的石英衬底不产生任何影响。由于飞秒激光可以获得亚波长的加工结构，因此通过非机械式的声-光偏差系统实现对激光束的空间位置、扫描速度等的高精度控制扫描，就可将任意复杂的特征模式传递到光掩模上。图 9-22 所示为他们采用两种不同的实验结构分别获得飞秒激光在光掩模上直接刻写的 SEM 图像，两者采用的激光单脉冲能量均为 59nJ。在图 9-22(a) 中，飞秒激光首先直接作用于模层，因此通过材料的非热性去除，获得仅为 1μm 的均匀线宽，而在图 9-22(b) 中，飞秒激光是通过石英材料的传输照射到模层上，由于石英较高的折射率及其表面光发射的存在，降低了光束的中心强度，从而使刻写线宽增加为 1.3μm。

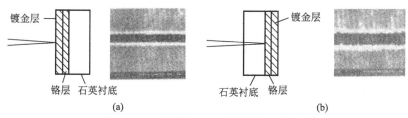

镀金层

铬层　石英衬底　(a)

镀金层

石英衬底　铬层　(b)

图 9-22　飞秒激光实现光掩模的直接刻写

飞秒激光的这种干净、低成本、高效率的一步式（one-step solution）直接刻写技术，对于逐步取代传统的平版印刷方法在薄片硅（TFS）太阳能电池、平板显示（FPD）等多种微电子器件制作中的应用具有非常重要的意义。例如，有机发光二极管（OLEDs）具有全色辐射、功耗低、性能好、寿命长、制造费用低、对比度高的优点和有提高横向分辨率的潜力，被认为有希望用于制作下一代全色平板显示器。薄膜结构的有机发光显示器具有重量轻的优点，因此非常适合于便携式电子装置（如手机）信息显示，但这些电致发光有机发光二极管，特别是大面积显示板的研制，仍是一个带有挑战性的问题。为了使全色有机发光显示器达到最佳性能，最好是构造单独的红绿蓝 OLEDs 像元。利用传统方法（如掩模遮蔽法）制作这些像元，限制了显示器的分辨率和面板尺寸，若采用飞秒激光直接刻写技术则不需要掩模，因此显示器的分辨率和面板尺寸就不受遮蔽法掩模制作技术的限制。

9.3　激光微型机械加工

微型机械（micro-machine）或称微型机电系统、微型系统（microsystems）是指可以批量生产的、集微型结构、微型传感器、微型执行器以及信号处理和控制电路、外围接口、通信电路和电源为一体的微型器件或系统。其主要的特点有体积小、重量轻、耗能低、性能稳定、成本低、响应时间短、集约高技术成果、附加值高。微型机械具有重要的技术经济潜力和战略地位，世界各国均高度重视。

9.3.1　微型机械加工

微机械领域的重要角色不仅仅是微电子部分，还包括微机械结构或构件，只有将这些微机械结构或构件与微电子等集成在一起才能实现微传感或微致动器件，进而实现微机电系统（MEMS）。所以微型机械加工并不仅限于微电子制造技术，更重要的是指微机械结构的加工或微机械与微电子、微光学等的集成结构的制作技术。MEMS 是从微电子技术发展而来的，其微制造技术主要沿用微电子加工技术。由于微电子的工艺是平面工艺，在加工MEMS 三维结构方面存在一定的难度，目前，通过与其他领域的技术的结合，已研究开发出一些特定的 MEMS 微制造技术。主要有以下三种。

9.3.1.1 材料去除加工技术

材料去除加工技术以材料的去除为特征,主要包括超精密机械加工、准分子激光微细加工、电火花微细加工、超声微细加工、电子束加工、离子束加工、等离子加工(刻蚀)及硅基 MEMS 技术(包括以牺牲层技术为代表的硅表面微细加工和以腐蚀技术为主体的硅加工技术)等。

9.3.1.2 材料沉积加工技术

材料沉积加工技术主要包括激光化学气相沉积技术(LCVD)、电化学沉积、微细立体光刻及外延生长、分子束外延技术等。

9.3.1.3 LIGA 技术

LIGA 技术是将深度 X 射线光刻、微电铸成形和塑料铸模等技术集成的一种综合性加工技术,是进行非硅材料的三维立体微细加工的首选工艺。利用 LIGA 技术可以制造由各种金属、塑料和陶瓷零件组成的三维微机电系统,加工的器件结构具有深宽比大、结构精细、侧壁陡峭及表面光滑等特点,但其制造成本较高。

上述各类技术的对比分析见表 9-6。

表 9-6 MEMS 主要制造技术

技术类别	最小尺寸	精度	高径比	表面粗糙度	加工材料
准分子激光	较差	较差	一般	较差	金属、半导体、陶瓷
LIGA 技术	很好	很好	很好	好	金属、半导体、陶瓷
微细电火花	好	好	很好	好	金属、半导体、陶瓷
激光化学气相沉积	好	一般	很好	较差	金属、半导体
微细立体光刻	较差	较差	很好	较差	聚合物
刻蚀技术	一般	好	较差	好	金属、聚合物
金刚石精密切削	好	好	好	很好	非铁金属、聚合物

激光微细加工技术的最大特点是"直写"加工,工艺简单易行,MEMS 的快速原型制造及激光微细加工技术没有诸如腐蚀等方法带来的环境污染问题,是一种"绿色制造"技术。激光微细加工技术作为微型机械加工中非常重要的一种加工技术,主要的微细加工技术有激光直接微细加工技术、激光 LIGA、激光 CVD 和刻蚀技术、激光立体平版印刷技术等,下面将分别加以介绍。

9.3.2 准分子激光直写微细加工

利用准分子激光可以实现对材料的直接刻蚀,准分子激光直写技术为微加工提供了一个新的发展方向。它是激光技术、新材料、CAD/CAM 技术及微细加工技术等有机结合的复合技术。利用高分辨率的准分子激光束可以直接在硅片等基体上刻出微细图形或直接加工出微型结构。准分子激光直写技术柔性程度高,生产周期短,大大降低了生产成本,与常用的化学刻蚀工艺相比,工序减少 6/7,生产成本降低为 90% 左右。

根据加工方式的不同,准分子激光直写微加工可以分为激光直接刻蚀、气体辅助刻蚀、激光化学气相沉积和表面处理等。准分子激光的直接刻蚀、气体辅助刻蚀都是通过去除材料得到微型结构的主要加工手段,在直写加工中有着十分重要的位置。

9.3.2.1 准分子激光直接刻蚀

激光直写(laser direct writing)是利用曝光原理进行的微加工,其他加工方式(如各种制版术,LIGA 和准 LIGA 技术等)在刻蚀材料时,都需要经历掩模→抗蚀剂→工件材料的图形转印过程，而不能直接在加工件上刻蚀出所需要的图形和结构。图形转印工序必然带来掩模和抗蚀剂的选材、制造及前期和后续处理等中间环节。这些环节在整个研制和生产过程中占很大比重，仅制作掩模就需要计算机辅助设计和辅助制版、中间掩模版制作、工作掩模版制作、缩微掩模图形合成、掩模缺陷检查、掩模缺陷修补等许多工序。这些中间步骤将直接造成工件的加工周期延长、成本增加以及加工精度的降低。直写加工是利用激光等高能束以不同手段直接在被加工件上制造微型结构，它将大大简化整个生产过程。在聚焦激光直写微加工的基础上，加进扫描运动、深度进给、控制软件等必要的辅助环节，可以建立起直写微加工系统。目前，采用准分子激光直接在硅材料上可以获得最小宽度为 $1.3\mu m$、深 $380\mu m$ 网格结构。

9.3.2.2　准分子激光气体辅助刻蚀

准分子激光气体辅助刻蚀也称为激光气相诱导刻蚀（laser induced vaporization ablation），激光对材料的刻蚀是在诱导气体的辅助下进行的。辅助刻蚀气体被引入刻蚀材料的反应室，在激光的照射下，气体吸收光子能量变成活性物质，然后活性物质与材料反应进行刻蚀。激光诱导刻蚀的过程可以分为若干基本过程：①诱导气体吸收光子能量生成活性物质，它包括光感应、光致电离及光分解；②生成的活性物质通过化学反应、扩散及去激活等方式与反应气体分子相互作用，同时，气体分子或活性物质吸附（物理、化学）于材料表面，并与材料发生反应进行刻蚀。另一方面，材料表面在激光的照射下，材料发生电效应或热效应，这一过程将促进吸附气体与材料的相互作用，加快材料刻蚀速度。

与准分子激光直接刻蚀相比，准分子激光气体辅助刻蚀的单脉冲刻蚀量和热作用很小，使其加工精度很高，更加适合于微型三维结构的加工。但激光气体辅助刻蚀加工的系统结构相对复杂，加工过程所需控制的因素增多，如刻蚀气体种类、浓度等环节，目前准分子激光气体辅助刻蚀硅材料的常用气体是氯气，图 9-23 所示为准分子激光气体辅助刻蚀硅的原理及刻蚀加工的微机械结构。对硅的刻蚀加工，准分子激光对氯气或其他含卤族元素气体进行光解时，可以获得很高的分辨率。高密度的气相活性 Cl 原子的产生，补充了表面对于游离原子的吸附。在纯光化学激活的情况下，不同晶面的活化率比可超过两个数量级。若局部激光加热使表面的温度升至硅的熔点，则由于液态硅的活化率很高，因此刻蚀速率很大，接近 $4\times10^3\,\mu m/s$（光点只有几个微米）。此结果是在采用 $1.33\times10^4\,Pa$（100torr）、氯气浅刻蚀（$<5\mu m$）时测量的。这时光分解不再是主要反应。

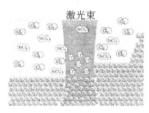 

(a) 原理　　　　　　　　　　(b) 微机械结构

图 9-23　准分子激光气体辅助刻蚀硅的原理及刻蚀加工的微机械结构

准分子激光刻蚀适用于特殊形状微型机械的加工，如与微电路集成的印刷头、记录器等。

9.3.3　激光 LIGA 技术

9.3.3.1　LIGA 技术

LIGA 技术于 20 世纪 80 年代末首先是由德国卡尔斯鲁厄核物理研究中心研究出来的，被认为是一种全新的三维立体微细加工技术。LIGA 是德文光刻（lithografie）、电铸（galvanoformung)、注塑（abformung）的缩写，LIGA 技术用 X 射线进行光刻，能够制作出形状复杂的高纵横比的微机械，可加工的材料也比较广泛，包括金属及其合金、陶瓷、塑料、聚合物等。它主要包括三个工艺过程：深层同步辐射软 X 射线光刻、电铸成形及注塑［图9-24(a)］。首先通过深度 X 射线同步印刷将聚合物模板固定在导电基体上，同步 X 射线波长较短（几纳米），因此光刻得到的结构精度高，纵横比（结构高度与最小横向尺寸的比例）大；接着通过电铸复制聚合物模板，电铸过程就是把空隙填上金属（一般是镍），当表面沉积出一层厚厚的衬板时结束电铸过程，这样注射浇铸或压纹的工具就制成了。LIGA 工艺的主要特点如下。

① 孤立结构的纵横比高达 50，高度与结构细节比可超过 500。

② 在横向形状上近乎完全自由。

③ 最小横向尺寸（结构细节）可达到 200nm。

④ 侧壁粗糙度小于 50nm。

⑤ 材料使用范围广，可加工的材料包括聚合物（PMMA、POM、PSU、PEEK、PVDF、PC、LCP、PA、PE 等）、金属（Ni、Cu、Au、NiFe、NiP 等）和陶瓷（PZT、PMNT、Al_2O_3、ZrO_2 等）。

LIGA 广泛应用于微型机械、微光学器件、装配和内连技术、光纤技术、微传感技术、医学和生物工程方面，从而成为 MEMS 极其重要的一种微制造技术。目前，美、欧等国已有运用 LIGA 技术批量生产微构件商品销售。LIGA 技术具有优越的微结构制造性能的同时，缺点同样突出，同步 X 射线价格昂贵，加工时间比较长，工艺过程复杂，成本高，并且制造带有曲面的微结构较困难。

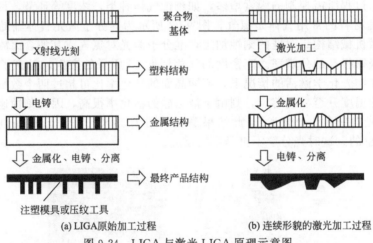

图 9-24　LIGA 与激光 LIGA 原理示意图

9.3.3.2　激光 LIGA 技术

激光 LIGA 技术于 1995 年由 W. Ehrfeld 等首次提出并使用。它采用了波长为 193nm 的 ArF 准分子激光替代了昂贵的同步 X 射线作为光源，对 PMMA 光刻胶直接进行消融光刻，其加工精度可以达到微米级，加工的工件深宽比适中。其工艺流程如图 9-24(b) 所示，主要的工艺过程分为以下三步。

① 激光消融。在基片上首先铺设一层光刻胶，使用准分子激光对光刻胶进行切除加工，得到三维光刻胶结构。

② 电铸。采用蒸汽镀膜的方式在形成的光刻胶微结构上镀上一薄层金属层，该金属层用作电镀工艺的阴极。通过电镀将金属填充到光刻胶三维结构的空隙中，在整个光刻

胶图形上形成一个足够厚的金属层，最后将金属结构从背面进行研磨，加工到一个标准的厚度。

③ 喷射注塑。将金属部分和聚合物部分进行分离，以金属部分为模型插件进行喷射注塑，加工出与原聚合物结构完全相同的微结构。

激光 LIGA 技术是一种高速廉价的脉冲激光微加工技术，使用这种技术可以在金属、塑料或陶瓷基体上制作聚合物原模。激光 LIGA 技术采用准分子激光直接消融光刻聚甲基丙烯酸甲酯（PMMA）光刻胶来代替 X 射线光刻，从而避开了高精密的 X 射线掩模制作、套刻对准等技术难题，激光光源的经济性和使用的广泛性大大优于同步辐射 X 射线光源，从而大大降低了 LIGA 工艺的制造成本，使 LIGA 技术得以广泛应用。准分子激光器需要定期更换工作气体，气体消耗大，并需要经常维护，同时会影响生产流程。为了避免准分子激光的缺陷，可以采用 Nd:YAG 固体激光器通过 KTP 和 BBO 晶体二次倍频产生四倍频远紫外激光作为光刻光源，其激光器能够长期工作，光刻质量更加稳定可靠。尽管激光 LIGA 技术在加工微构件高径比方面比 X 射线差，但完全可以进行一般微构件的加工。此外，激光 LIGA 工艺不像 X 射线光刻需要化学腐蚀显影，而是"直写"刻蚀，因而没有化学腐蚀的横向浸润腐蚀影响，加工边缘陡直，精度高，光刻性能优于同步 X 射线。激光 LIGA 技术与 X 射线 LIGA 技术的对比如表 9-7 所示。

表 9-7　激光 LIGA 技术与 X 射线 LIGA 技术的对比

项目	X 射线 LIGA	激光 LIGA
掩模类型	铬掩模、中间掩模、动态掩模	无掩模(仅需可变孔)
微结构形态	准三维微结构	接近三维微结构
横向精度	数百纳米	几个微米
高径比	<10	>100
生产类型	批量生产	快速成形、批量生产

9.3.3.3　工业应用

3D 加速度传感器是一种结构相当复杂的微型机电系统，采用一般的微细加工方法工艺复杂，难以保障其结构精度和使用功能。采用激光 LIGA 技术与牺牲层技术相结合的方法，只需简单的工艺就能可靠地制作出 3D 加速度传感器，如图 9-25 所示。牺牲层技术就是首先在衬底上沉积一层薄牺牲层（<5μm），用光刻和腐蚀形成图形，然后使用标准的 LIGA 工艺，在衬底上涂覆一层厚光刻胶，精确对准掩模进行同步辐射曝光、显影及电铸。去除光刻胶后，在其他材料不受损伤的前提下将牺牲层腐蚀掉。

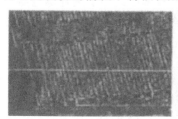 

(a) 3D加速度传感器　　　　(b) 3D加速度传感器的独立结构

图 9-25　激光 LIGA 技术与牺牲层技术结合制作的 3D 加速度传感器

激光 LIGA 技术已经成功应用于微型发动机绕组和微型涡轮刀片的加工，而脉冲激光加工的模板复制加工技术已被用于三维结构光学元件的加工。最近，激光 LIGA 技术又出现在聚合物微流控芯片加工的研究中，成为微型机电系统的又一研究热点。

9.3.4 激光化学加工技术

激光化学加工技术是借助于激光对气体、液体具有良好的透过性，通过强聚焦的激光束穿透稠密的、化学性质活泼的基片表面的气体或液体，并有选择地对气体或液体进行激发，受激发的气体或液体与衬底进行微观的化学反应，从而实现刻蚀、淀积、掺杂等微细加工。这些反应可分为热激活反应或光化学反应。与电子束或离子束相比，激光束对气相或液相物质均具有良好的透过性。因此，激光化学加工过程实质上就是液体或气体经聚焦后，在可见光或紫外激光束照射下，在基体周围的蒸气或吸附于基体表面的分子层中引起热反应或微观光化学反应的过程。例如，在光化学反应中，可见光或紫外光的光子能够直接破坏分子键，在基体周围温度基本不变的情况下，发生低光子能量的反应。

激光化学反应的速率主要取决于激光光斑大小、气体压强和激光参数。通常限制最大加工速率的是材料性质、质量运输或化学动力学，而不是入射到表面的最大光通量。在大范围内控制入射能量是改变速率的典型方法，而此处反应物的几何形状对最大加工速率的影响却比入射能量更为显著。加工速率最常用的表示方法是稳态一维速率，如淀积的快慢用单位时间内淀积的厚度来表示。

激光化学微型机械加工是近年来发展起来的新技术，它通过对光刻掩模的修复，以及对各种薄膜或基片进行局部淀积、刻蚀和掺杂，实现对微结构的添加或去除等加工工艺。

9.3.5 微型机电系统的激光辅助操控与装配

装配是微型机电系统研究中的关键性问题之一，在某种意义上决定着微型机电系统未来的发展速度。常见的器件和系统一般不能仅仅通过在单晶片上简单的沉积和刻蚀工艺来实现，在很多情形下，可以通过生产出单片微型机电系统部件，然后在原有基体上将它们装配在一起，从而形成一套完整的微型机电系统，这种装配方式称为单片装配（monolithic assembly）。而混合装配（hybrid assembly）是把在不同基体上加工出的微型机电系统部件装配到一起而构成一个完整的微型机电系统，它比单片装配更具有普遍意义。从微型机电系统的两种装配方式上看，都需要在晶片级（微米、亚微米级）具有很高的部件操控自动化水平，才能完成微型机电系统的装配。此外，在未来的微型机电系统集成与封装中，激光连接技术也将成为关键技术之一。

9.3.5.1 单片装配

目前已发展了许多种单片装配方法，在单片装配技术中，平面外旋转结构的装配和热装配技术的发展最为成熟。激光在单片装配技术中的应用主要是激光微弯曲技术。在激光微弯曲技术中，金属结构因受到激光辐射的非对称加热而产生表面应力，当这种应力足够大的时候，就会出现塑性变形。在工业上，激光微弯曲技术已经用于簧片继电器的微调。在微型机电系统加工中，激光微弯曲技术可用于电铸结构的重定形。另外，激光辐射还可应用于热装配工艺。

9.3.5.2 混合装配

由于混合装配的部件具有多个基体，在装配时需要把微部件从一个基体传输到另一个基体。这个过程一般包括三个步骤：微部件从源基体上的脱离；微部件传输到目标基体上；微部件在目标基体上的安装、固定。为了提高效率，混合装配一般要求同时完成多个微部件的释放、传送和固定操作。由激光烧蚀产生的推动力可以用于推动微部件的混合装配。在这种技术中，透明基体上的微部件在与相关的微部件的基体排列后，经激光（UV激光）烧蚀去除牺牲层后与原基体释放，传输到邻近的晶片上与相关的微部件进行装配。混合装配（图9-26）是一个并行过程，要求源基体和目标基体在同一栅格内。如果使用掩模曝光，也可以实现单一微部件的序列传输或一组微部件的一次传输。图9-26内SEM照片所示是利用UV-

LIGA 和并行方法混合装配的静电微发动机。

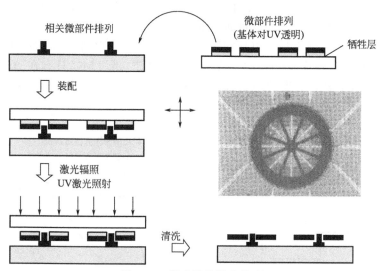

图 9-26　激光辅助混合装配

9.3.5.3　激光连接

在工业生产中，激光连接工艺特别是焊接（weltering 和 soldering）技术已经得到了广泛应用。高功率红外激光具有很高的加工精度、局域加热能力和清洁加工特性，特别适用于微型部件的再加工和焊接；激光的很小的热影响和很短的作用时间特别适用于热敏微部件的连接。正是由于这些特性，激光焊接很可能成为未来的 MEMS 集成和封装中的关键技术之一。

激光焊接已经广泛应用于许多精密连接场合，常采用的激光器是长脉冲（ms）Nd：YAG 激光器，激光焊接在 MEMS 中最有应用前景的是塑料焊接。在这种技术中，焊缝在两种聚合物分界面形成，其中一种聚合物材料是透光的，而另一种材料是吸光的。激光从透光材料一侧照射界面，通过吸光聚合物材料的快速热吸收使两种聚合物熔化，完成焊接过程。

9.4　激光诱导原子加工技术

原子层加工技术主要包括原子层外延生长、原子层刻蚀和原子层掺杂等技术，它的意义不仅在于其加工精度可以达到原子量级，更为重要的是利用这一技术可以制备出人为设计的新型半导体材料，以及新型量子器件。激光诱导原子层技术的主要特点如下。

① 由于有自动终止机构，所以加工精度可精确控制在原子层量级。

② 可利用激光波长、功率乃至多束激光进行选择性加工。

③ 由于纵向和横向的高可控性，使人为设计新材料和新器件能在技术上得到实现。

④ 与等离子体等相比，不但减少了高能粒子带来的晶体损伤，而且也使加工过程进一步低温化。

激光诱导原子加工技术涉及应用物理、电子学、表面结晶物理和化学等各学科领域，其独具的优点受到高度重视。本节对激光诱导原子层外延生长、原子层刻蚀及原子层掺杂等技术进行简要介绍。

9.4.1　原子层外延生长

原子层外延生长（atomic layer epitaxy，ALE）是利用衬底只吸收原料气体一个分子层的性质，实现每个供气周期只生长一个原子层，图 9-27 给出了激光诱导 GaAs 原子层生长周期示意图。原子层外延生长在 1987 年首先在 Ⅱ-Ⅵ 族化合物半导体得到实现，现在 GaAs 原子层外延生长技术是发展最为成熟的加工技术。

激光 GaAs 原子层外延生长主要是利用 TEG 或 TMG 光照时在 As 面上的分解速度较在 Ga 面上的分解速度高 100 多倍的特性，或者可以说 TEG 或 TMG 只有在 As 面上才能产生光分解的特性，在 Ga 表面上出现终止反应，从而实现 GaAs 原子层外延生长。激光 GaAs 原子层外延生长速度与光强的关系如图 9-28 所示。

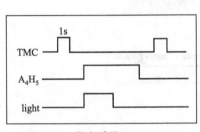

图 9-27　激光诱导 GaAs ALE
周期程序示意图

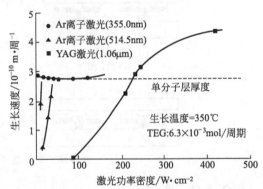

图 9-28　激光 GaAs ALE 生长速度与光强的关系

从图 9-28 可以看出，Ar 离子激光（514.5nm 和 355.0nm）在晶体表面被吸收，CaAs 的生长速度对光强关系曲线上在单分子层处出现饱和现象，表明可以进行原子层生长。而 Nd:YAG 激光（1.064μm）由于在晶体内部被吸收，只产生热效应，因而不能实现原子层外延生长。在光照下，反射式高能电子衍射仪测量表明这种原子层外延生长是光选择分解反应的结果。

GaAs 原子层外延生长的研究工作发展十分迅速，不仅方法和机理方面成果显著，而且在器件中的实际应用中取得进展，如利用激光原子层外延生长制成的 AlGaAs/GaAs QW 激光器和 InGaP/GaAs 量子点激光器等。

原子层外延生长方法绝非仅限于 Ⅱ-Ⅵ 族和 Ⅲ-Ⅴ 族化合物，目前对 Si、SiC、金刚石以及超导薄膜等原子外延生长的研究也非常活跃，同时这些研究结果又对相关材料研究反馈了更新和更有价值的信息。

9.4.2　原子层刻蚀

反应刻蚀技术在刻蚀过程中，刻蚀速度通常与反应气体的流量是成正比的，可以进行连续不断的刻蚀，因此利用时间和反应气体流量控制单原子层刻蚀几乎是不可能的。但对于原子层刻蚀技术，由于自动终止机构的存在，具有与原子层外延技术相类似的特征，使其能够实现单原子层控制的刻蚀。

如果反应气体只被单原子层吸附，而被吸附表面原子只有在电子、光子或离子照射下方能反应并解脱，这就是原子层刻蚀的本质。激光原子层刻蚀可分为如下四个阶段：反应气体在衬底表面的吸附；反应气体被排空，只在衬底表面残留单层反应气体分子；在激光光子的照射后，衬底表面发生化学反应，原子脱离；反应生成物被排除。经过这四个过程，即完成了单原子层或单分子层刻蚀的一个周期。

图 9-29 所示为 GaAs 刻蚀速度与氯气供给量的关系曲线。可以看出，在加入气体的一定的时间范围内，一个周期的刻蚀速度为单分子层厚度。另外，从离子或光照时间与刻蚀速

度的研究结果表明，在加入气体的一定时间内，刻蚀速度与光照时间无关，即说明存在一个单原子层自动终止刻蚀机构，从而实现了单原子层刻蚀。

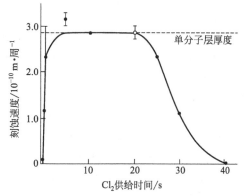

图 9-29　GaAs 刻蚀速度与氯气供给量的关系曲线

9.4.3　原子层掺杂

激光诱导掺杂特别是准分子激光掺杂，主要特点也是高表面浓度、浅掺杂深度，即 δ 掺杂。原子层掺杂技术与原子层外延技术有机结合，使单原子层掺杂具有十分重要的实际意义。单原子层掺杂技术与原子层外延生长技术结合起来，比如在能带偏移工程中，有人提出在 Si 和 Ge 交界面掺入Ⅲ族或Ⅴ族元素，这种杂质在原子层中的引入，能够在陡直的界面处出现自由电荷，从而产生电子阻挡层，于是就可以通过掺杂浓度来控制带偏移。反过来这种带偏移工程的实现也为我们提供了一条人工改性的手段，再次开拓了量子阱材料的选择范围。

9.5　激光制备纳米材料

纳米粉体材料在性能上具有普通材料所不能比拟的优越性，在工业、医学、航空航天等领域都得到了广泛的应用。纳米材料主要包括零维的纳米粒子（粒度在 1～100nm）、一维的纳米纤维（直径在 1～100nm，长度大于几个微米）、二维的纳米薄膜（厚度为纳米级或由纳米晶构成）和三维的纳米固体（由纳米晶构成）。制备纳米材料的方法主要有高能球磨法、溶胶凝胶法、离子溅射法、分子束外延法、水热法以及激光法等。与其他纳米材料的制备方法相比，激光法制备的纳米粉体具有颗粒小、粒径分布范围窄、无严重团聚、纯度高等优点，是一种较为理想的纳米制备方法。激光制备纳米材料的方法主要有激光诱导化学气相沉积法、激光消融法、激光诱导液-固界面反应法等。

9.5.1　激光制备纳米材料的特点

激光作为一种受激辐射的特殊光源，良好的相干性、方向性、稳定性和高能量密度，在制备纳米粉体和薄膜方面具有以下几个特点。

① 可以制备出高质量的纳米粉体，制备的纳米粉体具有颗粒小、形状规则、粒径分布范围窄、无严重团聚、无黏结、高纯度、表面光洁等特点。

② 反应时间短，加热温度高，冷却速度快，造成加工区域与环境的温度梯度很大，这种"冷淬"的效果将抑制形核晶粒的生长，易制备纳米量级的微粒。

③ 激光光束直径小，作用区域面积小，反应区可与反应器壁隔离，这种无壁反应避免了由反应壁造成的污染，可制得高纯纳米粉体。

④ 激光器与反应室相分离，使制备过程操作简便，各种工艺参数易控制，并且产物对激光不会产生污染。

⑤ 适用范围广。在普通金属、非金属以及氮化物、碳化物、氧化物和复合材料中已经得到了广泛的应用，激光的高能量密度在难熔材料的纳米化中更显示出巨大的优越性。

9.5.2　激光诱导化学气相沉积法

化学气相沉积技术是目前材料制备技术中比较常用的技术，与常规的 CVD 技术相比，激光诱导化学气相沉积（LCVD）技术在材料制备时，具有加工精细化、低温生长、损伤低及选择性生长等优点，因此激光诱导化学沉积技术在纳米粉体和薄膜制备、集成电路制造等领域具有广阔的应用前景。

9.5.2.1　激光诱导化学气相沉积的原理

根据激光在气相沉积过程中所起的作用的不同，可以将 LCVD 分为光 LCVD 和热 LCVD 两种，它们的反应机理不同。光 LCVD 技术制备纳米材料是利用反应气体分子（或光敏分子）对特定波长激光的共振吸收，诱导反应气体分子的激光热解、激光离解（如紫外光解、红外多光子离解）、激光光敏化和激光诱导化学反应，在一定工艺条件下（激光功率密度、反应池压力、反应气体配比、流速和反应温度等）反应生成物形核和生长，通过控制形核与生长过程，即可获得纳米粒子或薄膜。光 LCVD 原理与常规的 CVD 主要区别在于激光参与了源分子的化学分解反应，反应区附近极陡的温度梯度可精确控制，能够制备出组分可控、粒度可控的超微粒子。

热 LCVD 主要利用基体吸收激光的能量后在基体表面形成一定的温度场，反应气体流经基体表面发生化学反应，在基体表面沉积形成薄膜。热 LCVD 沉积过程是一个急热急冷的过程，激光照射使基材发生固态相变时，快速加热造成大量形核，随后的快速冷却，过冷度急剧增大，使形核密度增大；同时，快速冷却使晶界的迁移率降低，反应时间缩短，可以形成细小的纳米晶粒。

9.5.2.2　制备纳米粉体

激光诱导气相沉积法主要用来制备多元素的非金属与金属间化合物及非金属与非金属间化合物的纳米材料，它能制备几纳米至几十纳米的晶态或非晶态纳米粒子。LCVD 制备的部分纳米材料见表 9-8。

表 9-8　LCVD 制备的部分纳米材料

原材料	产物	激光类型
CH_3SiHNH	Si-C-N 粒子,薄膜	C CO_2
$Fe(CO)_5$,SiH_4,C_2H_4	Fe/C/Si 粒子	C CO_2
三甲基氯硅烷	SiC 粒子	P 与 C CO_2
$Fe(CO)_5$,O_2	Fe_2O_3 粒子	C CO_2
HMDS,烃氧化铝（钇）	非晶纳米 Si/C/N（铝/钇）粒子	C CO_2
CrO_2Cl_2,$VOCl_3$,H_2,O_2	$(Cr_xV_{1-x})O_2$,$(x=0.15,0.5,0.7)$粒子	P CO_2
SiH_2Cl_2,C_2H_4	SiC 粒子	P CO_2
$(C_2H_5O)_2Si(CH_3)_2$	SiC 粒子	C CO_2

LCVD 制备纳米粉体的流程一般是首先将需要的反应气体混合后，经喷嘴喷入反应室形成高速稳定的气体射流，为防止射流分散并保护光学透镜，通常在喷嘴加设同轴保护气体。在反应室引入与反应物的红外吸收光谱相匹配的振荡波波长的激光，反应物吸收激光光子能量产生能量共振，使温度迅速升高，反应物在瞬间发生分解化合、形核和长大。它们在气流惯性和同轴保护气体的作用下离开反应区，便快速冷却并停止生长。最后将获得的纳米粉体收集于收集器中。

9.5.2.3　激光法制备纳米粉体的装置

激光诱导气相沉积法装置一般包括激光发生器、激光传播的光学系统、供应反应原料和保护气体的气路系统、提供反应场所的真空反应室、收集纳米粉体的收集装置和真空系统等几部分，如图 9-30 所示。激光束经入射窗口进入反应室，反应气体在激光的作用下发生一系列复杂的物理化学反应，生成纳米粒子，而剩余的激光能量穿出反应室后由余光吸收装置吸收。装置中的气路系统由气源、流量控制阀、流量计、压力计和导气管等组成。反应气体经喷嘴喷入反应室后，周围设有同轴保护气体，保护气体在反应过程中起束流、压缩反应区、输送并冷却反应生成物的作用。在入射窗镜片处设有保护气路，防止反应气体或生成物沉积到镜片上造成镜片污染，阻碍激光束透入造成镜片损坏。反应室是一个密闭容器，设有激光入射窗口、气路窗口等各种窗口，激光光束与反应气流一般为正交。

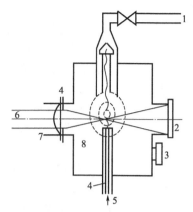

图 9-30　LCVD 制粉装置示意图

1—粉体吸收装置；2—激光余光吸收装置；3—真空泵；4—保护气体通路；
5—反应气体通路；6—激光束；7—透镜；8—真空反应室

　　为了提高激光的利用率，该反应装置可改装为双室装置，在原装置的基础上将剩余的激光透过一个透镜进入另一个反应室，从而使激光达到二次利用。因激光在两室的功率密度不同，所以两喷嘴的位置应有不同，前室的喷嘴稍微偏离激光的聚焦点，第二室的喷嘴应靠近激光的聚焦点，使两室反应区的激光密度相同，从而可制备出粒径分布均匀的纳米粉体。同时，利用改造的装置可使生产率提高近一倍。

9.5.2.4　影响纳米粉体制备及其性能的因素

　　因实验条件的不同，目前对于激光法制备纳米粉体的影响因素尚没有统一的认识，工艺参数的不同会严重影响纳米粉体的制备及其质量。一般认为影响激光法制备纳米粉体及其特性的因素主要有激光功率密度、反应气体浓度、配比、保护气体种类、流速、反应温度、压力和反应室的真空度等。

（1）激光功率密度

　　激光功率密度是影响激光法制备纳米粉体及其特性的最主要因素。由于激光功率密度可调范围很宽，通过控制功率的输出和调节输出光斑直径的大小可使激光功率密度达到几个数量级，故激光功率密度对纳米粉体的制备影响最明显。激光功率密度越大，作用物质对激光的吸收越明显，作用区温度就越高，可形核的元素浓度就越大，从而可获得更为细小的粒子，但激光功率密度过大会造成反应区温度过高，引起粒子的碰撞团聚，从而又导致了粒径的增加。反应区周围的空间温度梯度和压力梯度将决定所制纳米粉体的尺寸，空间温度梯度和压力梯度大，就会抑制新核的生长，细小粒子来不及长大便沉积形成纳米粒子，这种"冷淬"的作用可获得尺寸更小的粉体。

（2）其他影响因素

　　除了激光功率密度的影响外，反应气体浓度的大小会对粉体的粒径有重要的影响。一般来说，浓度越高越有利于纳米粉体的成核。喷嘴尺寸和反应池压力一定时，反应气体的流速也会影响纳米粉体的制备。流速越大，反应气体在反应区中停留的时间就越短，经激光解离的反应物蒸气粒子会迅速离开白炽区和火焰区，停止形核长大，这样可提高其冷却速率，达到快淬的目的，有利于抑制颗粒长大。但是流速不能过大，过大会使反应物粒子来不及被诱导生成纳米粉体。载流气体的性质也会影响纳米粉体的制备。例如，以氨为载流气体时，由于氨能强烈吸收 CO_2 激光，所以会导致制备产率的降低，同时会使粉体中碳和氮的原子比率下降。

9.5.2.5 应用研究现状

激光制备纳米粉体技术应用范围较为广泛。利用激光诱导化学气相沉积法制备的纳米粉体主要有 SiC、Si_3N_4、Si 粉和 Zn、Ag 等金属粉体，以及 Fe_2O_3、CaO 等氧化物纳米粉体和 Ti/N、AlN 等其他纳米粉体。制备这些纳米粉体时，可采用相应的金属或非金属元素的有机物或无机物作为反应物，如利用 $CaCO_3$ 制备 CaO。这些反应物在常温下一般呈现气态或容易汽化的液态，在激光束的作用下，直接分解化合或与其他反应物质作用，生成纳米粉末。也可利用激光烧蚀法作用靶材，使靶材材料蒸发，直接冷凝或与作用介质发生化学反应形成纳米粉体。

SiC、Si_3N_4 和 Si 粉是美国的 MIT 能源实验室最早（1986 年）利用激光诱导化学气相沉积法合成的纳米级粉末。激光制备的纳米硅粉不仅纯度高、粒度小、分散度好，而且具有很高的化学吸附性，更有利于复合陶瓷的合成；激光合成的纳米 Si_3N_4 陶瓷表现出了极好的韧性和强度。激光气相合成纳米硅粉一般选用昂贵的硅烷气体作为反应原料，硅烷以一定配比与氩气或氢气混合后，在激光的作用下，分解生成硅粉。激光诱导硅烷气相合成反应中 Si 粒子的形成首先是硅烷气在激光作用下分解产生过饱和的 Si 蒸气，经气相凝聚均匀形核，这些晶核在 Si 蒸气环境中均匀生长，直至粒子冲出反应区而终止长大，最终形成单晶结构。由于反应时间短、冷却速率大，会使 Si 粒子的形成还要经历这些粒子的非弹性碰撞生长阶段，非弹性碰撞导致粒子团聚并形成多晶，而加入氩气则可显著抑制粒子间的碰撞生长。

激光诱导合成 Si_3N_4、SiC 纳米粉以及 Si_3N_4-2SiC 复合粉末最早利用的硅基原材料，也就是硅烷。硅烷对波长为 $10.6\mu m$ 的激光能够很好地共振吸收，制备的纳米粉具有粒度小、粒径分布均匀、高纯度等特点，并且其反应机理简单，反应过程比较容易控制。它是将硅烷与含有 N、C 的有机气体按一定比例混合，在激光诱导的作用下反应生成所要求的纳米粉。利用硅烷跟乙炔混合在低功率（50W）激光诱导下可制备高纯度 SiC 纳米晶粒；利用硅烷与二甲基胺脘或甲基胺脘反应可制得以非晶相为主含有少量晶相 β-2SiC 的 Si3N4-2SiC 复合粉末。利用硅烷制备纳米粉虽然有诸多优点，但是昂贵的价格使它的使用受到了限制，于是人们不断寻求硅烷的替代物。目前采用最多的原料是廉价的二甲基二己氧基硅烷和六甲基二硅胺烷。这两种有机硅烷价格仅为硅烷的 1/20，并且沸点低（分别为 112℃ 和 125℃），极易加热成气态，对波长在 $9\sim11\mu m$ 的激光具有很强的吸收能力，用它们制造出了理想的纳米粉体。

9.5.3 激光烧蚀法

激光烧蚀法（LAD）是将作为原料的靶材置于真空或充满氩气等保护气体的反应室中，靶材表面经激光照射后，吸收光子能量迅速升温、蒸发形成气态。气态物质可以直接冷凝沉积形成纳米微粒，也可以在激光作用下分解后再形成纳米微粒。若反应室中有反应气体，则蒸发物可与反应气体发生化学反应，经过形核、生长、冷凝后得到复合化合物的纳米粉体。激光烧蚀法是一个蒸发、分解、合成、冷凝的过程。激光烧蚀法同激光诱导化学气相法相比，其生产率更高，使用范围更广，并可合成更为细小的纳米粉体。由于激光的特殊作用，激光烧蚀法可制得在平衡态下不能得到的新相。

激光烧蚀法中，靶材（固体材料）一般都是放置于真空或保护气体中，随着对材料性能的新的要求，人们开始尝试激光烧蚀液-固界面。激光诱导液-固界面反应法与诱导固体-真空（气体）界面原理相似，只是反应或保护环境由真空或气体变为液体。首先，激光与液-固界面相互作用形成一个烧蚀区，随后在烧蚀区及附近形成正负粒子、原子、分子以及其他粒子组成的等离子体。处于高温、高压、高密度、绝缘膨胀态的等离子体开始四处扩散，利用粒子间的相互作用和液体的束缚作用，在液-固界面附近形成纳米粉体。由于液体的作用促进了等离子体的重新形核、生长，此方法在制备那些只有在极端条件下才能制备的亚稳态纳米晶具有很大的优越性。为拓宽激光在纳米粉体制备中的应用，可采用激光-感应复合加热法制备纳米粉体。在激光作用之前，先将靶材用高频感应加热熔化并达到较高温度，再引入激光作用于靶体。这可使靶体对激光的吸收大为增加，有利于提高激光的利用率，并在靶区附近产生很大的温度和压力梯度，有利于提高粉末产率和降低粉体的平均粒径，故这种复合加热方法既具有感应加热制粉的优点又兼有激光制粉的优点。

　　激光烧蚀法采用的装置示意图如图 9-31 所示，同激光诱导气相沉积法装置类似，激光烧蚀法只是在反应室中激光直接照射预置好的固体材料，反应材料无需从反应室外加入。为提高纳米粉体制备产率，并提高激光利用率，可采用激光复合加热装置制备纳米粉体，将原材料置于耐热坩埚中，先用高频感应电流将原材料加热，加热到一定温度后再引入激光，原材料在激光作用下蒸发、分解合成、冷凝形成纳米粉体。

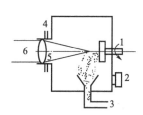

图 9-31　LAD 制粉装置示意图
1—旋转靶体；2—真空泵；3—收集装置；4—保护气体通路；5—透镜；6—激光光束

9.6　脉冲激光沉积薄膜技术

　　随着现代科学和技术的发展，薄膜科学已成为近年来迅速发展的学科领域之一，而功能薄膜是薄膜研究的主要方面，它在微电子、光电子、宽禁带 II～IV 族半导体材料、超导材料等领域具有十分广泛的应用。

　　长期以来，人们发展了真空蒸发沉积、磁控溅射沉积、粒子束溅射沉积、金属有机物化学气相沉积（MOCVD）、溶胶-凝胶法和分子束外延（MBE）等制膜技术和方法。上述方法各有特色和使用范围，也存在各自的局限性，不能满足薄膜研究的发展及多种薄膜制备的需要。脉冲激光沉积（PLD）薄膜技术是各种制备薄膜方法中最简单、使用范围最广、沉积速率最高的。PLD 技术的不断发展，已经可以沉积类金刚石薄膜、高温超导薄膜、各种氮化物薄膜、复杂的多组分氧化物薄膜、铁电薄膜、非线性波导薄膜、合成纳米晶量子点薄膜等。

9.6.1　脉冲激光沉积薄膜技术的特点

　　目前已经形成了几种比较常用的薄膜制备技术，如物理气相沉积（PVD）、化学气相沉积（CVD）、溶胶-凝胶法（Sol-Gel）等，PLD 技术作为 PVD 技术的一个新的分支，以其良好的适应性和较高的沉积速率成为最有发展潜力的薄膜制备技术之一（表 9-9）。

表 9-9　PLD 与溅射和蒸发的比较

方法	原理	主要特点	沉积速率	使用范围
磁控溅射	利用与溅射腔中电场成一定角度的磁场来控制溅射过程中二次电子与气体的碰撞，从而提高工作气体的电离度	可以制备多层简单物质的薄膜，一般膜层较薄（数百个 nm 或 1μm 左右），由于会产生靶中毒现象，对于提高沉积速率来说有很大限制，属于低压（100～400V）溅射	较高:受沉积时的功率限制，约 100～700nm/min	单质或简单化合物

方法	原理	主要特点	沉积速率	使用范围
射频溅射	利用射频激励工作气体电离,产生的正离子在射频电场的作用下与靶材碰撞达到溅射的目的	基本解决了靶材中毒的现象但同时也降低了沉积速率	同磁控(随射频电压而定)	单质或简单化合物
热蒸发	通过加热的方法将靶材加热到其沸点以上从而达到蒸发的目的	对热源和容器有特殊的要求,反过来也是对沉积材料的限制	低:约 2nm/s 或更小的量级	熔点(沸点)不是很高的金属或合金材料
电子束蒸发	采用电子枪发射的电子束轰击靶材达到蒸发的目的	属于点加热方式,对容器没有限制,但电子枪有污染的问题	同热蒸发	金属或合金材料
PLD	利用激光束与靶材的相互作用所产生的等离子体在基片上沉积成膜	能在较低的温度下沉积复杂成分的薄膜和多层复合膜;过程易于控制;不易沉积大面积的均匀薄膜	高:瞬时达到 1000m/s	各种薄膜材料(包括部分有机材料)

激光脉冲沉积薄膜技术具有如下优点。

① 具有保持成分的特点,可制备和靶材成分一致的多元化合物薄膜。

② 可蒸发金属、半导体、陶瓷材料等无机难熔材料。

③ 易于在较低温度下原位生长取向一致的织构和外延单晶膜。

④ 灵活的多靶装置,易于多层膜和超晶格薄膜的生长。

⑤ PLD 技术具有极高的能量和高的化学活性,能够沉积高质量的纳米薄膜,高的离子动能具有显著增强二维生长和显著抑制三维生长的作用,促进薄膜的生长沿二维展开,因而能获得连续的极细薄膜而不形成分离核岛。

⑥ 使用范围广,沉积速率高。目前,人们正在探讨其对更多新材料的适用性。

作为一种新生的沉积技术,脉冲激光沉积技术同样存在需要解决的问题。

① 对相当多材料,沉积的薄膜中有熔融小颗粒或靶材碎片,这是在激光引起的爆炸过程中喷溅出来的,这些颗粒的存在大大降低了薄膜的质量,这是迫切需要解决的关键问题。

② 限于目前商品激光器的输出能量,尚未有实验证明激光法用于大面积沉积的可行性,但这在原理上是可能的。

③ 平均沉积速率较慢,随沉积材料不同,对 $1000mm^2$ 左右沉积面积,每小时的沉积厚度约在几百纳米到 $1\mu m$ 范围。

④ 鉴于激光薄膜制备设备的成本和沉积规模,目前它只适用于微电子技术、传感器技术、光学技术等高技术领域及新材料薄膜的开发研制。随着大功率激光器技术的进展,其生产性应用是完全可能的。

9.6.2 脉冲激光沉积薄膜的原理

脉冲激光沉积是将准分子脉冲激光器所产生的高功率脉冲激光束聚焦作用于靶材料的表面,使靶材料的表面产生高温及熔蚀,进而形成高温高压等离子体($T \geqslant 10^4 K$),等离子体定向局部膨胀发射并在衬底上沉积而形成薄膜。在脉冲激光沉积过程中,采用的准分子激光器的脉冲宽度一般为 20ns 左右,功率密度可达 $10^8 \sim 10^9$ W/cm^2。靶材在强脉冲激光作用下聚集态迅速发生变化,成为新状态而跃出,到达基体表面凝结成薄膜,这可分为以下三个过程。

9.6.2.1　靶材的表面熔蚀及等离子体的产生

高强度脉冲激光照射靶材时，靶材吸收激光束能量并使束斑处的靶材温度迅速升高至蒸发温度以上而产生熔蚀，靶材迅速汽化蒸发。瞬时蒸发汽化的物质与光波继续作用，绝大部分电离并形成局域化的高浓度等离子体。形成的等离子体继续吸收光能而被加热到 10^4 K 以上，表现为一个具有致密核心的闪亮的等离子体火焰。靶材离化蒸发量与吸收的激光能量密度之间有下列关系：

$$\Delta d = (1 - R)\tau(I - I_0)/(\rho\Delta H) \tag{9-3}$$

式中　Δd——靶材在束斑面积内的蒸发厚度；

　　　R——材料的发射系数；

　　　τ——激光脉冲持续时间；

　　　I——入射激光束的能量密度；

　　　I_0——激光束蒸发的阈值能量密度；

　　　ρ——靶材的体密度；

　　　ΔH——靶材的汽化潜热。

9.6.2.2　等离子体向基片方向的定向局域等温绝热膨胀喷射

靶表面等离子体火焰形成后，这些等离子体继续与激光束作用，将进一步吸收激光束的能量而产生电离，等离子体区的温度和压力迅速提高，沿靶面法线方向产生比较大的温度和压力梯度，并向外作等温（与激光作用时）和绝热（激光终止后）膨胀喷射，这种膨胀喷射过程极短（$10^{-8} \sim 10^{-3}$ s），具有瞬间爆炸的特性以及沿靶面法线方向发射的轴向约束性，可形成一个沿靶面法线方向向外的细长的等离子体区，即等离子体羽辉。其空间分布形状可用高次余弦规律 $\cos^n\theta$ 来描述（θ 为相对于靶面法线的夹角，n 的典型值为 $5 \sim 10$，并随靶材而异）。当激光能量密度在 $1 \sim 100 \text{J/cm}^2$ 范围内时，等离子体能量分布在 $10 \sim 1000 \text{eV}$ 之间，其最大分布概率在 $60 \sim 100 \text{eV}$，这些等离子体的能量远高于常规蒸发产物和溅射离子的能量。

9.6.2.3　等离子体羽辉和衬底表面相互作用成膜

绝热膨胀发射的等离子体迅速冷却，遇到位于靶对面的衬底后即在衬底上沉积成膜。形核过程取决于基体、凝聚态材料和气态材料三者之间的界面能，临界形核尺寸取决于其驱动力。对于较大的晶核来说，它们具有一定的过饱和度，它们在薄膜表面形成孤立的岛状颗粒，这些颗粒随后长大并且接合在一起。当过饱和度增加时，临界晶核尺寸减小直至接近原子半径的尺寸，此时薄膜的形态是二维的层状。

用 PLD 技术制备薄膜时，具有很强的形成单晶和取向结构的趋势，完全随机取向多晶薄膜却不易形成。同时，利用 PLD 技术制备薄膜，由于高能粒子的轰击，薄膜形成初期的三维岛化生长受到限制，薄膜倾向于二维生长，这样有利于连续纳米薄膜（厚度小于 10nm）的形成。在研究该技术中所使用的主要激光器参数如表 9-10 所示。

表 9-10　PLD 技术中所用激光器的典型参数

激光器	波长/nm	脉冲能量/J	脉冲频率/Hz	脉冲宽度/s
TEA CO_2 激光器	10600	7.0	10	$(2 \sim 3) \times 10^{-6}$
Nd：YAG 激光器	1064	1.0	20	$(7 \sim 9) \times 10^{-9}$
二次谐波激光器	532	0.5	20	$(5 \sim 7) \times 10^{-9}$
三次谐波激光器	355	0.24	20	$(4 \sim 6) \times 10^{-9}$
XeCl 准分子激光器	308	2.3	20	40×10^{-9}

激光器	波长/nm	脉冲能量/J	脉冲频率/Hz	脉冲宽度/s
ArF 准分子激光器	193	1	50	$(1\sim4)\times10^{-9}$
KrF 准分子激光器	248	1	50	$(1\sim4)\times10^{-8}$

9.6.3 PLD 沉积薄膜的装置

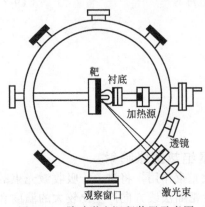

图 9-32 脉冲激光沉积装置示意图

目前用于沉积薄膜的脉冲激光器多为功率在几瓦或几百毫瓦，波长为紫外光波的准分子激光器；随着固体激光器技术的不断进步和调 Q、锁模技术的应用，功率较低的脉冲 Nd：YAG 激光器的使用也较普遍。镀膜所用的真空系统目前尚没有统一的标准，其典型原理示意图如图 9-32 所示。与其他的物理气相沉积（PVD）方法不同，H 刀法薄膜沉积系统的能量源（激光束）与沉积室（真空设备）是两个相对独立的组成部件，这种结构适应性良好，更便于设备的维护和检修，彻底避免了溅射中的靶材中毒和蒸发中的能源污染等问题。

9.6.4 PLD 沉积工艺

与其他溅射沉积（固、液靶材）方法存在的问题相类似，靶材在激光照射后容易产生未完全离化的分子或原子团，甚至微小的液滴，液滴沉积在基片上形成表面缺陷，对薄膜的质量和性能产生不良的影响。为了减少薄膜中颗粒物的数量和大小，很多研究者在现有的薄膜沉积设备上进行了不少研究，取得了一定效果，这些方法总体上可以分为两类：一是从源头上减少液滴的产生；二是在粒子飞行过程中减少液滴在基片上的沉积。美国的 P. K. Schenck 等分析了 H 刀法沉积薄膜过程中减少液滴的各种方法，综合归纳于表 9-11 中。

表 9-11 PLD 沉积提高薄膜质量的方法

采用方法	主要特点
附加偏转电场或磁场	在等离子体羽辉的两边加上平板电极(或磁场)
偏轴或垂直沉积	衬底与靶材不同轴(轴不平行甚至垂直)地进行薄膜沉积
同轴 mask	通过采用 mask 的方法阻挡液滴到达基片
脉冲喷气法	通过一定速度的气流来分离激光蒸发物中的液滴
机械速度选择器(转盘、快门等过滤器)	通过转盘(或快门)与激光的同步(由于激光激发物中电子、离子和分子等的速度在 10^6 cm/s 的量级，而液滴的速度在 10^4 s 的量级)可以对相对低速的颗粒物进行拦截
控制环境气氛	通过改变沉积过程中的气压提高薄膜的质量
使用短波激光束	短波激光束，使靶材对激光的吸收趋于表面，另外提高单光子的能量也有利于蒸汽物质的电离
采用液态的靶	以沉积 GaAs 为代表的靶，由于固液转变温度很低，故可以在液态下沉积
采用高密靶材，利用激光束对靶材进行原位重熔和凝固处理	通过激光对靶表面的重新处理，改变了靶的表面状态
激光在靶材表面上扫描	每个脉冲都能作用在原始的表面，采用激光扫描圆盘靶材或圆柱靶材

采用方法	主要特点
控制靶材表面粗糙度和激光能量密度	对于不同的物质或不同的聚集状态使用不同的激光功率密度,以减少喷溅行为的产生
双光束法单靶或多靶	多束激光或将单束激光分成两束对单一靶材或多个靶进行不同角度的扫描来进行沉积

表 9-11 中的各种方法,在减少沉积薄膜的颗粒物上都有一定的效果,但同时也以牺牲 PLD 技术的一些优点为代价。如机械速度选择法、掩膜遮挡法和偏轴沉积法等都会大大降低薄膜的沉积速率,而采用液态靶材的方法又使 PLD 的使用范围受到极大的限制。要从实质上解决 PLD 技术的液滴问题,归根结底要从激光与靶材的相互作用的机理上着手,通过对二者之间相互作用的物理过程的研究,并在此基础上深入研究液滴的产生机理,从而在调整沉积参数和改变靶材聚集状态上提出一个切实可行的方法,推动 PLD 技术不断前进。

9.6.5 PLD 制备新材料应用

目前,脉冲激光沉积薄膜技术作为实用范围最广的方法被广泛用于高温超导薄膜、铁电薄膜、光电薄膜、半导体薄膜、金属薄膜、超硬材料薄膜等的制备和研究,下面简单介绍 PLD 法制备的几种薄膜。

9.6.5.1 半导体薄膜

宽禁带 II～IV 族半导体薄膜一直被认为是制作发射蓝色和绿色可见光激光二极管和光发射二极管的材料。目前,II～IV 族化合物薄膜主要是通过分子束外延(MBE)和金属有机化学气相外延(MOVPE)合成,由于实验设备的昂贵和复杂,以及一些问题难以克服,限制了它们的应用。利用脉冲激光沉积法已经在 GaAs 衬底上生长出 ZnSe 薄膜,并用原子力学显微镜(AFM)得到证实,这给宽禁带 II～IV 族半导体薄膜的制备和应用展示了新的希望。

AlN、GaN、InN 等宽能隙结构半导体材料,由于其高效率可见性和紫外光发射特性而在全光器件方面具有很好的应用前景。其中,AlN 具有高热导率、高硬度以及良好的介电性质、声学性质和化学稳定性,可望在短波光发射和光探测、表面声学、压电器件等方面得到广泛应用。传统方法(磁控溅射法等)制备 AlN 薄膜的结晶度很差,使用 PLD 方法可以制备出高质量的 AlN 薄膜。

9.6.5.2 铁电薄膜

具有铁电性且厚度尺寸在数十纳米到数微米的铁电薄膜具有良好的介电、电光、声光、非线性光学和压电性能,主要应用于随机存储器、电容器、红外探测器等领域。其制备方法主要有溅射法、溶胶-凝胶法、MOCVD 法、脉冲激光沉积法等。由于铁电薄膜成分的复杂性,传统方法难以制备出高质量的薄膜,而利用 PLD 法可以较容易地控制薄膜的成分,在沉积时可引入氧气等活性气体,制备出高质量的铁电薄膜。通过对激光沉积的 $(Ba_{0.5}Sr_{0.5})TiO_3$ 的研究表明,在 0.1GPa 的氧气压力和 700℃时,薄膜的厚度可达到 40nm,其介电常数为 150,在 2V 时其泄漏电流密度是 $2 \times 10^{-9} A/cm^2$,已达到用于高密度动态随机存储器的要求。通过对 $Bi_4Ti_3O_{12}$(BiT)和 $SrBi_4Ti_4O_{15}$(SBTi)混合物的烧蚀沉积,得到厚度为 18nm 的薄膜,其剩余极化强度为 $9.3\mu C/cm^2$,远大于单个的 BiT 和 SBTi 薄膜,其介电常数高达 250。

9.6.5.3 高温超导薄膜

由于高温超导材料的陶瓷本性,它难以制成可以弯曲的、具有良好柔韧性的带材,从而限制了它在很多方面的应用。为了解决这一问题,人们开始采用沉积方法直接将高温超导薄膜沉积到金属基片上，早在 1987 年，利用脉冲激光沉积技术就已经成功地制备出高质量的高温超导薄膜。对于 Y 系薄膜材料，要达到可供实用化的高临界电流密度，就必须保证 YBCO 材料的结构取向高度一致，并克服金属基底与 YBCO 材料之间的相互扩散问题。人们一般采取在金属基底上先沉积一层或几层具有高密度结构且化学性质稳定的缓冲层，然后外延生长 YBCO 薄膜。YBCO 类高温超导薄膜的超导电性对薄膜的结构十分敏感，只有 C 轴取向的超导薄膜才能显示出良好的超导电性。Berenov 研究了用 PLD 方法，在高速和高温条件下制备的 YBCO 薄膜的微观结构。

9.6.6 脉冲激光沉积薄膜技术的发展方向

由于 PLD 技术的诸多优点，人们不断研究和拓展其沉积薄膜材料的种类。目前以 PLD 技术为基础而衍生的薄膜制备方法几乎能够沉积现有的各种薄膜材料。现在，该技术的商业使用化目标已被提上日程。

9.6.6.1 超快脉冲激光沉积技术

超快脉冲激光沉积技术（ulter-fast PLD）即采用皮秒或飞秒脉冲激光沉积薄膜的技术，在前面已较详细介绍了飞秒激光加工技术的原理和特点，在这里不再赘述。目前，已知超快 PLD 技术的三个特点：采用较低的单脉冲能量来抑制大颗粒的产生；脉冲重复频率足够高，可以快速扫过多个靶材得到复杂组分的连续薄膜，制膜效率较高；沉积率是传统 PLD 方法的 100 倍。

目前，利用飞秒脉冲激光制备薄膜技术在超导领域已经进行了数百种超导体制备的尝试，初步研究表明，利用飞秒激光能淀积出较纳秒脉冲激光光滑性好、膜基结合力强、外延取向性强的薄膜。此外，在超快脉冲激光与固体交互作用方面仍有许多尚不为人们理解的有趣现象待人们去研究解释，以加速脉冲激光沉积薄膜技术的实用化进程。

9.6.6.2 脉冲激光真空弧薄膜制备技术

脉冲激光真空弧（pulsed laser vacuum arc）薄膜制备技术是脉冲激光沉积和真空弧沉积技术相结合而产生的，它综合了激光的可控制性和真空弧的高效率的优点，是一种高效、稳定的薄膜制备技术。其主要原理如图 9-33 所示。在高真空环境下，在靶材和电极之间施加一个高电压，靶材表面在脉冲激光的照射下吸收光子能量后蒸发成气态，在电极和靶材之间引发一个脉冲电弧。该电弧作为二次激发源使靶材表面再次激发，从而使基体表面形成所需的薄膜。在阴极的电弧燃烧点充分发展成为随机的运动之前，通过预先设计的脉冲电路切断电弧。电弧的寿命和阴极在燃烧点附近的燃烧区域的大小，取决于由外部电流供给形成的脉冲持续时间。通过移动靶材或移动激光束，可以实现激光在整个靶材表面扫描。由于具有很高的脉冲重复频率和很高的脉冲电流，该方法可以实现很高的沉积速率，同时可以实现大面积、规模化的薄膜制备以及一些具有复杂结构的高精度多层膜的沉积。该技术在一些实验研究和实际应用中已经展现出独特优势，尤其是在一些硬质薄膜和固体润滑材料薄膜的制备方面将有十分广泛的应用，成为一种具有广泛应用前景的技术。

利用脉冲激光真空弧薄膜制备技术成功制备了从类金刚石、类石墨到类玻璃态等不同类型的碳膜，该技术已经在钻头、切削刀具、柄式铣刀、粗切滚刀和球形环液流开关等方面得到了应用；并且利用该技术制备多层膜和各种金属及合金薄膜时，其可控制性好，阴极靶材表面的激发均匀且有效，适合于复杂和高精度的多层膜的沉积。自 Ti/TiC 多层膜后，在 Al_2C、Ti_2C、Fe_2Ti、Al_2Cu_2Fe 等纳米级多层、单层膜上的实验都取得成功，制得的多层膜与膜基结合很好，单层膜光滑致密。

9.6.6.3 双光束脉冲激光沉积薄膜

双光束脉冲激光沉积（DBPLD）技术是采用两个激光器或对一束激光分光的方法得到

两束激光，同时轰击两个不同的靶材，并通过控制两束激光的聚焦功率密度，以制备厚度、化学组分可设计的理想梯度功能薄膜，可以加快金属掺杂薄膜、复杂化合物薄膜等新材料的开发速度，其装置如图9-34所示。

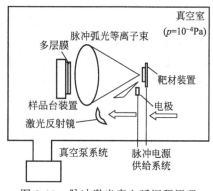

图9-33 脉冲激光真空弧沉积原理

1997年日本首先采用DBPLD方法在玻璃上制备了组分渐变的Bi-Te薄膜。他们采用的方法是将一束光分为两束，同时轰击Bi和Te靶，制得的薄膜水平面上10mm距离内组分分布为Bi：Te＝(1：1.1)～(1：1.5)，电热系数约为$170\mu V/K$，阻抗系数约为$2\times10^{-3}\Omega\cdot cm$，为把DBPLD技术应用到设计梯度电热材料做了有意义的探索。新加坡的Ong等用

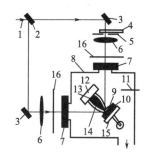

图9-34 双光束脉冲激光沉积装置

1—激光束；2—分束器；3—反射镜；4—光束能量控制器；5—掺异孔；6—聚焦镜；7—激光窗口；8—沉积室；
9—掺杂靶；10—靶材；11—通气管；12—衬底加热器；13—衬底；14—等离子体羽辉；15—靶台；16—导波板

DBPLD技术同时对YBCO和Ag靶作用，通过精确控制两束光的强度实现了设想的原位掺杂，在膜上首次观察到$150\mu m$的长柱状Ag结构，这对制备常规超导体和金属超导Josephson结有实用意义。

9.7　激光-扫描电子探针技术

近十年来，随着纳米技术的飞速发展，纳米加工正向着更稳定和更精细的方向发展。精细化和超精细化是目前各种加工技术发展的方向，也是激光加工技术发展的重要内容。目前许多国家都在开发新型激光纳米尺度加工技术和光刻新工艺，特别是激光直接刻写、印刷等技术，力求达到细线宽、高精度、高效率、低能耗、低成本的目标。这些纳米结构的先进制造技术还可以应用于各种掩模的加工、超高密度光存储和半导体材料表面的清洗、修整、标识等特殊处理，有着良好的应用前景。

目前现行的激光加工技术制造方法还无法直接进行纳米结构的加工，但近几年来，人们利用超短脉冲激光技术和扫描探针显微镜（SPM）技术相结合，形成一种先进的加工新技术——激光-扫描电子探针技术（Laser-SPM）。该技术突破现行光刻技术的物理极限，能够实现纳米级加工尺度的超微器件的加工，为未来的纳米电子信息行业及实现纳米材料加工行业的工业化生产提供了一种新的技术手段。

9.7.1　激光-扫描电子探针技术的基本原理

扫描探针显微镜是20世纪80年代发明的新型表面测量分析仪器，它是利用探针对被测

样品进行扫描成像。它主要包括扫描隧道显微镜（STM）、原子力显微镜（AFM）和扫描近场光学显微镜（SNON）等。扫描隧道显微镜是利用电子隧道效应电流对隧道距离的极端敏感性，将被测样品作为一个电极，将作为另一个电极的极细探针靠近样品（通常距离应小于1nm），就会产生隧道效应电流，当控制压电陶瓷使探针在样品表面扫描时，由于样品表面高低不平而使针尖与样品之间的距离发生变化，进而引起了隧道电流的变化。控制并记录隧道电流的变化，然后把信号送入计算机进行处理，就可以得到样品表面高分辨率的形貌图像。原子力显微镜是利用一个对微弱力非常敏感的微悬臂，用悬臂上的纳米尺度微小针尖与样品表面接触，工作时以探测悬臂的微小偏转代替了扫描隧道显微镜的隧道电流，不但适用于导体，还适用于半导体以及绝缘体等的探测，弥补了STM只能对导体进行探测的不足。

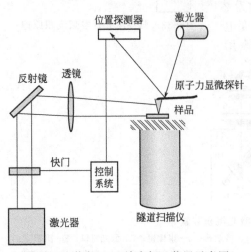

图 9-35　激光 SPM 纳米加工装置示意图

扫描探针显微镜很容易克服光学显微镜所受的阿贝（Ernest Abbe）极限（1/2）的影响，能够以高分辨率探测原子与分子的形状，确定物体的电、磁与机械特性，甚至能确定温度变化的情况等。Laser-SPM 技术主要应用激光器结合扫描隧道显微镜或原子力显微镜，通过顶端增强激光手段，来实现激光纳米加工方式和纳米光刻技术。Laser-SPM 技术是利用激光束入射到扫描探针显微镜的针尖，在针尖下形成一个非常强的扫描场，能在各种不同的材料表面上进行刻蚀，形成不同的加工图案，图案的分辨率可以达到纳米精度，Laser-SPM 加工技术既可在真空条件下，又可在空气环境中应用。Laser-SPM 技术典型的实验装置的示意图如图 9-35 所示。

由图 9-35 可见，脉冲激光（一般采用短脉冲或超短脉冲激光）通过可调节的快门（快门可根据加工检测反馈的信号的控制系统进行调节）对激光能量（激光的辐照时间、脉冲重复率等）进行控制，经平面镜反射和聚焦透镜聚焦到 AFM 探针-样品间隙、探针头的前部侧面，经过扫描探针显微镜的外部聚焦系统控制激光束的入射角。为了防止激光束直接照射在样品表面上产生对样品的破坏和对扫描探针显微镜器件（如 STM 的微悬臂等）的损伤，一般控制激光的入射角尽量接近 0°，即接近平行于样品表面的方向。实现纳米加工的激光能量约 $0.125 \sim 3.7\mu J$，样品表面形貌的观察是用接触式原子力显微镜进行的，在加工过程中固定探针不动而样品可以通过扫描仪的移动，进行更复杂的纳米线加工。

扫描探针特制的针尖在激光照射下的主要作用如下。

① 作为接受天线聚集入射激光的能量。

② 在针尖与加工工件表面之间产生强近场，利用附加增强场对工件进行纳米结构的加工。目前针尖的材料一般选用钨、硅、银、金、铂等，常采用电化蚀刻法制作的钨针尖，针尖的曲率半径在 10～50nm 之间，大大小于激光波长。

利用上述装置和技术可以使空间分辨率高达约 10nm，通过多阵列探针同时照射来提高纳米加工速率，而且对加工对象的选择更灵活，对提高加工效率和扩大加工范围以及技术的推广应用都有很大的促进作用。

9.7.2　纳米加工的应用

目前，激光-扫描探针显微镜技术已经成功地应用在金膜和半导体材料的纳米结构的加工，横向分辨率达到10nm。典型刻写尺寸：纳米点阵中，每纳米点（坑或丘）直径为20～

40nm，深度为 4～10nm；纳米槽单线线宽可达 15～30nm。

1990 年，首次在实验室成功地在金刚石基体上沉积了约 1nm 厚的金属团簇。其实验条件是在有机金属气体的气氛下（气压为 10kPa），采用染料脉冲激光器（波长为 440nm，脉冲宽度为 18ns，光强为 $10^8 W/cm^2$）聚焦到隧道间隙正前方，在单脉冲激光辐射下，在金刚石基体上沉积了约为 1nm 厚的金属团簇。

1996 年，Jersch 等人在空气环境下，利用 STM 和 Nd：YAG 脉冲激光器（波长为 532nm，脉冲宽度为 5ns，能量可调）结合，在金薄膜样品表面得到纳米尺寸的小丘（直径 30～50nm，高 10～15nm）或小孔。在对使用不同材料探针影响的研究中发现，纯银探针、镀银钨探针以及铂/铱探针形成不同的丘状纳米点，而纯钨探针则产生坑状纳米点。连续的纳米点将形成更复杂的纳米线结构，其 STM 形貌如图 9-36 所示。1997 年，他们利用 Si_3N_4 或 Si 探针的 AFM 和调 Q Nd：YAG 激光器（波长 532nm，脉冲宽度 5ns），在绝缘体（聚碳酸酯、人的头发）上得到同样的纳米结构。

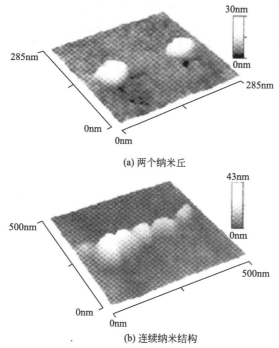

(a) 两个纳米丘

(b) 连续纳米结构

图 9-36　利用镀银钨针在金薄膜表面上得到的纳米结构 STM 形貌

Lu 等人利用 Nd：YAG 激光器（波长 532nm，脉冲宽度 7ns）和 STM 钨探针，同样在空气条件下，采用电化学刻蚀的方法在氢钝化锗（100）表面制作了纳米点（直径为 20～30nm）和纳米氧化线（宽度为 30nm）。

2003 年，Chimmalgi 等人利用飞秒脉冲激光和原子力显微镜进行纳米加工，扫描探针选用商品化多模硅探针（曲率半径为 5～10nm），选用在硅基体上溅射的金薄膜样品（厚约 25nm）。利用多脉冲激光，在扫描速度 $20\mu m/s$、激光能量 $69mJ/cm^2$、探针与样品间距保持 3～5nm 的条件下，得到宽约 10nm，深约 10.5nm 的纳米坑，如图 9-37 所示。

9.7.3　Laser-SPM 技术的发展

激光-扫描探针显微镜纳米加工技术在实现纳米加工方面取得了不少可喜的成就，激光纳米刻蚀法平版印刷、在氢钝化锗表面和氢钝化硅表面上刻蚀制作纳米级甚至原子级的氧化物绝缘掩模以及其直写功能等，将在未来纳米电子行业和信息数据存储方面成为一种重要的

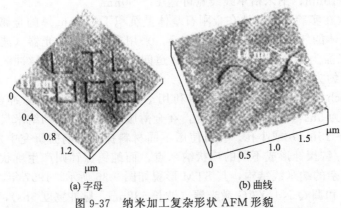

(a) 字母   (b) 曲线

图 9-37　纳米加工复杂形状 AFM 形貌

加工手段。目前，虽然在纳米加工机理的解释、加工稳定性、加工对象的选择以及实验环境条件限制方面还需要做很多工作，但可以预料该纳米加工技术在高分辨率纳米光刻、可控纳米沉积、超高密度数据存储、纳米电子学和纳米生物技术等领域将得到更广阔的应用。

第10章

激光加工中的安全防护及标准

10.1 激光的危险性

在激光发展的初期，人们就认识到激光的危险性。随着激光技术应用的飞速发展，特别是各种大功率、大能量不同波长的激光器在激光加工中的广泛应用，充分认识到激光束的危险性，采取适当的安全措施，确保人员和设备的安全是推广激光加工技术的关键之一。

由于激光束具有单色性、发散角小和高相干性的性质，在小范围内容易聚集大量的能量，一旦射入人眼，聚焦后到达眼底的辐照度和辐照量可增大几万倍，几毫瓦的氦氖激光束聚焦到视网膜上的辐照度和辐照量可明显大于太阳光照射的结果。在激光加工中使用激光器的功率和能量日益增大的情况下，不仅对人眼，即使对皮肤也可能造成严重的损伤。

激光加工系统工作时，除了激光束本身的危险性以外，还存在其他潜在危险。许多激光加工设备使用高电压，高压电击成为伴随激光加工的主要危险。激光加工的其他危险还包括激光器泄漏与加工过程中产生的有害物质、电离辐射等，除激光以外还伴随的其他辐射，如闪光管及等离子体放电管的紫外辐射。另外，低温冷却剂、易燃易爆物品在激光意外照射下也可发生事故。

激光的危险性主要来自两方面：光危害和非光危害。

10.1.1 光的危害

激光的高强度使它与生物组织产生比较剧烈的光化学、光热、光波电磁场、声等交互作用，从而会造成对生物组织严重的伤害。生物组织吸收了激光能量后会引起温度的突然上升，这就是热效应。热效应损伤的程度是由曝光时间、激光波长、能量密度、曝光面积以及组织的类型共同决定的。声效应是由激光诱导的冲击波产生的。冲击波在组织中传播时局部组织汽化，最终导致组织产生一些不可逆转的伤害。激光还具有光化学效应，诱发细胞内的化学物质发生改变，从而对生物组织产生伤害。

10.1.1.1 对人眼的损伤

眼球是很精细的光能接受器，它是由不同屈光介质和光感受器组成的极灵敏的光学系统，人眼对不同的波长的光辐射具有不同的透射率与吸收特性。如图 10-1 所示，人眼角膜透过的光辐射主要在 $0.3 \sim 2.5 \mu m$ 波段范围内，而波长小于 $0.3 \mu m$ 和大于 $2.5 \mu m$ 的光辐射将被吸收均不能透过角膜。一般来说，从 $0.4 \sim 1.4 \mu m$ 波段，晶体透过率较高，占 80% 以上，其两侧的波段很少能透过晶体。玻璃体也可透过 $0.4\sim1.4\mu m$ 光辐射。

目前，常用的激光振荡波长从 $0.2\mu m$ 的紫外线开始，包括可见光、近红外线、中红外线直到远红外线。由于人眼的各部分对不同波长光辐射的透射与吸收不同，对人眼的损伤部位与损伤程度也不同。一般来说，紫外线与远红外线在一定剂量范围内主要损伤角膜，可见光与近红外线波段的激光主要损伤视网膜，超过一定剂量范围各波段激光可同时损伤角膜、晶体与视网膜，并可造成其他屈光介质的损伤。

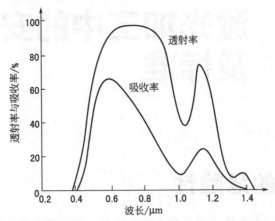

图 10-1　人眼透射率和视网膜吸收率与入射激光波长的关系

总之，由于人眼球前部组织对紫外线与红外线激光辐射比较敏感，在激光的照射下很容易造成白内障；激光对视网膜的损伤则主要是由于可见激光（如红宝石、氩离子、氪离子、氦氖、氦镉与倍频钕激光等）与红外线激光（如钕激光等）均能透过眼屈光介质到达视网膜，其透射率在 $42\%\sim88\%$，视网膜与脉络膜有效吸收率在 $5.4\%\sim65\%$ 之间。其中倍频钕激光发射 $0.53\mu m$ 波长，十分接近血红蛋白的吸收率。因此，倍频钕激光容易被视网膜与脉络膜吸收。由于造成眼底损伤的能量很低，很少的能量就可以产生较严重的损害，将视网膜局部破坏，成为永久性伤害。表 10-1 列出了不同国家给出的激光对人眼的安全标准。

表 10-1　不同国家给出的激光对人眼的安全标准

波长范围能量单位	Q 开关脉冲(6943Å)/J·cm^{-2}	正常脉冲(6943Å)/J·cm^{-2}	连续波(4000$\sim$7500Å)/W·cm^{-2}
美国卫生工业会议	10^{-7}	10^{-6}	10^{-5}
国际激光安全会议	10^{-8}	10^{-7}	10^{-6}
美国陆、海军	10^{-7}	10^{-6}	10^{-6}
英国	10^{-7}	10^{-7}	10^{-5}

注：$1Å=10^{-10}m$。

10.1.1.2　对皮肤的损伤

虽然人的皮肤比眼睛对激光辐照具有更好的耐受度，但高强度的激光对人皮肤也易造成损伤。可见光（$400\sim700nm$）和红外光谱（$700\sim1060nm$）范围的激光辐射可使皮肤出现轻度细斑，继而发展成水疱；在极短脉冲、高峰值大功率激光辐照后，表面吸收力较强的组织可出现炭化，而不出现红斑。

皮肤可分为两层：最外层的是表皮，内层是真皮。一般而言，位于皮下层的黑色素粒是皮肤中主要的吸光体。黑色素粒对可见光、近紫外线和红外线的反射比有明显的差异，人体皮肤颜色对反射比也有很大的影响。反射比是在一定条件下反射的辐射功率与入射的辐射功率之比。皮肤对于大约 $3\mu m$ 波长的远红外激光的吸收发生在表层；对于波长 $0.69\mu m$ 的激光，不同的肤色的人，反射比可以在 $0.35\sim0.57$ 之间变化；对于波长短于 $0.3\mu m$ 的红外线，皮肤的反射比大约为 0.05，几乎全部吸收。

太阳的短紫外线（100～315nm）的低水平慢性照射能够加速皮肤的老化，还能引起几种皮肤癌。极强激光的辐射可造成皮肤的色素沉着、溃疡、瘢痕形成和皮下组织的损伤。虽然激光辐射的潜在效应和累积效应还缺少充分的研究，然而一些边缘的研究表明，在特殊条件下，人体组织的小区域可能对反复的局部照射敏感，从而改变了最轻反应的照射剂量，因此在低剂量照射时组织的反应非常严重。因此使用强激光加工机时，有必要避免漫反射光、散射光对人员的照射，以防出现长期照射带来的慢性损伤。

10.1.2　非光的危害

激光器除了直接与生物组织产生作用造成损伤外，还可能通过空化气泡、毒性物质、电离辐射和电击对人体产生伤害。

10.1.2.1　电危害

大多数激光设备使用高压（＞1kV），具有电击危险。安装激光仪器时，可能接触暴露的电源、电线等。激光器中的高压供电电源以及大的电容器也有可能造成电击危害。

10.1.2.2　化学危害

某些激光器（如染料激光器、化学激光器）使用的材料（如溴气、氯气、氟气和一氧化碳等）含有毒性物质；一些塑料光纤在切削时会产生苯和氰化物等污染物；石英光纤切削时产生熔融石英；激光轰击材料组织时所产生的烟雾，这些物质都会对人体造成危害。

10.1.2.3　间接辐射危害

高压电源、放电灯和等离子体管都能产生间接辐射，包括 X 射线、紫外线、可见光、红外线、微波和射频等。当在靶物质聚焦很高的激光能量时，就会产生等离子体，这也是间接辐射的一个重要来源。

10.1.2.4　其他危害

低温冷却剂危害、重金属危害、应用激光器中压缩气体的危害、失火和噪声等。由于使用激光器时潜在的危害较多，家用的激光设备应当给予更多的关注并且进行专门的检查。

10.2　激光危险性的分类

激光器的非光危险性大多可以借助适当的装置及措施加以防范和避免。因此，激光的主要危险性还是来自激光束本身。根据激光的危险程度加以分级，可以分别采取适当的安全措施，避免可能存在的不安全。

10.2.1　分类过程

首先，根据激光辐射的危害将其分类，制定出相应的激光安全标准。对生物组织产生危害的激光参数有：激光输出能量或功率、波长、曝光时间等。除此以外，激光的分类还应与同类激光所允许的最大辐射极限一致。

其次，根据上述危害级别制定出详细的控制措施。这样可以除去一些为确保安全而重复制定的限制措施。美国国家标准局就是按照这个方法制定了 Z136 激光安全标准。

10.2.2　分级

在激光分级时，主要依据的激光器输出参数有波长或波长范围、功率或平均功率、单脉冲最大能量、脉冲宽度、脉冲最大重复频率、系列脉冲平均能量及脉冲能量相对平均值的变化、发射持续时间、可达发射水平、用于测量辐射的光阑孔径。一般将激光产品划分为 5 个级别，即 1 级、2 级、3A 级、3B 级和 4 级，对每一类别都规定了发射的最高极限。激光器分级的规定如下。

1 级：这是最低的激光能量等级，又称为安全激光（exempt laser）。这一级的激光在正常操作下被认为是没有危害的，甚至输出激光由光学采集系统聚焦到人的瞳孔也不会产生伤害。如果红外或紫外激光在一次激光手术的最大允许曝光时间内对皮肤和眼睛不产生伤害，通常也认为是 1 级的；大多数激光不属于 1 级，但是把它们用于手术或者制成仪器时，最终的系统也可达到 1 级标准。典型的 1 级激光为超市里的扫描仪和 CD 机里的激光二极管。

2 级：2 级被称为"低功率"或者"低危害"激光。2 级激光一般被限制在 400 ～ 700nm 的可见光光谱段。如果观察者克服对强光的自然避害反应并且盯住光源看，这样才能产生伤害。通常，人都具有避害反应，所以这一级激光一般不会产生伤害。2 级激光应该贴上标签，警告人们不要盯着光束看。人的避害反应只针对可见光，非可见的激光没有列入。典型的 2 级激光为激光笔和激光针。

3 级：这一级别被称为中等功率的激光和激光系统，激光功率一般高于 1.0mW。"中等功率"或"中等危害"是指在避害反应时间（通常眨眼时间为 0.25s）内能够对人眼产生伤害。正常使用 3 级激光不会对皮肤产生伤害并且无漫反射危害反应。使用 3 级激光需要控制措施来保证不要直视光束或通过镜面反射的光束。典型的 3 级激光为理疗激光和一些眼科激光。3 级通常又分为 3A 和 3B 两个亚级别。

3A 级：该级的激光光束功率一般在 1～5mW 范围，强度不超过 25 W/m² 的可见光。用肉眼注视激光极短的时间不会产生危害，如果通过汇聚镜片来看则会产生较大的危害。连续可见的氦氖激光属于这一级，非可见光激光也不属于这一级。

3B 级：该级的激光的光束功率一般在 5～500mW 范围，这类激光通过镜面反射和光束内观察都会产生危害。除了高功率 3B 级激光之外，其他的 3B 级激光不会产生有害的漫反射。

4 级：该级激光束的输出功率一般高于 0.5W，属大功率激光和激光系统。该级别激光具有最大的潜在危害并且可以引起燃烧。这一类激光不但可以通过直视和镜面反射产生伤害，还可以通过漫反射产生危害。这一级激光需要更多的限制措施和警告。大多数手术激光属于 4 级。

10.3 激光防护

10.3.1 激光防护的主要技术指标

对于 3 级和 4 级激光的防护就是采用激光防护镜，对光电传感器的激光防护通常又称为抗激光加固技术。激光防护镜包括防护目镜、面罩、用特殊滤光物质或反射镀膜技术做成的专业眼罩，眼罩可以保护眼睛不受到激光的物理伤害和化学伤害。激光防护包括以下主要技术指标。

10.3.1.1 防护带宽

防护带宽作为防护材料的一个重要参数，表示该种材料所能对抗的光谱带宽。滤光镜的带宽通常是以半功率点处的带宽来规定的，它直接影响到滤光镜的使用特性。

10.3.1.2 光学密度

光学密度是指防护材料对激光辐射能量的衰减程度，常用 OD 表示：

$$OD = \lg(1/T\lambda) = \lg(I_i/I_t) \tag{10-1}$$

式中 T_λ——防护材料对波长为 λ 的入射激光的透过率;

I_i——入射到防护材料的激光强度;

I_t——透过防护材料的激光强度。

式(10-1)表明,如果滤光镜的光学密度为3,能够使激光的强度减弱到原来的 $1/10^3$;如果光学密度为6,则可使光强减弱到 $1/10^6$。当两个滤光镜叠加在一起使用,它对各种波长的光学密度大约是两个滤光镜各自光学密度之和。激光滤光镜的另一技术指标是可见光透过率。对于防护镜,要求它的白光透过率要足够高,以减少眼睛的疲劳现象。现国内一些厂家已制出高于40%的激光防护镜。成都西南技术物理研究所已研制出高于60%的各类激光防护镜;对于大多数军用的滤光镜来说,可见光透过率应不低于80%,而飞行员使用的防护镜对透过率的要求更高。

10.3.1.3 响应时间

响应时间是从激光照射在防护材料上至防护材料起到防护作用的时间。防护材料的响应时间越短越好。

10.3.1.4 破坏阈值

破坏阈值是防护材料可承受的最大激光能量密度或功率密度。这个指标直接决定防护材料防护激光的能力。

10.3.1.5 光谱透射率

光谱透射率必须用峰值透射率和平均透射率两个值来确定。吸收型滤光镜以较好的平均透射率来提供较低的光学密度,而反射型滤光镜通常牺牲平均透射率但有较高的光学密度。反射型滤光镜的主要优点是可以增加光谱通带上的平均透射率。

10.3.1.6 防护角

防护角是指对入射激光能达到安全防护的视角范围。

激光防护所采用的方法可分为:基于线性光学原理的滤光镜技术,它包括吸收型滤光镜、反射型滤光镜以及吸收反射型滤光镜、相干滤光镜、皱褶式滤光镜、全息滤光镜等;基于非线性光学原理的有光学开关型滤光镜、自聚焦/自散焦限幅器、热透镜限幅器和光折射限幅器等。

10.3.2 激光防护的通用操作规则

① 绝对不能直视激光光束,尤其是原光束。也不能直视反射镜反射的激光束。操作激光时,一定要将具有镜面反射的物体放置到合适的位置或者干脆搬走。

② 为了减少人眼瞳孔充分扩张,减少对眼睛的伤害,应该在照明良好的情况下操作激光器。同时接触激光源的人员一定要戴激光防护镜。

③ 不要对近目标或实验室墙壁发射激光。

④ 不能佩戴珠宝首饰,因为激光可能通过珠宝产生反射造成对眼睛或皮肤的伤害。

⑤ 如果怀疑激光器存在潜在危险,一定要停止工作然后立即让激光安全工作者进行检查。

⑥ 每一种激光器和激光设备都应该为操作者提供最大的安全保护措施。一般只允许1级、2级、3A级激光用于实验演示。

10.4 激光安全标准

10.4.1 激光安全的国家标准

由于激光的广泛应用,有许多人都可能受到激光的辐照损害。为了减少和预防这种损伤，我国在激光安全方面已经制定了几个标准。

①《激光产品的安全 第1部分：设备分类、要求和用户指南》（GB 7247.1—2001）。国家标准局 2001 年 11 月 5 日发布，2002 年 5 月 1 日实施。

②《激光设备和设施的电气安全》（GB 10320—88）。国家技术监督局 1988 年 12 月 30 日发布，1990 年 1 月 1 日实施。

③《作业场所激光辐射卫生标准》（GB 10435—89）。卫生部 1989 年 2 月 24 日发布，1989 年 10 月 1 日实施。

④ 国家行业标准《实验室激光安全规则》（JB/T 5524—91）。机械电子工业部 1991 年 7 月 16 日发布，1992 年 7 月 1 日实施。

⑤《激光安全标志》（GB 18217—2000）。国家经贸委 2000 年 10 月 17 日发布，2001 年 6 月 1 日实施。

⑥《激光产品的安全 生产者关于激光辐射安全的检查清单》（GB/Z 18461—2001）。2001 年 10 月 8 日发布，2002 年 5 月 1 日实施。

美国在激光安全防护方面也制定了典型激光保护标准，如表 10-2 所示。

表 10-2　典型激光的保护标准

激光类型	光波形式	波长	曝光时间	眼视野内光束的保护标准
单脉冲红宝石激光	单脉冲	694.3nm	1ns～18μs	5×10^{-7} J·cm^{-2}/脉冲
单脉冲钕玻璃激光	单脉冲	1060nm	1ns～100μs	5×10^{-6} J·cm^{-2}/脉冲
连续波氩激光	连续波	488nm 514.5nm	0.25s	2.5mW·cm^{-2}
连续波氩激光	连续波	488nm 514.5nm	4～8h	1μW·cm^{-2}
连续波氦氖激光	连续波	632.8nm	0.25s～8h	2.5mW·cm^{-2}
铒激光	单脉冲	1540nm	1ns～1μs	1J·cm^{-2}/脉冲
连续钕钇铝石榴石激光	连续波	1064nm	100s～8h	0.5mW·cm^{-2}
连续 CO_2 激光	连续波	10.6μm	10s～8h	0.1W·cm^{-2}

10.4.2　激光防护镜标准

中华人民共和国国家军用标准（GJB 1762—93）规定了激光防护眼镜生理卫生防护要求，并给出了不同光学密度防护镜允许的最大激光辐照量，如表 10-3 所示。

表 10-3　不同光学密度防护镜允许的最大激光辐照量

光学密度	巨脉冲激光/ J·cm^{-2}			长脉冲激光/ J·cm^{-2}		连续激光(10s)/ W·m^{-2}			
	二倍频 YAG	红宝石	基频 YAG	红宝石	YAG	Ar$^+$	He-Ne	YAG	CO_2
1	5.0×10^{-2}	5.0×10^{-2}	5.0×10^{-1}	5.0×10^{-1}	5.0	6.3	6.3	5.0	1.0×10^4
2	5.0×10^{-1}	5.0×10^{-1}	5.0	5.0	5.0×10^1	6.3×10^1	6.3×10^1	5.0×10^1	1.0×10^5
3	5.0	5.0	5.0×10^1	5.0×10^1	5.0×10^2	6.3×10^2	6.3×10^2	5.0×10^2	1.0×10^6
4	5.0×10^1	5.0×10^1	5.0×10^2	5.0×10^2	5.0×10^3	6.3×10^3	6.3×10^3	5.0×10^3	1.0×10^7
5	5.0×10^2	5.0×10^2	5.0×10^3	5.0×10^3	5.0×10^4	6.3×10^4	6.3×10^4	5.0×10^4	1.0×10^8
6	5.0×10^3	5.0×10^3	5.0×10^4	5.0×10^4	5.0×10^5	6.3×10^5	6.3×10^5	5.0×10^5	1.0×10^9
7	5.0×10^4	5.0×10^4	5.0×10^5	5.0×10^5	5.0×10^6	6.3×10^6	6.3×10^6	5.0×10^6	1.0×10^{10}
8	5.0×10^5	5.0×10^5	5.0×10^6	5.0×10^6	5.0×10^7	6.3×10^7	6.3×10^7	5.0×10^7	—

参 考 文 献

[1] 肖荣诗. 激光加工技术的现状及发展趋势. 第13届全国特种加工学术会议论文集. 2009.10.

[2] 杨继全, 戴宁, 侯丽雅著. 三维打印设计与制造. 北京: 科学出版社, 2013.

[3] 官邦贵, 刘颂豪, 章毛连等. 激光精密加工技术应用现状及发展趋势. 激光与红外, 2010, 40 (3): 229-232.

[4] 杨康文, 郝强, 李文雪等. 高功率飞秒脉冲光纤激光系统. 红外与激光工程, 2011, 40 (7): 1254-1256, 1262.

[5] 林岳凌. 激光束加工技术的应用现状与发展. 中国新技术新产品, 2012, 14: 138.

[6] 苏海军, 尉凯晨, 郭伟. 激光快速成形技术新进展及其在高性能材料加工中的应用. 2013, 23 (6): 1567-1574.

[7] 尚晓峰, 韩冬雪, 于福鑫. 金属粉末激光快速成形技术及发展现状. 机电产品开发与创新, 2010, 23 (5): 14-16.

[8] 张曙, 金天拾, 黄仲明. 三维打印的现状与发展前景. 机械设计与制造工程, 2013, (2): 1-5.

[9] 刘厚才, 莫健华, 刘海涛. 三维打印快速成形技术及其应用. 机械科学与技术, 2008, 27 (9): 1184-1190.

[10] 罗威, 董文锋, 杨华兵等. 高功率激光器发展趋势. 激光与红外, 2013, 43 (8): 845-852.

[11] 刘莹, 曹涧秋, 肖虎等. 980nm 光纤激光器发展现状与展望. 激光与光电子学进展, 2012, 49: 1-5.

[12] 曹洪忠, 彭鸿雁, 张梅恒等. 全固态 Yb:YAG 激光器发展现状. 激光与红外, 2010, 40 (2): 115-118.

[13] 李晋闽, 高平均功率全固态激光器发展现状、趋势及应用. 激光与光电子学进展, 2008, 45 (7): 16-29.

[14] 曹凤国. 激光加工技术. 北京: 北京科学技术出版社, 2007.

[15] 祁鸣, 张天龙. 3D打印: 社会化制造的新时代. 中国科技成果, 2013 (11).

[16] 曹凤国等. 特种加工手册, 北京: 机械工业出版社, 2010.

[17] 王运赣, 王宣. 三维打印技术. 武汉: 华中科技大学出版社, 2013.

[18] 杨小玲, 周天瑞. 三维打印快速成形技术及其应用. 浙江科技学院学报, 2009 (3): 186-189.

[19] 张立红, 宋延涛. 3D打印-改变世界的新机遇新浪潮. 北京: 清华大学出版社, 2013.

[20] 陈雪芳, 孙春华. 逆向工程与快速成形技术应用. 北京: 机械工业出版社, 2009.

[21] 王广春, 赵国群. 快速成形与快速模具制造技术及其应用. 北京: 机械工业出版社, 2008.

[22] 刘伟军. 快速成形技术及应用. 北京: 机械工业出版社. 2005.

[23] 李发致. 模具先进制造技术. 北京: 机械工业出版社. 2003.

[24] (日) 浜崎正信. 实用激光加工. 陈敬之译. 北京: 机械工业出版社. 1992.

[25] 雷世明. 焊接方法与设备. 北京: 机械工业出版社, 2004.

[26] 左铁钏. 高强铝合金的激光加工. 北京: 国防工业出版社, 2002.

[27] 朱林泉, 白培康, 朱江森. 快速成形与快速制造技术. 北京: 国防工业出版社, 2003.

[28] 关振中. 激光加工工艺手册. 北京: 中国计量出版社, 1998.

[29] 闫毓禾, 钟敏霖. 高功率激光加工及其应用. 天津: 天津科学技术出版社, 1994.

[30] 虞钢, 虞和济. 集成化激光智能加工工程. 北京: 冶金工业出版社, 2002.

[31] 周炳琨, 高以智等. 激光原理. 北京: 国防工业出版社, 2003.

[32] 张永康, 周建忠, 叶云霞. 激光加工技术北京: 化学工业出版社, 2004.

[33] 王家金. 激光加工技术. 北京: 中国计量出版社, 1992.

[34] 马养武, 陈钰清. 激光器件. 浙江: 浙江大学出版社. 1994.

[35] 马洛 (A. Mallow). 激光安全手册. 刘菁和译. 北京: 北京人民卫生出版社, 1984.

[36] 李亚江, 王娟. 特种焊接技术及应用. 北京: 化学工业出版社, 2004.

[37] 袁根福. 激光加工技术的应用与发展现状. 安徽建筑工业学院学报 (自然科学版), 2004 (1): 30.

[38] 车会生译. 飞秒激光器的发展现状. 激光与光电子学进展, 2003 (S): 5.

[39] 黄英奇, 程兆谷等. 激光纳米尺度先进加工技术. 激光与光电子学进展, 2003 (7): 40.

[40] 徐世珍, 程兆谷等. 扫描探针显微镜在激光纳米加工技术上的应用和进展. 激光与光电子学进展. 2004 (1): 50.

[41] 龚莹, 蒋中伟等. 飞秒激光双光子微细加工技术及研究现状. 光学技术, 2004 (5): 637.

[42] 林树忠, 孙会来. 激光加工技术的应用及发展. 河北工业大学学报, 2004, 33 (2).

[43] 李春彦, 张松. 综述激光熔覆材料的若干问题. 激光, 2002 (3): 5.

[44] 曹葆青, 曾晓雁. 中美激光加工领域专利发展动态评述. 激光技术, 2004 (4): 346.

[45] 左铁钏. 现代激光制造及其未来发展. 北京工业大学学报, 2004 (2): 260.

[46] 赵全忠, 邱建荣等. 飞秒激光金属功能微结构的机理与应用. 激光与光电子学进展, 2004 (6): 46.

[47] 苏红新. 水导激光加工技术. 光电子技术与信息, 1998 (3): 35.

[48] 赵志明. 激光清洗技术在微电子领域的应用. 洗净技术, 2004 (8): 29.

[49] 应小东, 李午申等. 激光表面改性技术及国内外发展现状. 焊接, 2003 (3): 5.

[50] 赵新, 金杰等. 激光表面改性技术的研究和发展. 光电子激光, 2000 (3): 324.

[51] 张光钧．激光热处理的现状及发展．金属热处理，2000（1）：6.

[52] 谢志余，潘钰娴．激光热处理相变机理及应用．机械制造与研究，2003（4）：38.

[53] 钟敏霖，刘文今等．合金表面连续激光非晶化的研究和进展．机械工程材料，1996（10）：19.

[54] 周效锋，戴雯等．非晶态金属材料发展及前景展望．云南师范大学学报，2002（6）：251.

[55] 曲敬信，任玉锁等．激光表面强化技术．水利电力强化技术，2003（2）：33.

[56] 胡木林，谢长生等．激光表面强化技术及其应用．机械工人（热加工），2003（7）：5.

[57] 李捷辉，袁银南．激光表面处理技术在汽车工业中的应用及前景．江苏理工大学学报，1999（4）：36.

[58] 谢小柱，刘继常等．激光辅助加工技术现状及其发展．现代制造工程，2005（2）：146.

[59] 黄峻峰．飞秒激光开辟了新的微细加工领域．激光技术与应用，2004（10）：10.

[60] 张志刚，徐敏．飞秒激光脉冲技术的发展和应用．激光，1999（5）：7.

[61] 方志民，谢颂京．激光加工在先进制造技术中的应用．机械工程师，2003（8）：27.

[62] 刘继常，李力钧等．试析几种激光复合焊接技术．激光技术，2003（5）：486.

[63] 陈苗海．中国激光加工产业现状和发展前景．激光与红外，2U04（1）：73.

[64] 桥川荣二．电火花与激光复合精密微细加工系统的开发．制造技术与机床，2004（2）：46.

[65] Rudiher Kroh．机器人-激光复合加工技术．现代制造，2004（21）：28.

[66] 姚建华，陈智君．激光焊接金刚石薄壁钻工艺与性能．中国激光，2000（7）：657.

[67] 姚建华，孙东跃．激光焊接超细基胎体金刚石薄壁钻．激光与光电子学进展，2002（6）：51.

[68] 腾功勇，王从军等．影响SLS技术发展的因素及改进措施．湖北汽车工业学院学报，2001（2）：12.

[69] 赵剑峰，余承业．影响SLS零件精度的几个因素．电加工，1998（6）：34.

[70] 苏海，杨跃奎．快速原型制造技术中的反求工程．昆明理工大学学报，2001（4）：68.

[71] 王索琴，曹瑞军等．激光快速成形工件翘曲变形与成形材料的研究．材料科学与工程，1999（4）.

[72] 张剑峰，赵剑峰等．金属粉末直接激光烧结成形扫描过程的研究．电加工与模具，2002（5）：22.

[73] 刘红俐，花国然等．国内外快速成形技术的新发展与展望．南通工学院学报（自然科学版），2002（3）：52.

[74] 颜永年，张人佶等．快速模具技术的最新进展及其发展趋势．航空制造技术，2002（4）：17.

[75] 张南，王刚．快速成形技术在快速模具制造领域中的应用．河北工业科技，2004（2）：38.

[76] 周广才，孙康镨等．激光熔覆中的控制问题．电加工与模具，2004（2）：39.

[77] 张魁武．国外激光熔覆材料、工艺和组织性能的研究．金属热处理，2002（6）：1.

[78] 张魁武．国外激光熔覆设备．金属热处理，2002（7）：26.

[79] 王泳．计算机存储技术发展趋势及其展望．云南师范大学学报，2000（5）：11.

[80] 丁素英．激光技术在信息存储中的应用．潍坊学院学报，2002（2）：28.

[81] 李祥友，曾晓雁，黄维玲．激光精密加工技术的现状和展望，2000（5）：1.

[82] 姚建华，苏宝蓉．金属表面激光处理技术及其工业应用．电力机车技术，2002（5）：28.

[83] 丘军林．我国高功率CO_2激光器的发展——回顾与展望．应用激光，2002（2）：254.

[84] 杨青，俞本立等．光纤激光器的发展现状．光电子技术与信息，2002（5）：13.

[85] 刘怀喜，张三川．综合工艺参数对常用钢铁材料的激光淬火特性的影响．激光杂志，200J（1）：33.

[86] 邢琪，吴晓晖．45钢激光相变强化梯度组织的研究．应用激光，2004（24）：1.

[87] 王慧萍，戴建强等．激光工艺参数对45号钢组织和性能的影响．上海工程技术大学学报，2004（2）：121.

[88] 孙晓辉．激光加工技术的产业化应用．机械工人，2004（4）：35.

[89] 王勇．激光罐熔焊控制技术及原理研究［博士论文］．北京：清华大学，1996.

[90] 刘庆斌．激光加工技术在大功率柴油机关键零部件上的应用［博士后报告］．广州：华南理工大学.

[91] 范炯基．复合材料的激光焊接［硕士论文］．南京：南京航空航天大学，1998.

[92] 陈涛．大型三维薄壳激光焊接技术的研究［博士论文］．北京：北京工业大学，2000.

[93] 洪雷．激光焊接铝合金薄板工艺的研究［博士后报告］．北京：清华大学，2003.

[94] 胡昌奎，陈培峰，黄涛．激光深熔焊接致等离子体行为及控制技术．激光杂志，2003（24）78-80.

[95] 邹世坤，汤昱等．钛合金薄板激光焊接技术研究．焊接技术，2003（5）：16-17.

[96] 刘黎明，王继锋等．激光电弧复合焊AZ31B镁合金．中国激光，2004（12）：1523.

[97] 黄开金，谢长生等．脉冲激光熔凝和相变硬化的研究现状．激光技术，2003（2）：130.

[98] 祁小敬，刘敬伟等．一种激光微细熔覆直写布线的新技术．中国激光，2004（7）：883.

[99] 刘敬伟，曾晓雁．激光直写布线技术的现状与展望．激光杂志，2001（6）：15.

[100] 张魁武．激光清洗技术评述．应用激光，2002（2）：264.

[101] 王宇晓，刘永华．准分子激光精细加工技术．山东轻工业学院学报，1999（3）：22.

[102] 杨建军．飞秒激光超精细"冷"加工技术及其应用（Ⅰ）．激光与光电子学进展，2004（3）：42.

[103] 杨建军. 飞秒激光超精细"冷"加工技术及其应用（续）. 激光与光电子学进展, 2004 (4): 39.

[104] 楼祺洪, 章琳. 准分子激光微细加工. 杭州师范学完学报（自然科学版）, 2002 (1): 72.

[105] 葛柏青, 王豫. 激光诱导化学气相沉积制膜技术. 安徽工业大学学报, 2004 (1): 7.

[106] 敖育红, 胡少六等. 脉冲激光沉积薄膜技术研究新进展. 激光技术, 2003 (5): 453.

[107] 李美成, 赵连城等. 纳米薄膜脉冲激光沉积技术. 宇航材料工艺, 2004 (1): 1.

[108] 季国顺, 张永康. 激光抛光化学气相沉积金刚石膜. 激光技术, 2003 (2): 106.

[109] 陈林, 杨永强. 激光抛光. 激光与光电子进展, 2003 (8): 57.

[110] 江超, 王又青等. 激光抛光技术的发展与展望. 激光技术, 2002 (6): 421.

[111] 荣烈润. 特种微细加工的现状及应用. 机电一体化, 2003 (1): 6-9.

[112] 潘开林, 陈子辰等. 激光微细加工技术及其在 MEMS 微制造中的应用. 制造技术与机床, 2002 (3): 5.

[113] 张玉书. 激光诱导原子层加工技术. 仪器仪表学报, 1995 (1): 162.

[114] GB 7247. 1—2001《激光产品的安全 第 1 部分: 设备分类、要求和用户指南》.

[115] 伍咏晖, 李爱平等. 三维打印成形技术的新进展. 机械制造, 2005 (12): 62.

[116] 仝泽峰, 张镇西. 激光危害与安全标准. 激光生物学报, 2004 (3): 198.

[117] Chong Towchong. Lu Yongfeng. An overview of laser microprocessing im data storage industrv focused on and international symposium on laser precision microfabtication (LPM2001). RIKEN, 2002. (43): 3-7.

[118] Lu Yongfeng, Hu Bing et al. Laser-scanning probe microscope based nanoprocessing of electronics materials Jpn. J. Appl. Phys [J], 2001 (40): 4395-4398.

[119] Chimmalgi A, Choi TY, et al. Femtosecond laser aperturless near-field nanomachining of metals assisted by scanning probl microscope. applied physice letters, 2003. 82 (8): 1146-1148.

[120] Chimmalgi A. Grigoropoulos CP, et al. Surface nanostructuring by nano-femtosecond laser-assisted by scanning force microscopy. Journal of applied physics, 2005 (97) 104319: 1-12.

[121] Feldstein MJ, Vohringer P, et al. Femtosecond Optical Spectrosocpy and Scanning Probe Microscopy. J. Phys. Chem, 1996 (100): 4739-4748.

[122] Jianzhao Li, Peter R. Herman, Vacuum-Ultraviolet Laser Nano-Milling of Surface-Relief Gratings on Optical Fiber Ends Conf. on Lasers and Elector-Optics Tech. Digest (OSA, Mash DC, 2003) Baltimore, Md., 1-6Jun. 2003, paper CTuF7.

[123] Peter RHerman, Jianzhao Li, et al. Nano-milling of diffractive optics by F2-laser ablation. Paper presented at CLEO-Europe, Munich, Germany 23-27 Jun. 2003.

[124] Jianzhao Li, Peter RHerman, et al. High-Resolution F2-Laser Machining of Micor-Optic Componnets, Photon Processing in Microelectronics and Photonics. Koji Sugioka, Malcom CGower, Richard FHaglund, Jr., Alberto Piqué, Frank Träger, Jan JDubowski, Willem Hoving, Editors. SPIE, 4637 (2002): 228-234.

[125] Malte SCHULZ-RUHTENBERC*, Jurgen ANN*, et al. Fabrication of diffrative phase elements by F2-laser ablation of fused. SPIE, 5063 (2003): 113-117.

[126] Herman PR, Marjoribanks RS, et al. Laser shaping of photonic materials: deep-ultraviolet and ultrafast lasers. Applied Surface Science, 2000 (154-155): 577-586.

[127] Peter R Herman, Kevin P Chen, et al. Advanced Lasers for Photonic Device Microfabrication. Invited paper, Riken Review, 2001 (32): 31-35.

[128] Jürgen Ihlemannl, Sabine Müllerl, et al. F2-laser microfabrication of sub-μm gratings in fuses silica. SPIE, 4941 (2002): 94-98.

[129] Kathuria YP. An overview of 3D strucruring in microdomain. J. Indian Inst. Sci., Nov. -Dec. 2001, 81.

[130] Andrew S, Holmes. Laser fabrication and assembly processes for MEMS. APIE, 4247 (2002): 297-306.

[131] 魏茂国. Laser LIGA-Excimer laser microstructuring and replication. Lambda Highlights, 1994 (45): 1-3.

[132] fauteux C, pegna J. Radial characterization of 3D-LCVD carbon fibers by Raman spectroscopy. Appl. Phys. A, 2004 (78): 883-888.

[133] Jack G Zhou. A New Rapid Tooling Technique and Its Special BinderJournal of Rapid Proto-typing. 1999 (5): 82-88.

[134] Samala Mahender Reddy. Laser Chleaming. http//www. uni-ulm. de/ilm/advanced. html.

[135] Sheikh Md. Minhaz Uddin, High precision drilling with short &.ultra-short laser pulses. http: //www. uni-ulm. de/iml/Advanced Maderials/Presentation/Udin Highprecrilling. pdf.

[136] 陈国声. Overview of LIGA-Like Process, Setpember 26, 2001. http: //rjchang. me. ncku. edu. tw/rj/excimer/indes/2/90shortcourse/course4. pdf.

［137］ Andrew Holmes，Sabri Saidam. Microsysrems Excimer Laser LIGA. http：//www. ee. ic. ac. uk/Elec MatDev.

［138］ Anand Kumar Dolania，et al. Laser Lithography，27/01/2004. http：//www. uni-ulm. de/ilm/Advanced Materiais/Paper/ DokaniaLaser Lithography. pdf.

［139］ Kruth Ir J P. Soft and Hard Rapid Tools for Polymer and Metal Casting/Moulding. Rapid Tooling，175-194. http：// werkzeugbau. ifw. uni-hannover. de/Tagungsband/Kruth. pdf.

［140］ SNOVA S. A，Bernold Richerzhagen. Water-jet guided laser cutting：a new domain of applications for laser machining. http：//www. synova. ch/pdf/2001-Luzern. pdf.

［141］ Delphine Perrottet，Akos Spiegel，et al. GaAs-Wafer dicing using the water jet guided laser. http：//www. gaasmantech. org/ Digests/2005/2005papers/14. 16. pdf.

［142］ Bernold Richerzhagen. The Best of Both Worlds-Laser and Water Jet Combined. in a New Process：The Water Jet Guided Laser. http：//www. synova ch/pdf/2001-Icaleo-bestboth. pdf.

［143］ 德国 IMM 公司. Lasers in Microtechnology. www. imm-mainz. de.

［144］ 中国机械网. http：//www. china-machine. com/adv-technology.

［145］ 美国 DTM 公司. http：// www. dtm-corp. com.

［146］ 德国 EOS 公司. http：// www. eso-gmbh. de.

［147］ 美国 3DSystems 公司. http：// www. 3D-systems. com.

［148］ 德国 GOM 公司. http：// www. gom. com.

［149］ 美国 Z Corp 公司. http：// www. zcorp. com/home. asp.